“十四五”职业教育国家规划教材

中国电力教育协会职业院校电力技术类专业精品教材

U0643003

电力系统分析

第二版

主　编　武　娟　张建军

副主编　张兴然　王昊宇

编　写　李春林　向婉芹　吴晓刚　斛冬冬

中国电力出版社

CHINA ELECTRIC POWER PRESS

内 容 提 要

本书为"十四五"职业教育国家规划教材，中国电力教育协会职业院校电力技术类专业精品教材。

本书是基于"项目引领、任务驱动"的教学模式进行修改的。内容由浅入深，循序渐进，重点突出，在满足教学与培训对专业知识要求的同时，注重技能的培养。本书不仅包括电力系统的常规内容，如电力系统基本知识、电力系统等值电路及潮流计算、电力系统故障分析与计算、电力系统频率调整、电力系统电压调整、电力系统经济运行、架空线路导线截面积的选择和电力系统的稳定运行，还包括特高压直流输电技术、智能电网技术、新型电力系统等电力新技术内容。

为满足"岗、课、证"融通的需求，根据电力系统分析课程的特点，补充了大量的数字教学资源，包括国家、行业、企业的标准规范，浅显易懂的动画视频，体现关键知识和技能体系的教学视频，内容完整的试题库，生动完整的教学案例库，体现新技术、新工艺、新设备等的新型电力系统、分布式发电和智能微电网等相关知识，实现教材内容的动态更新。

本书主要作为职业院校电力技术类专业教材，也可作为电力职业资格和岗位技能培训教材，同时可作为电力工程技术人员的参考用书。

图书在版编目（CIP）数据

电力系统分析/武娟，张建军主编；张兴然，王昊宇副主编. -- 2 版. -- 北京：中国电力出版社，2025.8. -- ISBN 978 - 7 - 5198 - 9985 - 1

Ⅰ. TM711.2

中国国家版本馆 CIP 数据核字第 2025NM2831 号

出版发行：中国电力出版社
地　　址：北京市东城区北京站西街 19 号（邮政编码 100005）
网　　址：http://www.cepp.sgcc.com.cn
责任编辑：乔　莉（010 - 63412535）
责任校对：黄　蓓　郝军燕
装帧设计：赵姗姗
责任印制：吴　迪

印　　刷：北京雁林吉兆印刷有限公司
版　　次：2012 年 9 月第一版　2025 年 8 月第二版
印　　次：2025 年 8 月北京第一次印刷
开　　本：787 毫米×1092 毫米　16 开本
印　　张：19.75
字　　数：489 千字
定　　价：59.80 元

前 言

本书根据《国家职业教育改革实施方案》的有关精神，按照教育部审定的电力技术类专业教学标准，结合电力职业教育的需求，参照电力行业职业能力标准，由学校教师和企业专家共同编写。本书为"十四五"职业教育国家规划教材。

本书编写体现了"以学生为中心"的理念，充分展示了我国电力工业发展史、智能电网技术的应用、特高压国际标准的制定、新型电力系统的发展等内容，坚定了学生的"四个自信"；在落实立德树人根本任务的基础上，本书将与课程有关的职业素养、安全观念、工匠精神等融入其中；体例格式上按照"项目导向、任务驱动"的原则，以能力培养为核心，促进教学实现"岗、课、证"的融通。

本书根据电力类专业技术领域和职业岗位（群）的任职要求，参照相关的职业资格标准，将电力行业的相关技术准则、条例、标准、规程规范引入教材中，体现了职业性和适用性；在内容选择上增加了新型电力系统、微电网等体现新技术、新工艺、新设备的相关知识，充分体现了教材的先进性。在内容编排上充分考虑学生的认知规律，由易到难，由浅入深，循序渐进，重点突出，理论联系实际，充分调动学生的积极性和主动性。此外还有大量的数字资源，包括标准、规范、教学视频、动画视频、案例库、试题库、电力新技术等，能够实现教材的动态更新。本书不仅可以作为职业院校的学历教育用书，也可以作为电力技术技能人才职业技能考核和岗位培训教材。

本书由武娟、张建军主编。山西电力职业技术学院武娟编写项目 1，山西电力职业技术学院张建军编写项目 2 和附录，河北保定职业技术学院张兴然编写项目 3 和项目 6，国网太原供电公司王昊宇编写项目 4 和项目 7，重庆电力高等专科学校向婉芹编写项目 5，郑州电力高等专科学校李春林编写项目 8，国网山西超高压变电公司斛冬冬编写项目 9 中的任务 1，中铁十二局集团有限公司吴晓刚编写项目 9 中的任务 2 和任务 3。全书内容由武娟统稿，由山西大学工程学院赵兴勇老师、太原理工大学贾燕冰老师和国网太原供电公司调控中心主任余鹏共同审核，山西电力职业技术学院的李晓婷老师对教材进行思想政治性把关。他们为本书提出了很多宝贵的意见和建议，在此表示衷心的感谢。

本教材学习平台网址为：http://www.xueyinonline.com/detail/249952265。

由于编者水平有限，存在的问题和错误难免，恳请读者指正。

编　者
2025 年 3 月

目 录

项目 1

电 力 系 统 基 本 知 识

📝 项目目标

能列举出电力系统、电网的概念；能简述我国电网发展的历程；能说出电力系统运行的特点及对电力系统的基本要求；会确定电网中各电气设备的额定电压；能理解电力负荷分类、各类负荷曲线及其作用；能说出最大负荷利用小时数的意义，并根据负荷曲线求出最大负荷利用小时数。

➤ 任务 1　认识电力系统和电力网

👤 教学目标

知识目标：

(1) 能说出电力系统、电力网的概念及电网的分类。

(2) 能阐述电力生产的特点和对电力系统的基本要求。

(3) 能罗列国内外电力传输技术的发展概况。

能力目标：

(1) 能区分动力系统、电力系统和电力网的范围。

(2) 能说出变电站、输电线路和配电线路的作用，并能说出高压输电、低压配电的原因。

(3) 能根据电力工业现状说明跨省跨区电网互联互通的优越性。

素质目标：

(1) 能与学习小组成员主动沟通协作并圆满完成任务。

(2) 能树立全网为重、局部服从全网的观念。

⚡ 任务描述

参观省（市）调度中心、变电站和线路，或参观电力调度仿真系统、仿真变电站和仿真发电厂。查询近五年的全国电力工业统计快报及相关资料，形成学习报告。内容包括：①对动力系统、电力系统和电力网的认识；②电力系统生产的特点及对电力系统的基本要求；③我国电力系统发展概况及电力新技术；④说明跨省跨区电网互联互通对构建新型电力系统的意义。

✏ 任务准备

课前做如下准备：

（1）上网检索近五年的全国电力工业统计快报。

（2）检索查询科技期刊，了解国内外电力系统发展概况。

（3）做好到现场参观的准备。

课前预习相关知识部分，并独立回答下列问题：

（1）什么叫动力系统、电力系统、电力网？

（2）电力生产的特点是什么？对电力系统的基本要求是什么？

（3）电力网按不同的分类方法可有哪些类型？

相关知识

电能是二次能源，它不仅为工业、农业、现代科学技术和现代国防提供了必不可少的动力，而且与国民经济和现代社会生活联系密切。电能已经广泛应用到社会的各个领域。电力工业是国民经济的重要部门。从世界各国经济发展的进程看，国民经济每增长 1%，就要求电力工业增长 1.3%~1.5%。所以，没有电力工业的先行发展作为基础，国民经济的发展是不可能实现的。

一、电力系统和电力网

将自然能转变为电能的过程称为发电，这一过程一般在发电厂中进行。煤炭、石油、天然气、水能、核能等自然能源称为一次能源，而电能是经过人们加工的二次能源。电能与其他能源不同，其主要特点是：不能大规模储存，发电、输电、配电和用电在同一瞬间完成；发电和用电之间必须实时保持供需平衡，否则将危及电力生产的安全性和连续性。

由于发电厂和负荷中心之间往往距离很远，这就需要电力线路作为输送电能的通道。在线路输送功率不变的情况下，通过提高线路电压等级输送电能，可以减少电流在导线中的功率损耗和电压损耗。电能输送至负荷中心后必须降压，用户才能使用。

电压的升高和降低是通过变压器实现的。安装变压器、断路器等及其测量、保护与控制设备的场所称为变电站（所）。变电站用于改变电压和联络、汇聚、分配电能。用于升高电压的称为升压变电站；用于降低电压的称为降压变电站。

发电厂、变电站和电力用户之间通过电力线路相互联系。电力线路分为输电线路和配电线路。我国输电线路电压等级在 220kV 及以上，而配电线路的电压等级有 110、35、10、0.4kV 等。输电线路将发电厂发出的电力输送到消费电能的地区（也称负荷中心），或进行相邻电网之间的电力互送，使其形成互联电网或统一电网，保持发电和用电或两电网之间的供需平衡。升压变电站、降压变电站及其相连的输电线路共同构成输电网。配电线路是在消费电能的地区接收输电网受端的电力，然后进行再分配，输送到城市、郊区、乡镇和农村，并进一步分配和供给工业、农业、商业、居民以及特殊需要的用电部门。所有配电变压器及其配电线路连接起来构成配电网。

电力系统中，由不同电压等级的变电站和输配电线路构成的网络称为电力网（又称电网）。

发电、变电、输电、配电和用电等的各种电气设备连接在一起的整体称为电力系统。它包括发电厂的电气部分、升压变压器、降压变压器、输配电线路及各类用电设备。

电力系统加上各种类型发电厂的动力部分（如火力发电厂的热力部分、水力发电厂的水力部分、原子能反应堆部分等）以及热力用户，称为动力系统。

图 1-1 是用单线图表示的动力系统、电力系统及电网的示意图。

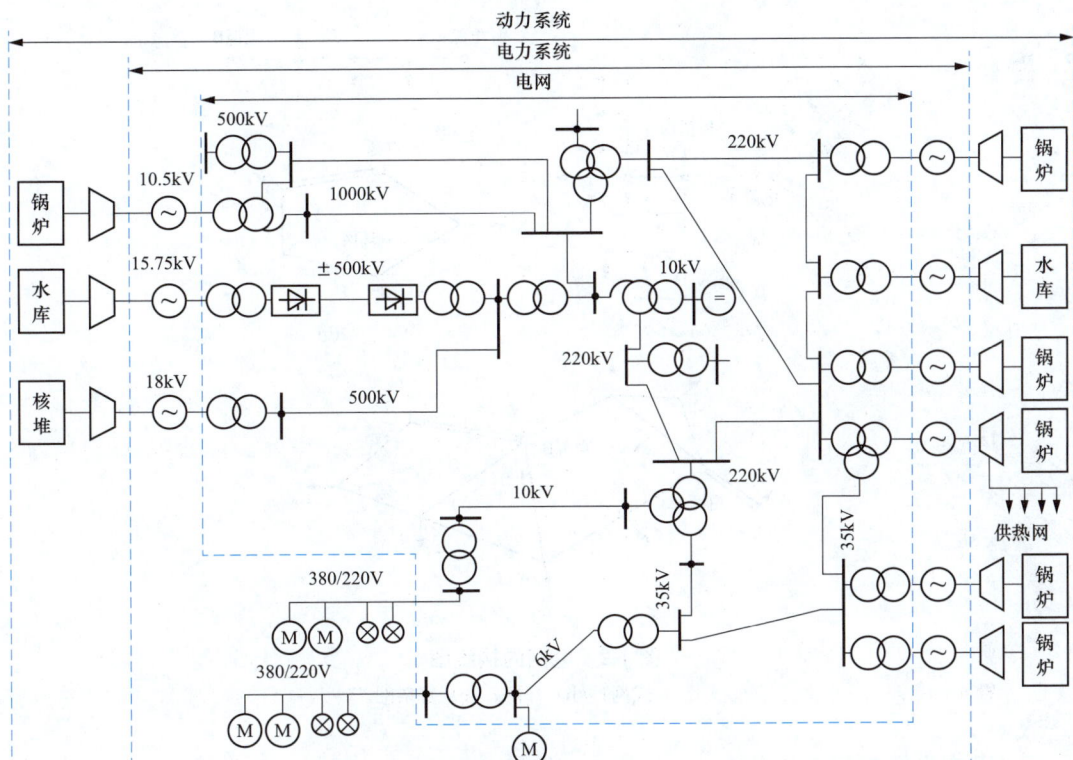

图 1-1 动力系统、电力系统与电网示意图

为了分析计算，电网可分为地方电网、区域电网和远距离输电网。地方电网电压较低（110kV 以下），输送功率较小，线路较短，计算时可作较多简化；区域电网一般电压较高，输送功率较大，线路较长，计算时只能作一定简化；远距离输电网电压在 330kV 及以上，输电线路长度超过 300km，计算时一般不能简化（详见项目 9）。

按电压的高低，电网又可分为低压网（1kV 以下）、中压网（1～10kV）、高压网（35～220kV）、超高压网（330～750kV）和特高压网（1000kV 及以上）。高压直流（High Voltage Direct Current，HVDC）通常指的是 ±600kV 及以下的电压等级的直流，而 ±600kV 以上的电压等级直流称为特高压直流（Ultra-High Voltage Direct Current，UHVDC）。

按电网在电力系统中的作用，可分为系统联络网与供用电网两类。系统联络网主要为系统运行调度服务，供用电网主要为用户服务。

按接线方式，电网还可分为一端电源供电网（又称开式网）、两端电源供电网（包括环网）及多端电源供电网（又称复杂网），如图 1-2 所示。一端电源供电网是指用户只能从一个方向得到电能的电网，如单回路放射式、干线式、树枝式等类型。其特点是接线简单、经济且运行方便，但供电可靠性较差。两端电源供电网是指用户可以从两个方向得到电能的电网，如环形网和双回路电网。其特点是接线较简单、运行灵活、供电可靠性较高。电力系统网架和向一级负荷或重要二级负荷供电的电网，常采用这种接线方式。多端电源供电网是指电网中有从三个或三个以上方向得到电能的变电站或负荷点。其特点是供电可靠性高，运行、检修灵活，但是接线复杂、投资大，继电保护、运行操作复杂。这类电网主要用于电力系统网架接线，以加强电力系统发电厂之间及发电厂与枢纽变电站之间的联系。供用电网络一般不采用复杂网的接线形式。

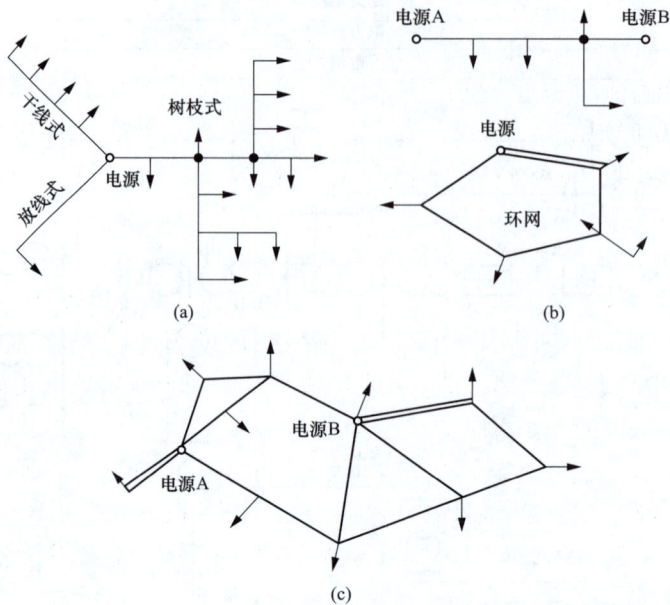

图 1-2　电网的接线图

（a）开式网；（b）环网；（c）复杂网

二、电力系统发展概述

1. 我国电力系统的发展历程

1831 年，法拉第提出电磁感应定律，从本质上解释了电与磁之间的关系，为电力系统的形成奠定了理论基础。1882 年，法国人德普勒将慕尼黑郊外 57km 水电厂的电力输送到慕尼黑，形成了世界上最早、最简单的电力系统。它是一种直流输电系统，但其发展受到了许多限制。直至 1891 年，三相异步电动机和三相变压器被生产出来，并建立了三相交流输电系统，才奠定了近代输电技术的基础。

三相交流电的出现，以及人们对电力需求的日益增加，使电力系统的容量越来越大，输电电压越来越高，输送功率也越来越大。目前，世界上最高线路电压已达 1150kV（苏联在 20 世纪 80 年代建成世界上第一条 1150kV 特高压乌拉尔—西伯利亚输电线路）。随着输电距离及容量的不断增大，电力系统运行的稳定性问题也日益突出。20 世纪 50 年代开始，直流输电又重新被人们所认识和利用。

在我国，1882 年上海有了第一座发电厂（容量为 150kW），主要供附近地区的照明负荷用电需要。1949 年以后，电力工业逐年发展，尤其在改革开放以来，电力系统的规模不断壮大。1978 年底，全国装机容量仅 5712 万 kW，35kV 及以上输电线路长度仅为 23.1 万 km，变电设备容量为 1.3 亿 kVA。改革开放以来，我国电力系统建设步伐不断加快。截至 2024 年底，全国全口径发电装机容量累计达到 33.5 亿 kW，我国发电装机总容量、非化石能源发电装机容量等指标均稳居世界第一。其中非化石能源发电装机容量 19.5 亿 kW，占总装机比重的 58.2%。分类型看，常规水电装机规模达到 4.4 亿 kW，其中抽水蓄能 5869 万 kW；核电6083 万 kW；并网风电 5.2 亿 kW，其中陆上风电 4.8 亿 kW，海上风电 4127 万 kW；并网太阳能发电 8.9 亿 kW；火电 14.4 亿 kW。电网 220kV 及以上输电线路回路长度 95 万 km，220kV

及以上变电设备容量 63.4 亿 kVA。

随着我国工农业的发展，对电力的需求越来越多。2024 年，全国规模以上发电量 10.1 万亿 kWh。其中，非化石能源发电量 3.7 万亿 kWh，占总发电量的比重为 36.6%。全口径水电、核电、并网风电和并网太阳能发电量分别为 13550、4178、7624 和 4276 亿 kWh。全国全社会用电量 98521 万亿 kWh，其中第一产业用电量 1357 亿 kWh，第二产业用电量 6.39 万亿 kWh，第三产业用电量 1.83 万亿 kWh，城乡居民生活用电量 1.49 万亿 kWh。

随着技术的发展，我国不断提升输电电压。1981 年 12 月，河南平顶山—湖北武昌 500kV 输变电工程建成投运，以此为标志，我国成为世界上第八个拥有 500kV 输电线路的国家。几乎同时，500kV 元宝山—锦州—辽阳—海城输变电工程开工建设，采用国产 500kV 设备，分段调试投运，于 1985 年全线建成。此后，500kV 超高压输电线路逐渐成为除西北地区以外各省级及跨省电网的骨干网架。

2005 年 9 月，我国首个 750kV 输变电示范工程（甘肃兰州东—青海官亭，世界上海拔最高的 750kV 输电线路）正式建成投运。此后，兰州东—白银—银川东 750kV 输变电工程于 2008 年投运。2009 年，新疆电网首批 750kV 输变电工程开工建设。2010 年初，新疆与西北主网联网 750kV 输变电工程开工建设。2009 年 1 月 6 日，晋东南—南阳—荆门 1000kV 特高压交流试验示范工程建成投运并保持安全运行，验证了特高压输电的可行性、安全性和优越性，标志着我国在特高压输电技术领域取得重大突破。同时，直流输电技术发展迅速，我国已经成为世界上直流输电技术领先的国家。1987 年，我国自主设计、设备全部国产化的 ±100kV 舟山直流输电工程建成。1985 年，我国首条 ±500kV 直流输电工程（葛洲坝—上海）开工建设，1989 年 9 月单极建成投运，1990 年双极全部建成投运，首次实现华中、华东两大区域电网的直流联网。

"十四五"以来，我国重大输电通道工程建设稳步推进。至 2024 年底，我国共建成投运 42 项特高压交直流线路。随着交流特高压输变电工程以及直流特高压输电工程的建设，跨区联网逐步加强，特高压交直流线路将承担起更大范围、更大规模的输电任务。

在"十四五"时期，电网发展面临着更具挑战性的新形势和新任务。碳达峰、碳中和目标和 2030 年风电、太阳能发电装机达到 12 亿 kW 以上的要求，意味着未来一段时期新能源将持续大规模接入电网。因此，要着力加快构建适应高比例大规模可再生能源发展的新型电力系统，进一步优化电力生产和输送通道布局，提升新能源消纳和存储能力。

2. 跨省跨区电网互联互通建设

多年来，我国电网建设以各省电网和各大区跨省电网建设为重点，在 20 世纪 80 年代末形成东北、华北、华中、华东、西北和南方电网六大跨省区域电网，福建、山东、川渝、海南、新疆和西藏电网独立运行。以 1989 年建成的葛洲坝—上海 ±500kV 直流输电工程实现华中与华东电网直流联网为起步，我国大力加强跨区电网的规划和建设，全国联网进程不断加快。

1997 年，三峡输变电工程建设全面展开。2000 年以后，随着三峡工程的建设，为提高跨省跨区能源资源优化配置能力，缓解电煤运输压力，在六大区域电网的基础上逐步开展了全国联网工作。2001 年 5 月，华北电网与东北电网通过交流 500kV 线路实现了跨大区联网；同年 11 月，福建电网与华东电网实现互联。2002 年 5 月，川电东送工程实现川渝电网与华中电网的交流互联。2003 年 9 月，华中与华北联网工程建成投运，形成了东北—华北—华中同步电网。2004 年 4 月，华中电网通过三峡—广州直流输电工程实现与南方电网的互联。2005 年 3 月，山东电网并入华北电网；同年 6 月，西北电网与华中电网通过灵宝直流背靠背工程实现异步联网，标志着我国主要电网实现全国联网。2008 年 11 月，东北电网与华北电网通过高岭直流背靠背工程实现异步联网。2009 年，华北电网与华中电网通过特高压交流试验示范工程实现联网运行。此外，海南联网工程建成投产，灵宝背靠背扩建工程投产运行，云南—广东特高压直流工程、宝鸡—德阳直流工程单极投运，向家坝—上海特高压直流工程成功带电，电网跨区联系进一步增强。

随着同步电网规模的扩大，大电网互联的规模效益逐步递减，安全复杂性和控制难度不断增加。为兼顾联网规模效益与大电网安全，我国电网互联逐步由同步互联向异步互联发展。目前，我国已形成华东、华北、华中、东北、西北、川渝和南方七个区域电网，除华中、华北电网经一回特高压交流互联外，其他区域均以直流实现异步互联。全国已形成以东北、西北、西南区域为送端，华北、华东、华中、华南区域为受端的区域间交直流混联电网格局，电网技术水平和运行效率显著提升，电网资源优化配置能力显著增强。随着跨区联网的建设，跨区跨省输电量逐年提高。2022 年全国跨区输电能力达到 17215 万 kW（其中跨区网对网输电能力 15881 万 kW，跨区点对网输电能力 1334 万 kW）；全国跨区输送电量 7654 亿 kWh，跨省输送电量 1.77 万亿 kWh，有效缓解了我国能源资源与负荷分布的矛盾，有力推进了能源供给和消费向清洁低碳加速转型。

3. 跨省跨区电网互联互通对构建新型电力系统的意义

在新型电力系统下，跨省跨区电网互联互通将承担更多的功能定位，在保障电力供应安全、消纳高比例新能源、提升电网运行效益、扩大电力交易规模等方面将发挥更加显著的作用。

一是增强电力安全可靠供应能力。受国际能源价格飙升、极端天气条件下可再生能源出力不足等多重因素影响，电力供应能力提升有限，导致局部地区、局部时段电力供需紧张。考虑到不同地区的气候条件、产业结构和电源结构不同，日用电高峰和年用电高峰时段负荷特性各异，电源特性存在水火互济、风光互补的效益。通过电网互联互通，可有效提高不同地区电力互补互济、调剂余缺能力，缓解电力供应紧张状况，同时在应急情况下可以互为备用、相互支援，进一步提升极端条件下的保供电能力和事故应急处置能力。

二是促进清洁能源高效消纳。随着碳达峰、碳中和目标的深入推进，风光等新能源发展迅猛。由于新能源出力具有随机性、波动性，大规模接入将给电力系统消纳带来较大的压力。通过电网互联互通，建成联系紧密、规模更大的电网平台，既有利于发挥新能源出力的时空互补特性，降低新能源的波动性和间歇性；也有利于将新能源富集地区的绿色电力输送到负荷中心地区消纳，从而扩大新能源消纳空间；同时还能利用不同地区多时间尺度调峰互补特性，增强调峰互济能力，助力新能源大规模开发和安全可靠消纳。

三是提高电力系统运行经济性。在电力互补潜力较大地区实施适当规模的电网互联互通工程，通过电力双向互济，最高可取得 200% 互联容量的装机替代效益，与分别在两地建设应急备用和支撑调峰电源相比，联网工程经济效益明显。此外，互联互通大电网与若干独立电网相比，可以适当减少系统备用容量，提高火电利用效率，有利于促进网源协调可持续发展。

四是推动全国统一电力市场体系建设。互联互通的大电网是建设全国统一电力市场体系的重要物理基础。通过电网互联互通打通跨省跨区交易通道，推动各层级电力市场之间相互耦合、有序衔接，扩大电力中长期、现货和辅助服务市场交易范围，加速绿电交易等模式的规模化发展，实现更大范围内电力资源的优化配置和更高效的新能源消纳。

三、智能电网技术

1. 智能电网概念及特征

智能电网就是电网的智能化，也被称为"电网 2.0"。它是建立在集成、高速双向通信网络的基础上，通过应用先进的通信技术、量测技术、设备技术、控制技术和决策支持技术，实现电网的可靠、安全、经济、高效、环境友好和使用安全的目标，其主要特征包括清洁、坚强、自愈、优化、交互和经济。智能电网以包括发电、输电、配电和用电各环节的电力系统为对象，不断研发新型的电网控制技术、信息技术和管理技术，并将其有机结合，实现从发电到用电所有环节的信息智能交流，系统地优化电力生产、输送和使用。

2. 智能电网的主要技术

（1）通信技术。建立高速、双向、实时和集成的通信系统是实现智能电网的基础。智能电网的数据获取、保护和控制都需要这样的通信系统的支持，因此建立这样的通信系统是迈向智能电网的第一步。

（2）量测技术。参数量测技术是智能电网的基本组成部件，先进的参数量测技术能够获得数据并将其转换成信息，以供智能电网的各个方面使用。它们可评估电网设备的健康状况和电网的完整性，实现表计读取、电费估算、防止窃电、缓解电网阻塞以及与用户沟通的功能。

（3）设备技术。智能电网将广泛应用先进的设备技术，极大地提升输配电系统的性能。未来的智能电网设备将充分应用在材料、超导、储能、电力电子和微电子技术方面的最新研究成果，从而提高功率密度、供电可靠性、电能质量以及电力生产效率。未来智能电网主要应用三个方面的先进技术：电力电子技术、超导技术以及大容量储能技术。通过采用新技术，在电网及负荷特性之间寻求最佳平衡点，以提高电能质量；通过应用和改造各种各样的先进设备，如基于电力电子技术和新型导体技术的设备，提高电网输送容量和可靠性；配电系统中要引进新的储能设备和电源，同时要利用新的网络结构，如微电网。

（4）控制技术。先进的控制技术是指智能电网中用于分析、诊断和预测状态，并确定和采取适当的措施以消除、减轻和防止供电中断和电能质量扰动的装置和算法。这些技术为输电、配电和用户侧提供控制方法，且可以管理整个电网的有功和无功功率。先进控制技术监测基本的元件（参数量测技术），提供及时和适当的响应（集成通信技术和先进设备技术），并对任何事件都可以进行快速的诊断（决策支持技术）。先进控制技术支持市场报价技术，并有助于提高资产的管理水平。

（5）决策支持技术。决策支持技术是将复杂的电力系统数据转化为系统运行人员一目了然的可理解信息。因此，动画技术、动态着色技术、虚拟现实技术以及其他数据展示技术用来帮助系统运行人员认识、分析和处理紧急问题。

（6）标准体系。目前 IEEE 正在完善智能电网的标准和互通原则，主要内容涉及电力工程、信息技术和互通协议等方面的标准和原则。

四、对电力系统的基本要求

1. 电力系统运行的特点

电能作为一种特殊的商品，其生产具有特殊性。

（1）电能的生产、输送、分配和使用具有同时性。目前尚不能大量且廉价地储存电能，发电厂生产的电能还不能做到恰好等于用户所需要的电能和输送分配过程中损耗的电能之和。当电力系统负荷变化或发生故障导致平衡被破坏时，电力系统会自动调整或经人工干预调整到新的平衡。所以电能的生产、输送、分配和使用必须同时进行，要求统一调度、协调生产，保证整个系统的连续性。

（2）电能的生产与国民经济及人民生活具有非常密切的相关性。由于电能使用和控制方便，且能够远距离输送，因此当今社会电能的使用越来越广泛，各类用户无处不在。如果电能供应不足或中断，将给国民经济造成巨大损失，直接影响工农业生产，给人民生活带来诸多不便。另外，电能的价格还影响产品的成本，从而影响大多数商品和服务价格。

（3）电力系统运行的过渡过程具有短暂性。电能以电磁波的形式传播，其传输速度与光速相同。电力系统中各元件的投切和电能输送过程几乎都在一瞬间完成，即电力系统从一种运行方式过渡到另一种运行方式的过程非常短暂。在电力系统中，因雷击或开关操作引起过电压使其暂态过程只有微秒到毫秒数量级，从发生故障到系统失去稳定通常也只有几秒的时间，因事故导致系统全面瓦解的过程一般也只以分钟计。为了使设备在故障等暂态过程中不致损坏，更为了防止电力系统失去稳定或发生崩溃，因此电力系统要求具有较高的自动化程度，需要投入继电保护和自动装置，且需要实时监控。

2. 对电力系统的基本要求

电力系统的根本任务是最大限度地为用户提供安全、可靠、优质和廉价的电能。根据电能生产的特点和电力系统的任务，对电力系统有以下基本要求。

（1）最大限度满足用户需求。电力生产需满足当前各个行业及人民生活不断增长的用电需求，电力的发展制约国民经济的发展，所以保障供电是电力部门的首要任务，这要求电力的发展超前其他行业的发展，以最大限度地满足人们对电能的需求。

（2）安全可靠供电。电力生产必须执行"安全第一、预防为主"的方针，没有安全，就没有生产。可靠的供电就是满足电能生产的连续性，电力系统供电的中断将导致生活停顿、混乱，甚至危及人身和设备的安全，造成十分严重的后果。为了保持高可靠性，电力系统必须具有足够的电源容量（包括一定的备用容量）和合理的布局，电网结构也必须合理，使得在某一（或某些）线路、电气设备因故障或检修而退出运行时，不影响或仅轻微影响对用户的供电。对电力系统可靠性威胁最大的就是系统失去稳定，因此必须有保护和提高稳定性的措施。

（3）提供优质的电能。电能的优劣可用电能质量来衡量。对一般用户主要考虑交流电的频率、电压和波形质量。在我国，对于频率容许偏差、电压容许偏差以及谐波电流、电压闪变等都有相应的标准，在电力系统设计和运行中均不允许超出这些标准。我国电力系统频率偏移一般不超过额定频率的 $\pm(0.2\sim0.5)\,\mathrm{Hz}$，电压偏移一般不超过用电设备额定电压的 $\pm5\%$，频率或者电压偏移过大，无论对用户还是对电力系统本身，都会产生不良后果。随着计算机技术、高新技术设备在电力系统中的广泛应用，电能的波形、电压波动和闪变、三相电压不平衡度等也应予以考虑，否则将影响这些设备的正常工作。

（4）系统运行的经济性。电能生产的规模很大，消耗的一次能源在国民经济一次能源总消耗量中占有很大的比重，因此，提高电力系统运行的经济性具有极其重要的意义。任何产品的生产都注重经济性，且都要最大限度地降低生产成本。电力系统的经济性应考虑：合理分配各发电厂之间的负荷；降低发电厂燃料消耗率和厂用电率；减少电力网的电能损耗和管理成本等。

（5）节能和环保。环境保护问题日益受到人们的关注。在火力发电厂生产过程中产生的各种污染物质，包括氧化硫、氧化氮、飞灰、灰渣、废水等排放量的限制将成为电力系统运行的基本要求。节能降耗和污染减排是一项全社会任务，也是构建和谐社会的重要因素。据测算，线损电量占电网公司总能耗的 97.05%；其次大楼建筑用能、用水等方面的能耗占 1.43%。因此，节能降耗重点在优化调度、降低综合线损、用电侧管理、建筑节能等领域开展。另外，可再生能源的开发利用是实现节能、降耗、环保和增效的一种重要手段，我国将大力发展风电，并适当发展太阳能光伏发电和分布式供能系统。

电力系统既要同时满足以上要求，又要兼顾他们之间的矛盾。比如，最大限度满足用户需求，就可能影响电力系统的安全性和供电的可靠性；要满足安全可靠供电，提供优质电能，就要投入更多的电力设备，必然会影响经济性。

📖 **任务实施**

（1）参观所在地区调度中心或者电力系统仿真实训室，画出该电网接线图。

（2）完成学习报告，报告包括以下内容。

1）认识动力系统、电力系统、电力网。指出图 1-3 中动力系统、电力系统、电力网的范围。

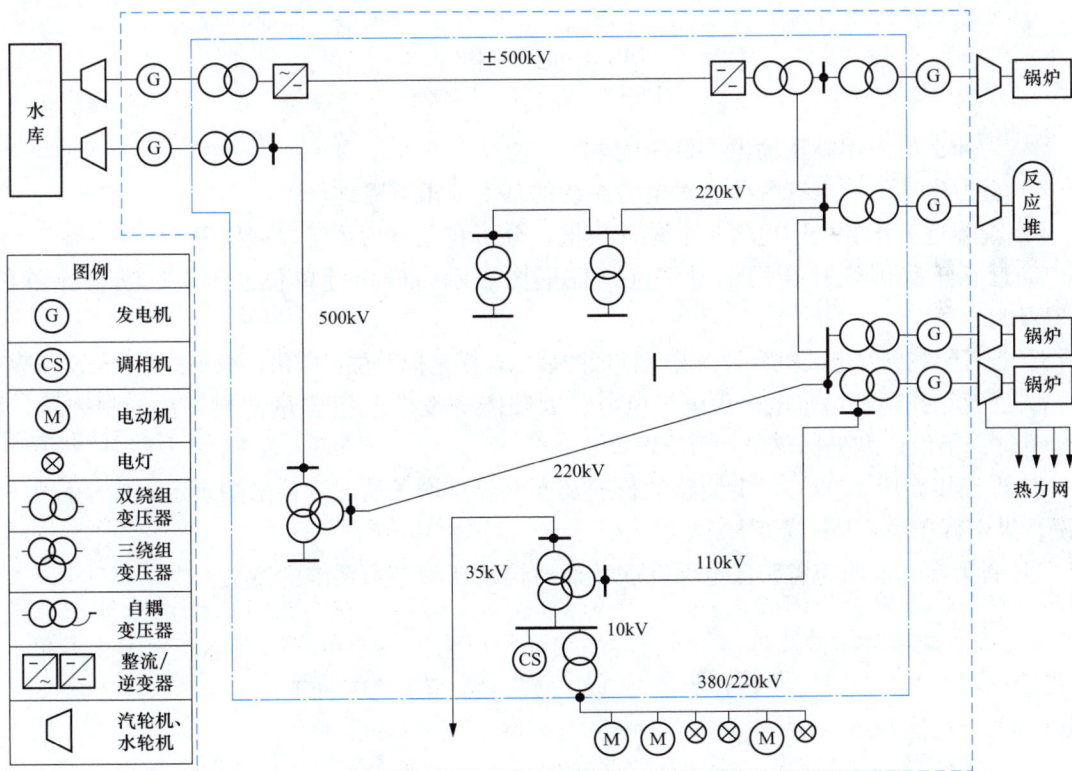

图 1-3　电力系统接线图

a. 电网由不同电压等级的＿＿＿＿和＿＿＿＿构成。为了分析计算，电网可分为＿＿＿＿、＿＿＿＿和远距离输电网。按电压的高低，电网又可分为低压网（1kV 以下）、＿＿＿＿（1～

10kV）、＿＿＿＿＿（35～220kV）、＿＿＿＿＿（330～750kV）和特高压网（1000kV 及以上）。

b. 电力系统由发电、＿＿＿＿、输电、＿＿＿＿＿＿和＿＿＿＿＿等的各种电气设备连接在一起的整体构成。它包括发电厂的电气部分、＿＿＿＿＿、降压变压器、＿＿＿＿＿及各类用电设备。

c. 动力系统是由电力系统加上＿＿＿＿＿＿＿＿＿＿＿（如火力发电厂的热力部分、水力发电厂的水力部分、原子能反应堆部分等）以及＿＿＿＿＿＿＿组成。

2）认识电力系统的典型接线方式。

图 1-4 中＿＿＿图是一端电源供电网，＿＿＿图是两端电源供电网，＿＿＿图是多端电源供电网。

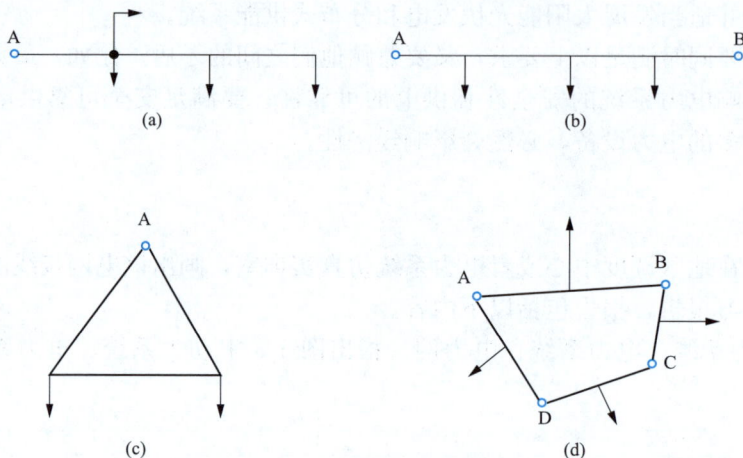

(a)   (b)

(c)   (d)

图 1-4　电网结构图

（图中 A、B、C、D 为电源）

3）为什么要采用高压输电、低压配电？

4）电力生产的特点有哪些？对电力系统的基本要求有哪些？

5）查阅近五年的全国电力工业统计快报，分析我国电力系统发展概况。

a. 近五年我国全社会用电量情况（柱形图表示，横坐标单位：年份；纵坐标单位：亿 kWh）。

b. 近五年我国发电装机容量情况（柱形图表示，横坐标单位：年份；纵坐标单位：万 kW）。

c. 近五年我国新增水电、火电、风电、太阳能等发电装机容量情况（柱形图表示，横坐标单位：年份；纵坐标单位：万 kW）。

d. 近五年新增 220kV 以上线路的长度及变电容量增长情况（柱形图表示，横坐标单位：年份；纵坐标单位：km 或万 kVA）。

6）利用实例说明跨省跨区电网互联互通对构建新型电力系统的意义。

▶任务2　认 识 电 力 负 荷

教学目标

知识目标：

（1）能说出电力负荷的分类及其要求。

（2）能阐述负荷曲线的特性指标的含义。

（3）能说出最大负荷利用小时数的意义。

能力目标：

（1）会根据负荷数据画出各类负荷曲线，并说出其意义和用途。

（2）会根据年持续负荷曲线求最大负荷利用小时数。

素质目标：

（1）学会与电力行业部门进行有效沟通。

（2）能养成严谨认真的习惯。

任务描述

从电力相关部门获取电力负荷的分类与管理方法，并利用从调度部门获得的相关负荷数据画出日负荷曲线、年最大负荷曲线和年持续负荷曲线，确定日发电量、机组检修计划和负荷的全年耗电量。

任务准备

课前做如下准备：从地（市）电力调度部门查询负荷曲线、系统装机容量、上一年度以及代表日的负荷数据。

课前预习相关知识部分，并独立回答下列问题：

（1）电力系统的负荷分为几级？

（2）负荷曲线有哪些类型？其作用是什么？

相关知识

一、电力负荷

1. 电力系统的负荷

电力系统的总负荷就是系统中各个用电设备消耗功率的总和。它们大致分为异步电动机、同步电动机、电热设备、整流设备和照明设备等若干类。根据用户的性质，用户的用电负荷可以分为工业负荷、农业负荷、交通运输负荷和人们生活用电负荷等。在不同行业中，各类用电设备占的比重也不同。表 1-1 所列是几种工业用电设备比重的统计。

表 1-1　　　　　　　　　　　　几种工业用电设备比重的统计　　　　　　　　　　　（%）

用电设备	综合性中小工业	纺织工业	化学工业（化肥厂、焦化厂）	化学工业（电化厂）	大型机械加工厂	钢铁工业
异步电动机	79.1	99.8	56.6	13.0	82.5	20.0
同步电动机	3.2		43.4		1.3	10.0
电热设备	17.7	0.2			15.0	70.0
整流设备				87.0	1.2	
合计	100.0	100.0	100.0	100.0	100.0	100.0

系统中所有电力用户的用电设备所消耗的电功率总和就是电力系统的负荷，也称为电力系统的综合用电负荷，它是把不同地区、不同性质的所有用户的总负荷加起来得到的。综合

用电负荷加上网络中损耗的功率就是系统中各发电厂应供应的功率，因而称为电力系统的供电负荷。供电负荷再加上各发电厂的厂用电即为系统中各发电机应发的功率，也称为电力系统的发电负荷。

2. 电力负荷的分类

电力系统要为广大用户提供电能，由于用户的用电设备类型不同，对供电的连续性、可靠性要求也不同。根据用户对供电可靠性的不同要求，目前我国将电力负荷分为以下三级。

（1）一级负荷。一级负荷是非常重要的负荷，对这类负荷的供电中断将发生下列一种或几种严重后果：①造成人身伤亡；②造成环境严重污染；③造成重要设备损坏、连续生产过程长期不能恢复或大量产品报废；④在政治或军事上造成重大影响；⑤造成重要公共场所秩序混乱。对于一级负荷，必须由两个或两个以上的独立电源供电。所谓独立电源，就是不因其他电源停电而影响本身供电的电源。除正常供电电源外，还应配备保安电源。

（2）二级负荷。二级负荷是比较重要的负荷。对此类负荷中断供电，将造成工厂大量减产、工人窝工、城市中大量居民的正常生活受到影响等后果。对于二级负荷，可由两个电源供电或专用线路供电。

（3）三级负荷。不属于一级、二级负荷，受停电影响不大的其他负荷都属于三级负荷。如工厂的附属车间、次城镇和农村的公共负荷等。对这类负荷中断供电不会造成什么损失，所以对供电不做特殊的要求。

二、负荷曲线

负荷用电是随时间变化的，且有很大的随机性。因此，电力系统的供电负荷也时刻在变化，相对应的电力系统的功率（或电流）分布、母线电压、系统频率、功率损耗以及电能损耗等也在变化。在分析和计算电力系统时，首先必须了解负荷随时间变化的规律。用户、变电站、发电厂及电力系统的负荷随时间变化的规律通常以负荷曲线来表示。一般用直角坐标系的横坐标表示时间，以小时、日、月等时间为单位；纵坐标表示有功功率、无功功率、视在功率或者电流。负荷曲线可以分为有功功率日负荷曲线、无功功率日负荷曲线、年最大负荷曲线和年持续负荷曲线等类型。一般常用的负荷曲线有日负荷曲线和年负荷曲线。

1. 日负荷曲线

图 1-5 为用户或地区的日负荷曲线，它可以由自动记录式仪表、电力生产系统软件或运行人员运行记录日志的有关数据画出。日负荷曲线描述了电力负荷 24h 的变化情况。

日负荷曲线包括有功日负荷曲线与无功日负荷曲线。用户取用有功功率的同时，也取用无功功率，因此无功日负荷曲线与有功日负荷曲线形状基本相似。然而，当有功负荷降低时，因为变压器、电动机取用的励磁无功功率只与电网电压有关而与负荷无关，所以无功负荷并不成比例下降。在最小负荷时，无功负荷减少的程度比有功负荷要小。同时，由于照明负荷取用的无功功率较少，当有功负荷因照明出现峰值时，无功负荷增加的程度比有功负荷要低。因此，无功负荷曲线比有功负荷曲线更为平坦。

为了简化计算和便于在运行中绘制负荷曲线，通常将连续变化的负荷看成在测量的那一小段时间内不变。因此，将连续变化的曲线绘制成阶梯形的负荷曲线，如图 1-6 所示。

日负荷曲线用来描述电力负荷 24h 的变化情况，可以根据有功日负荷曲线计算一日的总耗电量，即

$$W_\mathrm{d} = \int_0^{24} P \, \mathrm{d}t \tag{1-1}$$

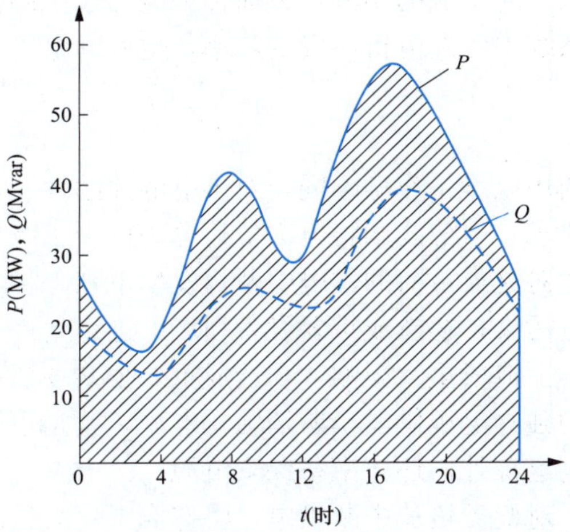

图 1-5　有功及无功日负荷曲线图

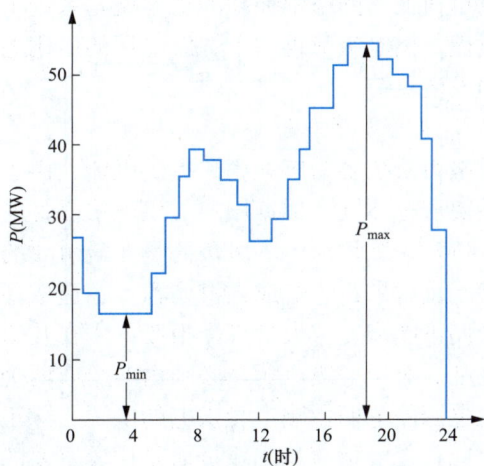

图 1-6　阶梯形有功日负荷曲线图

　　显然，这就是日有功负荷曲线下面所包围的面积，即图 1-5 中阴影部分的面积。如果有功功率 P 的单位是 kW，时间的单位是 h，则电能 W 的单位为 kWh。根据整个电力系统的日负荷曲线，电力系统的调度管理部门即可据此制定日发电量计划。

　　日负荷曲线有以下特性指标：

　　（1）日最大负荷 P_{max}：日负荷曲线中的最大值，又称为峰荷。

　　日最小负荷 P_{min}：日负荷曲线中的最小值，又称为谷荷。

　　日平均负荷 P_{av}：将一日内各小时的负荷加起来取平均值，其值等于图 1-5 曲线下的面积除以 24h，即

$$P_{av} = \frac{W_d}{24} = \frac{1}{24}\int_0^{24} P\,\mathrm{d}t \qquad (1\text{-}2)$$

　　（2）日负荷系数（负荷率）γ：表示负荷的平稳程度，其值越高，说明负荷在一天内的变化越小。

$$\gamma = \frac{P_{av}}{P_{max}} \qquad (1\text{-}3)$$

　　（3）日基本负荷系数 α

$$\alpha = \frac{P_{min}}{P_{av}} \qquad (1\text{-}4)$$

　　（4）日最小负荷系数 β：表明一天内负荷变化的幅度，其值越高，说明负荷在一天内的变化越小。

$$\beta = \frac{P_{min}}{P_{max}} \qquad (1\text{-}5)$$

　　γ 和 β 值的大小受电力系统中用电结构的影响，连续性生产的工业用电比重越大，γ 和 β 值越高。若电力系统人为进行削峰填谷，则 γ 和 β 值也很高。反之，若系统中市政生活、商业及照明用电比重很大，则 γ 和 β 值比较低。

　　对于不同性质的用户，负荷曲线是不同的，图 1-7 给出了不同行业的有功功率日负荷曲线。

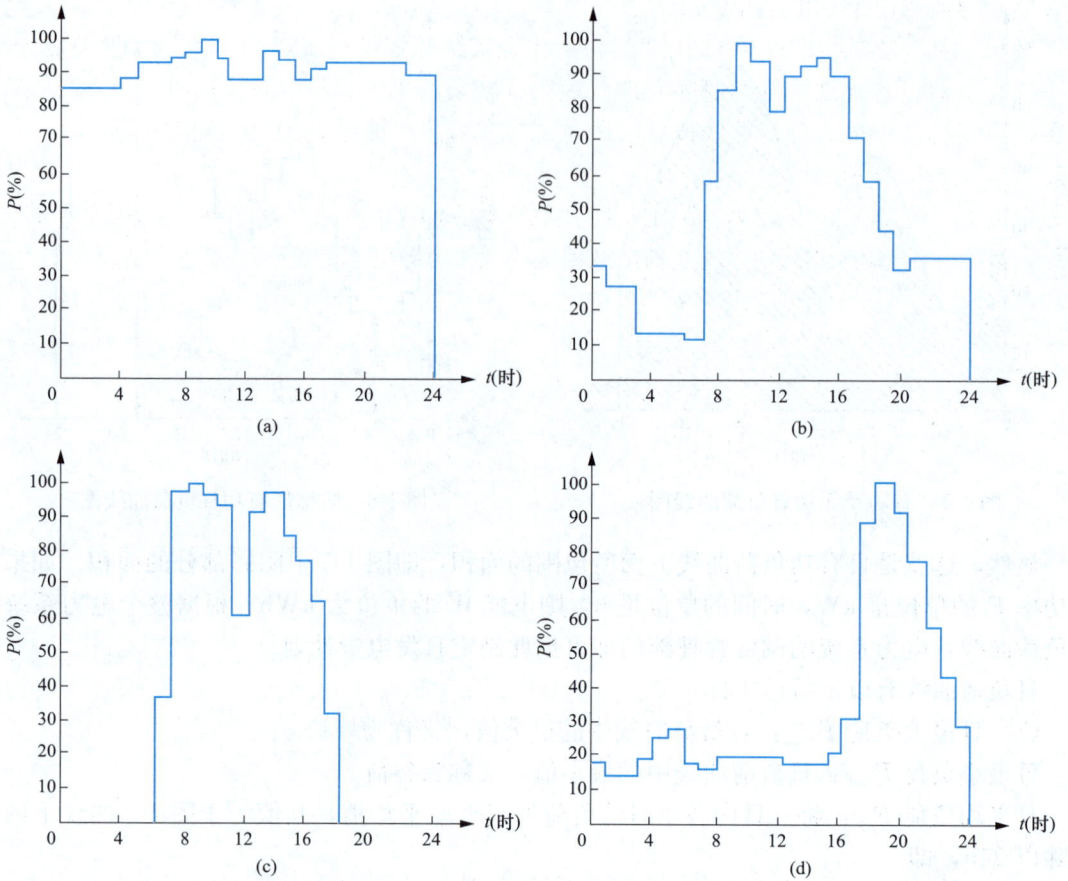

图 1-7 不同行业的有功功率日负荷曲线

（a）钢铁工业负荷（三班制负荷）；（b）食品加工负荷（两班制）；（c）一般加工负荷（单班制）；（d）人们生活负荷

一般来说，负荷曲线的变化规律由负荷的性质、厂矿企业生产的发展情况及作息制度、用电地区的地理位置、当地气候变化情况和群众生活习惯等因素决定。例如，照明的最大负荷出现在天黑以后，白天却比较小；而单班制生产的工厂则负荷主要在白天。不同班制工厂的日负荷曲线有很大的差别，单班制的日负荷曲线在一天中变化比较剧烈，而三班制的则比较平稳。另外，同一用户的负荷曲线每天也是不完全相同的。例如，一般工作日与休假日负荷差别很大。三班制企业最小负荷率可达到 0.85，单班制企业最小负荷率只有 0.13。由于各用户的最大负荷和最小负荷并不是同时出现，因此系统最大负荷总是小于各用户最大负荷之和，而系统最小负荷总是大于各用户最小负荷之和。

2. 年最大负荷曲线

在电力系统的运行和设计中，不仅需要了解一天之内负荷的变化规律，而且还要了解一年之中负荷的变化规律。最常用的是系统年最大负荷曲线，如图 1-8 所示。年最大负荷曲线是描述一年内电力系统每月（或每日）最大有功功率负荷变化的情况。它主要用来安排发电设备的检修计划，同时也可为制定发电机组和发电厂的扩建或新建计划提供依据。从图 1-8 中可以看到，春秋季最大负荷比较小，夏季负荷随着空调等防暑措施的利用，负荷会增加；而年末负荷比年初大，是因为厂矿企业技术革新和电气化程度不断提高，以及新建、扩建厂投入生产导致用电增加的结果。

图 1-8 中，带斜线小方块面积 A 的高度代表系统计划检修机组和其他附属设备的容量，横坐标表示该设备计划检修的时间。B 代表系统新装的机组容量。对于退出运行进行检修的设备，应安排在年最大负荷曲线低谷时段，并且其容量不能超过系统的装机容量。

3. 年持续负荷曲线

在电力系统的分析计算中，常用到年持续负荷曲线，如图 1-9 所示。它是根据全年的负荷变化，按照一年（8760h）中系统负荷的数值大小及其累计时间数的顺序排列绘制而成的。

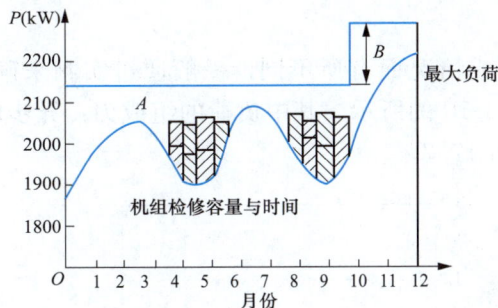

图 1-8 年最大负荷曲线

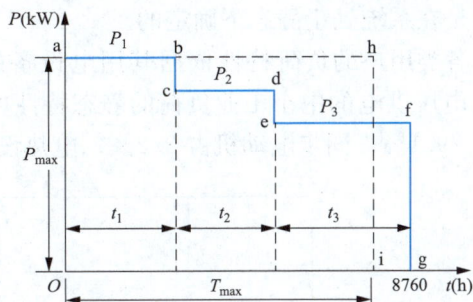

图 1-9 年持续负荷曲线（阶梯形）

利用年持续负荷曲线，可以计算出电网一年中电能消耗的大小。年最大负荷计算式为

$$W = \int_0^{8760} P \, dt = \sum_{t=1}^{n} P_t \Delta t_t \tag{1-6}$$

4. 最大负荷利用小时数

用户全年所取用的电能与一年内的最大负荷的比值称为用户最大负荷利用小时数，记作 T_{max}，计算式

$$T_{max} = \frac{W}{P_{max}} = \frac{\int_0^{8760} P \, dt}{P_{max}} \tag{1-7}$$

负荷所消耗的电能为曲线 0～8760h 所围成的面积，如果把这一面积用一相等的矩形面积表示，则矩形的高代表最大负荷 P_{max}，矩形的底 T_{max} 表示最大负荷利用小时数。T_{max} 的物理意义是：如果用户始终以最大负荷 P_{max} 运行，则经过 T_{max} 后，它所消耗的电能恰好等于全年按实际负荷曲线运行所消耗的电能。

年最大负荷利用小时数 T_{max} 的大小，在一定程度上反映了实际负荷在一年内变化的程度。如果负荷曲线比较平坦，即负荷随时间的变化比较小，则 T_{max} 的值较大；如果负荷变化剧烈，则 T_{max} 的值较小。根据电力系统长期运行和实测所积累的经验，各类负荷的年最大负荷利用小时数在一定的范围之内，见表 1-2。

表 1-2　　　　　　　　　各类负荷的年最大负荷利用小时数

负荷类型	年最大负荷利用小时（h）	负荷类型	年最大负荷利用小时（h）
户内照明及生活用电	2000～3000	三班制企业用电	6000～7000
单班制企业用电	1500～2200	农业用电	2500～3000
两班制企业用电	2000～4500		

在电网设计与运行中，用户的负荷曲线往往是未知的。但如果了解负荷的性质，掌握了各类用户的年最大负荷利用小时数后，即可选择适当的 T_{max} 值，从而可以利用式（1-7）近似地估算出用户的全年耗电量，即 $W = P_{max} T_{max}$。

三、负荷特性

负荷取用的功率通常会随系统运行参数（主要是电压和频率）的变化而变化，反映这种变化规律的曲线或数学表达式称为负荷特性。

当频率维持额定值不变时，负荷功率与电压的关系称为负荷的电压静态特性；当负荷端电压维持额定值不变时，负荷功率与频率的关系称为负荷的频率静态特性。静态，是指这些关系是在系统处于静态下确定的。

各类用户的负荷特性依据其用电设备的组成情况而有所不同，一般通过实测来确定。6kV电压供电的中小工业负荷的静态特性如图1-10的所示。其中负荷的组成为：异步电动机占79.1%；同步电动机占3.2%；电热设备占17.7%。

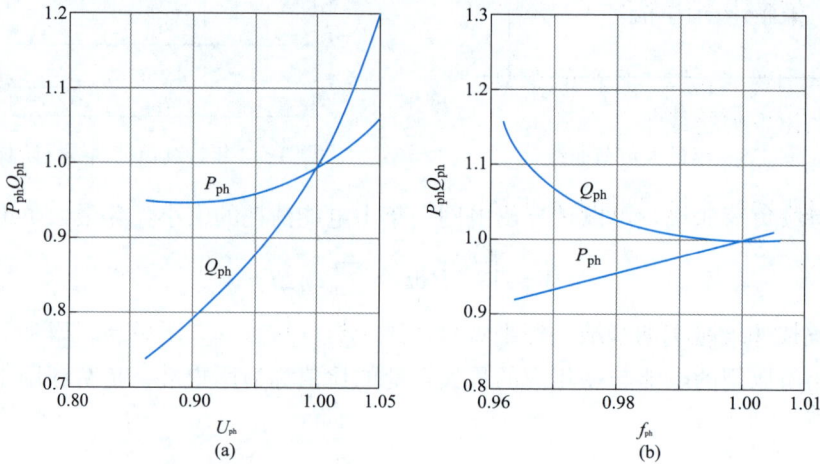

图 1-10　6kV综合性中小工业负荷的静态特性
（a）负荷的电压静态特性；（b）负荷的频率静态特性

📖 任务实施

【练习1】　根据用户对供电可靠性的不同要求，可将电力负荷分为三级，负荷不同对供电要求就不同。对于一级负荷，必须由＿＿＿＿＿＿＿＿＿＿＿＿＿＿＿＿供电；二级负荷可由＿＿＿＿＿＿＿＿＿＿＿＿供电；三级负荷＿＿＿＿＿＿＿＿＿＿＿＿＿＿＿＿＿＿。

【练习2】　根据从调度获得的数据画出阶梯形有功功率日负荷曲线图。在已做好的阶梯形有功功率日负荷曲线上求日负荷曲线的特性指标参数。

（1）日最大负荷 P_{max}、日最小负荷 P_{min}、日平均负荷 P_{av}。

（2）日负荷系数（负荷率）γ。

（3）日基本负荷系数 α。

（4）日最小负荷系数 β。

【练习3】　根据从调度部门所获数据画出年负荷曲线图。

（1）画出年最大负荷曲线。

（2）做出设备检修计划，用带斜线小方块面积的高度代表系统计划检修机组和其他附属设备的容量，横坐标表示该设备计划检修的时间。

（3）画出年持续负荷曲线，求最大负荷利用小时数。

▶ 任务 3　认 识 电 力 线 路

👤 教学目标

知识目标：

（1）能说出电力线路的分类、组成部分及各部分的作用。

（2）能罗列出导线和避雷线的材料、特性及布置方式。

（3）能说出杆塔、绝缘子、金具的类型及作用。

能力目标：

（1）会辨别架空导线、杆塔的类型。

（2）能认识各类绝缘子、金具。

素质目标：

养成认真观察、积极思考的学习态度。

⚡ 任务描述

在校内或校外线路实训基地，仔细观察线路结构、特点，并了解各组成部分作用。

✏ 任务准备

课前做如下准备：

（1）查找电力线路资料包括避雷线、杆塔、绝缘子、金具。

（2）观察校园周围电力线路结构特点。

课前预习相关知识部分，并独立回答下列问题：

（1）架空线路的组成及其作用是什么？

（2）导线采用哪些材料？钢芯铝绞线的优点是什么？

（3）为什么现在避雷线大多采用光纤复合架空避雷线？

🗻 相关知识

电力线路是电力系统的重要组成部分，发电厂生产出来的电能通过数百甚至上千公里的电力线路输送给电力用户。本任务主要是认识电力线路的类型、组成及其特点。

电力线路按其功能可分为输电线路、配电线路和联络线路。输电线路是将发电厂发出的电能送到负荷中心，经降压后由配电线路分配给用户；联络线路是将两个相邻的系统连接起来，以加强联系，提高系统运行的稳定性，改善运行条件，同时也可相互传送功率，互为备用。

电力线路按其结构可分为架空线路和电缆线路两大类。架空线路由杆塔、绝缘子、金具、导线和避雷线等部件组成，架设在地上；电缆线路由电力电缆及其附件组成，埋设于地下。二者各有利弊：架空线路造价低、维修方便，但占地多、易受损伤及外界条件影响，可靠性较差；而电缆线路占地小、供电可靠，比较安全，但造价高、检修不便。目前，除大城市、发电厂和变电站内部及穿越江河海峡时采用电缆线路外，一般采用架空线路。下面分别予以介绍。

一、架空线路

1. 导线和避雷线

导线的作用是传输电能。避雷线俗称架空地线，其作用是保护导线，受雷击时将雷电引入地中。架空线路的导线和避雷线在露天条件下运行，它不仅要承受导线自重、风力、冰霜及温度变化等因素引起的机械载荷，还要遭受空气中各种有害气体的化学侵蚀，运行条件相当恶劣。因此，导线和避雷线除了要有良好的导电性能外，还必须有较高的机械强度和耐化学腐蚀的能力。

目前常用的导线材料有铜、铝、铝合金，特殊情况下也用钢线。避雷线一般用钢线，在某些情况下也用铝包钢线。各种导线材料的物理性能见表1-3。

表 1-3   导线材料的物理性能

材料	20℃时的电阻率 $(\Omega \cdot mm^2/m)$	密度 (g/cm^3)	抗拉强度 (kg/mm^2)	抗化学腐蚀能力及其他
铜	0.0182	8.9	39	表面易形成氧化膜，抗腐蚀能力强，价格高
铝	0.029	2.7	16	抗一般化学腐蚀性能好，但易受酸碱盐的腐蚀
钢	0.103	7.85	120	在空气中易生锈，镀锌后不易生锈
铝合金	0.0339	2.7	30	抗化学腐蚀性能好，受震动时易损坏

除有些低压配电线路使用外包绝缘导线外，架空线一般都用裸导线，其结构有以下三种。

（1）单股线。由单根实心金属线构成，用在负荷小且不重要的线路上。

（2）多股绞线。由数根单一金属线绞制而成，具有以下优点：

1）当单股线较粗时，其抗破坏能力要比细线高。采用多股绞线时，如果要增大导线截面积，可以通过增加导线的股线数来实现，其抗破坏能力会随导线截面积的增大而增强。

2）多股绞线具有较大的柔性，这使得多股绞线的制造、安装和存放均较方便。

3）当导线受风力作用发生振动时，多股绞线不易折断。

4）因导线缺陷导致导线总的破坏强度下降的可能性很小。因为多股绞线的各股在同一处存在缺陷的可能性非常小。

（3）钢芯铝绞线。钢芯铝绞线是由两种金属（钢和铝）构成的多股绞线。芯线为钢线，承受导线的大部分机械载荷；外层由多股铝线绞制而成，承受绝大部分电载荷。

根据铝线和钢线的截面积比的不同，可分成三种类型，它们有不同的机械强度。

1）普通钢芯铝绞线，型号表示为LGJ（L—铝，G—钢，J—绞线）。

2）轻型钢芯铝绞线，型号表示为LGJQ（Q—轻型）。

3）加强型钢芯铝绞线，型号表示为LGJJ（J—加强型），用于重冰区或大跨越。

如LGJ—185/31.76表示钢芯铝绞线，铝线部分额定截面积为185mm²，钢芯部分额定截面积为 31.76mm^2。

钢芯铝绞线因具有良好的导电性能和机械性能，在 35kV 及以上的架空线路上得到广泛应用。在相同的载流条件下，钢芯铝绞线可加大线路档距，减少杆塔基数，从而节约线路造价。

对于 220kV 以上输电线路，为减少导线的电晕损耗和线路电抗，需采用扩径导线、空心导线或分裂导线，如图 1-11、图 1-12 所示。

图 1-11　铝绞线、钢芯铝绞线和扩径导线截面图
（a）铝绞线；（b）钢芯铝绞线；（c）扩径导线

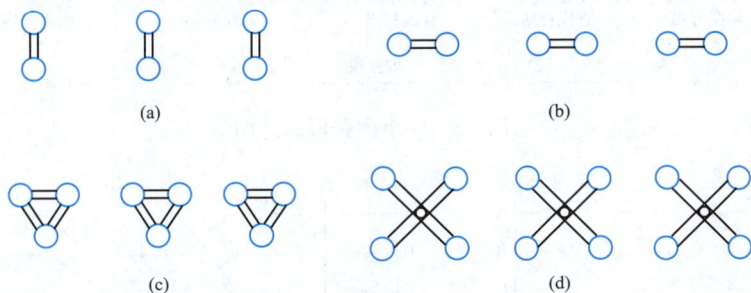

图 1-12　分裂导线排列
（a）垂直双分裂；（b）水平双分裂；（c）三分裂；（d）四分裂

分裂导线就是将线路每一相的导线分成多根，每根之间保持一定距离，以此增加导线的有效半径，从而相应减少电晕损耗。

送电线路的避雷线以前均用钢绞线，现在采用光纤复合架空地线（OPGW）作为避雷线，具有地线和光缆的双重功能，可用于通信的通道并减小潜供电流等。

2. 杆塔

杆塔的作用是支持导线和避雷线。按其所用材料可分为木杆、钢筋混凝土杆和铁塔。

木杆优点是质量轻，制造方便，价格便宜，绝缘性能好；缺点是易腐、易燃，寿命短，要消耗大量木材，目前已不多用。钢筋混凝土杆优点是耐压、耐拉，节约钢材和木材，寿命长，维护量小，广泛用于 220kV 以下的输电线路。铁塔的优点是塔身机械强度高，一般不需拉线，基座占地面积小，使用寿命长；缺点是耗用钢材多，造价高，维护工作量大；多用于大跨越、超特高压线路以及某些线路的耐张、转角、换位杆塔上。

杆塔按其使用类型分为直线杆塔、耐张杆塔、转角杆塔、终端杆塔和特殊杆塔。直线杆塔是相邻两基耐张杆塔之间的杆塔，其绝缘子串垂直向下悬挂导线，主要承受导线自重，它是线路上使用最多的一类杆塔。耐张杆塔主要用来承担杆塔两侧正常及故障情况下导线和避雷线的拉力，两基耐张杆塔之间形成一个耐张段，耐张段内有若干基直线杆塔，相邻两基直

线杆塔之间的水平距离称为档距，如图 1-13 所示。耐张段将线路分成相对独立的部分，以便于施工、检修和限制事故范围；由于承受两侧导线的拉力，耐张杆塔上的绝缘子串与导线的方向一致，杆塔两边的同相导线由跳线连接。转角杆塔用于线路转角处，转角小时可用直线杆塔代替，转角大时做成耐张型式，但均应能承受侧向拉力。终端杆塔是线路始末端进出发电厂和变电站的一基杆塔，能承受比耐张杆塔更大的两侧张力差。特种杆塔是用于特殊情况的一类杆塔，如换位杆塔，使导线互换位置达到三相参数基本对称的目的，经过换位的线路，当三相导线在空间每一位置的长度相等时称为完全换位，进行一次完全换位则称为单换位循环，换位循环示意图如图 1-14 所示。根据需要可采用直线换位杆塔和耐张换位杆塔，如图 1-15 所示。跨越杆塔是在跨越江河湖海或山谷时，中间无法设置杆塔，且档距很大，使用的一类高大的大跨越杆塔。

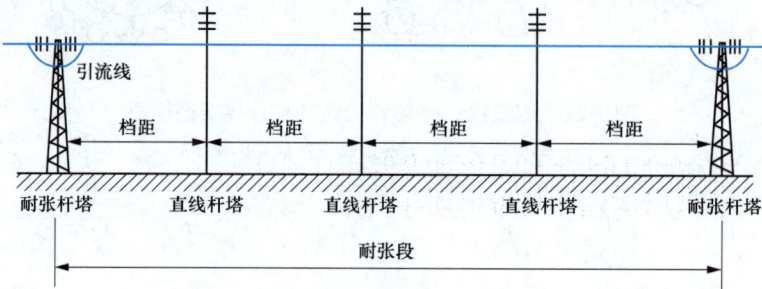

图 1-13　一个耐张段示意图

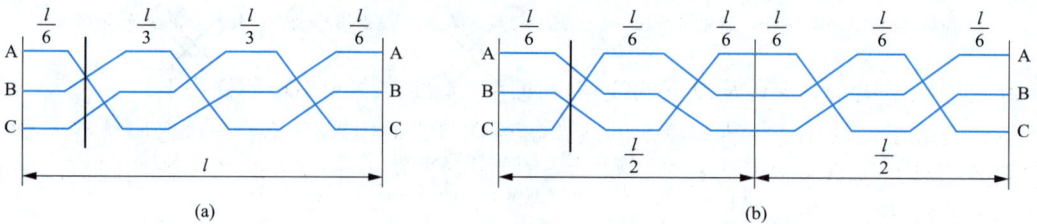

图 1-14　换位循环示意图
（a）单换位循环；（b）双换位循环

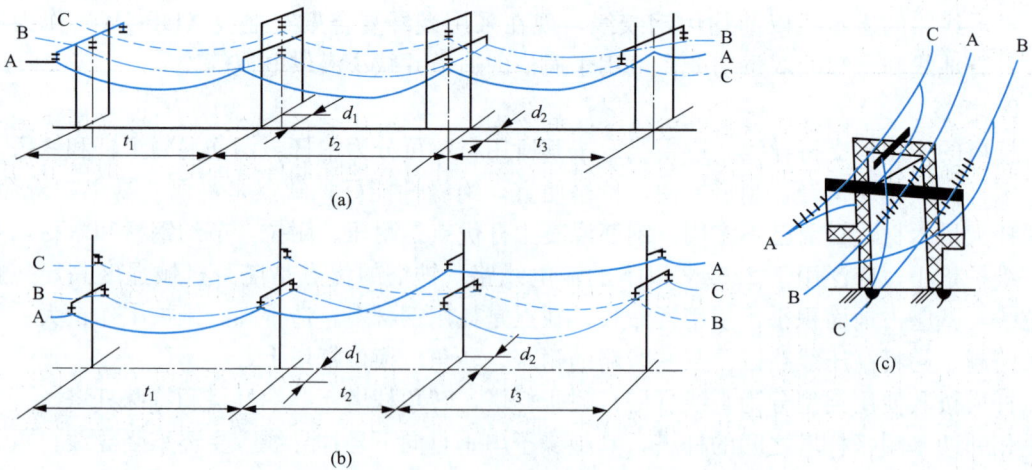

图 1-15　换位杆塔
（a）门形换位杆塔；（b）单杆直线换位杆塔；（c）耐张换位杆塔

3. 绝缘子

绝缘子用来支持和悬挂导线，并使导线与杆塔绝缘，需要有足够的电气与机械强度，同时对化学腐蚀有足够的抵抗力，还要适应大气温度、湿度的变化。

架空线路上使用的绝缘子按照形状的不同可分为针式绝缘子、悬式绝缘子、棒式绝缘子、瓷横担式绝缘子以及避雷线绝缘子，如图 1-16 所示。

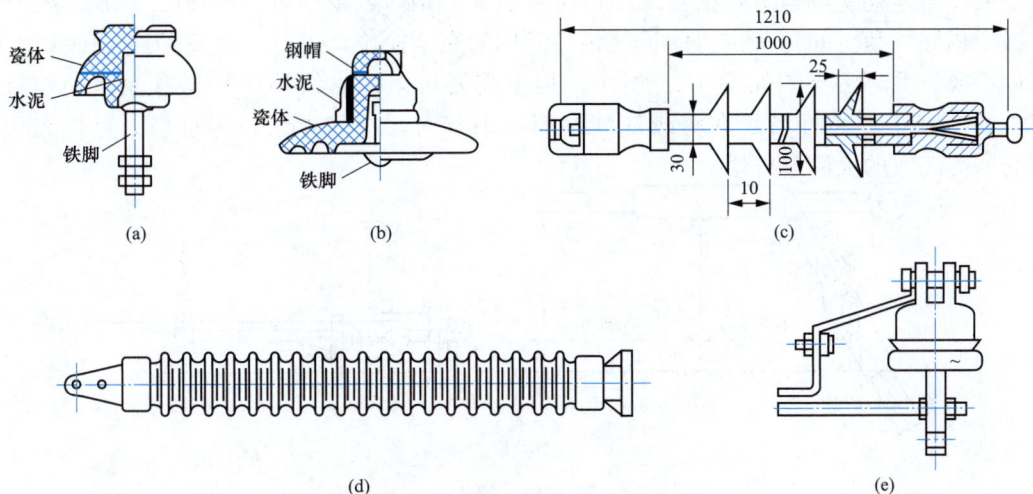

图 1-16　架空线路的绝缘子

（a）针式绝缘子；（b）悬式绝缘子；（c）棒式绝缘子；（d）瓷横担绝缘子；（e）避雷线绝缘子

针式绝缘子用于 35kV 及以下的线路，使用在直线杆塔或小转角杆塔上。

悬式绝缘子广泛用于 35kV 以上的线路，通常将它们组成绝缘子串，每串绝缘子的个数和它们的型号及线路额定电压有关，见表 1-4。耐张杆塔上绝缘子串的个数比同电压等级直线杆塔上绝缘子串个数多 1～2 个。

表 1-4　　　　　　　　　　直线杆塔上悬垂绝缘子串中绝缘子的个数

额定电压（kV）	35	60	110	220	330	500
每串绝缘子数量（个）	3	5	7	13	19	24

棒式绝缘子是用硬质材料做成的整体型绝缘子，它可代替悬式绝缘子。瓷横担式绝缘子同时起到横担和绝缘子的作用，节省木材和钢材，并有效地降低杆塔高度，一般可节约线路投资 30%～40%。

4. 金具

在架空线路上，连接导线和绝缘子的金属部件统称为金具，按其用途大致可分为线夹、连接金具、接续金具和保护金具等。

线夹用于将导线和避雷线固定在绝缘子和杆塔上。用于直线杆塔和绝缘子串上的线夹称为悬垂线夹；用于耐张杆塔和耐张绝缘子上的线夹称为耐张线夹，按其结构可分为螺栓型、压接型和楔形，如图 1-17 所示。

连接金具用于组装绝缘子或将绝缘子、线夹和杆塔横担之间相互连接。

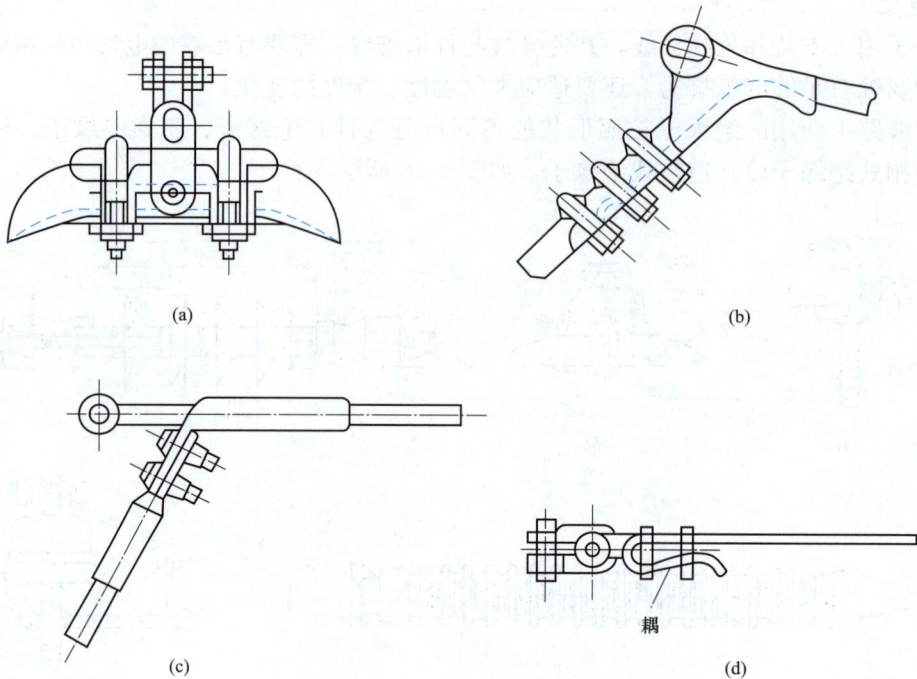

图 1-17　线夹

（a）悬垂线夹；（b）倒装螺栓型耐张线夹；（c）压接型耐张线夹；（d）楔形耐张线夹（避雷线用）

接续金具用于将两段导线或避雷线连接起来，分为钳接管和压接管，如图 1-18 所示。

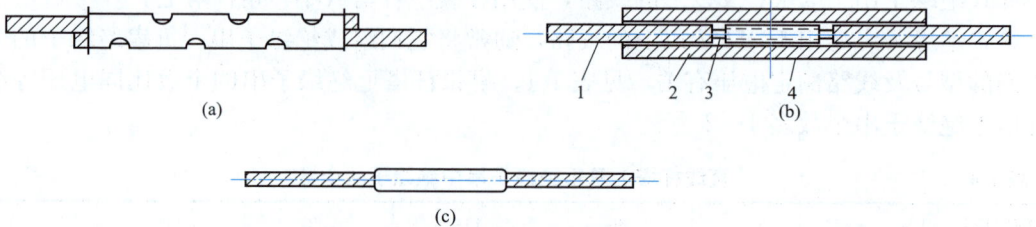

图 1-18　接续金具

（a）钳接管连接铝线；（b）压接管连接钢芯铝线；（c）爆炸压接的导线接头

1—钢芯铝线；2—铝压接管；3—钢芯；4—钢压接管

保护金具有防振保护金具和绝缘保护金具两大类。防振保护金具用于保护导线或避雷线免受风引起的周期性振动造成的破坏，如护线条、防振锤、阻尼线等。绝缘保护金具悬重锤可减小悬垂绝缘子串的偏移，防止其过分靠近钢塔，以保持导线和杆塔之间的绝缘，如图 1-19 所示。

二、电缆线路

电缆线路由电力电缆和电缆附件组成。

1. 电缆的构造

电力电缆由导体、绝缘层和包护层组成，如图 1-20 所示。导体采用多股铜线或铝绞线，以增加电缆柔性。绝缘层采用橡胶、聚乙烯、聚丁烯、棉、麻、绸缎、纸、油、气等，使各相导体及包护层之间绝缘。包护层采用铝包皮或铅包皮，电缆外层采用钢带铠甲，以保护绝缘层不受损伤或防止水分浸入。

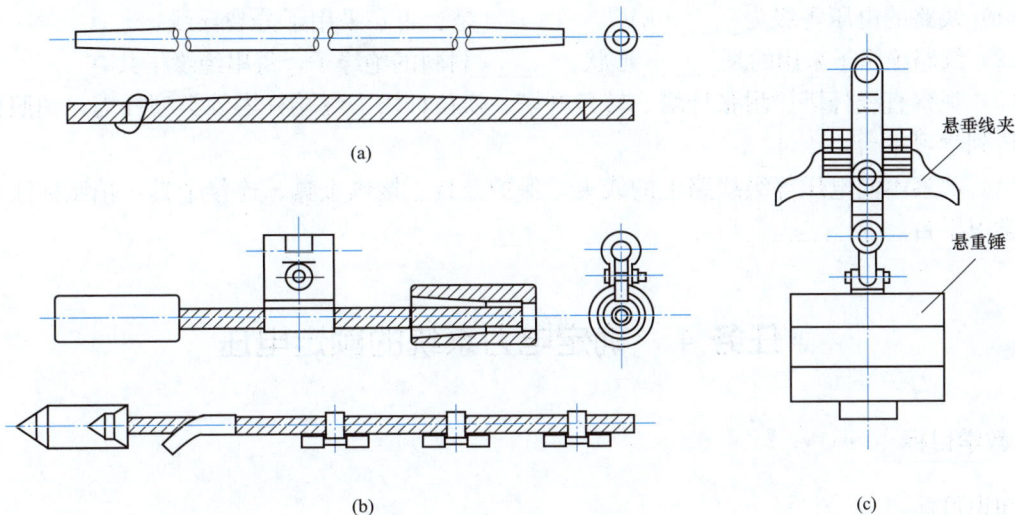

(a)

(b)　　　(c)

图 1-19　几种保护金具

（a）护线条；（b）防振锤；（c）悬重锤

悬垂线夹

悬重锤

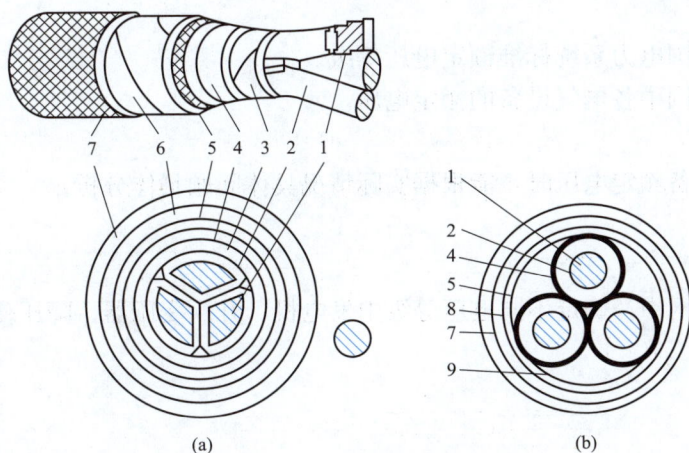

(a)　　　(b)

图 1-20　电缆结构示意图

（a）三相统包型；（b）分相铅包型

1—导体；2—相绝缘；3—纸绝缘；4—铅皮；5—麻衬；6—钢带铠甲；7—麻被；8—钢丝铠甲；9—填充物

电缆按导体数分为单芯、三芯和四芯，按导体截面分为圆形、扇形，按包护层分为统包型、屏蔽型和分相铅包型。10kV 以下电缆线路常采用扇形铝（铜）芯纸绝缘铝（铅）包屏蔽型电力电缆，110kV 及以上电缆线路采用单芯或三芯充油电缆，其导体中空，内充油。

2. 电缆附件

电缆附件主要有连接盒和终端盒。连接盒用于连接两段电缆；终端盒用于线路末端，以保护缆芯绝缘及连接缆芯与其他电气设备。对于充油电缆，还有一套供油装置。

📖 任务实施

【练习】　观察校内外实训基地不同电压等级的架空线路，或者观察校园周围、小区周围的架空线路，并完成以下填空：

（1）线路的电压等级为_____kV，_____（是、否）采用了分裂导线。

（2）线路绝缘子采用的是_____形状、_____材料的绝缘子，每串绝缘子共有_____个。

（3）观察直线杆塔、耐张杆塔、转角杆塔、换位杆塔、终端杆塔等类型杆塔，拍照标注后上传到学习平台。

（4）观察不同电压等级线路上的线夹、保护金具、接续金具、连接金具，拍照标注后上传到学习平台。

任务 4　确定电力系统的额定电压

教学目标

知识目标：

（1）能说出电力系统额定电压的分类。

（2）能罗列出各级电网的经济输送容量、输送距离与适用范围。

能力目标：

（1）能说出我国电力系统标准额定电压等级。

（2）会确定电网中各电气设备的额定电压。

素质目标：

在确定电气设备额定电压时，能根据实际情况具体问题具体分析。

任务描述

在一个简单电网中，确定不同电压等级中发电机、升压变压器、降压变压器和线路的额定电压。

任务准备

课前做如下准备：

（1）查找 GB/T 156—2017《标准电压》。

（2）检索资料，了解我国电压等级发展的过程。

课前预习相关知识部分，并独立回答下列问题：

（1）什么是电气设备的额定电压？规定电力系统额定电压有何意义？

（2）我国电力系统电压等级有哪些？

（3）额定电压如何分类？电压等级与输送容量和输送距离有何关系？

相关知识

额定电压是国家有关部门根据国情、技术条件综合比较确定的标准电压，用 U_N 表示。电力系统中的发电机、变压器、线路和用电设备等均规定有额定电压，它们在额定电压下运行时，其技术性与经济性最佳。为了标准化、系列化制造电力设备，且便于设备的运行、维护和管理，额定电压等级不宜过多，电压级差不宜过小。一般认为，在一个电力系统中，相邻两级电压之比取 1.7~3.0 比较合适。GB/T 156—2017《标准电压》中规定的电力系统交流电压包括 220/380V、380/660V、1000（1140）V、3kV、6kV、10kV、20kV、35kV、66kV、110kV、220kV、330kV、500kV、750kV、1000kV 等，其中 220V 为单相交流电，其余均为三相交流电。另外，66kV 电压等级只在东北电力系统采用，并不再使用 110kV 和 35kV 电压等级；330kV 和 750kV 电压等级只在西北电力系统采用。高压直流输电标准电压有 ±160、（±200）、±320、（±400）、±500、（±600）、±800、±1100kV（括号中给出的是非优选数值）。

一、额定电压的分类

目前，国家根据电压的高低和使用范围，将多种电力设备的额定电压分为三类。

（1）第一类额定电压是指 100V 以下的额定电压，见表 1-5。主要用于安全、照明、蓄电池及开关设备的直流操作电源等。其中，交流 36V 只作为潮湿环境的局部照明及其他特殊电力负荷使用。

表 1-5　　　　　　　　　　第一类额定电压　　　　　　　　　　（V）

直流	交流	
	三相	单相
6		6
12		12
24		24
36	36	36
48		48

（2）第二类额定电压是指 100~1000V 之间的额定电压，见表 1-6。这类电压应用最广、数量最多，如低压电动机、工业设备、民用设施、照明系统、普通电器及动力及控制设备等都采用此类电压，表 1-6 中括号内的电压只用于矿井下或其他安全条件要求较高的场所。

表 1-6　　　　　　　　　　第二类额定电压　　　　　　　　　　（V）

直流	三相交流		直流	三相交流	单相		三相	
	相电压	线电压			一次绕组	二次绕组	一次绕组	二次绕组
110			115					
	(127)			(133)	(127)			
						(133)	(127)	(133)
		127	230	230	220			
220	220					230	220	230
		220	400	400	380			
	380						380	400
400								

注　括号内电压用于矿井下或安全条件要求较高的场所。

（3）第三类额定电压是指高于指 1000V 的额定电压，见表 1-7。这类电压主要用于发电机、变压器、输配电线路及受电设备。

表 1-7　　　　　　　　　　　**第 三 类 额 定 电 压**　　　　　　　　　　　(kV)

受电设备	线路平均额定电压	交流发电机	变压器	
			一次绕组	二次绕组
3	3.15	3.15	3 及 3.15	3.15 及 3.3
6	6.3	6.3	6 及 6.3	6.3 及 6.6
10	10.5	10.5	6 及 6.3	10.5 及 11
		13.5	13.8	
		15.75	15.75	
		18	18	
		20	20	
35	37		35	38.5
(60)	(63)		(60)	(66)
110	115		110	121
220	230		220	242
(330)	(345)		(330)	(363)
500	525		500	550
750	787		750	825
1000	1050		1000	1100

注　1. 表中所列均为线电压。

2. 括号内的电压仅用于特殊地区。

3. 水轮发电机允许用非标准额定电压。

二、主要设备的额定电压

表 1-7 可见，同一电压等级的受电设备、发电机、变压器的额定电压并不完全相等。这是由于功率传输过程中线路要产生电压损耗，沿线路各点的电压是不同的，一般是首端电压高于末端电压。线路的额定电压与受电设备的额定电压规定相同，这样所有接在线路上的用电设备都可以在额定电压附近运行。

1. 线路的额定电压

输配电线路的额定电压与受电设备的额定电压规定相同，但是线路运行时有电压损耗，一般线路首端电压高于末端电压。负荷变化时，线路中的电压损耗也变化，所以线路运行时各处的电压不同。一般情况下，受电设备的允许电压偏移为 ±5%，沿线路的电压损耗为 10%。如果线路首端电压为额定电压的 1.05 倍，末端电压就不会低于额定电压的 0.95 倍，各受电设备能在允许电压范围内运行。所以线路的额定电压一般就是受电设备的额定电压。

在一些计算中，一般采用表 1-7 中线路的平均额定电压。为了使线路末端受电设备得到额定电压，可将线路首端电压提高 10%，这样线路的平均额定电压即为受电设备电压的 1.05 倍。

2. 发电机的额定电压

发电机是发出电能的设备，接在线路的首端，额定电压要比线路的高。发电机出口一般接母线或直接连接变压器，线路较短，因此，发电机的额定电压比线路的额定电压高 5%，即

$$U_{\mathrm{GN}} = 1.05 U_{\mathrm{N}}$$

式中：U_{GN} 为发电机的额定电压；U_N 为线路的额定电压。

对于没有直配负荷的大容量发电机，其额定电压按技术经济条件来确定，不受线路额定电压的限制，例如国产 125、200、300、600MW 的汽轮发电机，其额定电压分别为 13.8、15.75、18、20kV。

3. 变压器的额定电压

变压器每个绕组都有其额定电压。降压变压器的一次绕组相当于受电设备，其额定电压等于所连线路的额定电压；升压变压器直接和发电机相连，其额定电压等于发电机的额定电压。

二次绕组输出电能，相当于发电机。因变压器二次侧额定电压规定为空载变压器一次侧加额定电压时的二次电压，而额定负荷下变压器内部的电压降落约为 5%，为使正常运行时变压器二次绕组的实际输出电压比线路额定电压高 5%左右，变压器二次侧额定电压应比线路额定电压高 5%~10%。一般变压器二次侧额定电压比线路额定电压高 10%；当漏抗较小的变压器（高压侧电压不大于 35kV 且短路电压百分值不大于 7.5%）或二次绕组所连线路较短，以及三绕组变压器连接同步调相机时，二次侧额定电压比线路额定电压高 5%。现在新建的工程不论漏抗大小，二次侧额定电压都比线路额定电压高 5%。

三、各级电压电网的适用范围

电力系统输送的三相功率 S 和线电压 U、线电流 I 之间的关系为 $S=\sqrt{3}UI$，所以在输送功率一定时，输电电压越高，电流越小，可采用较小截面的导线。但电压越高，对绝缘的要求也越高，电气设备的绝缘费用随之增加，杆塔、变电站的构架尺寸也会增大，导致投资增加。因此，对于一定的输电距离和输送功率，必然有一个在技术上、经济上均较合理的电压。

选择电网电压时，除应根据输送容量、输送距离以及周围电网的额定电压情况外，还应考虑电力的发展。应拟定几个方案，并通过技术经济比较确定最佳方案。如果两个方案的技术经济指标相近，或较低电压等级的方案优点不太明显，应采用电压等级较高的方案。各级电压电网的经济输送容量、输送距离与适用地区可参照表 1-8。

表 1-8　　　　　　　　　　　电网的经济输送容量、输送距离与适用地区

额定电压（kV）	输送容量（MW）	输送距离（km）	适用地区
0.38	0.1 以下	0.6 以下	低压动力与三相照明
3	0.1~1.0	1~3	高压电动机
6	0.1~1.2	4~15	发电机电压、高压电动机
10	0.2~2.0	6~20	配电线路、高压电动机
35	2.0~10	20~50	县级输电网、用户配电网
110	10~50	30~150	地区级输电网、用户配电网
220	100~200	100~300	省、区输电网
330	200~500	200~600	省、区输电网，联合系统输电网
500	400~1000	150~850	省、区输电网，联合系统输电网
750	800~2200	500~1200	联合系统输电网
1000	2000~5000	1000~1500	联合系统输电网

📖 **任务实施**

一、电气设备额定电压的确定方法

【示例】 如图 1-21 所示电力系统，线路额定电压已知，试求发电机、变压器的额定电压。

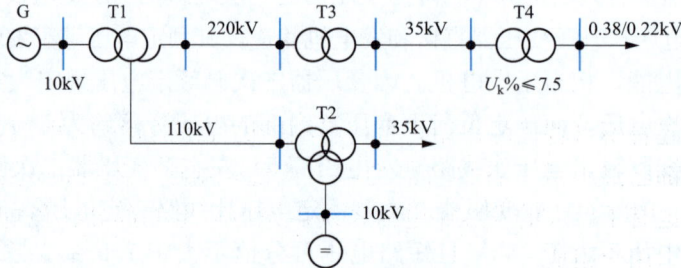

图 1-21 ［示例］附图

解 （1）发电机的额定电压为 10.5kV。

（2）升压变压器 T1 一次侧与发电机直接相连，二次侧分别与 110、220kV 线路相连，则 T1 的各侧额定电压为 242/121/10.5kV。

（3）降压变压器 T2 一次侧与 110kV 线路相连，二次侧分别与 35kV 线路和 10kV 调相机相连，则 T2 的各侧额定电压为 110/38.5/10.5kV。

（4）降压变压器 T3 一次侧与 220kV 线路相连，二次侧与 35kV 线路相连，则 T3 的各侧额定电压为 220/38.5kV。

（5）降压变压器 T4 一次侧与 35kV 线路相连，二次侧与 0.38kV 线路相连，又因 T4 的 $U_k\% \leqslant 7.5$，则它的各侧额定电压为 35/0.4kV。

【练习 1】 如图 1-22 所示，确定发电机、变压器、线路的额定电压。

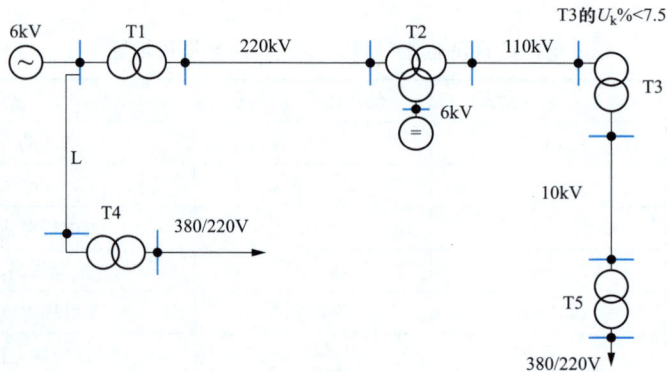

图 1-22 ［练习 1］附图

二、升降压变压器的确定

【练习 2】 如图 1-23 中，图____和____是升压变压器，图____和____是降压变压器。

28

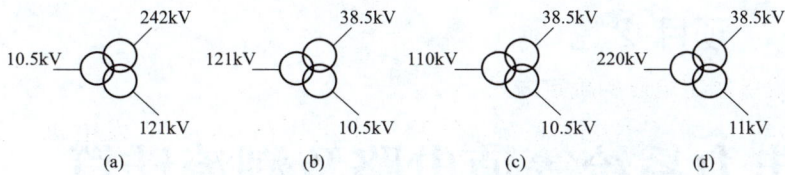

图 1-23　［练习 2］附图

小 结

　　电力在各行业起着不可替代的作用，直接影响国民经济的发展。电力工业经过一百多年的发展，世界各国都已经形成了各自特点的电力系统，组成了不同的电力网络。改革开放后，我国电力系统也有了巨大的发展。电力系统由发电厂电气部分、各电压等级的变电站、输配电线路以及电力用户组成。

　　电力用户性质不同，对供电可靠性的要求也不同，目前我国将电力负荷分为一级、二级和三级负荷，并按不同等级的负荷采用适当的接线方式。为了解用户、变电站、发电厂及电力系统的负荷随时间变化的规律，制定了负荷曲线。负荷曲线可以分为有功功率日负荷曲线、无功功率日负荷曲线、年最大负荷曲线、年持续负荷曲线等类型。

　　发电厂、变电站和电力用户之间的联系是通过电力线路来实现的，电力线路分为架空线路和电缆线路。架空线路由导线、避雷线、杆塔、绝缘子和金具等元件组成；电缆线路则主要由电缆本体、电缆接头、电缆终端等组成。

　　为了标准化、系列化生产以及运行的技术性与经济性，电力系统中的各电气设备均规定了额定电压。我国根据电压的高低，将多种电力设备的额定电压分为三类。在电网中，发电厂、输电线路和变压器额定电压的确定方法是不同的。

电力系统等值电路及潮流计算

项目目标

会画出不同长度线路、不同电压等级变压器的等值电路；能够画出有名值表示和标幺值表示的电网等值电路；会计算电力网络电压降和功率损耗；会计算开式区域网络和地方网的潮流分布；会计算两端电源供电网络的初步潮流分布和最终潮流分布，了解功率分点的含义；能够理解复杂电力系统潮流计算的数学模型；会作出和修改节点导纳矩阵；能够理解高斯-塞德尔法、牛顿-拉夫逊法、P-Q 分解法三种潮流计算方法。

本项目介绍系统稳态时的分析和计算——潮流计算，而要分析电力系统，首先要了解系统中各元件的特性。电力系统主要由发电机、变压器、电力线路和负荷四大部分组成，它们分别负责生产、变换、输送和消费电能。在潮流计算中，发电机母线和负荷被视为系统边界点，因而常将电力系统的计算称为电网计算。所以本项目主要介绍两大部分内容：一是由电力线路和变压器组成的电网的数学模型；二是简单电网和复杂电网的潮流计算基本方法。

任务 1 确定电力线路的参数及等值电路

教学目标

知识目标：
（1）能说出电力线路各参数表示的物理意义。
（2）能表述电晕现象、影响电晕的因素和避免电晕的措施。
能力目标：
（1）会计算电力线路的参数。
（2）能画出短线路和中等长度线路的等值电路。
素质目标：
培养学生勤于思考的学习习惯。

任务描述

小组讨论，完成一条电力线路的参数计算，并画出其等值电路。

任务准备

课前做如下准备：
（1）查阅设备手册，阅读关于电力线路参数的部分。

（2）查阅有关线路电晕现象和避免电晕措施的技术资料。

课前预习相关知识部分，并独立回答下列问题：

（1）电力线路运行时的电磁特性由哪些参数表示？它们各表示线路的什么特性？

（2）什么是电晕现象？避免电晕发生的措施有哪些？

相关知识

由于电力线路主要以架空线路为主，因此这里主要讨论架空线路的参数和等值电路。

输电线路的参数有电阻、感抗、电导和容纳。其中，电阻反映线路通过电流时产生的有功功率损失，感抗反映载流导体周围的磁场效应，电导反映线路带电时绝缘介质中产生的泄漏电流及导线附近空气游离产生的有功功率损失，容纳反映带电导线周围的电场效应。

在讨论电力线路电气参数时，假设三相电气参数是相同的。但这一假设仅在架空线路的空间布置选用使三相参数平衡的方法时才成立，使三相参数平衡的方法有两种：①三相导线布置在等边三角形的顶点上；②三相导线不是布置在等边三角形顶点上时，采用架空线路换位的方法减小三相参数的不平衡。

一、线路的参数计算

1. 电阻

导线单位长度的直流电阻计算式为

$$r_0 = \frac{\rho}{S} \tag{2-1}$$

式中：r_0 为导线单位长度的直流电阻，Ω/km；ρ 为导线材料电阻率，$\Omega \cdot mm^2/km$；S 为导线截面积，mm^2。

设导线长度为 l（km）时，每相导线的直流电阻 R（Ω）为

$$R = r_0 l \tag{2-2}$$

电力系统计算时，导线电阻率要进行一些适当修改，主要基于以下原因：①在交流电路中，由于趋肤效应和邻近效应的影响，交流电阻比直流电阻要大；②所用电线和电缆芯线多为绞线，其中每股导线的实际长度要比电线本身的长度长 2%～3%；③导线额定截面积与实际截面积也存在细微差异。考虑到这些因素的影响，在应用式（2-1）时，不用导线材料的标准电阻率，而是用略微增大的计算值。一般情况下，温度为 20℃时，铜导线电阻率 $\rho = 18.8\Omega \cdot mm^2/km$，铝导线电阻率 $\rho = 31.5\Omega \cdot mm^2/km$。为了使用方便，工程上已经将各类导线在 20℃时的单位长度有效电阻计算值 r_{20} 列入《电力工程电气设计手册》中，可直接查阅，任意温度 t 时的电阻值 r_t 计算式为

$$r_t = r_{20}[1 + \alpha(t - 20)] \tag{2-3}$$

式中：α 为电阻的温度系数，铜导线为 0.00382(1/℃)，铝导线为 0.0036（1/℃）。

2. 感抗

线路感抗是由于交流电流通过导线时，在导线周围及导线内产生交变磁场而引起的。下面分两种情况介绍线路感抗的计算方法。

（1）普通导线线路的感抗。经过整循环换位的三相导线感抗相同，每相导线单位长度的等值感抗计算式为

$$x_0 = 2\pi f \left(4.61 \lg \frac{D_m}{r} + 0.5\mu_r\right) \times 10^{-4} \tag{2-4}$$

式中：x_0 为每相导线单位长度感抗，Ω/km；f 为交流电频率，Hz；r 为导线计算半径，mm；μ_r 为导线材料相对磁导系数，铜和铝的 $\mu_r=1$，钢的 $\mu_r\gg1$；D_m 为三相导线的几何平均距离，简称几何均距，mm。

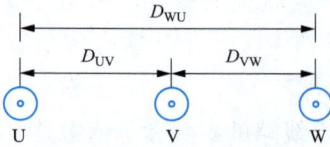

图 2-1 导线的几何均距

几何均距与导线的具体布置方式有关系。当三相导线间的距离分别为 D_{UV}、D_{VW}、D_{WU} 时（见图 2-1），几何均距的计算式为

$$D_m=\sqrt[3]{D_{UV}D_{VW}D_{WU}}$$

若取 $f=50\mathrm{Hz}$，$\mu=1$，则普通导线感抗计算式为

$$x_0=0.1445\lg\frac{D_m}{r}+0.0157 \tag{2-5}$$

若导线长度为 l（km），则每相导线感抗 X 为

$$X=x_0 l \tag{2-6}$$

（2）分裂导线线路的感抗。对于高压及超特高压远距离输电线路，为减小线路电晕损耗及线路感抗，提升线路输送能力，往往采用分裂导线。采用分裂导线的架空线路，每相导线用相同规格、相互间隔一定距离的数根导线架空，其每相由 2～8 根导线组成，每根间距 400～500mm，将它们均匀布置在一个半径为 R 的圆周上，因此 R 比一根导线的外径大得多，可以有效地减小线路感抗和电晕损耗，但也会使线路电容增大。

三相分裂导线经过整循环换位后，每相每千米感抗计算式为

$$x_0=2\pi f\left(4.6\lg\frac{D_m}{r_{eq}}+\frac{0.5\mu_r}{n}\right)\times10^{-4} \tag{2-7}$$

式中：n 为每相导线的分裂根数；r_{eq} 为每相分裂导线等值半径，mm。

r_{eq} 计算式为

$$r_{eq}=\sqrt[n]{rd_{12}d_{13}\cdots d_{1n}}=\sqrt[n]{r\prod_{m=2}^{n}d_{1m}} \tag{2-8}$$

式中：r 为每根导线半径，mm；d_{1m} 为第 1 根导线与第 m 根导线间的几何均距。

若取 $f=50\mathrm{Hz}$，$\mu_r=1$，则分裂导线感抗计算式为

$$x_0=0.1445\lg\frac{D_m}{r_{eq}}+\frac{0.0157}{n} \tag{2-9}$$

3. 电导

电导是反映电压施加在导体上时，因产生泄漏电流和电晕现象引起的有功损耗的参数。泄漏电流是电流杆塔处沿绝缘子串的表面流入大地的一种现象。一般情况下，绝缘子串的绝缘良好，因而泄漏电流引起的损耗很小，可以忽略不计。电晕是当导体表面的电场强度超过空气的击穿场强时，导体附近的空气游离而产生局部放电的一种现象。电晕时会发出咝咝声，并产生臭氧，夜里还可以看到紫色晕光，电晕放电产生的脉冲电磁波对无线电和高频通信有干扰，产生的臭氧对导线及金属元件有腐蚀作用。因此，线路运行时，应尽量避免电晕产生。导线产生电晕的最低电压称为电晕临界电压 U_{cr}，当线路正常工作电压大于 U_{cr} 时，电晕损耗将大大增加，且不可忽略。

临界电压（采用单导线）计算式为

$$U_{cr}=49.3m_1m_2\delta r\lg\frac{D_m}{r} \tag{2-10}$$

其中
$$\delta = \frac{3.86P}{273+t}$$

式中：U_{cr} 为电晕临界电压，kV；m_1 为考虑导线表面状况的参数，称为粗糙系数，对表面光洁的单股线，$m_1=1$，对绞线，推荐 $m_1=0.95$；m_2 为考虑气象状况的参数，称为气象系数，在干燥或晴朗的天气 $m_2=1$，在有雾、雨、霜、暴风雨时 $m_2<1$，在最恶劣的情况下 $m_2=0.8$；δ 为空气的相对密度，正常工作条件下一般取 1；P 为大气压力，Pa；t 为大气温度，℃。

当架空线路运行电压小于电晕临界电压时，全线路不会发生电晕。因此，在设计架空输电线路时，应使电晕的临界电压大于最高运行电压。式（2-10）仅适用于三相三角排列的导线。三相水平排列时，边相的电晕临界电压较式（2-10）计算值高 6%，而中间相的电晕临界电压则低 4%。

为提高电晕临界电压，避免导线发生全面电晕，可采取以下措施：

（1）施工时尽量避免磨损导线，要保持导线及金属元件表面光滑，以防电场分布不均匀。

（2）增大导线半径是减小导线表面附近电场强度、避免发生全面电晕的重要措施。为此，可以采用分裂导线、扩径导线和空心导线等。

虽然增加线间距离也可以提高电晕临界电压，但实验表明效果并不明显。而且，增加线间距离使杆塔造价迅速增大，因此，通过增加线间距离来提高电晕临界电压并不经济。

当架空线路实际运行电压大于电晕临界电压时，可通过实测方法求取电导，与电晕对应的电导计算式为

$$g_0 = \frac{\Delta P_g}{U^2} \times 10^{-3} \tag{2-11}$$

式中：g_0 为导线每相单位长度电导，S/km；ΔP_g 为实测三相电晕损耗总功率，kW/km；U 为线路电压，kV。

为避免过大的电晕损耗，架空线路导线的直径应选择适当，使其在天气晴朗时不发生电晕，在雨雪天气时允许略有电晕。由于一年中雨雪天气时间不长，因此全年电晕损耗不会显著增加线路运行费用。各级电压下晴天不发生电晕的部分最小导线半径和相应的导线型号见表 2-1。

表 2-1　　　各级电压下晴天不发生电晕的部分最小导线半径和相应的导线型号

额定电压/(kV)	110	220	330		500
			单分裂	双分裂	四分裂
相应导线型号	LGJ—50	LGJ—240	LGJ—600	2×LGJ—240	4×LGJQ—300

由实验和运行经验表明，一般 110kV 以下电压的架空线路以及 35kV 以下电压的电缆线路，由于电压低，不会发生全面电晕，因此也不必考虑电晕损耗和绝缘介质损耗。

4. 容纳

电力线路运行时，相与相之间及相与地之间都存在电位差，因而导线间以及导线与大地间有电容存在，也即存在容性电纳（简称容纳）。容纳大小与相间距离、导线截面积、杆塔结构等因素有关。当三相线路参数相同时，每相导线的等值电容计算式为

$$c = \frac{0.0241}{\lg \frac{D_m}{r}} \times 10^{-6} \quad (F/km) \tag{2-12}$$

当 $f = 50\mathrm{Hz}$ 时，导线单位长度容纳为

$$b_0 = \omega c = 2\pi f c = \frac{7.58}{\lg \frac{D_m}{r}} \times 10^{-6} \quad (S/km) \tag{2-13}$$

若导线长度为 $l(\mathrm{km})$，则每相导线容纳 B 为

$$B = b_0 l \tag{2-14}$$

当采用分裂导线时，仍可按式（2-13）计算容纳，只是这时导线的半径 r 应由式（2-8）计算得的等效半径 r_{eq} 代替，可见分裂导线的容纳比普通导线要大，一般双分裂导线线路容纳比同样截面积的单导线容纳增大 20% 左右。

二、电力线路等值电路

求得导线单位长度的参数以后，即可画出电力线路的等值电路，由于讨论的是三相导线对称的情况，因此可以用单相等值电路表示三相。线路沿线均匀分布着电阻、感抗、电导和容纳，其等值电路可近似用链形电路表示，如图 2-2 所示。

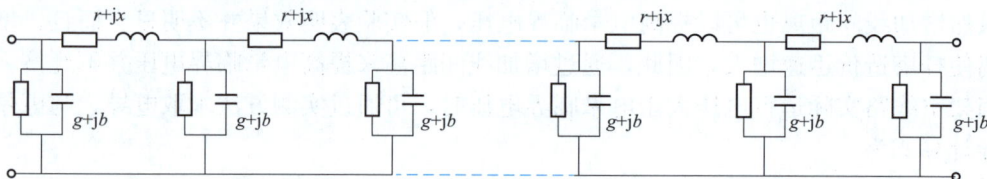

图 2-2　电力线路链形等值电路

由于电力线路的长度往往有数十乃至数百公里，若将每公里的参数都绘制在图上，所得的等值电路将非常复杂。此外，这样做也并非最精确，因为线路的参数实际上是均匀分布的，所以即使是很短的一段线路，也具备电阻、感抗、电导和容纳。如果采用这样的等值电路分析网络，那么将非常复杂，甚至根本无法分析。在实际分析中，一般只关注线路两端的电压、电流和功率等。因此，通常将线路的参数用集中参数表示，并将等值电路进行不同程度的简化，只有当线路长度超过 300km 时，才会考虑分布参数的影响。在工程上，根据输电线路的长度，可分为短线路（长度小于 100km）、中等长度线路（长度为 100～300km）和长距离线路（长度为 300km 以上）三种类型，不同长度的线路采用不同的等值电路。

1. 短线路等值电路

对于线路长度不超过 100km，且电压在 35kV 及以下的架空线路，线路容纳影响不大，可令 $b_0 = 0$。因天气晴朗时不发生电晕，且绝缘子泄漏电流又很小，可令 $g_0 = 0$。这样只考虑 r_0、x_0 两个参数，即可得到一字形等值电路，如图 2-3 所示。

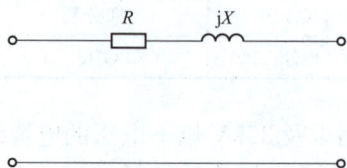

图 2-3　一字形等值电路

对于电缆线路，当线路不长、容纳影响不大时，也可采用这种等值电路。

2. 中等长度线路等值电路

对于线路长度为 100～300km、电压为 110～330kV 的中等长度架空线路，或长度不超

过 100km 的电缆线路，由于在设计这种线路时要求在一般天气下不允许出现电晕现象，并且线路本身绝缘水平很高，其泄漏电流也可忽略不计，因此 $g_0=0$。但这种线路因为电压较高、线路较长，所以电容的影响不可以忽略。中等长度线路可采用Ⅱ形等值电路或 T 形等值电路，工程上一般采用Ⅱ形等值电路，该电路是将线路容纳平分为两半，首末端各连接一半，如图 2-4(a) 所示。

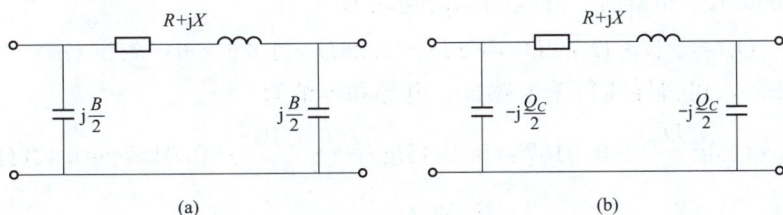

图 2-4　中等长度线路 Ⅱ形等值电路
(a) 用容纳表示；(b) 用功率表示

在电网计算中，对于中等长度线路Ⅱ形等值电路的容纳参数，往往用与之对应的功率来表示，如图 2-4(b) 所示。它们之间的关系计算式为

$$\begin{cases} I_C = \dfrac{U}{\sqrt{3}}B \\ Q_C = \sqrt{3}UI_C = U^2B \end{cases} \tag{2-15}$$

式中：U 为线电压，近似计算时可取额定电压；I_C 为电容电流。

3. 长距离线路等值电路

对于线路长度超过 300km、电压等级在 330kV 以上的架空线路，或线路长度超过 100km 的电缆线路，必须考虑它们参数的分布特性。

在工程上，如果只要求计算线路始末端电压、电流和功率，也可采用类似图 2-5 所示的 Ⅱ 形等值电路。图中参数 Z' 和 Y' 计算式为

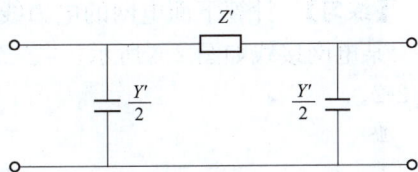

图 2-5　长距离线路 Ⅱ形等值电路

$$\begin{cases} Z' = Z\dfrac{\mathrm{sh}\sqrt{ZY}}{\sqrt{ZY}} \\ \dfrac{Y'}{2} = Y\dfrac{\mathrm{ch}\sqrt{ZY}-1}{\sqrt{ZY}\,\mathrm{sh}\sqrt{ZY}} \end{cases} \tag{2-16}$$

式中：Z、Y 为不计线路分布特性时，长度为 l 的输电线路的阻抗和导纳。

📖 任务实施

【示例】　电力线路的参数及等值电路。某三相单回输电线路采用 LGJ-300 型导线，已知导线的相间距离为 $D=6\mathrm{m}$，试求：①每相每千米线路的电阻；②三相导线水平布置且完全换位时，每相每千米线路的感抗和容纳值；③三相导线按等边三角形布置时，每相每千米线路的感抗和容纳值。

解　①LGJ-300 的截面积为 $300\mathrm{mm}^2$，代入式（2-1）可得导线 20℃时单位长度的电

阻为

$$r_0 = \frac{\rho}{S} = \frac{31.5}{300} = 0.105(\Omega/km)$$

查手册可知 LGJ-300 的计算外径为 25.2mm，因而计算半径为

$$r = 25.2/2 = 12.6(mm)$$

②当三相导线水平布置时，导线间几何均距为

$$D_m = \sqrt[3]{D \cdot D \cdot 2D} = \sqrt[3]{2}D = 1.26D = 1.26 \times 6 = 7.56(m)$$

代入式（2-5），可得导线每千米感抗、电导和容纳为

$$x_0 = 0.1445 \lg\frac{D_m}{r} + 0.0157 = 0.1445 \lg\frac{7.56 \times 10^3}{12.6} + 0.0157 = 0.42(\Omega/km)$$

$$b_0 = \frac{7.58}{\lg\dfrac{D_m}{r}} \times 10^{-6} = \frac{7.58}{\lg\dfrac{7.56 \times 10^3}{12.6}} \times 10^{-6} = 2.728 \times 10^{-6}(S/km)$$

③当三相导线按等边三角形布置时，有

$$D_m = D = 6(m)$$

代入式（2-5），可得

$$x_0 = 0.1445 \lg\frac{D_m}{r} + 0.0157 = 0.1445 \lg\frac{6 \times 10^3}{12.6} + 0.0157 = 0.403(\Omega/km)$$

$$b_0 = \frac{7.58}{\lg\dfrac{D_m}{r}} \times 10^{-6} = \frac{7.58}{\lg\dfrac{6 \times 10^3}{12.6}} \times 10^{-6} = 2.831 \times 10^{-6}(S/km)$$

【练习】 计算下面电网的电力线路参数，并画出其等值电路。

某电网接线如图 2-6 所示。共三条线路，两台主变压器，各电力线路型号和参数信息见表 2-2。

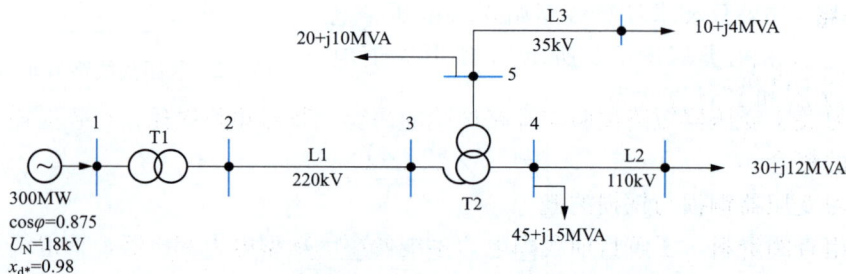

图 2-6 电网接线图

表 2-2   线路型号和参数信息

线路	型号	排列方式	外径（mm）	分列间距（mm）	线间距离（m）	线路长度（km）	电压（kV）
L1	LGJ-2×185	水平排列	18.9	400	6.5	200	220
L2	LGJ-240	水平排列	21.6	—	4	80	110
L3	LGJ-185	水平排列	18.9	—	2.5	15	35

（1）参数 R、X、G、B 的物理意义。

电阻 R 反映线路通过电流时产生的_____损失。感抗 L 反映载流导体周围的_____；

电导 G 反映线路带电时绝缘介质中产生＿＿＿＿＿及导线附近＿＿＿＿＿损失；容纳 B 则反映带电导线周围的＿＿＿＿＿。

（2）查阅设计资料，写出电力线路设计中关于防止电晕的有关要求。

（3）求 L1、L2、L3 线路的参数，并画出 220kV 线路和 110kV、35kV 线路的等值电路。

任务 2 确定变压器的参数及等值电路

教学目标

知识目标：

（1）能表述变压器 Γ 形等值电路中各参数的物理意义。

（2）能解释三绕组变压器三个绕组在铁心上的排列顺序。

能力目标：

（1）会计算变压器的各参数。

（2）会计算不同容量比的三绕组变压器的电阻和电抗。

（3）能画出变压器的 Γ 形等值电路。

素质目标：

培养学生理论联系实际的学习能力。

任务描述

计算双绕组与三绕组变压器的参数，画出它们的等值电路。

任务准备

课前做如下准备：

（1）复习关于变压器短路试验与开路试验的内容；复习短路损耗、空载损耗、阻抗电压和空载电流的概念。

（2）复习变压器铜损与铁损的概念。

（3）分组查阅资料，了解目前我国电力系统使用的新型电力变压器，小组编写《新型电力变压器及其应用情况》报告。

课前预习相关知识部分，并独立回答下列问题：

（1）短路损耗和阻抗电压是变压器哪个试验的结果？可以用来计算变压器的什么参数？

（2）空载损耗和空载电流是变压器哪个试验的结果？可以用来计算变压器的什么参数？

（3）变压的 T 形等值电路为什么可以简化为 Γ 形等值电路？

相关知识

变压器是电力系统中非常重要的元件。它的出现使得高电压、大容量的电力系统成为可能，同时也使得电力系统成为一个多电压等级的复杂系统。变压器的种类有很多，电力系统分析中常用到的是双绕组、三绕组和自耦变压器。本任务将介绍电网分析中常用电力变压器的等值电路及参数计算。

一、双绕组变压器等值电路及参数计算

在"电机学"课程中，已经介绍过变压器的等值电路。在电网分析中，双绕组变压器一般用 Γ 形或 Π 形等值电路，这里介绍 Γ 形等值电路，如图 2-7 所示。图中表示变压器电气特性的有四个参数：R_T、X_T、G_T 和 B_T，其中反映变压器励磁支路的导纳支路放在电源侧，可用导纳表示，也可用功率表示。图 2-7 中，变压器等值电路的四个参数可由变压器的空载试验和短路试验结果求出，这四个数据分别是短路损耗 ΔP_k、阻抗电压百分数 $U_k\%$、空载损耗 ΔP_0 和空载电流百分数 $I_0\%$，可在本书附录或产品铭牌上直接查到。以下介绍用变压器的试验数据求变压器参数的计算方法。

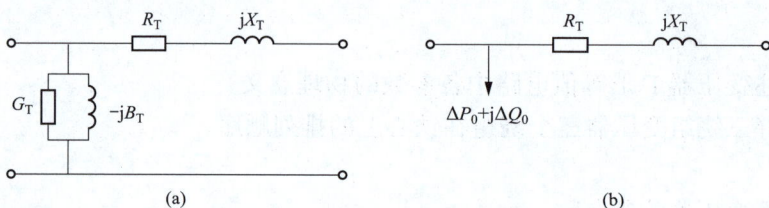

图 2-7　双绕组变压器等值电路
（a）导纳表示的变压器等值电路；（b）功率表示的变压器等值电路

1. 电阻 R_T

变压器的电阻 R_T 可由其短路试验得到的短路损耗 ΔP_k 求得，ΔP_k 近似等于额定电流流过变压器时高低压绕组中的总损耗 ΔP_{cu}（铜损），即

$$\Delta P_{cu} \approx \Delta P_k$$

铜损与变压器电阻之间关系为

$$\Delta P_{cu} = 3I_N^2 R_T \times 10^{-3} = 3 \times \left(\frac{S_N}{\sqrt{3}U_N}\right)^2 R_T \times 10^{-3} = \frac{S_N^2}{U_N^2}R_T \times 10^{-3}$$

得到

$$\Delta P_k \approx \frac{S_N^2}{U_N^2}R_T \times 10^{-3}$$

所以 R_T 的计算式为

$$R_T = \frac{\Delta P_k U_N^2}{S_N^2} \times 10^3 \tag{2-17}$$

式中：R_T 为变压器高低压绕组总电阻，Ω；I_N 为变压器额定电流，A；ΔP_k 为变压器短路损耗，kW；U_N 为变压器额定电压，kV；S_N 为变压器额定容量，kVA。

2. 电抗 X_T

变压器电抗 X_T 可由做短路试验时所测得的阻抗电压百分数 $U_k\%$ 求得，计算式为

$$U_k\% = \frac{\sqrt{3}I_N Z_T \times 10^{-3}}{U_N} \times 100\% \tag{2-18}$$

可得

$$Z_T = \frac{U_k\%U_N^2}{S_N} \times 10 \qquad (2\text{-}19)$$

因此，可得到变压器的电抗 X_T 为

$$X_T = \sqrt{Z_T^2 - R_T^2} \qquad (2\text{-}20)$$

对于小容量变压器，可用式（2-20）计算电抗；对于大容量变压器，由于绕组的电抗比电阻大得多，因此可以近似认为 $Z_T \approx X_T$，即

$$X_T \approx Z_T = \frac{U_k\%U_N^2}{S_N} \times 10 \qquad (2\text{-}21)$$

式中：S_N、U_N 的单位与式（2-17）相同。

3. 电导 G_T

变压器的电导用来反映变压器的铁心损耗，由变压器的空载试验得到的损耗为空载损耗 ΔP_0，它是变压器一次侧加额定电压且二次侧空载时，在变压器上产生的损耗，包括铁心损耗和空载电流流过绕组引起的铜损，但后者由于空载电流很小，与此对应的绕组铜损也很小，因此变压器的铁心损耗可以近似等于空载损耗。故变压器电导可由空载损耗得到，计算式为

$$G_T = \frac{\Delta P_0}{1000 U_N^2} \qquad (2\text{-}22)$$

式中：G_T 为变压器电导，S；ΔP_0 为变压器空载损耗，kW；U_N 为变压器额定电压，kV。

4. 电纳 B_T

变压器电纳由励磁功率 ΔQ_0 决定。该值可通过变压器的空载试验得到的空载电流百分数 $I_0\%$ 来计算。变压器空载电流包括有功分量和无功分量，其中无功分量与励磁功率相对应。而变压器空载时，其有功分量很小，因此空载电流近似等于无功分量，计算式为

$$I_0\% = \frac{I_0}{I_N} \times 100\% = \frac{\sqrt{3}U_N I_0}{\sqrt{3}U_N I_N} \times 100\% \approx \frac{\Delta Q_0}{S_N} \times 100\% \qquad (2\text{-}23)$$

得到

$$\Delta Q_0 = \frac{I_0\% S_N}{100} \qquad (2\text{-}24)$$

而

$$\Delta Q_0 = 1000 U_N^2 B_T$$

因此

$$B_T = \frac{\Delta Q_0}{1000 U_N^2} \qquad (2\text{-}25)$$

式中：B_T 为变压器电纳，S；ΔQ_0 为变压器空载损耗，kvar；U_N 为变压器额定电压，kV。

二、三绕组变压器等值电路及参数计算

三绕组变压器的等值电路如图 2-8 所示。图中变压器励磁支路可以用导纳表示，也可以用与导纳对应的功率表示。三绕组变压器的基本参数有三侧绕组的电阻、电抗（即 R_{T1}、R_{T2}、R_{T3} 和 X_{T1}、X_{T2}、X_{T3}）以及励磁支路的导纳 $G_T(\Delta P_0)$、$B_T(\Delta Q_0)$。由于三绕组变压器空载试验方法与双绕组变压器相同，因此其励磁支路的计算方法与双绕组变压器相同，这里不再赘述。下面介绍电阻和电抗的计算方法。

三绕组变压器短路试验的结果是由绕组两两短路得到的，因此，短路试验得到的短路损

耗和阻抗电压都是两个绕组的总损耗和电压降。而电阻和电抗的参数都是各个绕组的参数，所以首先要计算出各绕组的短路损耗和电压降。

1. 绕组电阻 R_{T1}、R_{T2}、R_{T3}

三绕组变压器各绕组的电阻与三个绕组的制造容量有关，而各绕组的制造容量可以根据工程要求选择不同的容量比。三绕组变压器的额定容量是按最大绕组容量来表示的。目前，我国三绕组变压器的容量比主要有三种类型，见表 2-3。以下分别介绍不同容量比下各绕组电阻值的计算方法。

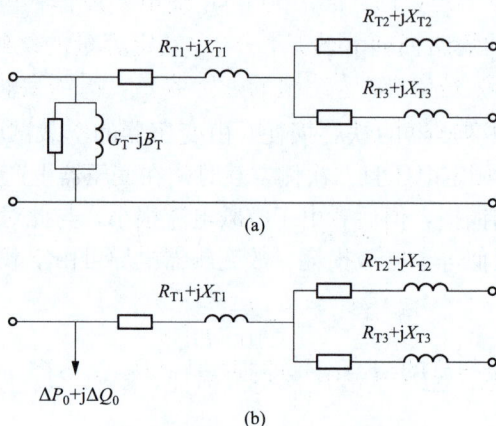

图 2-8　三绕组变压器等值电路

(a) 导纳表示的变压器等值电路；(b) 功率表示的变压器等值电路

表 2-3　　　　　　　　　　　　变压器各绕组容量比

类别	各绕组容量占变压器额定容量百分比		
	高压侧	中压侧	低压侧
1	100	100	100
2	100	100	50
3	100	50	100

对于容量比为 100/100/100 的三绕组变压器，首先由短路试验测得的短路损耗 ΔP_{k12}、ΔP_{k23}、ΔP_{k13} 求出各个绕组的短路损耗 ΔP_{k1}、ΔP_{k2}、ΔP_{k3}（为书写简便，后面约定用 1、2、3 分别表示变压器的高、中、低压侧绕组）。由于

$$\begin{cases} \Delta P_{k12} = \Delta P_{k1} + \Delta P_{k2} \\ \Delta P_{k23} = \Delta P_{k2} + \Delta P_{k3} \\ \Delta P_{k13} = \Delta P_{k1} + \Delta P_{k3} \end{cases} \tag{2-26}$$

由式（2-26）得到

$$\begin{cases} \Delta P_{k1} = \dfrac{1}{2}(\Delta P_{k12} + \Delta P_{k13} - \Delta P_{k23}) \\ \Delta P_{k2} = \dfrac{1}{2}(\Delta P_{k12} + \Delta P_{k23} - \Delta P_{k13}) \\ \Delta P_{k3} = \dfrac{1}{2}(\Delta P_{k13} + \Delta P_{k23} - \Delta P_{k12}) \end{cases} \tag{2-27}$$

将式（2-27）代入式（2-17），求得各绕组的电阻为

$$\begin{cases} R_{T1} = \dfrac{\Delta P_{k1} U_N^2}{S_N^2} \times 10^3 \\[3mm] R_{T2} = \dfrac{\Delta P_{k2} U_N^2}{S_N^2} \times 10^3 \\[3mm] R_{T3} = \dfrac{\Delta P_{k3} U_N^2}{S_N^2} \times 10^3 \end{cases} \tag{2-28}$$

对于容量比为 100/100/50 或 100/50/100 的三绕组变压器，由于做短路试验时受 50% 容量的限制，因此有两组的短路损耗数值是按 50% 额定容量的绕组在达到额定容量时测量的值。而式（2-28）中的 S_N 是指 100% 绕组的额定容量，故需要将与 50% 容量有关的短路损耗归算到 100% 绕组的额定容量。以 100/100/50 为例，与 50% 容量有关的短路损耗为 $\Delta P'_{k23}$、$\Delta P'_{k13}$，归算公式为

$$\begin{cases} \Delta P_{k23} = \Delta P'_{k23} \left(\dfrac{S_N}{S_{N3}}\right)^2 \\[3mm] \Delta P_{k13} = \Delta P'_{k13} \left(\dfrac{S_N}{S_{N3}}\right)^2 \end{cases} \tag{2-29}$$

式中：$\Delta P'_{k13}$、$\Delta P'_{k23}$ 为未经归算的绕组间短路损耗；ΔP_{k13}、ΔP_{k23} 为归算至 100% 额定容量下的短路损耗。

2. 绕组电抗 X_{T1}、X_{T2}、X_{T3}

三绕组变压器的容量一般都比较大，与双绕组变压器相同，可以近似认为 $X_T \approx Z_T$，因此根据已知的 $U_{k12}\%$、$U_{k23}\%$、$U_{k13}\%$ 求出各绕组阻抗电压后，代入式（2-21）即可得到各绕组等值电抗。它们的计算公式为

$$\begin{cases} U_{k1}\% = \dfrac{1}{2}(U_{k12}\% + U_{k13}\% - U_{k23}\%) \\[3mm] U_{k2}\% = \dfrac{1}{2}(U_{k12}\% + U_{k23}\% - U_{k13}\%) \\[3mm] U_{k3}\% = \dfrac{1}{2}(U_{k13}\% + U_{k23}\% - U_{k12}\%) \end{cases} \tag{2-30}$$

$$\begin{cases} X_{T1} = \dfrac{U_{k1}\% U_N^2}{S_N} \times 10 \\[3mm] X_{T2} = \dfrac{U_{k2}\% U_N^2}{S_N} \times 10 \\[3mm] X_{T3} = \dfrac{U_{k3}\% U_N^2}{S_N} \times 10 \end{cases} \tag{2-31}$$

应该指出，厂家给出的短路电压值一般已归算到变压器额定容量相对应的值，因此不论变压器各绕组容量比如何，都可以直接按照式（2-30）、式（2-31）计算。

三相三绕组变压器的三个绕组在铁心上排列时应遵循两个原则：一是为便于绝缘，高压绕组应排列在最外层；二是为减少漏磁损失，传递功率的绕组应紧靠。因此，升压变压器的三个绕组排列顺序从外到内依次为高 - 低 - 中，因为功率是从低压侧向高压侧、中压侧输送的；降压变压器三个绕组排列顺序从外到内依次为高 - 中 - 低。由于绕组的排列方式不同，

各绕组间的漏磁通以及由此引起的阻抗电压百分数也不相同。对于中间绕组，它和相邻绕组的漏抗较小，而内外两绕组相距较远，漏抗较大，因此中间绕组的等值电抗最小。例如，于升压变压器低压绕组的等值电抗最小，而降压变压器中压绕组的等值电抗最小。甚至可能使相距较近的绕组间的阻抗电压之和小于相距较远两绕组间的阻抗电压，从而出现负值，但是并不意味着其为容抗，因为它只是数学上等值的结果，并无实际物理意义。实际上，即使出现负值，也很小，一般近似为零。

三、自耦变压器等值电路及参数计算

自耦变压器与普通变压器的主要差别在于：前者既有磁的耦合，又有电的联系；后者只有磁的耦合，没有电的联系。与普通变压器相比，自耦变压器具有省材料、低投资和高效率的优点。但也有缺点，如短路电流大、绝缘要求高等。自耦变压器在电力系统中得到了广泛应用。

自耦变压器的等值电路和参数计算公式与普通变压器相同。只是由于自耦变压器均采用星形自耦的接线方式，为了消除铁心饱和引起的 3 次谐波，常加上一个三角形联结的第三绕组作为低压绕组，给附近的负荷供电，或接调相机和电力电容器以调节系统的无功功率和电压。第三绕组在电气上独立，容量比较小，一般容量比为 100/100/50 或 100/100/33.3。所以计算时需要对短路试验数据进行折算。若阻抗电压百分数未折算，则需要按照下式先折算为

$$\begin{cases} U_{k13}\% = U'_{k13}\%\left(\dfrac{S_N}{S_{3N}}\right) \\ U_{k23}\% = U'_{k23}\%\left(\dfrac{S_N}{S_{3N}}\right) \end{cases} \tag{2-32}$$

式中：$U'_{k13}\%$、$U'_{k23}\%$ 为厂家提供的未折算的阻抗电压百分值。

任务实施

【示例 1】 试计算 SFL1-20000/110 型双绕组变压器归算到高压侧的参数，并画出它的等值电路。铭牌数据为：电压比为 110/11kV，$S_N = 20000kVA$，$\Delta P_0 = 22kW$，$\Delta P_k = 135kW$，$U_k\% = 10.5$，$I_0\% = 0.8$。

解 按照式（2-17），由短路损耗 $\Delta P_k = 135kW$ 求得变压器电阻 R_T 为

$$R_T = \frac{\Delta P_k U_N^2}{S_N^2} \times 10^3 = \frac{135 \times 110^2}{20000^2} \times 10^3 = 4.08(\Omega)$$

按照式（2-21），由 $U_k\% = 10.5$ 可求得变压器电抗 X_T 为

$$X_T = \frac{U_k\% U_N^2}{S_N} \times 10 = \frac{10.5 \times 110^2}{20000} \times 10 = 63.53(\Omega)$$

按照式（2-22），由 $\Delta P_0 = 22kW$ 可求得变压器电导 G_T 为

$$G_T = \frac{\Delta P_0}{1000 U_N^2} = \frac{22}{1000 \times 110^2} = 1.82 \times 10^{-6}(S)$$

按照式（2-24），由 $I_0\% = 0.8$ 可得到变压器励磁功率 ΔQ_0 为

$$\Delta Q_0 = \frac{I_0\% S_N}{100} = \frac{0.8 \times 20000}{100} = 160(kvar)$$

按照式（2-25），可得到变压器电纳为

$$B_T = \frac{\Delta Q_0}{1000 U_N^2} = \frac{160}{1000 \times 110^2} = 1.32 \times 10^{-5}(S)$$

变压器等值电路如图 2-9 所示。

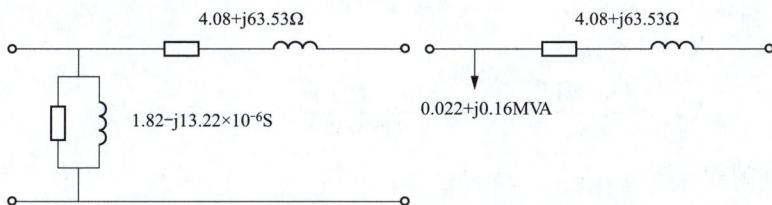

图 2-9　［示例 1］变压器等值电路

【示例 2】　三相三绕组变压器型号为 SSPSZ7-180000/220，额定容量为 180000/180000/90000kVA，额定电压为 $220 \pm 8 \times 1.5\%/115/37.5$kV，厂家给出的技术参数：空载电流 $I_0\% = 0.38$，空载损耗 $\Delta P_0 = 165$kW，短路损耗为 $\Delta P_{k12} = 700$kW、$\Delta P'_{k23} = 137$kW、$\Delta P'_{k13} = 206$kW，阻抗电压百分数为 $U_{k12}\% = 13.1$、$U_{k23}\% = 7.2$、$U_{k13}\% = 21.5$。

解　由题，可知，这台变压器容量比为 180000/180000/90000，先对短路损耗进行折算，由式（2-29）得

$$\Delta P_{k23} = \Delta P'_{k23} \left(\frac{S_N}{S_{N3}}\right)^2 = 137 \times \left(\frac{180000}{90000}\right)^2 = 548 (\text{kW})$$

$$\Delta P_{k13} = \Delta P'_{k13} \left(\frac{S_N}{S_{N3}}\right)^2 = 206 \times \left(\frac{180000}{90000}\right)^2 = 824 (\text{kW})$$

由式（2-27）得

$$\begin{cases} \Delta P_{k1} = \dfrac{1}{2}(\Delta P_{k12} + \Delta P_{k13} - \Delta P_{k23}) = \dfrac{1}{2} \times (700 + 824 - 548) = 488 (\text{kW}) \\[2mm] \Delta P_{k2} = \dfrac{1}{2}(\Delta P_{k12} + \Delta P_{k23} - \Delta P_{k13}) = \dfrac{1}{2} \times (700 + 548 - 824) = 212 (\text{kW}) \\[2mm] \Delta P_{k3} = \dfrac{1}{2}(\Delta P_{k13} + \Delta P_{k23} - \Delta P_{k12}) = \dfrac{1}{2} \times (824 + 548 - 700) = 336 (\text{kW}) \end{cases}$$

因求归算至高压侧的参数，故取 $U_N = 220$kV，由式（2-28）得

$$\begin{cases} R_{T1} = \dfrac{\Delta P_{k1} U_N^2}{S_N^2} \times 10^3 = \dfrac{488 \times 220^2}{180000^2} \times 10^3 = 0.73 (\Omega) \\[2mm] R_{T2} = \dfrac{\Delta P_{k2} U_N^2}{S_N^2} \times 10^3 = \dfrac{212 \times 220^2}{180000^2} \times 10^3 = 0.32 (\Omega) \\[2mm] R_{T3} = \dfrac{\Delta P_{k3} U_N^2}{S_N^2} \times 10^3 = \dfrac{336 \times 220^2}{180000^2} \times 10^3 = 0.50 (\Omega) \end{cases}$$

由式（2-30）求得各绕组阻抗电压百分数为

$$\begin{cases} U_{k1}\% = \dfrac{1}{2}(U_{k12}\% + U_{k13}\% - U_{k23}\%) = \dfrac{1}{2} \times (13.1 + 21.5 - 7.2) = 13.7 \\[2mm] U_{k2}\% = \dfrac{1}{2}(U_{k12}\% + U_{k23}\% - U_{k13}\%) = \dfrac{1}{2} \times (13.1 + 7.2 - 21.5) = -0.6 \approx 0 \\[2mm] U_{k3}\% = \dfrac{1}{2}(U_{k13}\% + U_{k23}\% - U_{k12}\%) = \dfrac{1}{2} \times (21.5 + 7.2 - 13.1) = 7.8 \end{cases}$$

由式（2-31），得到各绕组电抗为

$$X_{\text{T1}} = \frac{U_{\text{k1}}\%U_\text{N}^2}{S_\text{N}} \times 10 = \frac{13.7 \times 220^2}{180000} \times 10 = 36.84(\Omega)$$

$$X_{\text{T2}} = 0(\Omega)$$

$$X_{\text{T3}} = \frac{U_{\text{k3}}\%U_\text{N}^2}{S_\text{N}} \times 10 = \frac{7.8 \times 220^2}{180000} \times 10 = 20.97(\Omega)$$

变压器的导纳为

$$G_\text{T} = \frac{\Delta P_0}{1000 U_\text{N}^2} = \frac{165}{1000 \times 220^2} = 3.41 \times 10^{-6}(\text{S})$$

$$\Delta Q_0 = \frac{I_0\% S_\text{N}}{100} = \frac{0.38 \times 180000}{100} = 684(\text{kvar})$$

$$B_\text{T} = \frac{\Delta Q_0}{1000 U_\text{N}^2} = \frac{684}{1000 \times 220^2} = 14.13 \times 10^{-6}(\text{S})$$

其 Γ 形等值电路如图 2-10 所示。

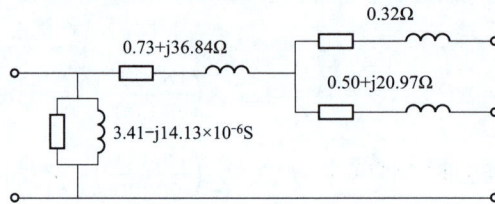

图 2-10　[示例 2] 变压器等值电路

【练习】　在图 2-6 的电网接线图中，计算变压器的参数，并画出等值电路。变压器 T1 和 T2 的参数信息见表 2-4。

表 2-4　　　　　　　　　　　　　　变压器参数信息

变压器	容量（MVA）	电压（kV）	ΔP_k（kW）	$U_\text{k}\%$	$I_0\%$	ΔP_0（kW）
T1	180	13.8/242	893	13	0.5	175
T2	120/120/60	220/121/38.5	448(1-2) 413(1-3) 378(2-3)	9.6(1-2) 17.5(1-3) 11.5(2-3)	0.35	89

（1）写出双绕组变压器电阻、电抗、电导和电纳四个参数的物理意义。

（2）计算 T1 和 T2 的参数（归算到 220kV 电压下），并画出它们的 Γ 形等值电路。

1）计算 T1 的参数，绘制其等值电路。

步骤 1：分别用双绕组压器参数计算公式计算电阻、电抗、电导和电纳。

步骤 2：画出 T1 的 Γ 形等值电路。

2）计算 T2 的参数，绘制其等值电路。

判断：T2 为_____变压器。

步骤 1：计算 T2 的电导与电纳。

步骤 2：将需要折算的短路损耗与阻抗电压百分数折算至额定容量下。

步骤 3：分别计算各绕组的短路损耗与阻抗电压百分数。

步骤 4：计算各绕组的电阻与电抗。

步骤 5：画出 T2 的 Γ 形等值电路。

（3）三相三绕组变压器的三个绕组在铁心上排列时应遵循两个原则：①为便于绝缘，高压绕组_____；②为较小漏磁损失，传递功率的绕组应_____。

（4）升压变压器的三个绕组排列顺序从外到内依次为_____，因为功率是从低压侧向高压侧、中压侧输送的；降压变压器三个绕组从外到内依次为_____。

（5）三个绕组中，相邻绕组的漏抗较_____，而内外两绕组相距较远，漏抗较_____，因此中间绕组的等值电抗最_____。升压变压器_____绕组的电抗值最小，降压变压器_____绕组的电抗值最小。甚至可能使相距较近的绕组间的阻抗电压之和小于相距较远两绕组间的阻抗电压，从而会出现负值。

任务 3 确定电力系统的等值电路

教学目标

知识目标：
（1）能说出归算的概念。
（2）能说出有名值和标幺值的概念。
能力目标：
（1）会归算多电压等级的电网参数。
（2）会换算不同基准值下的标幺值。
（3）会用有名值和标幺值两种方法计算电网参数并画出等值电路。
素质目标：
培养学生养成认真细致的学习习惯。

任务描述

画出简单电力系统的等值电路。

任务准备

课前做如下准备：
（1）复习有关变压器变换电压、变换电流和变换阻抗的概念。
（2）复习电力线路与电力变压器的参数计算方法和等值电路。
课前预习相关知识部分，并独立回答下列问题：
（1）多电压等级的电力系统，画等值电路时为什么需要将不同电压等级的阻抗、导纳、电压和电流等参数归算到同一个电压等级下？
（2）计算参数的标幺值时，基准值的选取应注意哪些问题？
（3）不同基准值的标幺值可以在一起计算或者比较吗？

相关知识

前面介绍了电力系统中电力线路和变压器的等值电路和参数计算，在此基础上，本任务介绍电力系统的等值电路。

制定全系统等值电路的目的是将各个孤立元件形成一个有机的整体，以便进行有关的计算和分析。电力系统参数有两种表示方法：有名制和标幺制，因此电力系统的等值电路也有两种表示方法，即有名值表示和标幺值表示。同时由于变压器的存在，使电力系统成为一个多电压等级的系统，因此需要将系统各参数归算到同一电压等级下才能进行统一分析。下面分别讨论有名值和标幺值表示的电力系统等值电路。

一、有名值表示

在电力系统计算时，各参数可以采用有单位的阻抗、导纳、电流、电压和功率等来表示，称为有名制。

在多电压等级的电力系统中，需要将各参数归算到同一电压等级下，该电压等级称为基本级，一般将系统中的最高电压等级作为基本级。归算方法为

$$
\begin{cases}
R = R'(k_1 k_2 \cdots k_n)^2 \\
X = X'(k_1 k_2 \cdots k_n)^2 \\
G = G'\left(\dfrac{1}{k_1 k_2 \cdots k_n}\right)^2 \\
B = B'\left(\dfrac{1}{k_1 k_2 \cdots k_n}\right)^2 \\
U = U'(k_1 k_2 \cdots k_n) \\
I = I'\left(\dfrac{1}{k_1 k_2 \cdots k_n}\right)
\end{cases}
\tag{2-33}
$$

式中：R、X、G、B、U、I 分别为归算后的各参数值；R'、X'、G'、B'、U'、I' 分别为归算前的各参数值；k_1、k_2、$\cdots$、k_n 分别为待归算级到基本级间所有变压器的电压比。

例如图 2-11 中，要将 35kV 侧 L1 线路的参数和变量归算至 500kV 侧，则变压器 T1、T2 的电压比 k_1、k_2 应分别取 110/38.5、500/121，即电压比的分子为基本级一侧的额定电压，分母为待归算级一侧的额定电压。

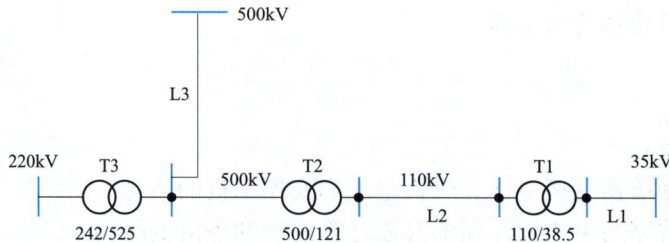

图 2-11 多电压等级网络

二、标幺值表示

在电力系统计算时，将各参数采用其实际值与一个选定的同单位的基准值之比来表示的方法称为标幺制，所以标幺值是一个相对量。采用标幺值表示的参数进行计算时，具有结果清晰、便于迅速判断计算结果的正确性及可大量简化计算等优点。它与有名值、基准值之间的关系为

$$标幺值 = \frac{有名值}{基准值} \tag{2-34}$$

1. 基准值的选择

基准值的选择要遵循以下两个原则：①基准值的量纲应该与有名值的量纲相同；②遵循各电气量有名值之间的基本关系。

对于各电气量要满足三相交流电路的基本原理，即应满足如下关系

$$\begin{cases} U_B = \sqrt{3}\, I_B Z_B \\ S_B = \sqrt{3}\, U_B I_B \\ Z_B = \dfrac{1}{Y_B} \end{cases} \tag{2-35}$$

由此可见，五个基准值中只有两个可以任意选择，其余三个必须根据上列关系派生。通常选取三相功率和线电压基准值 S_B、U_B，然后按上列关系计算每相阻抗、导纳和线电流的基准值分别为

$$\begin{cases} Z_B = \dfrac{U_B^2}{S_B} \\ I_B = \dfrac{S_B}{\sqrt{3}\, U_B} \\ Y_B = \dfrac{1}{Z_B} \end{cases} \tag{2-36}$$

一般功率的基准值往往选取某个发电厂的总功率或系统总功率，也可取某发电机或变压器的额定功率或取一个整数，如 100、1000MVA 等。选好基准值后，用有名值除以相应的基准值就可以得到标幺值，即

$$\begin{cases} U_* = \dfrac{U}{U_B} \\ I_* = \dfrac{I}{I_B} = \dfrac{I\sqrt{3}\, U_B}{S_B} \\ Z_* = \dfrac{Z}{Z_B} = \dfrac{Z S_B}{U_B^2} \\ Y_* = \dfrac{Y}{Y_B} = \dfrac{Y U_B^2}{S_B} \end{cases} \tag{2-37}$$

式中：U_*、I_*、Z_*、Y_* 分别为电压、电流、阻抗、导纳的标幺值；U、I、Z、Y 分别为电压、电流、阻抗、导纳的有名值；U_B、I_B、Z_B、Y_B 分别为电压、电流、阻抗、导纳的基准值。

这里还需指出的是，由于在三相系统中，线电压为相电压的 $\sqrt{3}$ 倍，三相功率为单相功率的 3 倍，因此，当取线电压基准值为相电压基准值的 $\sqrt{3}$ 倍，三相功率基准值为单相功率基准值的 3 倍时，则线电压和相电压标幺值数值上相等，而三相功率和单相功率标幺值数值也相等，那么三相电路计算可以转化为单相电路计算如式（2-38），所以运算更简便，这也是标幺值的一个优点。

$$\begin{cases} S_* = U_* I_* \\ U_* = I_* Z_* \end{cases} \tag{2-38}$$

2. 多电压等级基准值的归算

在多电压等级的电网中，标幺值的归算有两种方法：一是将网络各元件的阻抗、导纳以及电网的电压、电流等参数按前述方法归算到基本级，然后除以基本级的阻抗、导纳、电流、电压等的基准值；二是将基本级的基准值归算到各有名值所在的电压级，然后用未经归算的各元件阻抗、导纳以及网络中各点的电压、电流有名值除以由基本级归算到各电压级的基准值，功率基准值不需要归算。

$$\begin{cases} U_* = \dfrac{U'}{U'_B} \\[2mm] I_* = \dfrac{I'}{I'_B} = \dfrac{I'\sqrt{3}U'_B}{S_B} \\[2mm] Z_* = \dfrac{Z'}{Z'_B} = \dfrac{Z'S_B}{U'^2_B} \\[2mm] Y_* = \dfrac{Y'}{Y'_B} = \dfrac{Y'U'^2_B}{S_B} \end{cases} \tag{2-39}$$

式中：U_*、I_*、Z_*、Y_* 分别为电压、电流、阻抗、导纳的标幺值；U'、I'、Z'、Y' 分别为未经归算的电压、电流、阻抗、导纳的有名值；U'_B、I'_B、Z'_B、Y'_B 分别为归算到各电压级的电压、电流、阻抗、导纳的基准值。

3. 不同基准值的标幺值的换算

在电力系统计算时，有些参数（如发电机、变压器等元件）的电抗，生产厂家给出的都是以额定值为基准的标幺值。但在计算中整个电路必须选取统一的基准值。因此，必须将以额定参数为基准的标幺值换算为统一选取的基准值下的标幺值。换算原则是：不论基准值如何改变，有名值都不变。

进行换算时，先将标幺值还原为有名值，再用统一的基准值计算新的标幺值。例如变压器的电抗 X_{N*}，其电抗有名值为

$$X = X_{N*}\frac{U^2_N}{S_N}$$

如果统一选取基准值为 U_B、S_B，则新的标幺值计算式为

$$X_{B*} = X\frac{S_B}{U^2_B} = X_{N*}\frac{U^2_N}{S_N}\frac{S_B}{U^2_B} \tag{2-40}$$

式中：X 为变压器电抗有名值；X_{B*} 为新基准值下的标幺值。

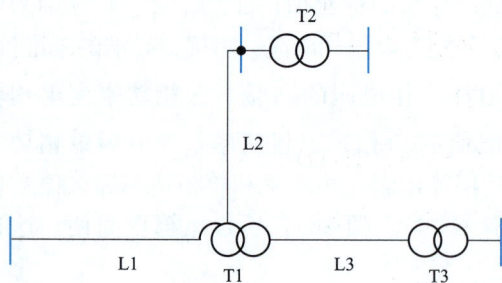

图 2-12　电网接线

📖 **任务实施**

【示例】电网接线如图 2-12 所示。图中各元件技术数据见表 2-5，其中 T1 的阻抗电压百分数 $U_k\%$ 已归算至 100％额定容量下。试分别用有名值和标幺值表示归算至 220kV 侧的该网络等值电路。画等值电路时，变压器的电阻和导纳及线路 L1、L2、L3 的电阻和导纳都可以忽略。

表 2-5   电力网络各元件技术数据

符号	名称	容量（MVA）	电压比（kV）	阻抗电压百分数 U_k%		
T1	变压器	120	220/121/38.5	U_{k12}%	U_{k13}%	U_{k23}%
				9	30	20
T2	变压器	180	13.8/242	14		
T3	变压器	15	35/6.6	8		

符号	名称	长度（km）	电压（kV）	电抗（Ω/km）
L1	电力线路	50	110	0.41
L2	电力线路	60	220	0.38
L3	电力线路	13	35	0.38

解 （1）采用有名值表示。

变压器 T1 的电抗，由式（2-30）、式（2-31）可得

$$\begin{cases} U_{k1}\% = \frac{1}{2}(U_{k12}\% + U_{k13}\% - U_{k23}\%) = \frac{1}{2} \times (9 + 30 - 20) = 9.5 \\[2mm] U_{k2}\% = \frac{1}{2}(U_{k12}\% + U_{k23}\% - U_{k13}\%) = \frac{1}{2} \times (9 + 20 - 30) \approx 0 \\[2mm] U_{k3}\% = \frac{1}{2}(U_{k13}\% + U_{k23}\% - U_{k12}\%) = \frac{1}{2} \times (30 + 20 - 9) = 20.5 \end{cases}$$

$$\begin{cases} X_{1(T1)} = \frac{U_{k1}\% U_N^2}{S_N} \times 10 = \frac{9.5 \times 220^2}{120000} \times 10 = 38.32(\Omega) \\[2mm] X_{2(T1)} = 0(\Omega) \\[2mm] X_{3(T1)} = \frac{U_{k3}\% U_N^2}{S_N} \times 10 = \frac{20.5 \times 220^2}{120000} \times 10 = 82.68(\Omega) \end{cases}$$

变压器 T2 的电抗，由式（2-31）可得

$$X_{(T2)} = \frac{U_k\% U_N^2}{S_N} \times 10 = \frac{14 \times 242^2}{180000} \times 10 = 37.64(\Omega)$$

变压器 T3 的电抗，首先由式（2-31），再归算到 220kV 下可得

$$X_{(T3)} = \frac{U_k\% U_N^2}{S_N} \times 10 \times \left(\frac{220}{38.5}\right)^2 = \frac{8 \times 35^2}{15000} \times 10 \times \left(\frac{220}{38.5}\right)^2 = 213.33(\Omega)$$

电力线路的电抗分别为

$$X_{L1} = 0.41 \times 50 \times \left(\frac{220}{121}\right)^2 = 67.77(\Omega)$$

$$X_{L2} = 0.38 \times 60 = 22.8(\Omega)$$

$$X_{L3} = 0.38 \times 13 \times \left(\frac{220}{38.5}\right)^2 = 161.31(\Omega)$$

最后得到有名值表示的电力网络等值电路如图 2-13（a）所示。

（2）标幺值表示的电力网络等值电路。

首先选取基准值 $U_B = 220$kV，$S_B = 100$MVA，则基准阻抗为

$$Z_{B} = \frac{U_{B}^{2}}{S_{B}} = \frac{220^{2}}{100} = 484(\Omega)$$

各参数的标幺值为

$$X_{*1(T1)} = \frac{X_{1(T1)}}{Z_{B}} = \frac{38.32}{484} = 0.079$$

$$X_{*3(T1)} = \frac{X_{3(T1)}}{Z_{B}} = \frac{82.68}{484} = 0.171$$

$$X_{*(T2)} = \frac{X_{(T2)}}{Z_{B}} = \frac{37.64}{484} = 0.078$$

$$X_{*(T3)} = \frac{X_{(T3)}}{Z_{B}} = \frac{213.33}{484} = 0.441$$

$$X_{*L1} = \frac{X_{L1}}{Z_{B}} = \frac{67.77}{484} = 0.14$$

$$X_{*L2} = \frac{X_{L2}}{Z_{B}} = \frac{22.8}{484} = 0.047$$

$$X_{*L3} = \frac{X_{L3}}{Z_{B}} = \frac{161.31}{484} = 0.333$$

最后得到标幺值表示的等值电路如图 2-13（b）所示。

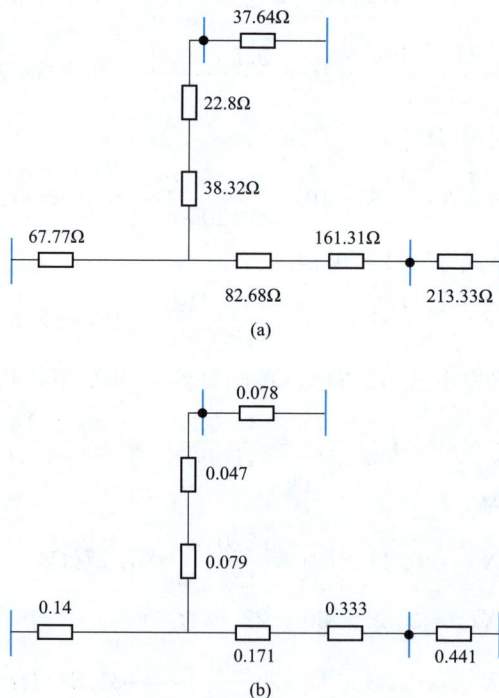

(a)

(b)

图 2-13　电力网络等值电路

（a）有名值表示；（b）标幺值表示

【练习】　在前图 2-6 的电网接线图，已经计算该图中电力线路和变压器的参数，并画出了各设备的等值电路，接下来完成下面的任务：

（1）计算图中发电机的电抗有名值。

（2）将图中的所有参数归算到 220kV 电压下。

（3）画出该电网有名值表示的等值电路。

（4）如果取基准值 $S_B=100\text{MVA}$，$U_B=220\text{kV}$，试计算图中各设备参数的标幺值。

（5）画出该电网标幺值表示的等值电路。

任务 4　计算电网的电压降和功率损耗

教学目标

知识目标：

（1）能说出电网负荷功率的表示方法。

（2）能说出电网功率传输方向与电网电压的关系。

（3）能说出计算负荷与计算功率的概念和作用。

（4）能说出电压降、电压损耗、电压调整和电压偏移的概念。

能力目标：

（1）会计算电力线路和电力变压器的功率损耗。

（2）会计算电力线路和电力变压器阻抗支路的电压降。

（3）已知电网末端的电压和功率，会计算首端电压，会画首末端电压的相量图。

素质目标：

培养学生分析问题和解决问题的能力。

任务描述

完成简单电网电压降和功率损耗的计算。

任务准备

课前做如下准备：

（1）复习复数的基本概念，复数的不同表示形式（代数形式 $F=a+jb$、指数形式 $F=|F|e^{j\theta}$ 及极坐标形式 $F=|F|\angle\theta$ 及其相互间的关系），复数的四则运算。

（2）复习相量的相关概念：相量表示的欧姆定律、阻抗（电阻、感抗和容抗）和导纳（电导、感纳和容纳）、相量图等。

（3）复习正弦稳态电路中的功率有关概念：有功功率、无功功率、视在功率、功率因数和复功率等。

（4）复习对称三相电路中有关线电压、相电压、线电流和相电流等相量的概念及其相互关系。

（5）复习对称三相电路中有关功率的概念和计算方法。

课前预习相关知识部分，并独立回答下列问题：

（1）为什么负荷的感性无功为正，容性无功为负？

（2）计算阻抗支路的功率损耗与电压降时，为什么必须用阻抗支路的功率？

（3）计算阻抗支路的功率损耗与电压降时，为什么阻抗支路的功率与电压要一致？

（4）电力线路容纳之前的电压和容纳之后的电压相同吗？功率呢？

相关知识

在画出电力网络的等值电路后，即可对电力网络进行分析和计算。当电流流过电力网络中电力线路和变压器等元件时，在这些元件上会产生电压降和功率损耗。本任务介绍电力网络电压降和功率损耗的计算方法。

一、电网负荷功率的表示方法

在电网的潮流计算中，负荷可以用电流表示，也可以用功率表示。由于在电力生产中，人们一般更关心功率，且采用功率计算较为简便，因此在电网分析时，负荷用功率来表示，本书中复功率的表示采用国际电工委员会推荐的约定，即

$$\tilde{S} = \sqrt{3}\dot{U}\overset{*}{I} \tag{2-41}$$

式中：$\tilde{S}$ 为三相复功率；$\dot{U}$ 为线电压相量；$\overset{*}{I}$ 为线电流相量的共轭。

若负荷为感性，则电流相量滞后电压相量 φ 角，如图 2-14（a）所示，用复功率表示为

$$\tilde{S} = \sqrt{3}\dot{U}\overset{*}{I} = \sqrt{3}U\angle\beta \times I\angle-\alpha = \sqrt{3}UI\angle(\beta-\alpha) = \sqrt{3}UI\angle\varphi$$
$$= \sqrt{3}UI\cos\varphi + j\sqrt{3}UI\sin\varphi = P + jQ$$

式中：φ 为功率因数；P 为三相有功功率；Q 为三相无功功率。

若负荷为容性，则电流相量超前电压相量 φ 角，如图 2-14（b）所示，用复功率表示为

$$\tilde{S} = \sqrt{3}\dot{U}\overset{*}{I} = \sqrt{3}U\angle\beta \times I\angle-\alpha$$
$$= \sqrt{3}UI\angle(\beta-\alpha) = \sqrt{3}UI\angle-\varphi$$
$$= \sqrt{3}UI\cos\varphi - j\sqrt{3}UI\sin\varphi$$
$$= P - jQ$$

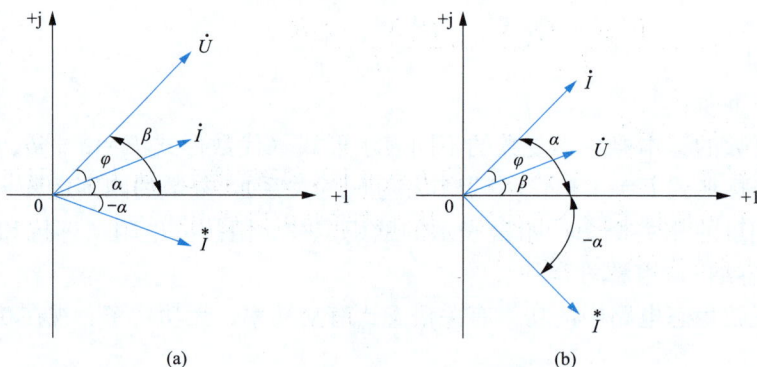

图 2-14 电压与电流相量图
（a）感性负荷；（b）容性负荷

二、电力线路的功率损耗和电压降

电网运行，且电流沿电网流动时，在电网元件上会产生功率损耗和电压降。下面首先介绍电力线路上功率损耗和电压降的计算方法。对于 Ⅱ 形等值电路表示的电力线路，假设已知

末端电压 $\dot{U}_2$ 和三相功率 $\widetilde{S}_2 = P_2 + jQ_2$，如图 2-15 所示，则电力线路的计算内容如下：

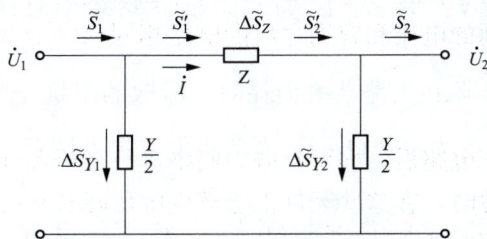

图 2-15　电力线路中的电压和功率

末端导纳支路的功率损耗为

$$\Delta\widetilde{S}_{Y2} = \left(\frac{Y}{2}\dot{U}_2\right)^{*}\dot{U}_2 = \frac{\overset{*}{Y}}{2}\overset{*}{U}_2\dot{U}_2$$

$$= \frac{1}{2}(G - jB)U_2^2 = \frac{1}{2}GU_2^2 - j\frac{1}{2}BU_2^2$$

$$\widetilde{S}_2' = \widetilde{S}_2 + \Delta\widetilde{S}_{Y2}$$

线路阻抗上的功率损耗为

$$\Delta\widetilde{S}_Z = 3I^2Z \times 10^{-6} = \left(\frac{S_2'}{U_2}\right)^2 Z = \frac{P_2'^2 + Q_2'^2}{U_2^2}(R + jX) = \frac{P_2'^2 + Q_2'^2}{U_2^2}R + j\frac{P_2'^2 + Q_2'^2}{U_2^2}X$$

$$= \Delta P_Z + j\Delta Q_Z$$

$$\widetilde{S}_1' = \widetilde{S}_2' + \Delta\widetilde{S}_Z$$

计算线路首端电压 $\dot{U}_1$，以末端电压 $\dot{U}_2$ 为参考相量，即 $\dot{U}_2 = U_2\angle 0°$，则

$$\dot{U}_1 = U_2 + \sqrt{3}\dot{I}Z = U_2 + \sqrt{3}\left(\frac{\widetilde{S}_2'}{\sqrt{3}U_2}\right)^{*}Z = U_2 + \frac{P_2' - jQ_2'}{U_2}(R + jX)$$

$$= U_2 + \frac{P_2'R + Q_2'X}{U_2} + j\frac{P_2'X - Q_2'R}{U_2}$$

$$\widetilde{S}_1 = \widetilde{S}_1' + \Delta\widetilde{S}_{Y1}$$

这里要指出的是，$\Delta\widetilde{S}_{Y1}$ 与 $\Delta\widetilde{S}_{Y2}$ 计算方法相同，只需将 $\dot{U}_2$ 换为 $\dot{U}_1$ 即可。以上就是电力线路功率计算和电压计算的全部内容，从上述推导可以得出：

1. 电力线路导纳支路功率损耗计算

$$\Delta\widetilde{S}_Y = \frac{1}{2}U^2\overset{*}{Y} \tag{2-42}$$

式中：$\Delta\widetilde{S}_Y$ 为电力线路导纳支路的功率损耗，MVA；U 为与导纳支路对应的线路线电压，kV；$\overset{*}{Y}$ 为线路总导纳的共轭，S。

2. 线路阻抗支路功率损耗计算

$$\Delta\widetilde{S}_Z = \Delta P_Z + j\Delta Q_Z = \frac{P^2 + Q^2}{U^2}R + j\frac{P^2 + Q^2}{U^2}X \tag{2-43}$$

53

式中：$\Delta \widetilde{S}_Z$ 为电力线路阻抗支路的功率损耗，MVA；P、Q 分别为线路阻抗支路首端或末端的有功和无功功率，MW、Mvar；U 为与阻抗支路功率对应的线路首端或末端线电压，kV。

这里要强调的是，计算阻抗支路功率损耗时，所取的阻抗支路功率必须与电压相对应，例如取末端有功功率 P'_2 和无功功率 Q'_2 时，电压也取末端电压 $\dot{U}_2$。

3. 阻抗支路的电压降

$$\Delta \dot{U}_{12} = \frac{P'_2 R + Q'_2 X}{U_2} + \mathrm{j} \frac{P'_2 X - Q'_2 R}{U_2} \tag{2-44}$$

式中：$\Delta \dot{U}_{12}$ 为电力线路首末端电压降，kV；U_2 为电力线路末端电压，kV；P'_2、Q'_2 为电力线路阻抗支路末端三相有功和无功功率，MW、Mvar。

令

$$\Delta U = \frac{P'_2 R + Q'_2 X}{U_2}; \quad \delta U = \frac{P'_2 X - Q'_2 R}{U_2} \tag{2-45}$$

则 $\dot{U}_1$ 可表示为

$$\dot{U}_1 = U_2 + \Delta U + \mathrm{j} \delta U \tag{2-46}$$

式中：ΔU 为电压降纵分量；δU 为电压降横分量。

用相量图表示电力线路电压相量关系，如图 2-16 所示。由此可得到首端电压的大小和相位角为

$$\begin{cases} U_1 = \sqrt{(U_2 + \Delta U)^2 + \delta U^2} \\ \delta = \tan^{-1} \dfrac{\delta U}{U_2 + \Delta U} \end{cases} \tag{2-47}$$

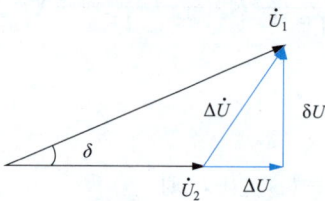

图 2-16　电力线路电压相量图

对于电压较低、长度较短的电力线路，由于线路电阻和电抗数值相差不大，因此在计算电压时，电压降横分量 δU 可忽略，则式（2-46）可简化为

$$\dot{U}_1 = U_2 + \Delta U \tag{2-48}$$

以上就是电力线路功率损耗和电压降的计算方法，类似于这种推导，如果已知首端电压 $\dot{U}_1$ 和首端功率 $\widetilde{S}_1$，也可以求取末端电压 $\dot{U}_2$ 和末端功率 $\widetilde{S}_2$，功率的计算过程与上述无原则上的区别，而电压的计算部分则应改写为

$$\dot{U}_2 = U_1 - \Delta U' - \mathrm{j} \delta U' \tag{2-49}$$

其中

$$\Delta U' = \frac{P'_1 R + Q'_1 X}{U_1}; \quad \delta U' = \frac{P'_1 X - Q'_1 R}{U_1} \tag{2-50}$$

$$\begin{cases} U_2 = \sqrt{(U_1 - \Delta U)^2 + \delta U^2} \\ \delta = \tan^{-1} \dfrac{-\delta U}{U_1 - \Delta U} \end{cases} \tag{2-51}$$

4. 电力系统中功率方向

对于高压电网，由于 $X \gg R$，可取 $R = 0$，此时

$$\dot U_1 = U_2 + \frac{Q_2' X}{U_2} + j\frac{P_2' X}{U_2}$$

从图 2-16 相量图可得到

$$\sin\delta = \frac{P_2' X}{U_1 U_2}; \quad P_2' = \frac{U_1 U_2}{X}\sin\delta$$

当 $\dot U_1$ 超前 $\dot U_2$ 时，$\sin\delta > 0$，$P_2' > 0$，这说明在电网环节中，有功功率是从电压超前的一端输向滞后的一端。

从 2-16 相量图还可得到

$$\cos\delta = \frac{U_2^2 + Q_2' X}{U_1 U_2}; \quad Q_2' = \frac{U_1 U_2\cos\delta - U_2^2}{X}$$

由于电力系统稳定运行的要求，δ 角很小，令 $\cos\delta = 1$，因此

$$Q_2' \approx \frac{U_1 U_2 - U_2^2}{X}$$

当 $U_1 > U_2$ 时，$Q_2' > 0$，这说明在电网环节中，感性无功功率是从电压高的一端输向电压低的一端，而容性无功功率则是从电压低的一端输向电压高的一端。

求得线路两端电压后，即可计算出某些标识电压质量的指标，如电压降、电压偏移、电压损耗和电压调整等。

电压降是指线路首末两端的电压相量之差 $\Delta\dot U_{12}$，它有两个分量，分别为电压降的纵分量 ΔU 和横分量 δU，即

$$\Delta\dot U_{12} = \dot U_1 - \dot U_2 = \Delta U + j\delta U$$

电压损耗是指线路首末端电压的数值差 $\Delta U = U_1 - U_2$，电压损耗常用百分数表示，即

$$\Delta U\% = \frac{U_1 - U_2}{U_N} \times 100\%$$

电压偏移是指线路首端或末端与额定电压的数值差 $U_1 - U_N$ 或 $U_2 - U_N$。电压偏移常用百分数 $m\%$ 表示，即：

首端电压偏移为

$$m_1\% = \frac{U_1 - U_N}{U_N} \times 100\%$$

末端电压偏移为

$$m_2\% = \frac{U_2 - U_N}{U_N} \times 100\%$$

电压调整是指末端空载和负载时电压数值差 $U_{20} - U_2$，电压调整也通常用百分数表示，即

$$电压调整(\%) = \frac{U_{20} - U_2}{U_{20}} \times 100\%$$

求得线路两端功率后，即可计算某些标识经济性能的指标，如输电效率。输电效率是指线路末端输出有功功率 P_2 与线路首端输入功率 P_1 的比值，常用百分数表示，即

$$输电效率(\%) = \frac{P_2}{P_1} \times 100\%$$

线路首端有功功率 P_1 总是大于末端有功功率 P_2，因此输电效率小于 1。但对于无功功率来说却未必如此，由于线路对地电纳吸取容性无功，也即发出感性无功，线路轻载时，线

路电纳发出的感性无功可能会大于电抗中消耗的感性无功,以致线路末端输出的无功功率 Q_2 可能大于线路首端输入的无功功率 Q_1。

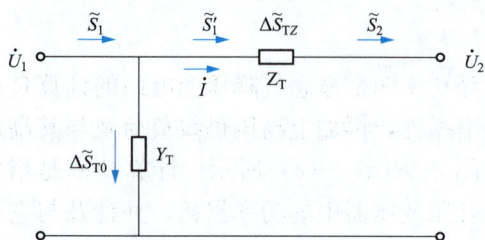

图 2-17　变压器中电压和功率分布

三、变压器的功率损耗和电压降

变压器功率损耗和电压降的计算同电力线路计算方法。

双绕组变压器 Γ 形等值电路的电压和功率分布如图 2-17 所示。

与电力线路的计算方法相同,假如已知末端电压 $\dot{U}_2$ 和末端功率 $\widetilde{S}_2$,可列出变压器阻抗支路的功率损耗 $\triangle\widetilde{S}_{TZ}$ 为

$$\triangle\widetilde{S}_{TZ}=\left(\frac{S_2}{U_2}\right)^2 Z_T=\frac{P_2^2+Q_2^2}{U_2^2}(R_T+jX_T)$$

$$=\frac{P_2^2+Q_2^2}{U_2^2}R_T+j\frac{P_2^2+Q_2^2}{U_2^2}X_T=\triangle P_{TZ}+j\triangle Q_{TZ} \tag{2-52}$$

列出变压器导纳支路功率 $\triangle\widetilde{S}_{T0}$ 为

$$\triangle\widetilde{S}_{T0}=(\dot{U}_1 Y_T)^*\dot{U}_1=U_1^2\overset{*}{Y}_T=U_1^2 G_T+jU_1^2 B_T=\triangle P_{T0}+j\triangle Q_{T0} \tag{2-53}$$

以 $\dot{U}_2$ 为参考相量,首端电压的计算方法为

$$\dot{U}_1=U_2+\frac{P_2 R_T+Q_2 X_T}{U_2}+j\frac{P_2 X_T-Q_2 R_T}{U_2}=U_2+\triangle U+j\delta U \tag{2-54}$$

式中:$\triangle U$ 为电压降纵分量;δU 为电压降横分量。

三绕组变压器的功率损耗与电压降计算方法与双绕组变压器相同,可直接由制造厂家提供的试验数据计算其功率损耗。将式(2-28)和式(2-31)代入式(2-52)中并整理得到

$$\begin{cases}\triangle P_{TZ}=\dfrac{S_2^2}{U_2^2}\times\dfrac{\triangle P_k U_N^2}{S_N^2}\\[3mm]\triangle Q_{TZ}=\dfrac{S_2^2}{U_2^2}\times\dfrac{U_k\%U_N^2}{100 S_N}\end{cases}$$

由于正常运行时电压与额定电压相差不大,因此 $U_2\approx U_N$。上式可简化为

$$\begin{cases}\triangle P_{TZ}=\triangle P_k\left(\dfrac{S_2}{S_N}\right)^2\\[3mm]\triangle Q_{TZ}=\dfrac{U_k\%}{100}\times\dfrac{S_2^2}{S_N}\end{cases} \tag{2-55}$$

式中:$\triangle P_{TZ}$、$\triangle P_k$ 的单位为 kW;S_2、S_N 的单位为 kVA;$\triangle Q_{TZ}$ 的单位为 kvar。

假设三绕组变压器三侧功率分别为 S_1、S_2、S_3,则其功率损耗为

$$\begin{cases}\triangle P_T=\triangle P_{k1}\left(\dfrac{S_1}{S_N}\right)^2+\triangle P_{k2}\left(\dfrac{S_2}{S_N}\right)^2+\triangle P_{k3}\left(\dfrac{S_3}{S_N}\right)^2+\triangle P_{T0}\\[3mm]\triangle Q_T=\dfrac{U_{k1}\%}{100}\times\dfrac{S_1^2}{S_N}+\dfrac{U_{k2}\%}{100}\times\dfrac{S_2^2}{S_N}+\dfrac{U_{k3}\%}{100}\times\dfrac{S_3^2}{S_N}+\dfrac{I_0\%}{100}S_N\end{cases} \tag{2-56}$$

式中:$\triangle P_T$、$\triangle Q_T$ 分别为三绕组变压器功率损耗,MW、Mvar;$\triangle P_{k1}$、$\triangle P_{k2}$、$\triangle P_{k3}$ 分别

为三绕组变压器的三侧绕组短路损耗，MW；ΔP_{T0} 为三绕组变压器空载损耗，MW；$I_0\%$ 为三绕组变压器空载电流百分数；S_N 为三绕组变压器的额定容量，MVA；$U_{k1}\%$、$U_{k2}\%$、$U_{k3}\%$ 分别为三绕组变压器的三侧绕组短路电压百分数。

四、计算负荷与计算功率

为了简化电网的等值电路，引入计算负荷与计算功率两个概念。降压变电站的计算负荷等于将变电站低压母线的负荷功率加上变压器的功率损耗，再加上高压母线负荷及与其高压母线相连的电力线路导纳支路无功功率的一半，如图 2-18(a)、(c) 所示。计算功率是指发电厂电源侧的功率减去厂用电和地方负荷，再减去升压变压器中的功率损耗，并计及与它相连的线路导纳支路功率的一半。

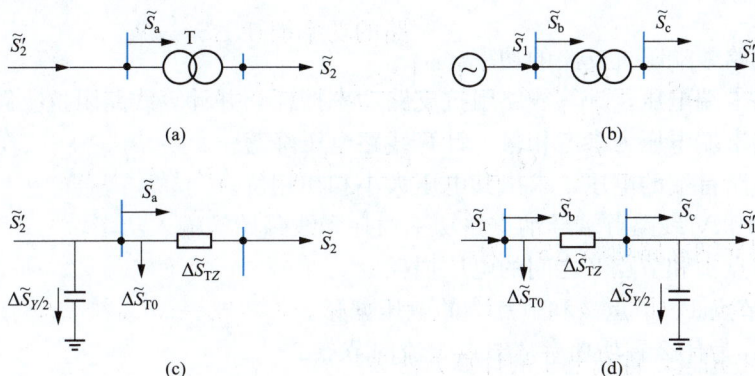

图 2-18　计算负荷和计算功率

(a) 计算负荷接线图；(b) 计算功率接线图；(c) 计算负荷等值电路；(d) 计算功率等值电路

计算方法为

$$\tilde{S}_2' = \tilde{S}_2 + \Delta\tilde{S}_T + \tilde{S}_a + \Delta\tilde{S}_{Y/2} \tag{2-57}$$

式中：$\tilde{S}_2'$ 为降压变电站计算负荷，MVA；$\tilde{S}_2$ 为变电站低压母线的负荷功率，MVA；$\Delta\tilde{S}_T$ 为变压器功率损耗，包括阻抗支路和导纳支路功率损耗，即 $\Delta\tilde{S}_T = \Delta\tilde{S}_{TZ} + \Delta\tilde{S}_{T0}$，MVA；$\tilde{S}_a$ 为降压变电站高压母线负荷，MVA；$\Delta\tilde{S}_{Y/2}$ 为线路导纳支路功率的一半，Mvar。

$$\tilde{S}_1' = \tilde{S}_1 - \tilde{S}_b - \Delta\tilde{S}_T - \tilde{S}_c - \Delta\tilde{S}_{Y/2} \tag{2-58}$$

式中：$\tilde{S}_1'$ 为发电厂计算功率，MVA；$\tilde{S}_1$ 为发电厂电源发出的功率，MVA；$\tilde{S}_b$ 为发电厂厂用电和低压母线所带地方负荷，MVA；$\tilde{S}_c$ 为发电厂高压母线所带负荷，MVA。

计算时要注意线路充电功率为负值。

📖 **任务实施**

【练习】　有一条 110kV 的输电线路，长 140km，末端接一台容量为 31.5MVA，电压比为 110/10kV 的降压变压器，如图 2-19 所示，线路参数为：$r_1 = 0.2\Omega/\text{km}$，$x_1 = 0.4\Omega/\text{km}$，$b_1 = 2.84 \times 10^{-6}\text{S/km}$。变压器的铭牌数据为：$\Delta P_k = 190\text{kW}$，$U_k\% = 10.5$，$\Delta P_0 = 31\text{kW}$，$I_0\% = 0.7$。

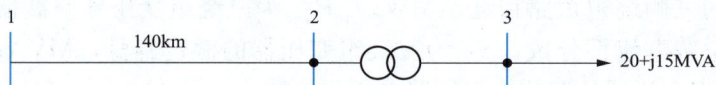

图 2-19　电网接线图

请大家完成下面的任务：

（1）作出该电网的等值电路。

（2）当已知变压器低压侧实际电压为 10.5kV，负荷为 20＋j15MVA，计算变压器阻抗支路的功率损耗与电压降落，并计算变压器首端功率与首端电压。

（3）用算得的变压器首端电压，计算变压器导纳支路的功率损耗和 110kV 线路末端导纳支路功率损耗。

（4）计算线路末端阻抗支路的功率。

（5）用线路末端电压，计算线路阻抗支路功率损耗，并计算线路阻抗支路首端功率。

（6）以线路末端电压为参考相量，计算线路电压降落。

（7）计算线路首端的电压，求出其电压大小和初相位。

（8）计算 110kV 线路首端导纳支路功率损耗和线路始端输入功率。

（9）计算节点 1 和节点 2 之间的电压损耗。

（10）计算节点 1、节点 2 和节点 3 的电压偏移。

（11）请问：为什么有功功率从节点 1 流向节点 2？

（12）试将变压器用计算功率表示，并画出简化后的等值电路。

任务 5　计算简单电力网的潮流

教学目标

知识目标：

（1）能说出潮流计算的概念和目的。

（2）能说出功率分点的概念。

（3）能说出循环功率和供载功率的概念。

（4）能说出均一网与近似均一网的概念。

能力目标：

（1）会计算开式区域网的潮流。

（2）会计算地方网的潮流。

（3）会计算简单闭式网初步潮流，并找出功率分点。

（4）会计算两端电源供电网的供载功率和循环功率，会计算其初步潮流。

（5）会计算环网的最终潮流。

素质目标：

培养学生团结协作的团队能力。

任务描述

完成不同的已知条件下的开式区域网的潮流计算；完成地方网的潮流计算；完成简单闭式网的潮流计算。

任务准备

课前做如下准备：

（1）复习电网接线的类型。

（2）复习功率损耗和电压降的计算。

（3）复习计算负荷的概念。

课前预习相关知识部分，并独立回答下列问题：

（1）电力系统潮流计算的内容是什么？

（2）写出已知末端电压和首端功率的开式区域网潮流计算的步骤。

（3）地方网的潮流计算做了哪些简化措施？

（4）简要写出闭式网潮流计算的步骤。

相关知识

电力系统的潮流计算就是采用一定的方法确定系统中各处的电压和功率分布，即潮流分布。电力系统中进行潮流计算的目的在于：确定电力系统的运行方式；检查系统中的各元件是否过电压或过载；为电力系统继电保护的整定提供依据；为电力系统的稳定计算提供初值；为电力系统的规划和经济运行提供分析的基础。可见，电力系统的潮流计算是电力系统一项最基本的计算。

本任务介绍了简单电网的潮流计算。目前，虽然计算机的应用已经十分广泛，但这里仍适当介绍某些手算方法，一则通过手算加深对物理概念的理解，二则在运用计算机计算前仍需以手算求取某些原始数据。

一、开式网的潮流计算

开式网潮流计算的步骤是按照电网环节首末两端功率、电压平衡关系逐段计算，最后求出整个电网的潮流分布。

1. 开式区域网的潮流计算

电压等级在 110kV 及以上的开式网，其潮流计算步骤如下：

（1）计算电网元件参数。

（2）将电网各元件参数归算至同一电压等级。

（3）画出系统等值电路。

（4）计算计算负荷与计算功率，化简等值电路。

（5）进行潮流计算。

根据不同已知条件，对简单开式区域网的潮流计算分为以下三种：

（1）已知末端负荷功率和末端电压，求首端功率和首端电压，可用计算电力线路和变压器功率及电压降的公式进行计算。由末端逐步向首端推算，从而算出各支路功率及各节点电压。

（2）已知末端负荷功率和首端电压，求首端功率和末端电压。一般采用简化计算方法，先由末端向首端推算，设全网都为额定电压，仅计算各元件中的功率损耗而不计算电压降，从而求出首端功率和全网的功率分布；然后由首端电压及计算所得的首端功率向末端逐段推算电压降，从而求出各节点电压，此时不必重新计算功率损耗和功率分布。这种简化计算的结果一般能满足工程上要求的精度。

（3）已知末端负荷功率。先假设一个略低于额定电压的末端母线电压，连同已知的末端负荷功率，逐段推算前面母线的电压和支路功率。需要注意的是，这种推算是将所有参数和变量归算到同一电压等级。因此，在求得各母线电压后，还应按相应的电压比将它们归算到原电压等级。进行这种归算后，应检查这些电压是否偏离额定值过多。一般电压偏移不允许超过10%。若电压偏移超过允许值，应重新假设末端电压，并重复上述全部计算过程。

2. 开式地方网的潮流计算

地方网相对区域网，具有电压较低、线路较短和输送功率小的特点，基于这些特点，对于地方网的潮流计算可进行如下简化：

（1）由于线路电压等级较低，因此对地导纳中的无功功率值 $Q_C=U^2B$ 可以忽略不计。

（2）由于线路较短，线路两端电压间夹角较小，因而电压降的横分量 δU 可忽略不计。

（3）由于输送功率较小，因此输送过程中阻抗支路的功率损耗可以忽略不计。

（4）由于地方网直接面向用户，对电压偏移要求比较严格，因而潮流计算中可以用额定电压代替实际电压。

采用上述简化后，配电网潮流计算将会大大简化。下面分两种情况讨论：集中负荷开式地方网和均匀分布负荷开式地方网的潮流计算。

（1）具有集中负荷开式地方网潮流计算。首先忽略对地导纳及其无功功率，求出参数并画出等值电路；忽略阻抗支路中的功率损耗，计算各负荷点和线路上的潮流分布；忽略电压降的横分量，计算各线路的电压损耗和各点的实际电压。具体见任务实施中的［示例2］。

（2）具有均匀分布负荷开式地方网的潮流计算。对于城市配电网，某些农村配电网及路灯负荷等可以近似认为负荷沿线路均匀分布，均匀分布负荷线路的最大电压损耗计算式推导如下。

如图 2-20 所示，负荷在 dl 线路上产生的电压损耗为

$$d(\Delta U)=\frac{1}{U_N}(pr_0+qx_0)l\,dl$$

式中：p、q 分别为线路单位长度有功功率、无功功率，kW/km、kvar/km；r_0、x_0 分别为线路单位长度的电阻、电抗，Ω/km。

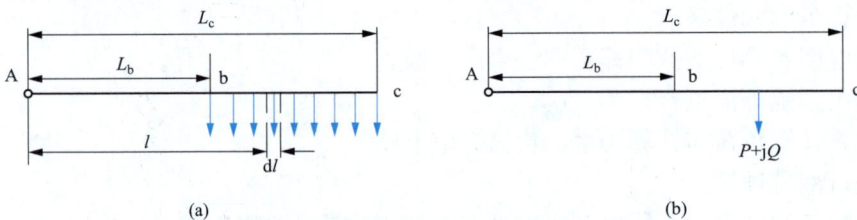

图 2-20　具有均匀分布负荷的地方电网
（a）负荷沿线路均匀分布；（b）用集中负荷表示的均匀负荷

Ac 线路的最大电压损耗为

$$\Delta U_{Ac} = \int_{L_b}^{L_c} d(\Delta U) = \frac{pr_0 + qx_0}{U_N} \int_{L_b}^{L_c} l \, dl = \frac{pr_0 + qx_0}{U_N} \times \frac{L_c^2 - L_b^2}{2}$$

$$= \frac{pr_0 + qx_0}{U_N} \left[\frac{(L_c - L_b)(L_c + L_b)}{2} \right]$$

$$= \frac{pr_0 + qx_0}{U_N} (L_c - L_b) \left(L_b + \frac{L_c - L_b}{2} \right)$$

$$= \frac{Pr_0 + Qx_0}{U_N} \left(L_b + \frac{L_c - L_b}{2} \right) \tag{2-59}$$

式中：P、Q 分别为均匀分布负荷总的有功功率与无功功率，kW、kvar。

式（2-59）表明，在计算均匀分布负荷线路的最大电压损耗时，可以用一个与均匀分布负荷总负荷相等且位于均匀分布负荷中心的集中负荷等值代替，如图 2-20(b) 所示。

二、闭式网的潮流计算

负荷能够从两个及以上的方向取得电能的电网称为闭式网。潮流计算中，闭式网可分为环形网和两端电源供电网，如图 2-21 所示。为了计算方便，将闭式网的等值电路进行简化，即在全网均为额定电压的假设下，计算各变电站的计算负荷和发电厂的计算功率，并将它们接在相应节点上。这时，等值网络中就不再包含各变压器的阻抗支路和线路的导纳支路，从而形成只有计算负荷和计算功率及网络参数的简化等值电路，如图 2-22(b) 所示。在以下所

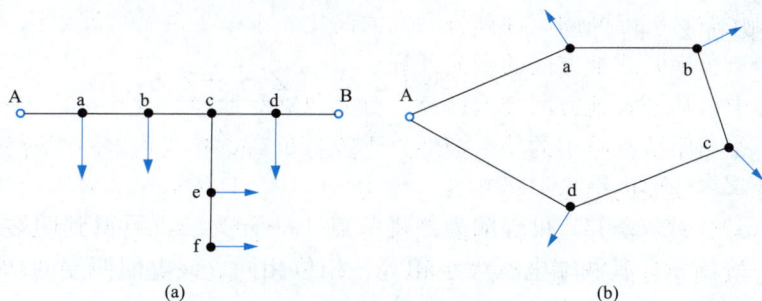

(a)　　　　　　　　　　　　　　(b)

图 2-21　闭式网接线

（a）两端电源供电网；（b）环形网

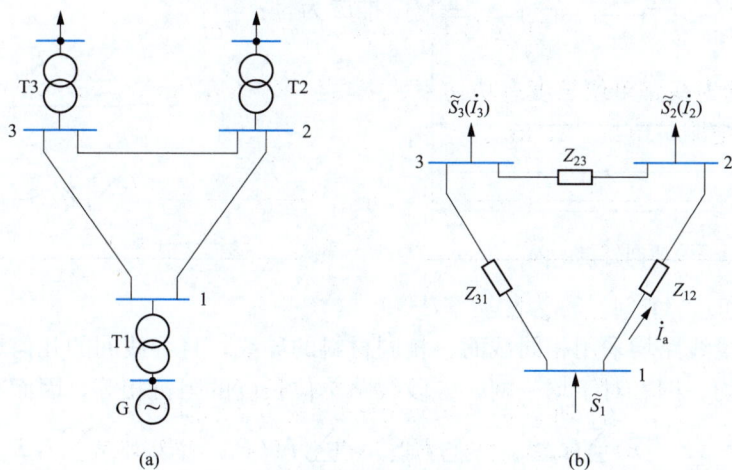

(a)　　　　　　　　　　　　　　(b)

图 2-22　简单环形网

（a）网络接线图；（b）简化等值电路图

有关于闭式网手算方法的讨论中，对其等值电路都已进行了这种简化。

1. 闭式网的初步潮流计算

假设全网电压为额定电压，且相位相同，同时不计网络的功率损耗，求得的闭式网的功率分布，称为初步功率分布。下面分几种情况讨论初步功率分布计算方法。

（1）环形网的初步功率分布。以图 2-22(a) 所示环形网络为例，应用支路电流法列回路方程式，有

$$Z_{12}\dot{I}_a + Z_{23}(\dot{I}_a - \dot{I}_2) + Z_{31}(\dot{I}_a - \dot{I}_2 - \dot{I}_3) = 0 \tag{2-60}$$

式中：$\dot{I}_a$ 为流经阻抗 Z_{12} 的电流；$\dot{I}_2$、$\dot{I}_3$ 分别为节点 2、3 的计算负荷电流。

设全网电压为额定电压 U_N，并将 $\dot{I} = \dfrac{\overset{*}{S}}{\sqrt{3}U_N}$ 代入式（2-60）中，可得

$$Z_{12}\overset{*}{S}_a + Z_{23}(\overset{*}{S}_a - \overset{*}{S}_2) + Z_{31}(\overset{*}{S}_a - \overset{*}{S}_2 - \overset{*}{S}_3) = 0$$

由上式解得

$$\widetilde{S}_a = \frac{(\overset{*}{Z}_{23} + \overset{*}{Z}_{31})\dot{S}_2 + \overset{*}{Z}_{31}\dot{S}_3}{\overset{*}{Z}_{12} + \overset{*}{Z}_{23} + \overset{*}{Z}_{31}} = \frac{\overset{*}{Z}_2\dot{S}_2 + \overset{*}{Z}_3\dot{S}_3}{\overset{*}{Z}_\Sigma} \tag{2-61}$$

式中：$\overset{*}{Z}_2 = \overset{*}{Z}_{23} + \overset{*}{Z}_{31}$；$\overset{*}{Z}_3 = \overset{*}{Z}_{31}$；$\overset{*}{Z}_\Sigma = \overset{*}{Z}_{12} + \overset{*}{Z}_{23} + \overset{*}{Z}_{31}$。

同理，流经阻抗 Z_{31} 的功率 $\widetilde{S}_b$ 为

$$\widetilde{S}_b = \frac{(\overset{*}{Z}_{23} + \overset{*}{Z}_{12})\widetilde{S}_3 + \overset{*}{Z}_{12}\widetilde{S}_2}{\overset{*}{Z}_{12} + \overset{*}{Z}_{23} + \overset{*}{Z}_{31}} = \frac{\overset{*}{Z}'_2\widetilde{S}_2 + \overset{*}{Z}'_3\widetilde{S}_3}{\overset{*}{Z}_\Sigma} \tag{2-62}$$

式中：$\overset{*}{Z}'_2 = \overset{*}{Z}_{12}$；$\overset{*}{Z}'_3 = \overset{*}{Z}_{23} + \overset{*}{Z}_{12}$。

对于式（2-61）、式（2-62）可理解为：将节点 1 一分为二，可得到两端供电网络的等值电路，如图 2-23 所示。其两端电压大小相等、相位相同，该电网两端的功率是按阻抗反比分布的。

对于具有 n 个节点的环形网，以上两式可推广为

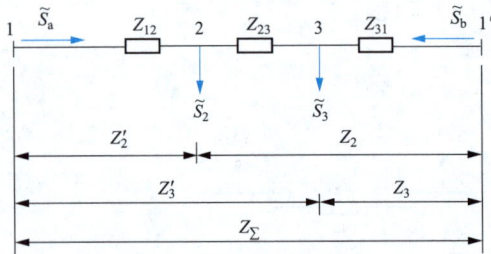

图 2-23 等值两端供电网

$$\widetilde{S}_a = \frac{\sum\limits_{m=2}^{n} \overset{*}{Z}_m\widetilde{S}_m}{\overset{*}{Z}_\Sigma} \tag{2-63}$$

$$\widetilde{S}_b = \frac{\sum\limits_{m=2}^{n} \overset{*}{Z}'_m\widetilde{S}_m}{\overset{*}{Z}_\Sigma} \tag{2-64}$$

式（2-63）和式（2-64）称为复功率法。

如果电网各段线路均采用相同截面、相同材料的导线，且导线间的几何均距也相等，那么这种电网称为均一网。对于均一网，各段线路单位长度的阻抗相等，因而有

$$\widetilde{S}_a = \frac{\sum\limits_{m=2}^{n} \overset{*}{Z}_m\widetilde{S}_m}{\overset{*}{Z}_\Sigma} = \frac{(r-\mathrm{j}x)\sum\limits_{m=2}^{n} l_m\widetilde{S}_m}{(r-\mathrm{j}x)L_\Sigma} = \frac{\sum\limits_{m=2}^{n} l_m\widetilde{S}_m}{L_\Sigma} = \frac{\sum\limits_{m=2}^{n} l_m(P_m + \mathrm{j}Q_m)}{L_\Sigma} = \frac{\sum\limits_{m=2}^{n} l_mP_m}{L_\Sigma} + \mathrm{j}\frac{\sum\limits_{m=2}^{n} l_mQ_m}{L_\Sigma}$$

从而有

$$
\begin{cases}
P_{\mathrm{a}} = \dfrac{\sum\limits_{m=2}^{n} l_m P_m}{L_\Sigma} \\[4mm]
Q_{\mathrm{a}} = \dfrac{\sum\limits_{m=2}^{n} l_m Q_m}{L_\Sigma}
\end{cases}
\tag{2-65}
$$

由式（2-65）可见，均一网中功率是按距离的反比分配的，用该式进行功率分布计算，可以避免复杂的复数计算，从而使计算得到简化。

在实际电力系统中，线路均一网不多。但在电压较高的电网中，线路导线截面较大。为了运行、检修的灵活性，各段线路导线截面的差别不应超过国家标称截面的 2～3 个等级；又由于在同一电压等级下，导线材料相同，线间几何均距接近相等，这样的电网称为接近均一网。对于接近均一网，在某些情况下，容许近似用线路长度代替阻抗计算潮流分布。

为避免复数运算，同时又要提高精度，对于电压 110kV 及以上接近均一的电网，可以利用网络拆开法计算潮流，计算公式为

$$
\begin{cases}
P_{\mathrm{a}} = \dfrac{\sum\limits_{m=2}^{n} X_m P_m}{X_\Sigma} \\[4mm]
Q_{\mathrm{a}} = \dfrac{\sum\limits_{m=2}^{n} R_m Q_m}{R_\Sigma}
\end{cases}
\tag{2-66}
$$

网络拆开法的意义是将具有复数阻抗输送复功率的电网拆成两部分：其中一个只具有感抗，输送有功功率；另一个只具有电阻，输送无功功率。这样就将功率分布的复数运算化简为两个实数运算式，大大简化了计算工作。

用网络拆开法计算和复功率法计算得到的结果差别很小，初步潮流计算后能够在网络中找到一个点，该点的功率是由两个方向供给的，这种功率汇合点称为功率分点。有功分点与无功分点重合时，用"▼"表示；如果不重合，则有功分点用"▼"表示，无功用"▽"表示。

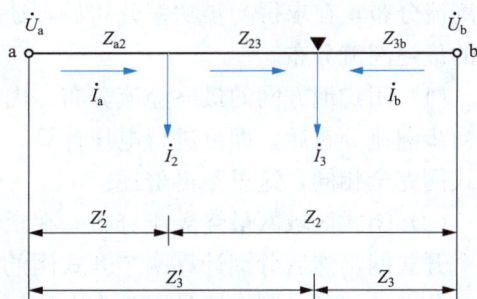

图 2-24 两端电源供电网络初步潮流计算

（2）两端电源供电网络初步功率分布。电压不等、相位不同的两端供电网络如图 2-24 所示。根据基尔霍夫第一定律，可列出电压方程式为

$$
\Delta \dot{U} = \dot{U}_{\mathrm{a}} - \dot{U}_{\mathrm{b}} = \sqrt{3}\left[Z_{\mathrm{a2}} \dot{I}_{\mathrm{a}} + Z_{23}(\dot{I}_{\mathrm{a}} - \dot{I}_2) + Z_{3\mathrm{b}}(\dot{I}_{\mathrm{a}} - \dot{I}_2 - \dot{I}_3) \right]
$$

由于在推导初步功率分布时假设全网电压为额定电压 $\dot{U}_{\mathrm{N}} = U_{\mathrm{N}} \angle 0°$，因此 $\dot{I} = \dfrac{\overset{*}{S}}{\sqrt{3}\overset{*}{U}_{\mathrm{N}}}$，代入上式可得

$$
\Delta \dot{U} U_{\mathrm{N}} = Z_{\mathrm{a2}} \overset{*}{S}_{\mathrm{a}} + Z_{23}(\overset{*}{S}_{\mathrm{a}} - \overset{*}{S}_2) + Z_{3\mathrm{b}}(\overset{*}{S}_{\mathrm{a}} - \overset{*}{S}_2 - \overset{*}{S}_3)
$$

解得流经 Z_{a2} 的三相功率 $\tilde{S}_a$ 为

$$\tilde{S}_a=\frac{(\overset{*}{Z}_{23}+\overset{*}{Z}_{3b})\tilde{S}_2+\overset{*}{Z}_{3b}\tilde{S}_3}{\overset{*}{Z}_{a2}+\overset{*}{Z}_{23}+\overset{*}{Z}_{3b}}+\frac{\Delta\dot{U}U_N}{\overset{*}{Z}_{a2}+\overset{*}{Z}_{23}+\overset{*}{Z}_{3b}}=\frac{\overset{*}{Z}_2\tilde{S}_2+\overset{*}{Z}_3\tilde{S}_3}{\overset{*}{Z}_\Sigma}+\tilde{S}_h \tag{2-67}$$

同理

$$\tilde{S}_b=\frac{(\overset{*}{Z}_{a2}+\overset{*}{Z}_{23})\tilde{S}_3+\overset{*}{Z}_{a2}\tilde{S}_2}{\overset{*}{Z}_{a2}+\overset{*}{Z}_{23}+\overset{*}{Z}_{3b}}-\frac{\Delta\dot{U}U_N}{\overset{*}{Z}_{a2}+\overset{*}{Z}_{23}+\overset{*}{Z}_{3b}}=\frac{\overset{*}{Z}'_2\tilde{S}_2+\overset{*}{Z}'_3\tilde{S}_3}{\overset{*}{Z}_\Sigma}-\tilde{S}_h \tag{2-68}$$

对于有 n 个节点的两端电压不等的供电网络，式（2-65）、式（2-66）可推广如下

$$\begin{cases}\tilde{S}_a=\dfrac{\sum\limits_{m=2}^n\overset{*}{Z}_m\tilde{S}_m}{\overset{*}{Z}_\Sigma}+\tilde{S}_h\\[3mm]\tilde{S}_b=\dfrac{\sum\limits_{m=2}^n\overset{*}{Z}'_m\tilde{S}_m}{\overset{*}{Z}_\Sigma}-\tilde{S}_h\end{cases} \tag{2-69}$$

由式（2-69）可见，节点 a、b 输出的功率 $\tilde{S}_a$、$\tilde{S}_b$ 可分为两部分：一部分为两端电压相等时的功率，由于这部分功率与负荷有关，因此称为供载功率；另一部分功率取决于两端电压降 $\Delta\dot{U}$ 和网络总阻抗 Z_Σ，而与负荷无关，这部分功率称为循环功率，用 $\tilde{S}_h$ 表示。所以，在计算两端供电网络初步潮流分布时可以分开计算，即先令两端电压相等，求出供载功率；再令负荷为零，求出循环功率；最后将两者叠加，求出初步功率分布。叠加时要注意循环功率 $\tilde{S}_h$ 的方向。

2. 闭式网的最终潮流分布

上述功率分布是在假设全网为额定电压，也就是不计电压降和功率损耗条件下求得的初步潮流分布，在求得初步功率分布后，还必须计及网络各线段的电压降和功率损耗，求出网络的最终潮流分布。

（1）闭式地方网的最终潮流分布。由于地方网计算中可以忽略电网功率损耗，因此在求得初步潮流分布后，即可进行电压计算。从而求得全网络的最终潮流分布，电压计算方法与开式网完全相同，这里不再赘述。

（2）闭式区域网最终潮流分布。在求出初步潮流分布后，从功率分点处将闭式网拆开为两个开式网，然后分别计算两个开式网的潮流分布。若有功分点和无功分点不重合，一般从无功分点处解开电网，这是因为在电压等级较高的电网中，电压损耗主要由无功功率的流动引起，所以无功分点一般为电网电压最低点，因此从无功分点作为计算起点。

📖 **任务实施**

一、开式区域网的潮流计算

【示例1】 有一额定电压为110kV的开式区域网，电网接线如图2-25（a）所示，有关数据已注明于图中，已知降压变电站 a、b 低压母线上的负荷及发电厂 A 高压母线上的电压，试计算潮流分布。

解：（1）求出各元件参数并归算到 110kV 电压等级下，画出等值电路如图 2-25（b）所示。

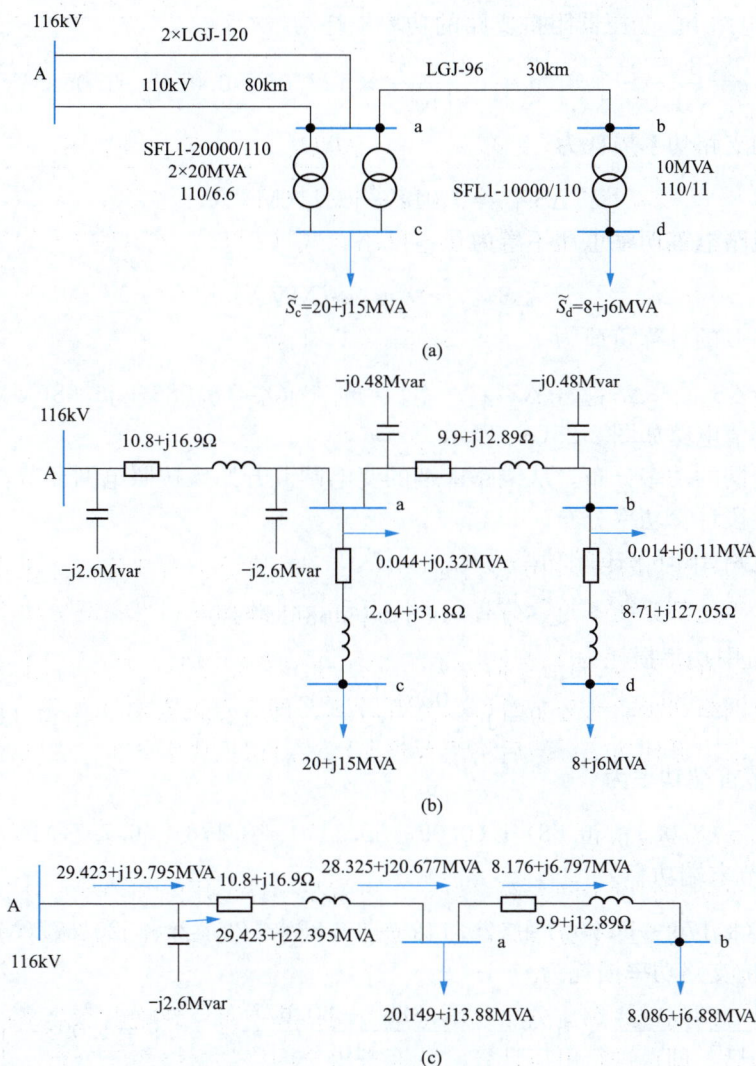

(a)

(b)

(c)

图 2-25　［示例 1］附图

（a）电网接线图；（b）等值电路图；（c）简化后等值电路与潮流分布图

（2）用降压变电站计算负荷简化等值电路。

1）降压变电站 a。变压器阻抗支路的功率损耗为

$$\Delta \widetilde{S}_{Taz} = \frac{20^2 + 15^2}{110^2} \times 2.04 + j\frac{20^2 + 15^2}{110^2} \times 31.8 = 0.105 + j1.64(\text{MVA})$$

变压器的导纳支路功率损耗为

$$\Delta \widetilde{S}_{Ta0} = 0.044 + j0.32(\text{MVA})$$

全部相连线路电容功率总和一半为

$$\Delta \widetilde{S}_{1Y/2} = -j2.6 - j0.48 = -j3.08(\text{MVA})$$

降压变电站 a 的计算负荷为

$$\tilde{S}_a = \Delta\tilde{S}_{Taz} + \Delta\tilde{S}_{Ta0} + \Delta\tilde{S}_{1Y/2} + \tilde{S}_C = P_a + jQ_a = 20.149 + j13.88(\text{MVA})$$

2）降压变电站 b。变压器阻抗支路的功率损耗为

$$\Delta\tilde{S}_{Tbz} = \frac{8^2 + 6^2}{110^2} \times 8.71 + j\frac{8^2 + 6^2}{110^2} \times 127.05 = 0.072 + j1.05(\text{MVA})$$

变压器导纳支路功率损耗为

$$\Delta\tilde{S}_{Tb0} = 0.014 + j0.11(\text{MVA})$$

全部相连线路电容功率总和一半为

$$\Delta\tilde{S}_{2Y/2} = -j0.48(\text{MVA})$$

降压变电站 b 的计算负荷为

$$\tilde{S}_b = \Delta\tilde{S}_{Tbz} + \Delta\tilde{S}_{Tb0} + \Delta\tilde{S}_{2Y/2} + \tilde{S}_d = P_b + jQ_b = 8.086 + j6.68(\text{MVA})$$

简化后的等值电路如图 2-25(c) 所示。

（3）计算电网的功率分布。从线路末端的变电站 b 开始，按照电网环节首末端功率或电压平衡关系，逐段计算功率分布。

简化等值电路 ab 环节末端功率为

$$\Delta\tilde{S}'_{ab} = 8.086 + j6.68(\text{MVA})$$

ab 线路阻抗中功率损耗为

$$\Delta\tilde{S}_{ab} = \frac{8.086^2 + 6.68^2}{110^2} \times 9.9 + j\frac{8.086^2 + 6.68^2}{110^2} \times 12.89 = 0.09 + j0.117(\text{MVA})$$

ab 线路环节首端功率为

$$\tilde{S}_{ab} = (8.086 + j6.68) + (0.09 + j0.117) = 8.176 + j6.797(\text{MVA})$$

Aa 线路环节末端功率为

$$\tilde{S}'_{Aa} = (8.176 + j6.797) + (20.149 + j13.88) = 28.325 + j20.677(\text{MVA})$$

Aa 线路阻抗支路功率损耗为

$$\Delta\tilde{S}_{Aa} = \frac{28.325^2 + 20.677^2}{110^2} \times 10.8 + j\frac{28.325^2 + 20.677^2}{110^2} \times 16.9 = 1.098 + j1.718(\text{MVA})$$

Aa 线路环节首端功率为

$$\tilde{S}_{Aa} = (28.325 + j20.677) + (1.098 + j1.718) = 29.423 + j22.395(\text{MVA})$$

注入母线 A 的功率为

$$\tilde{S}_A = 29.423 + j22.395 - j2.6 = 29.423 + j19.795(\text{MVA})$$

（4）计算电网各母线的电压（忽略电压降的横分量 δU）。因为电压 $U_A = 116\text{kV}$，所以变电站 a 高压母线电压为

$$U_a = 116 - \frac{29.423 \times 10.8 + 22.395 \times 16.9}{116} = 110(\text{kV})$$

变电站 a 低压母线归算到高压侧的值为

$$U_c = 110 - \frac{20.105 \times 2.04 + 16.64 \times 31.8}{110} = 104.82(\text{kV})$$

变电站 a 低压母线的实际电压为

$$U_c' = 104.82 \times \frac{6.6}{110} = 6.29 (kV)$$

变电站 b 高压母线实际电压为

$$U_b = 110 - \frac{8.176 \times 9.9 + 6.797 \times 12.89}{110} = 108.47 (kV)$$

变电站 b 低压母线电压归算到高压侧的值为

$$U_d = 108.47 - \frac{8.072 \times 8.71 + 7.05 \times 127.05}{108.47} = 99.57 (kV)$$

变电站 b 低压母线的实际电压

$$U_d' = 99.57 \times \frac{11}{110} = 9.96 (kV)$$

【练习 1】　前述图 2-19 的电网接线图中，已经画出该电网的等值电路，在前一项任务中计算出各元件的功率损耗和电压降。本次任务请大家完成该电网不同已知条件下的潮流计算。

（1）已知变压器低压侧实际电压为 10.5kV，负荷为 20＋j15(MVA)，计算该电网的潮流分布。

该问题分两步完成：

1）根据已知条件，将低压侧电压归算到 110kV 电压等级下。

2）用功率损耗和电压降的计算公式，交替从末端向首端计算各支路的功率和各节点的电压。

（2）已知变压器低压侧负荷为 20＋j15MVA，电源处电压为 115kV，计算变压器阻抗支路上的功率损耗与电压降，并计算变压器首端电压。

该问题分三步完成：

1）设全网为额定电压，用给定的末端功率和功率损耗的计算公式，由末端向首端逐段计算功率分布。

2）根据给定的首端电压和计算得到的首端功率，用电压降落的计算公式，由首端向末端逐段计算各节点的电压。

3）将低压侧电压归算到原电压等级下。

二、开式地方网的潮流计算

【示例 2】　具有集中负荷开式地方网潮流计算。有一条额定电压为 10kV 的配电线路，供电给四个单位，已知数据示于图 2-26(a) 中，试计算最大电压损耗；若 $U_A = 10.4kV$，试计算各负荷点的实际电压与电压偏移百分数。

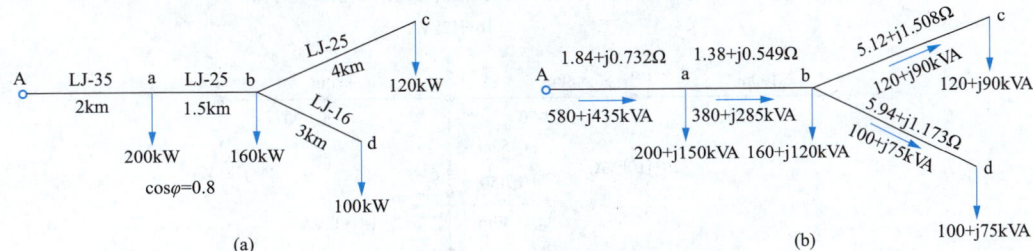

图 2-26　［示例 2］附图

（a）电网接线图；（b）电网参数与潮流分布图

解：（1）画出等值电路并求出线路参数，示于图 2-26(b) 中。

（2）计算潮流分布。各负荷点的功率因数为 $\cos\varphi=0.8$，所以各负荷点复功率为

$$P_a+jQ_a=200+j150\text{(kVA)}, \quad P_b+jQ_b=160+j120\text{(kVA)}$$

$$P_c+jQ_c=120+j90\text{(kVA)}, \quad P_d+jQ_d=100+j75\text{(kVA)}$$

线路的功率分布为

$$P_{bc}+jQ_{bc}=120+j90\text{(kVA)}, \quad P_{bd}+jQ_{bd}=100+j75\text{(kVA)}$$

$$P_{ab}+jQ_{ab}=(120+j90)+(100+j75)+(160+j120)=380+j285\text{(kVA)}$$

$$P_{Aa}+jQ_{Aa}=(380+j285)+(200+j150)=580+j435\text{(kVA)}$$

各点复功率及线路上的潮流分布如图 2-26(b) 所示。

（3）计算各线路的电压损耗和各点实际电压分别为

$$\Delta U_{Aa}=\frac{P_{Aa}R_{Aa}+Q_{Aa}X_{Aa}}{U_N}=\frac{580\times1.84+435\times0.732}{10}=138.6\text{(V)}$$

$$\Delta U_{ab}=\frac{P_{ab}R_{ab}+Q_{ab}X_{ab}}{U_N}=\frac{380\times1.38+285\times0.549}{10}=68.1\text{(V)}$$

$$\Delta U_{bc}=\frac{P_{bc}R_{bc}+Q_{bc}X_{bc}}{U_N}=\frac{120\times5.12+90\times1.508}{10}=75\text{(V)}$$

$$\Delta U_{bd}=\frac{P_{bd}R_{bd}+Q_{bd}X_{bd}}{U_N}=\frac{100\times5.94+75\times1.173}{10}=68.2\text{(V)}$$

最大电压损耗为

$$\Delta U_{Ac}=\Delta U_{Aa}+\Delta U_{ab}+\Delta U_{bc}=138.6+68.1+75=281.7\text{(V)}\approx0.282\text{(kV)}$$

当 $U_A=10.4\text{kV}$，各负荷点的实际电压与电压偏移为

$$U_a=10.4-0.139=10.26\text{(kV)}, \quad m_a\%=\frac{10.26-10}{10}\times100\%=2.6\%$$

$$U_b=10.26-0.068=10.19\text{(kV)}, \quad m_b\%=\frac{10.19-10}{10}\times100\%=1.9\%$$

$$U_c=10.19-0.075=10.115\text{(kV)}, \quad m_c\%=\frac{10.115-10}{10}\times100\%=1.15\%$$

$$U_d=10.19-0.068=10.122\text{(kV)}, \quad m_d\%=\frac{10.122-10}{10}\times100\%=1.22\%$$

【练习2】 如图 2-27 所示，一条额定电压为 380V 的三相架空线路，干线 AC 采用 LJ-70 导线（单位长度参数：$r=0.46\Omega/\text{km}$，$x=0.35\Omega/\text{km}$），支线采用 LJ-50 导线（单位长度参数：$r=0.64\Omega/\text{km}$，$x=0.40\Omega/\text{km}$），试计算该电网最大电压损耗。

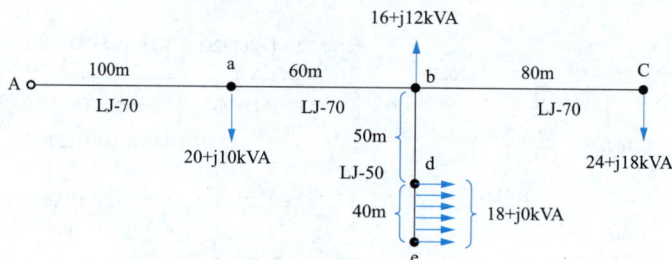

图 2-27 ［练习2］附图

该问题分四步完成：

（1）根据已知条件，画出电网的等值电路。

（2）从末端向首端计算各支路的功率。

（3）应用电压降纵分量的计算公式，计算各支路的电压损耗。

（4）计算电网最大的电压损耗。

三、两端电源供电网的初步潮流计算

1. 环形网的初步潮流计算

【示例3】　有一额定电压为 110kV 的环形电网，如图 2-28（a）所示，变电站计算负荷值、导线型号及线路长度均在图中标出，线间几何均距为 5m，试计算电网的初步功率分布。

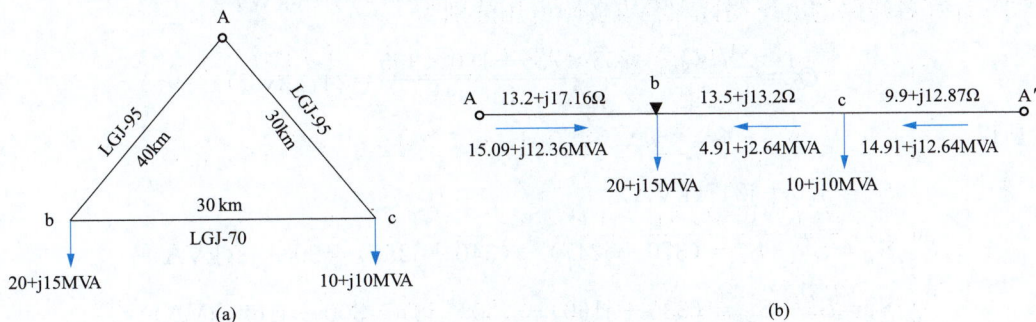

图 2-28　［示例3］附图

（a）电网接线图；（b）等值电路与初步潮流分布

解：（1）计算参数。导线参数可由附录查出，所以各参数计算如下

$$Z_{bA'}=(13.5+j13.2)+(9.9+j12.87)=23.4+j26.07(\Omega)$$

$$Z_{cA'}=9.9+j12.87(\Omega)$$

$$Z_{AA'}=(13.2+j17.16)+(13.5+j13.2)+(9.9+j12.87)=36.6+j43.23(\Omega)$$

（2）计算潮流分布。利用复功率法计算如下

$$\widetilde{S}_{Ab}=\frac{\sum\widetilde{S}_m\overset{*}{Z}_m}{\overset{*}{Z}_\Sigma}=\frac{(20+j15)(23.4-j26.07)+(10+j10)(9.9-j12.87)}{36.6-j43.23}$$
$$=15.09+j12.36\ (MVA)$$

同理

$$\widetilde{S}_{A'c}=\frac{\sum\widetilde{S}_m\overset{*}{Z}'_m}{\overset{*}{Z}_\Sigma}=14.91+j12.64\ (MVA)$$

所以

$$\widetilde{S}_{bc}=(15.09+j12.36)-(20+j15)=-(4.91+j2.64)(MVA)$$

利用网络拆开法计算如下

$$P_{Ab}=\frac{\sum PX}{X_\Sigma}=\frac{20\times26.07+10\times12.87}{43.23}=15.04(MW)$$

$$Q_{Ab}=\frac{\sum QR}{R_\Sigma}=\frac{15\times23.4+10\times9.9}{36.6}=12.3(Mvar)$$

从以上结果可以看出，用网络拆开法计算和复功率法计算得到的结果差别很小，而计算工作量也小了很多，计算结果如图 2-28(b) 所示。

在示例中，b 点的功率是由两个方向供给的，为功率分点。

2. 两端电源供电网络初步潮流计算

【示例 4】 有一额定电压为 10kV 的两端供电网络，如图 2-29(a) 所示，导线型号、线路长度及负荷值标注于图中，试求当 $\dot{U}_A = 10.5\angle0°\mathrm{kV}$、$\dot{U}_B = 10.4\angle0°\mathrm{kV}$ 时，电网的潮流分布。

解： (1) 计算供载功率。由于电网干线均一，因此可以用式 (2-65) 计算潮流，即

$$P_A' = \frac{\sum l_m P_m}{L_{AB}} = \frac{340\times7.5 + 330\times3.5}{10} = 370(\mathrm{kW})$$

$$Q_A' = \frac{\sum l_m Q_m}{L_{AB}} = \frac{255\times7.5 + 160\times3.5}{10} = 247(\mathrm{kvar})$$

所以

$$\tilde{S}_A' = 370 + \mathrm{j}247(\mathrm{kVA})$$

$$\tilde{S}_{ab}' = \tilde{S}_A' - \tilde{S}_a = (370 + \mathrm{j}247) - (340 + \mathrm{j}255) = 30 - \mathrm{j}8(\mathrm{kVA})$$

$$\tilde{S}_B' = \tilde{S}_b' - \tilde{S}_{ab} = (330 + \mathrm{j}160) - (30 - \mathrm{j}8) = 300 + \mathrm{j}168(\mathrm{kVA})$$

b 点为有功分点，a 点为无功分点，标注于图 2-29(b) 中。

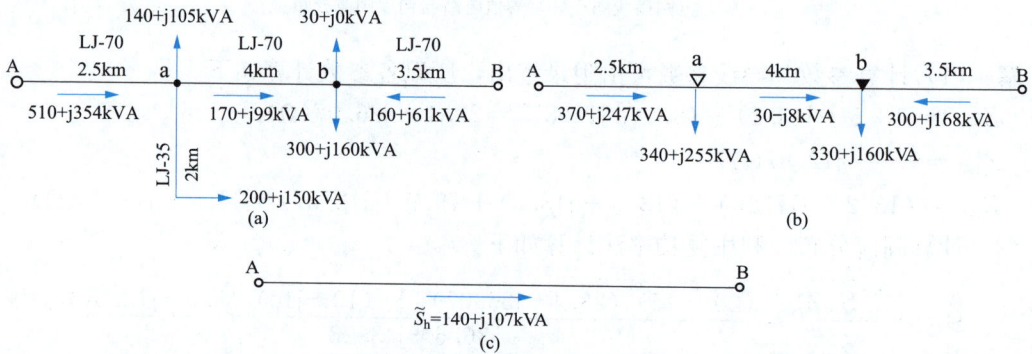

图 2-29 [示例 2] 附图

(a) 初步潮流分布；(b) 供载功率分布；(c) 循环功率分布

为校验上述供载功率计算是否正确，可计算 $\tilde{S}_B'$，并与上述计算结果相比较，即

$$P_B' = \frac{\sum l_m' P_m}{L_{AB}} = \frac{330\times6.5 + 340\times2.5}{10} = 300(\mathrm{kW})$$

$$Q_B' = \frac{\sum l_m' Q_m}{L_{AB}} = \frac{160\times6.5 + 255\times2.5}{10} = 168(\mathrm{kvar})$$

所以，上述计算结果正确。

(2) 计算循环功率。两电源间的线路阻抗 Z_{AB} 为

$$Z_{AB} = (r + \mathrm{j}x)L_{AB} = (0.45 + \mathrm{j}0.345)\times10 = 4.5 + \mathrm{j}3.45 = 5.67\angle37.4°(\Omega)$$

所以循环功率为

$$\widetilde{S}_h=\left[\frac{\dot{U}_A-\dot{U}_B}{Z_{AB}}\right]^*U_N=\left[\frac{10.5-10.4}{5.67\angle37.4°}\right]^*\times10$$
$$=0.176\angle37.4°(\text{MVA})=140+j107(\text{kVA})$$

结果标注于图 2-29（c）中。

（3）计算初步功率分布。将供载功率与循环功率相叠加，即可求得各线路的初步功率分布为，即

$$\widetilde{S}_A=\widetilde{S}'_A+\widetilde{S}_h=(370+j247)+(140+j107)=510+j354(\text{kVA})$$
$$\widetilde{S}_{ab}=\widetilde{S}'_{ab}+\widetilde{S}_h=(30-j8)+(140+j107)=170+j99(\text{kVA})$$
$$\widetilde{S}_B=\widetilde{S}'_B+\widetilde{S}_h=(300+j168)-(140+j107)=160+j61(\text{kVA})$$

功率分布标注于图 2-29（a）中。

【练习3】　电网如图 2-30 所示，一条额定电压为 10kV 的两端供电网，干线 AB 采用 LJ-70 导线（单位长度参数：$r=0.46\Omega/\text{km}$，$x=0.35\Omega/\text{km}$，几何均距 1m），支线 bc、ad 采用 LJ-35 导线，其余有关数据标注于图中，电源电压 $\dot{U}_A=10.5\angle0°\text{kV}$，$\dot{U}_B=10.4\angle1°\text{kV}$，求其功率分布，并标出有功分点与无功分点。

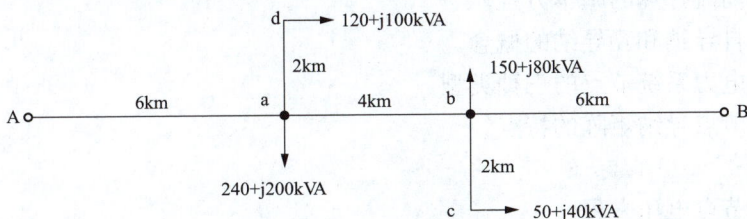

图 2-30　［练习3］附图

解题思路：该问题分四步完成：
（1）计算其供载功率分布（干线为均一网）。
（2）计算其循环功率分布。
（3）计算初步功率分布。
（4）找出其有功分点与无功分点。

四、环形网的最终潮流计算

【练习4】　如图 2-31 所示电网，额定电压为 110kV，几何均距为 5m，导线采用 LGJ-95 型（$r_1=0.33\Omega/\text{km}$，$x_1=0.429\Omega/\text{km}$）和 LGJ-120 型（$r_2=0.27\Omega\text{km}$，$x_2=0.423\Omega/\text{km}$）电源 A 电压为 115kV，试用复功率法与网络拆开法计算电网的初步潮流计算，最后计算其最终潮流分布。

解题思路：（1）复功率法计算初步潮流分布。
分三步完成：
1）根据已知条件，画出电网的等值电路。

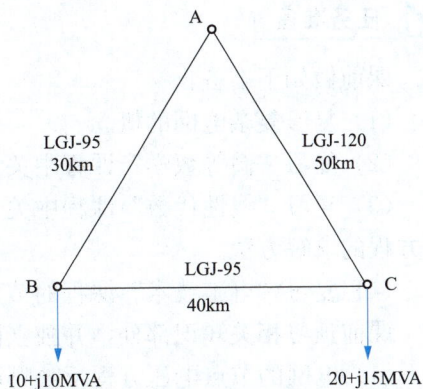

图 2-31　［练习4］电网接线图

71

2）应用式（2-63）计算电网初步潮流分布。

3）找到其功率分点。

（2）网络拆开法计算初步潮流分布。

由于截面相差不大，可以采用网络拆开法计算其初步潮流分布。

1）利用式（2-66）计算初步潮流分布。

2）找到其功率分点。

（3）计算电网的最终潮流分布。

1）从功率分点将电网拆开为两个开式网。

2）按照已知首端电压和末端功率的开式网潮流计算方法，计算两个开式网的潮流分布。

任务 6　复杂电力系统的潮流计算机算法

教学目标

知识目标：

（1）能解释潮流计算的基本方程。

（2）能说出自导纳和互导纳的概念。

（3）能说出电力系统节点的三种类型。

（4）能说出节点导纳矩阵的特点。

能力目标：

（1）会列写节点电压方程。

（2）会形成和修改节点导纳矩阵。

素质目标：

培养勇于探索、追求卓越的工匠精神。

任务描述

给定某复杂电网，列出计算其潮流的节点电压方程，形成节点导纳矩阵。

任务准备

课前做如下准备：

（1）复习复杂电网的概念。

（2）复习"高等数学"课程中关于导数与偏导数的有关概念。

（3）复习"线性代数"课程中关于矩阵、逆矩阵的相关概念，以及矩阵的初等变换和矩阵方程的求解方法。

（4）复习"电工技术"课程的节点电压法相关内容。

课前预习相关知识部分，并独立回答下列问题：

（1）电网的节点电压方程反映哪两组量之间的关系？

（2）什么是节点导纳矩阵？什么是自导纳和互导纳？

（3）节点导纳矩阵为什么是对称矩阵和稀疏矩阵（节点数越多越稀疏）？

（4）什么是非线性方程？为什么潮流计算的基本方程为一组非线性方程？

（5）在潮流计算的计算机算法中，电力系统各个节点按照给定原始条件的不同可以分为哪些类型？

（6）潮流计算的计算机算法常用哪三种方法？

相关知识

在上一任务中，介绍了简单电力网络的潮流分布计算，但现代电力系统是一个复杂而庞大的系统，其中有些节点可以从三个或三个以上的电源获得电能，这样的电网称为复杂网络。对于复杂网络，手算方法显然不适用，本节将介绍复杂网络潮流分布的计算机算法。

采用计算机计算复杂网络的潮流，需要掌握潮流计算问题的数学模型、计算方法和程序设计三方面的知识，这里只介绍前两部分。

一、潮流计算的数学模型

对电力系统来说，数学模型是指对电力系统中运行状态参数（如电压、电流等）之间相互关系和变化规律的一种数学描述，它将电力系统中物理现象的分析归结为某种形式的数学问题。电力网络本质上是一种电路，因此电路求解方法可用于电力系统的潮流计算，如回路电流法、节点电压法等。实际中，回路电流法用得较少，而采用节点电压法比较普遍，所以此处介绍节点电压法，如无特别说明，下面的公式都用标幺值表示。

1. 节点电压方程

现以简单电力网络为例，说明利用节点电压方程计算电力网络的原理。

图 2-32 展示了一个包含两个电源和一个等值负荷的系统。其中，$\dot{e}_1$、$\dot{e}_2$ 为电源电动势，y_1、y_2 为电源的内部导纳，y_3 为负荷的等值导纳，y_4、y_5、y_6 为支路的导纳。

如果取地为电压参考节点，设节点 1、2、3 的线电压为 $\dot{U}_1$、$\dot{U}_2$、$\dot{U}_3$，流入节点的电流方向为正。根据基尔霍夫第一定律可以列出的电流方程为

$$\begin{cases} y_1(\dot{e}_1-\dot{U}_1)+y_6(\dot{U}_2-\dot{U}_1)+y_4(\dot{U}_3-\dot{U}_1)=0 \\ y_2(\dot{e}_2-\dot{U}_2)+y_6(\dot{U}_1-\dot{U}_2)+y_5(\dot{U}_3-\dot{U}_2)=0 \\ y_4(\dot{U}_1-\dot{U}_3)+y_5(\dot{U}_2-\dot{U}_3)-y_3\dot{U}_3=0 \end{cases} \tag{2-70}$$

将式（2-70）中与电源电动势 $\dot{e}_1$、$\dot{e}_2$ 有关的项移到等式右端，经整理后可以写出

$$\begin{cases} y_1\dot{U}_1+y_6(\dot{U}_1-\dot{U}_2)+y_4(\dot{U}_1-\dot{U}_3)=y_1\dot{e}_1 \\ y_2\dot{U}_2+y_6(\dot{U}_2-\dot{U}_1)+y_5(\dot{U}_2-\dot{U}_3)=y_2\dot{e}_2 \\ y_4(\dot{U}_3-\dot{U}_1)+y_5(\dot{U}_3-\dot{U}_2)+y_3\dot{U}_3=0 \end{cases} \tag{2-71}$$

式（2-71）左端为节点 1、2、3 流出的电流，右端为注入各节点的电流，由此式可以得到该电力网络的另一种等值电路，如图 2-33 所示，图中用理想电流源代替电压源，即

$$\begin{cases} \dot{I}_1=y_1\dot{e}_1 \\ \dot{I}_2=y_2\dot{e}_2 \\ \dot{I}_3=0 \end{cases} \tag{2-72}$$

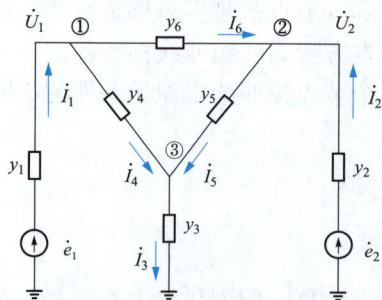

图 2-32 节点电压法图例

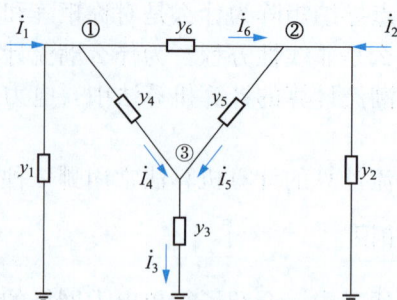

图 2-33 用电流源代替电压源图例

将式（2-71）左端各项按电压合并，再将式（2-72）代入右端，可得

$$\begin{cases} Y_{11}\dot{U}_1 + Y_{12}\dot{U}_2 + Y_{13}\dot{U}_3 = \dot{I}_1 \\ Y_{21}\dot{U}_1 + Y_{22}\dot{U}_2 + Y_{23}\dot{U}_3 = \dot{I}_2 \\ Y_{31}\dot{U}_1 + Y_{32}\dot{U}_2 + Y_{33}\dot{U}_3 = 0 \end{cases} \tag{2-73}$$

式（2-73）称为电力网络的节点电压方程，它反映了节点电压和注入电流之间的关系，其右端的 $\dot{I}_1$、$\dot{I}_2$、$\dot{I}_3$ 为各节点的注入电流。其中，$Y_{11} = y_1 + y_4 + y_6$、$Y_{22} = y_2 + y_5 + y_6$、$Y_{33} = y_3 + y_4 + y_5$ 称为节点 1、2、3 的自导纳；$Y_{12} = Y_{21} = -y_6$、$Y_{13} = Y_{31} = -y_4$、$Y_{23} = Y_{32} = -y_5$ 称为相应节点之间的互导纳。

式（2-73）用矩阵表示为

$$\begin{bmatrix} \dot{I}_1 \\ \dot{I}_2 \\ 0 \end{bmatrix} = \begin{bmatrix} Y_{11} & Y_{12} & Y_{13} \\ Y_{21} & Y_{22} & Y_{23} \\ Y_{31} & Y_{32} & Y_{33} \end{bmatrix} \begin{bmatrix} \dot{U}_1 \\ \dot{U}_2 \\ \dot{U}_3 \end{bmatrix} \tag{2-74}$$

一般情况下，如果电力网络有 n 个节点（参考节点除外），则可按式（2-74）推广后列出 n 个节点的节点电压方程，用矩阵形式可以表示为

$$\boldsymbol{I}_\mathrm{B} = \boldsymbol{Y}_\mathrm{B}\boldsymbol{U}_\mathrm{B} \tag{2-75}$$

式中

$$\boldsymbol{I}_\mathrm{B} = \begin{bmatrix} \dot{I}_1 \\ \dot{I}_2 \\ \vdots \\ \dot{I}_n \end{bmatrix}, \quad \boldsymbol{U}_\mathrm{B} = \begin{bmatrix} \dot{U}_1 \\ \dot{U}_2 \\ \vdots \\ \dot{U}_n \end{bmatrix}$$

上式也可以写成展开的形式

$$\dot{I}_i = \sum_{j=1}^{n} Y_{ij}\dot{U}_j \quad (i = 1, 2, 3, \cdots, n) \tag{2-76}$$

分别为节点注入电流列向量和节点电压列向量。其中 $\boldsymbol{I}_\mathrm{B}$ 为节点注入电流列向量，注入电流有正有负，注入网络电流为正，流出网络电流为负。根据这一规定，电源节点的注入电

流为正，负荷节点为负，既无电源又无负荷的联络节点为零，带有地方负荷的电源节点为二者代数和。U_B 为节点电压列向量，由于节点电压是相对于参考节点而言的，因而需先选定参考节点。在电力系统中一般以地为参考节点，如整个网络无接地支路，则需选定某一节点为参考节点。本书中以大地为参考节点，并规定其编号为零。

$$Y_B = \begin{bmatrix} Y_{11} & Y_{12} & \cdots & Y_{1n} \\ Y_{21} & Y_{22} & \cdots & Y_{2n} \\ \vdots & \vdots & & \vdots \\ Y_{n1} & Y_{n2} & \cdots & Y_{nn} \end{bmatrix}$$

Y_B 为 $n \times n$ 阶的节点导纳矩阵，其中对角元素 Y_{ii} 为第 i 个节点的自导纳，它在数值上等于与该节点相连的所有支路导纳之和，即 $Y_{ii} = \sum_{j=0}^{n} y_{ij}$（$i \neq j$）；非对角元素 Y_{ij} 为第 i 个节点的互导纳，在数值上等于第 i 个节点和第 j 个节点相连支路导纳的负值，即 $Y_{ij} = -y_{ij}$。同理，第 j 个节点互导纳 $Y_{ji} = -y_{ji} = -y_{ij} = Y_{ij}$，所以节点导纳矩阵是一个对称矩阵；而且由于每个节点所连接的支路数总有一定的限度，随着网络中节点数的增加，非零元素会越来越少。综上所述，节点导纳矩阵是一个对称的稀疏矩阵。

2. 节点导纳矩阵的形成与修改

（1）节点导纳矩阵的形成。节点导纳矩阵可以根据自导纳和互导纳的定义直接求取，根据定义求取节点导纳矩阵时，需注意以下几点。

1）节点导纳矩阵是方阵，其阶数等于网络中除参考节点外的节点数 n。

2）节点导纳矩阵是稀疏矩阵，其各行非零非对角元素数等于与该行相对应节点所连接的不接地支路数。

3）节点导纳矩阵的对角元素 Y_{ii} 等于该节点所连接的支路导纳总和。

4）节点导纳矩阵的非对角元素 Y_{ij} 等于连接节点 i、j 的支路导纳的负值。

5）节点导纳矩阵是对称矩阵，因而只要求取这个矩阵的上三角或下三角即可。

（2）节点导纳矩阵的修改。在电力系统计算中，往往要计算不同接线方式下的运行情况，例如某电力线路或变压器投入前后的情况，以及某些元件参数变更前后的运行状况。由于改变一个支路的参数或其投入、退出状态只影响该支路两端节点的自导纳和它们之间的互导纳，因此可不必重新形成与新运行状况相对应的节点导纳矩阵，仅需对原有的矩阵作某些修改。以下介绍几种常用的修改方法。

1）从原有网络引出一支路，同时增加一节点，如图 2-34（a）所示。

设 i 为原有网络中节点，j 为新增加节点，新增加支路导纳为 y_{ij}。因为增加一节点，所以节点导纳矩阵将增加一阶。

新增的对角元素 Y_{jj}，由于对节点 j 只有一条支路 y_{ij}，因此 $Y_{jj} = y_{ij}$；新增非对角元素 $Y_{ij} = Y_{ji} = -y_{ij}$，原有矩阵中的对角元素 Y_{ii} 将增加 $\Delta Y_{ii} = y_{ij}$。

2）在原有的网络节点 i、j 之间增加一条支路，如图 2-34（b）所示。

这时由于只增加支路而不增加节点，因此节点导纳矩阵阶数不变，但与节点 i、j 有关元素应作如下修改

$$\Delta Y_{ii} = y_{ij}; \quad \Delta Y_{jj} = y_{ij}; \quad \Delta Y_{ij} = \Delta Y_{ji} = -y_{ij}$$

3）在原有网络的节点 i、j 之间切除一条支路，如图 2-34（c）所示。

切除一导纳为 y_{ij} 的支路相当于增加一导纳为 $-y_{ij}$ 的支路，从而与节点 i、j 有关元素应作如下修改

$$\Delta Y_{ii} = -y_{ij} ; \quad \Delta Y_{jj} = -y_{ij} ; \quad \Delta Y_{ij} = \Delta Y_{ji} = y_{ij}$$

4）原有网络节点 i、j 之间的导纳由 y_{ij} 改变为 y'_{ij}，如图 2-34（d）所示。

这种情况相当于切除一条导纳为 y_{ij} 的支路并增加一导纳为 y'_{ij} 的支路，从而与节点 i、j 有关元素应作如下修改

$$\Delta Y_{ii} = y'_{ij} - y_{ij} ; \quad \Delta Y_{jj} = y'_{ij} - y_{ij} ; \quad \Delta Y_{ij} = \Delta Y_{ji} = y_{ij} - y'_{ij}$$

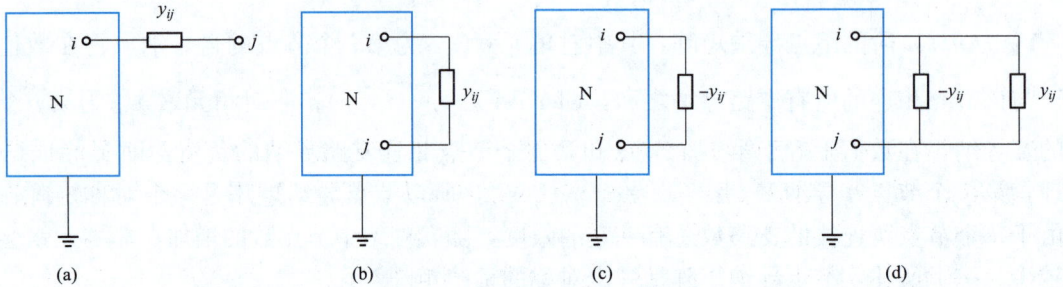

图 2-34　电力网络接线示意图

（a）增加支路和节点；（b）增加支路；（c）切除支路；（d）改变支路参数

5）原有网络节点 i、j 之间变压器的电压比由 K 变为 K'。

节点 i、j 之间变压器的等值电路如图 2-35 所示。该变压器电压比的改变将要求与节点 i、j 有关的元素作如下修改

$$\Delta Y_{ii} = 0 ; \quad \Delta Y_{jj} = \left(\frac{1}{K'^2} - \frac{1}{K^2} \right) y_B$$

$$\Delta Y_{ij} = \Delta Y_{ji} = -\left(\frac{1}{K'} - \frac{1}{K} \right) y_B$$

这些公式其实就是切除一电压比为 K 的变压器并增加一电压比为 K' 的变压器的计算公式。

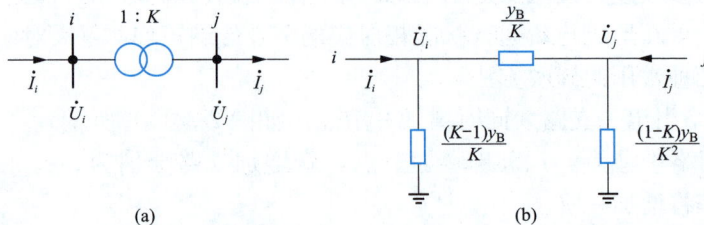

图 2-35　变压器 Π 形等值电路

（a）变压器接线图；（b）变压器 Π 形等值电路

3．潮流计算的数学模型

前面介绍了节点电压方程和节点导纳矩阵的形成及修改，下面将讨论潮流计算的数学模型。由于工程实践中通常已知的不是节点注入电流 $\mathbf{I}_B$，而是各节点的注入功率，节点电压 $\mathbf{U}_B$ 为待求量。为此，必须找到一个利用节点功率计算节点电压的关系式。在讨论之前，规

定节点电流正方向为注入电力网络的方向。

由于三相电路功率方程为

$$\dot{I}_i = \frac{\overset{*}{S}_i}{\overset{*}{U}_i} = \frac{P_i - jQ_i}{\overset{*}{U}_i} \qquad (i = 1, 2, \cdots, n) \tag{2-77}$$

式中：P_i、Q_i 分别为节点 i 向网络注入的有功功率和无功功率；$\overset{*}{U}_i$ 为节点 i 对参考节点的电压 $\dot{U}_i$ 的共轭。

将式（2-77）代入式（2-76）可得

$$\frac{P_i - jQ_i}{\overset{*}{U}_i} = \sum_{j=1}^{n} Y_{ij} \dot{U}_j \qquad (j = 1, 2, \cdots, n) \tag{2-78}$$

式（2-78）即为潮流计算的基本方程，由此可见，由于不能给出节点电流，只能根据节点功率求取节点电压，这就使得节点电压方程由线性变为非线性，即用计算机算法进行潮流计算可归结为求解一组非线性方程的问题。

对于一个除参考点外有 n 个节点的电力系统，因为参考点电压已给定，只需计算 n 个节点的电压，按式（2-78）可列出 n 个方程，在电力系统潮流计算中，表征各节点运行状态的参数是该点的电压相量和复功率，所以表征节点运行状态的量有电压幅值 U、电压相位角 δ、有功功率 P 和无功功率 Q。因此上述电力系统的 n 个节点有 $4n$ 个运行参数，而表示这些参数相互关系的方程式根据式（2-78）可列出 n 个复数方程式，并可拆为 $2n$ 个实数方程式，所以只能解出 $2n$ 个参数，其余 $2n$ 个参数需要事先给定。

在电力系统潮流计算中，一般对每个节点给出两个运行参数并作为已知条件，而另外两个作为待求量。根据原始数据给出的方程式，电力系统中节点可分为以下三种类型。

（1）PQ 节点。这类节点的有功功率 P 和无功功率 Q 是给定的，节点电压幅值和相位角（U、δ）是待求量。通常变电站为这一类节点，由于没有发电设备，故其发电功率为零。系统中基载发电厂的母线也作为 PQ 节点。因此电力系统中的绝大多数节点属于这一类型。

（2）PV 节点。这类节点有功功率 P 和电压幅值 U 是给定的，节点的无功功率 Q 和电压的相位 δ 是待求量。这类节点必须有足够的可调无功容量，用以维持给定的电压幅值，因而也称为电压控制点。有一定无功功率储备的发电厂和有一定无功功率电源的变电站母线都可选为 PV 节点，这一类节点数目很少。

（3）平衡节点。这类节点电压幅值 U、电压相位角 δ 是给定的，而注入功率是待求量。担负调整系统频率任务的发电厂母线往往被选为平衡节点，潮流计算时，一般只设一个平衡节点。

二、高斯-赛德尔法潮流计算

运用计算机进行潮流计算时，目前常用的算法有两种：牛顿-拉夫逊法和由此派生的 P-Q 分解法。但由于牛顿-拉夫逊法对初值选取要求严格，某些程序的第一、二次迭代往往采用高斯-赛德尔法估算初值，因此下面首先介绍高斯-赛德尔法。

1. 高斯-赛德尔法

高斯-赛德尔法既可以用来求解线性方程组，也可以用来求解非线性方程组。其方法如下：

设有方程组

$$\begin{cases} a_{11}x_1 + a_{12}x_2 + a_{13}x_3 = y_1 \\ a_{21}x_1 + a_{22}x_2 + a_{23}x_3 = y_2 \\ a_{31}x_1 + a_{32}x_2 + a_{33}x_3 = y_3 \end{cases} \tag{2-79}$$

它可改写为

$$\begin{cases} x_1 = \dfrac{1}{a_{11}}(y_1 - a_{12}x_2 - a_{13}x_3) \\ x_2 = \dfrac{1}{a_{22}}(y_2 - a_{21}x_1 - a_{23}x_3) \\ x_3 = \dfrac{1}{a_{33}}(y_3 - a_{31}x_1 - a_{32}x_2) \end{cases}$$

于是迭代格式为

$$\begin{cases} x_1^{(k+1)} = \dfrac{1}{a_{11}}(y_1 - a_{12}x_2^{(k)} - a_{13}x_3^{(k)}) \\ x_2^{(k+1)} = \dfrac{1}{a_{22}}(y_2 - a_{21}x_1^{(k+1)} - a_{23}x_3^{(k)}) \quad (k=1,2,\cdots,n) \\ x_3^{(k+1)} = \dfrac{1}{a_{33}}(y_3 - a_{31}x_1^{(k+1)} - a_{32}x_2^{(k+1)}) \end{cases} \tag{2-80}$$

式中：k 为迭代次数。对式（2-79）中各个变量 x_1、x_2、x_3 分别给予初值 $x_1^{(0)}$、$x_2^{(0)}$、$x_3^{(0)}$，将它们分别代入式（2-80）第一式即可得到 x_1 的第一次迭代值 $x_1^{(1)}$，再将第一迭代值 $x_1^{(1)}$、$x_2^{(0)}$、$x_3^{(0)}$ 分别代入式（2-80）第二式，得到 x_2 的第一次迭代值 $x_2^{(1)}$，然后再按同样的方法得到 x_3 的第一次迭代值 $x_3^{(1)}$。以后不断重复上述步骤，直到等于或逼近 x_1、x_2、x_3 的真解为止。迭代过程从 $k=0$ 开始，直到所有变量满足以下条件即可停止，即

$$|x_i^{(k+1)} - x_i^{(k)}| < \varepsilon \tag{2-81}$$

式中：ε 为给定的小正数，一般可取为 10^{-6}。满足式（2-81）就叫作迭代收敛。

这里需要注意的是，高斯-赛德尔法实际是迭代法的一种，该方法为了提高收敛速度，在迭代过程中，求下一个变量的迭代值时，需要代入上一个变量的最新值。例如求取 $x_2^{(k+1)}$ 时，要代入 $x_1^{(k+1)}$，而不是 $x_1^{(k)}$。

2. 高斯-赛德尔法潮流计算

现在将高斯-赛德尔法用于电力系统的潮流计算。潮流计算的基本方程式在前面已经推导出，即

$$\frac{P_i - jQ_i}{\dot{U}_i^*} = \sum_{j=1}^{n} Y_{ij}\dot{U}_j \qquad (j=1,2,\cdots,n)$$

上式可以展开为

$$Y_{ii}\dot{U}_i + \sum_{\substack{j=1 \\ j\neq i}}^{n} Y_{ij}\dot{U}_j = \frac{P_i - jQ_i}{\dot{U}_i^*} \tag{2-82}$$

设电力系统有 n 个节点，其中一个为平衡节点，m 个 PQ 节点，$n-(m+1)$ 个 PV 节点。平衡节点编号为 1，因为电压已知，所以不参加迭代，将式（2-82）改写为高斯-赛德尔的迭代格式为

$$\begin{cases} \dot{U}_1 = U_1 \angle 0° \\ \dot{U}_2^{(k+1)} = \dfrac{1}{Y_{22}} \left[\dfrac{P_2 - \mathrm{j}Q_2}{\dot{U}_2^{*(k)}} - Y_{21}\dot{U}_1 - Y_{23}\dot{U}_3^{(k)} - Y_{24}\dot{U}_4^{(k)} - \cdots - Y_{2n}\dot{U}_n^{(k)} \right] \\ \dot{U}_3^{(k+1)} = \dfrac{1}{Y_{33}} \left[\dfrac{P_3 - \mathrm{j}Q_3}{\dot{U}_3^{*(k)}} - Y_{31}\dot{U}_1 - Y_{32}\dot{U}_2^{(k+1)} - Y_{34}\dot{U}_4^{(k)} - \cdots - Y_{3n}\dot{U}_n^{(k)} \right] \\ \vdots \\ \dot{U}_n^{(k+1)} = \dfrac{1}{Y_{nn}} \left[\dfrac{P_n - \mathrm{j}Q_n}{\dot{U}_n^{*(k)}} - Y_{n1}\dot{U}_1 - Y_{n2}\dot{U}_2^{(k+1)} - Y_{n3}\dot{U}_3^{(k+1)} - \cdots - Y_{n(n-1)}\dot{U}_{n-1}^{(k+1)} \right] \end{cases} \tag{2-83}$$

式中：P_i、Q_i 分别为节点 i 向网络注入的有功功率和无功功率。

按式（2-83）迭代时，除平衡节点外，其他节点的电压都将变化，而这一情况不符合 PV 节点电压大小不变的约定。因此，每次求这些节点电压后，都要对 PV 节点电压大小按给定值进行修正，并根据此值调整这些节点注入的无功功率。这是潮流计算应用高斯-赛德尔法的特殊之处。

因为高斯-赛德尔法简单，所以在早期的潮流计算程序中得以应用。但其收敛速度慢，后来逐渐被牛顿-拉夫逊法所取代。目前这种方法多与牛顿-拉夫逊法配合以弥补后者不足。鉴于它已不再被广泛应用，所以这里就不再展开说明了。

三、牛顿-拉夫逊法

牛顿-拉夫逊法是常用的解非线性方程组的方法，也是当前广泛采用的计算潮流方法。

1. 牛顿-拉夫逊法

牛顿-拉夫逊法（简称牛顿法）是求解非线性方程式的有效方法。这个方法将非线性方程式的求解过程变成反复求解相应的线性方程式的过程。下面举例说明。

试求非线性方程

$$f(x) = 0 \tag{2-84}$$

的解。

为 x 赋予初值 $x^{(0)}$，它与真解 x 相差 $\Delta x^{(0)}$，则

$$x = x^{(0)} + \Delta x^{(0)} \tag{2-85}$$

式中：$\Delta x^{(0)}$ 为 $x^{(0)}$ 的修正量。

将式（2-85）代入式（2-84），可得

$$f(x^{(0)} + \Delta x^{(0)}) = 0 \tag{2-86}$$

将式（2-86）在 $x^{(0)}$ 处按泰勒级数展开，可得

$$f(x^{(0)} + \Delta x^{(0)}) = f(x^{(0)}) + f'(x^{(0)})\Delta x^{(0)} + f''(x^{(0)})\frac{(\Delta x^{(0)})^2}{2!} + \cdots + f^{(n)}(x^{(0)})\frac{(\Delta x^{(0)})^n}{n!} \tag{2-87}$$

式中：$f'(x^{(0)})$，$\cdots$，$f^{(n)}(x^{(0)})$ 分别为函数 $f(x)$ 在 $x^{(0)}$ 处的一阶导数，$\cdots$，n 阶导数。

当初值选取较合适的初值时，$\Delta x^{(0)}$ 比较小，因此包含 $(\Delta x^{(0)})^2$ 及更高阶次的项都可以忽略不计。因此式（2-87）可简化为

$$f(x^{(0)} + \Delta x^{(0)}) = f(x^{(0)}) + f'(x^{(0)})\Delta x^{(0)} = 0 \tag{2-88}$$

式（2-88）即为求解 $\Delta x^{(0)}$ 的线性方程式，称为修正方程式。由于式（2-88）是式（2-87）

79

简化的结果，因此求得的 $\Delta x^{(0)}$ 有一定误差，所以不能得到式（2-84）的真解，实际上得到的为 $x^{(1)}=x^{(0)}+\Delta x^{(0)}$，只是向真解逼近了一些。

再以 $x^{(1)}$ 为初值代入式（2-88），即

$$f(x^{(1)})+f'(x^{(1)})\Delta x^{(1)}=0$$

解得 $\Delta x^{(1)}$，也即可得到更逼近真解的 $x^{(2)}=x^{(1)}+\Delta x^{(1)}$。如此反复，就构成了不断求解线性方程式（2-88）的迭代过程。第 k 次迭代时的方程式为

$$f(x^{(k)})+f'(x^{(k)})\Delta x^{(k)}=0 \tag{2-89}$$

或

$$f(x^{(k)})=-f'(x^{(k)})\Delta x^{(k)} \tag{2-90}$$

式（2-90）右端可看成是近似解 $x^{(k)}$ 所引起的误差，当 $f(x^{(k)})\to 0$ 时，即满足了方程 $f(x)=0$，$x^{(k)}$ 也即为式（2-84）的真解。式 $f'(x^{(k)})$ 为函数 $f(x)$ 在 $x^{(k)}$ 点的一次导数，也就是曲线 $y=f(x)$ 在 $x^{(k)}$ 点的斜率，如图 2-36 所示。

$$\tan\alpha^{(k)}=-f'(x^{(k)}) \tag{2-91}$$

修正量 $\Delta x^{(k)}$ 为曲线在 $x^{(k)}$ 点的切线与横轴的交点，由图 2-36 可以直观看出牛顿法的求解过程。因此，牛顿法也称为切线法。

运用牛顿法求解时，初值 $x^{(0)}$ 要选择得比较接近它们的真解，否则迭代过程可能不收敛。牛顿法潮流收敛性说明如图 2-37 所示，$f(x)=0$ 的修正方程为 $f(x^{(k)})=f'(x^{(k)})\Delta x^{(k)}$。由图 2-37 可见，当初值选择接近真解时，迭代过程法迅速收敛；反之，将可能不收敛。正因为如此，如前所述，在潮流计算中运用牛顿法的某些程序中，第一、二次迭代采用高斯-赛德尔法，因为高斯-赛德尔法对初值没有特殊要求。

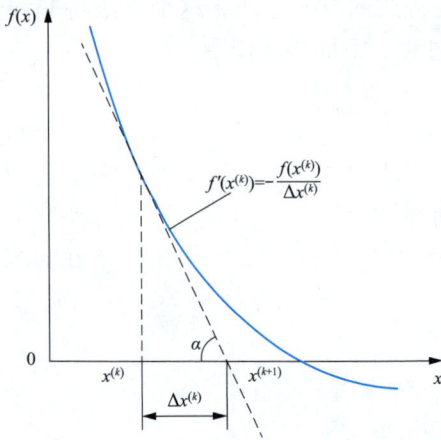

图 2-36 牛顿法迭代原理

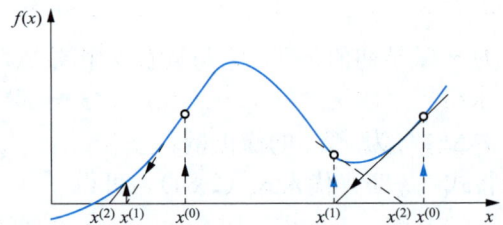

图 2-37 牛顿法潮流收敛性说明

现将牛顿法推广到多变量非线性方程组，设有非线性方程组为

$$\begin{cases} f_1(x_1,\ x_2,\ \cdots,\ x_n)=y_1 \\ f_2(x_1,\ x_2,\ \cdots,\ x_n)=y_2 \\ \quad\vdots \\ f_n(x_1,\ x_2,\ \cdots,\ x_n)=y_n \end{cases} \tag{2-92}$$

为每个变量赋初值为 $x_1^{(0)}$、$x_2^{(0)}$、$\cdots$、$x_n^{(0)}$，设初值与真解分别相差 Δx_1、Δx_2、$\cdots$、

Δx_n，则有如下关系式

$$\begin{cases} f_1(x_1^{(0)}+\Delta x_1,\ x_2^{(0)}+\Delta x_2,\ \cdots,\ x_n^{(0)}+\Delta x_n)=y_1 \\ f_2(x_1^{(0)}+\Delta x_1,\ x_2^{(0)}+\Delta x_2,\ \cdots,\ x_n^{(0)}+\Delta x_n)=y_2 \\ \vdots \\ f_n(x_1^{(0)}+\Delta x_1,\ x_2^{(0)}+\Delta x_2,\ \cdots,\ x_n^{(0)}+\Delta x_n)=y_n \end{cases} \tag{2-93}$$

将式（2-93）按泰勒级数展开，并且忽略高阶项后得到

$$\begin{cases} y_1-f_1(x_1^{(0)},\ x_2^{(0)},\ \cdots,\ x_n^{(0)})=\frac{\partial f_1}{\partial x_1}\big|_0\Delta x_1^{(0)}+\frac{\partial f_1}{\partial x_2}\big|_0\Delta x_2^{(0)}+\cdots+\frac{\partial f_1}{\partial x_n}\big|_0\Delta x_n^{(0)} \\ y_2-f_2(x_1^{(0)},\ x_2^{(0)},\ \cdots,\ x_n^{(0)})=\frac{\partial f_2}{\partial x_1}\big|_0\Delta x_1^{(0)}+\frac{\partial f_2}{\partial x_2}\big|_0\Delta x_2^{(0)}+\cdots+\frac{\partial f_2}{\partial x_n}\big|_0\Delta x_n^{(0)} \\ \vdots \\ y_n-f_n(x_1^{(0)},\ x_2^{(0)},\ \cdots,\ x_n^{(0)})=\frac{\partial f_n}{\partial x_1}\big|_0\Delta x_1^{(0)}+\frac{\partial f_n}{\partial x_2}\big|_0\Delta x_2^{(0)}+\cdots+\frac{\partial f_n}{\partial x_n}\big|_0\Delta x_n^{(0)} \end{cases} \tag{2-94}$$

这是一组线性方程组，称为修正方程组。可用矩阵方程表示为

$$\begin{bmatrix} y_1-f_1(x_1^{(0)},\ x_2^{(0)},\ \cdots,\ x_n^{(0)}) \\ y_2-f_2(x_1^{(0)},\ x_2^{(0)},\ \cdots,\ x_n^{(0)}) \\ \vdots \\ y_n-f_n(x_1^{(0)},\ x_2^{(0)},\ \cdots,\ x_n^{(0)}) \end{bmatrix}=\begin{bmatrix} \frac{\partial f_1}{\partial x_1}\big|_0 & \frac{\partial f_1}{\partial x_2}\big|_0 & \cdots & \frac{\partial f_1}{\partial x_n}\big|_0 \\ \frac{\partial f_2}{\partial x_1}\big|_0 & \frac{\partial f_2}{\partial x_2}\big|_0 & \cdots & \frac{\partial f_2}{\partial x_n}\big|_0 \\ \vdots & \vdots & & \vdots \\ \frac{\partial f_n}{\partial x_1}\big|_0 & \frac{\partial f_n}{\partial x_2}\big|_0 & \cdots & \frac{\partial f_n}{\partial x_n}\big|_0 \end{bmatrix}\begin{bmatrix} \Delta x_1^{(0)} \\ \Delta x_2^{(0)} \\ \vdots \\ \Delta x_n^{(0)} \end{bmatrix} \tag{2-95}$$

式（2-95）可简写为

$$\Delta f = J \Delta x \tag{2-96}$$

J 为函数 f 的雅可比矩阵，Δx 为由 Δx_i 组成的列向量，Δf 为由不平衡量组成的列向量。将 $x_i^{(0)}$ 代入，可得 Δf、J 中的各元素。然后应用解线性方程组的方法，可求得 $\Delta x_i^{(0)}$，从而求得第一次迭代后 x_i 的新值 $x_i^{(1)}=x_i^{(0)}+\Delta x_i^{(0)}$。再将求得的 $x_i^{(1)}$ 代入，又可求得 Δf、J 中各元素的新值，从而求得 $\Delta x_i^{(1)}$ 以及 $x_i^{(2)}=x_i^{(1)}+\Delta x_i^{(1)}$。如此循环，最后可获得对式（2-92）足够精确的解。

为了判断收敛情况，可以采用以下两个不等式中的一个

$$|\Delta x_i^{(k)}|_{\max}<\varepsilon_1$$

$$|y_i-f_i(x_1^{(k)},\ x_2^{(k)},\ \cdots,\ x_n^{(k)})|_{\max}<\varepsilon_2$$

式中：$|\Delta x_i^{(k)}|_{\max}$ 和 $|y_i-f_i(x_1^{(k)},\ x_2^{(k)},\ \cdots,\ x_n^{(k)})|_{\max}$ 分别为 Δx 和 Δf 列向量中最大分量的绝对值；ε_1、ε_2 为预先给定的很小正数。

2. 牛顿法潮流计算

潮流计算的基本方程式为

$$\frac{P_i-\mathrm{j}Q_i}{\overset{*}{U}_i}=\sum_{j=1}^n Y_{ij}\dot{U}_j \qquad (j=1,\ 2,\ \cdots,\ n)$$

由于潮流方程中的电压 $\dot{U}$ 和导纳 Y 既可表示为直角坐标形式，也可表示为极坐标形式。因而潮流方程可以有三种表达形式：极坐标形式、直角坐标形式和混合坐标形式。

取 $\dot{U}_i = U_i \angle \theta_i$，$Y_{ij} = |y_{ij}| \angle \beta_{ij}$，得到潮流方程的极坐标形式为

$$P_i - \mathrm{j}Q_i = U_i \angle \theta_i \sum_{j=1}^{n} Y_{ij} U_j \angle \theta_j \tag{2-97}$$

取 $\dot{U}_i = e_i + \mathrm{j}f_i$，$Y_{ij} = G_{ij} + \mathrm{j}B_{ij}$，得到潮流计算的直角坐标形式为

$$P_i = e_i \sum_{j=1}^{n} (G_{ij}e_j - B_{ij}f_j) + f_i \sum_{j=1}^{n} (G_{ij}f_j + B_{ij}e_j)$$
$$Q_i = f_i \sum_{j=1}^{n} (G_{ij}e_j - B_{ij}f_j) - e_i \sum_{j=1}^{n} (G_{ij}f_j + B_{ij}e_j) \tag{2-98}$$

取 $\dot{U}_i = U_i \angle \theta_i$，$Y_{ij} = G_{ij} + \mathrm{j}B_{ij}$，得到潮流方程的混合坐标形式为

$$P_i = U_i \sum_{j=1}^{n} U_j (G_{ij}\cos\theta_{ij} + B_{ij}\sin\theta_{ij})$$
$$Q_i = U_i \sum_{j=1}^{n} U_j (G_{ij}\sin\theta_{ij} - B_{ij}\cos\theta_{ij}) \tag{2-99}$$

式中：$\theta_{ij} = \theta_i - \theta_j$。

不同坐标形式的潮流方程适用于不同的迭代解法。牛顿法求解时，以直角坐标和混合坐标形式求解较为方便，此处仅介绍混合坐标形式。

将混合坐标形式的潮流方程表示为迭代方程的形式为

$$\begin{cases} \Delta P_i = P_i - U_i \sum_{j=1}^{n} U_j (G_{ij}\cos\theta_{ij} + B_{ij}\sin\theta_{ij}) = P_i - P_i' = 0 \\ \Delta Q_i = Q_i - U_i \sum_{j=1}^{n} U_j (G_{ij}\sin\theta_{ij} - B_{ij}\cos\theta_{ij}) = Q_i - Q_i' = 0 \end{cases} \tag{2-100}$$

式（2-100）的含义是：求解一组 $U_i \angle \theta_i$，使得由节点电压求得的功率 P_i'、Q_i' 与给定的节点注入功率 P_i、Q_i 相等，或者使失配功率 ΔP、ΔQ 满足给定的精度要求 ε。

用牛顿法求解时，对三类节点的处理方法为：设电网共有 n 个节点，1 个平衡节点，m 个 PQ 节点，则 PV 节点有 $n-m-1$ 个。对平衡节点，因为其节点电压已经给定，所以不参与迭代；对 PQ 节点，因为其 P 和 Q 已经给定，U 和 θ 待求，故其既有有功功率失配，也有无功功率失配，即每个 PQ 节点有两个迭代方程，并需设定电压的初值 $U_i^{(0)}$、$\theta_i^{(0)}$；对于 PQ 节点，U 越限时，PQ 节点转化为 PV 节点；对 PV 节点，因其 P 和 U 已经给定，Q 和 θ 待求，故仅有 ΔP_i 一个迭代方程，并需设定无功功率初值 $Q_i^{(0)}$ 和电压相位初值 $\theta_i^{(0)}$。每次迭代后，对 PV 节点，令 $\dot{U}_i^{(k)} = U_i \angle \theta_i^{(k)}$，计算无功功率 $Q_i^{(k)} = U_i \sum_{j=1}^{n} U_j (G_{ij}\sin\theta_{ij} - B_{ij}\cos\theta_{ij})$，检验其是否满足约束条件 $Q_{imin} \leq Q_i \leq Q_{imax}$；如不满足，则用给定的限值代替，这时 PV 节点就转化为 PQ 节点，从而转入下一次迭代。

综上可知，利用牛顿法迭代求解混合坐标形式的潮流计算方程时，共有 $n-1$ 个有功失配方程和 m 个无功失配方程，方程总数为 $n+m-1$，未知量有 $n-1$ 个电压相角 $\delta_i (i = 1, \cdots, n-1)$ 和 m 个电压幅值 $U_i (i=1, \cdots, m)$，总数为 $n+m-1$，方程数与未知数量相等，方程有定解。

此时，迭代方程为

$$
\begin{bmatrix} \Delta P_1 \\ \vdots \\ \Delta P_{n-1} \\ \hline \Delta Q_1 \\ \vdots \\ \Delta Q_m \end{bmatrix} + \begin{bmatrix} \dfrac{\partial \Delta P_1}{\partial \theta_1} & \cdots & \dfrac{\partial \Delta P_1}{\partial \theta_{n-1}} & \dfrac{\partial \Delta P_1}{\partial U_1} & \cdots & \dfrac{\partial \Delta P_1}{\partial U_m} \\ \vdots & & \vdots & \vdots & & \vdots \\ \dfrac{\partial \Delta P_{n-1}}{\partial \theta_1} & \cdots & \dfrac{\partial \Delta P_{n-1}}{\partial \theta_{n-1}} & \dfrac{\partial \Delta P_{n-1}}{\partial U_1} & \cdots & \dfrac{\partial \Delta P_{n-1}}{\partial U_m} \\ \hline \dfrac{\partial \Delta Q_1}{\partial \theta_1} & \cdots & \dfrac{\partial \Delta Q_1}{\partial \theta_{n-1}} & \dfrac{\partial \Delta Q_1}{\partial U_1} & \cdots & \dfrac{\partial \Delta Q_1}{\partial U_m} \\ \vdots & & \vdots & \vdots & & \vdots \\ \dfrac{\partial \Delta Q_m}{\partial \theta_1} & \cdots & \dfrac{\partial \Delta Q_m}{\partial \theta_{n-1}} & \dfrac{\partial \Delta Q_m}{\partial U_1} & \cdots & \dfrac{\partial \Delta Q_m}{\partial U_m} \end{bmatrix} \begin{bmatrix} \Delta \theta_1 \\ \vdots \\ \Delta \theta_{n-1} \\ \hline \Delta U_1 \\ \vdots \\ \Delta U_m \end{bmatrix} = 0
$$

$$
\begin{bmatrix} \theta_1^{(k+1)} \\ \vdots \\ \theta_{n-1}^{(k+1)} \\ \hline U_1^{(k+1)} \\ \vdots \\ U_m^{(k+1)} \end{bmatrix} = \begin{bmatrix} \theta_1^{(k)} \\ \vdots \\ \theta_{n-1}^{(k)} \\ \hline U_1^{(k)} \\ \vdots \\ U_m^{(k)} \end{bmatrix} + \begin{bmatrix} \Delta\theta_1^{(k)} \\ \vdots \\ \Delta\theta_{n-1}^{(k)} \\ \hline \Delta U_1^{(k)} \\ \vdots \\ \Delta U_m^{(k)} \end{bmatrix} \qquad (k=0,\ 1,\ 2,\ \cdots) \qquad (2\text{-}101)
$$

简记为

$$
\begin{bmatrix} \Delta P \\ \Delta Q \end{bmatrix} + \begin{bmatrix} H & N \\ K & L \end{bmatrix} \begin{bmatrix} \Delta\theta \\ \Delta U \end{bmatrix} = 0
$$

$$
\begin{bmatrix} \theta^{(k+1)} \\ U^{(k+1)} \end{bmatrix} = \begin{bmatrix} \theta^{(k)} \\ U^{(k)} \end{bmatrix} + \begin{bmatrix} \Delta\theta^{(k)} \\ \Delta U^{(k)} \end{bmatrix} \qquad (k=1,\ 2,\ \cdots) \qquad (2\text{-}102)
$$

收敛判据为 $\max\{|\Delta P_i,\ \Delta Q_i|\} < \varepsilon$。

式（2-102）中，H 为 $(n-1)\times(n-1)$ 阶矩阵，其各元素表达式为

$$
\begin{cases} H_{ii} = \dfrac{\partial \Delta P_i}{\partial \theta_i} = U_i \sum\limits_{\substack{j=1 \\ j\neq i}}^{n} U_j (G_{ij}\sin\theta_{ij} - B_{ij}\cos\theta_{ij}) = U_i^2 B_{ii} + Q_i' \\[4mm] H_{ij} = \dfrac{\partial \Delta P_i}{\partial \theta_j} = -U_i U_j (G_{ij}\sin\theta_{ij} - B_{ij}\cos\theta_{ij})\ (i \neq j) \end{cases} \qquad (2\text{-}103)
$$

N 为 $(n-1)\times m$ 阶矩阵，其各元素表达式为

$$
\begin{cases} N_{ii} = \dfrac{\partial \Delta P_i}{\partial U_i} = -2U_i G_{ii} - \sum\limits_{n} U_j (G_{ij}\cos\theta_{ij} + B_{ij}\sin\theta_{ij}) = -U_i G_{ii} - P_i'/U_i \\[4mm] N_{ij} = \dfrac{\partial \Delta P_i}{\partial U_j} = -U_i (G_{ij}\cos\theta_{ij} + B_{ij}\sin\theta_{ij})\ (i \neq j) \end{cases} \qquad (2\text{-}104)
$$

K 为 $m\times(n-1)$ 阶矩阵，其各元素表达式为

$$
\begin{cases} K_{ii} = \dfrac{\partial \Delta Q_i}{\partial \theta_i} = -U_i \sum\limits_{\substack{j=1 \\ j\neq i}}^{n} U_j (G_{ij}\cos\theta_{ij} + B_{ij}\sin\theta_{ij}) = U_i^2 G_{ii} - P_i' \\[4mm] K_{ij} = \dfrac{\partial \Delta Q_i}{\partial \theta_j} = U_i U_j (G_{ij}\cos\theta_{ij} + B_{ij}\sin\theta_{ij})\ (i \neq j) \end{cases} \qquad (2\text{-}105)
$$

L 为 $m \times m$ 阶矩阵，其元素表达式为

$$\begin{cases} L_{ii} = \dfrac{\partial \Delta Q_i}{\partial U_i} = 2U_i B_{ii} - \sum_{\substack{j=1 \\ j \neq i}}^{n} U_j (G_{ij}\sin\theta_{ij} - B_{ij}\cos\theta_{ij}) = U_i B_{ii} - Q'_i/U_i \\ L_{ij} = \dfrac{\partial \Delta Q_i}{\partial U_j} = -U_i(G_{ij}\sin\theta_{ij} - B_{ij}\cos\theta_{ij})(i \neq j) \end{cases} \tag{2-106}$$

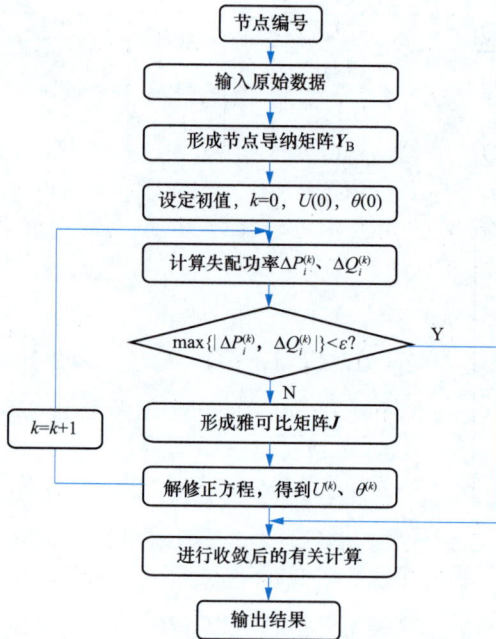

```
节点编号
输入原始数据
形成节点导纳矩阵 YB
设定初值，k=0，U(0)，θ(0)
计算失配功率 ΔPi(k)、ΔQi(k)
max{|ΔPi(k)，ΔQi(k)|}<ε?  ──Y──
k=k+1
形成雅可比矩阵 J
解修正方程，得到 U(k)、θ(k)
进行收敛后的有关计算
输出结果
```

图 2-38 牛顿法潮流迭代框图

式（2-103）～式（2-106）中的 P'_i、Q'_i 定义见式（2-100），此处引用它们是因为失配有功和失配无功已算出，直接引用可节省工作量。

观察上述各表达式可发现：H、N、K、L 的非对角元素的表达式均只有一项，且都含有 G_{ij}、B_{ij}，如果节点 i、j 之间没有支路连接，则 G_{ij}、B_{ij} 为零，从而对应的 H_{ij}、N_{ij}、K_{ij}、L_{ij} 均为零。所以雅可比矩阵 J 是稀疏矩阵，同时 J 具有强对角性，但不是对称矩阵。

由于 J 矩阵中的元素随 θ 和 U 而改变，因而利用牛顿法迭代求解潮流方程时，每次迭代均需重新形成 J 矩阵，每次要解修正方程，因而运算量大，但是收敛速度快，一般迭代 5～7 次便可得到满意的精度，且迭代次数不随节点数 n 的增加而明显增加。利用牛顿法求解潮流的计算流程如图 2-38 所示。

迭代收敛后需要计算的内容包括平衡节点功率、支路功率及全系统损耗的功率。其中平衡节点功率为

$$\tilde{S}_S = \dot{U}_S \sum_{i=1}^{n} \overset{*}{Y}_{Si} \overset{*}{U}_i = P_S + jQ_S \tag{2-107}$$

支路功率的计算公式为

$$\begin{cases} \tilde{S}_{ij} = \dot{U}_i \overset{*}{I}_{ij} = \dot{U}_i[\overset{*}{U}_i \overset{*}{y}_{i0} + (\overset{*}{U}_i - \overset{*}{U}_j)\overset{*}{y}_{ij}] = P_{ij} + jQ_{ij} \\ \tilde{S}_{ji} = \dot{U}_j \overset{*}{I}_{ji} = \dot{U}_j[\overset{*}{U}_j \overset{*}{y}_{j0} + (\overset{*}{U}_j - \overset{*}{U}_i)\overset{*}{y}_{ji}] = P_{ji} + jQ_{ji} \end{cases} \tag{2-108}$$

从而，线路上损耗的功率为

$$\Delta\tilde{S}_{ij} = \tilde{S}_{ij} + \tilde{S}_{ji} = \Delta P_{ij} + j\Delta Q_{ij} \tag{2-109}$$

式（2-108）中各符号的含义如图 2-39 所示。

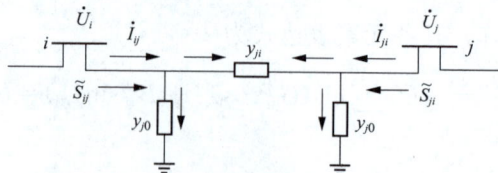

图 2-39 线路上流通的电流和功率

四、P-Q 解耦法

P-Q 解耦迭代方法是在上述混合坐标形式牛顿迭代方程的基础上，结合电力系统的特点，经过改进发展而成的一种求解潮流方程的算法。其基本思路是：采用混合坐标形式的潮流计算方程，根据电力系统的特点，抓住主要矛盾，以有功功率误差作为修正电压相量角度的依据，以无功功率误差作为修正电压幅值的依据，将有功功率和无功功率的迭代分开进行。P-Q 解耦法所作的改进主要有两点。

（1）解耦。将有功功率的迭代和无功功率的迭代分开进行。由牛顿法迭代方程式

$$\begin{bmatrix} \Delta P \\ \Delta Q \end{bmatrix} + \begin{bmatrix} H & N \\ K & L \end{bmatrix} \begin{bmatrix} \Delta \theta \\ \Delta U \end{bmatrix} = 0$$

在实际电力系统中，有功功率的分布主要取决于节点电压的相位，无功功率的分布主要取决于节点电压的幅值，表现在迭代方程中，矩阵 N 的元素相对于矩阵 H 的元素小得多，矩阵 K 的元素相对于矩阵 L 的元素也小得多，从而可忽略，得到

$$\begin{bmatrix} \Delta P \\ \Delta Q \end{bmatrix} + \begin{bmatrix} H & 0 \\ 0 & L \end{bmatrix} \begin{bmatrix} \Delta \theta \\ \Delta U \end{bmatrix} = 0 \tag{2-110}$$

这样，将一个 $n+m-1$ 阶的修正方程分解成一个 $n-1$ 阶和一个 m 阶的两个低阶修正方程，求解起来容易得多，速度也快得多。

（2）以不变的矩阵 B' 和 B'' 分别代替式（2-103）和式（2-106）中的 H 和 L。由式（2-103）和式（2-106）可见，矩阵 H、L 中的元素在迭代过程中是变化的，每次均需重新计算，然后求解修正方程，计算量大。实际电力系统中，通常节点电压间的相位差 θ_{ij} 不大，从而 $\cos\theta_{ij} \gg \sin\theta_{ij}$，又计及节点导纳矩阵中 $G_{ij} \ll B_{ij}$，从而 $B_{ij}\cos\theta_{ij} \gg G_{ij}\sin\theta_{ij}$，$G_{ij}\sin\theta_{ij}$ 可忽略，并取 $\cos\theta_{ij} \approx 1$。又因式（2-103）中 H_{ii} 表达式的第一项 $U_{ii}^2 B_{ii}$ 远大于第二项 Q_i'，式（2-106）中 L_{ii} 表达式的第一项 $U_{ii}B_{ii}$ 远大于第二项 Q_i'/U_i，故可将第二项忽略。于是 H 和 L 中各元素的表达式为

$$\begin{cases} H_{ii} = \dfrac{\partial \Delta P_i}{\partial \theta_i} = U_i^2 B_{ii} + Q' \approx U_i^2 B_{ii} \\ H_{ij} = \dfrac{\partial \Delta P_i}{\partial \theta_j} = -U_i U_j (G_{ij}\sin\theta_{ij} - B_{ij}\cos\theta_{ij}) \approx U_i U_j B_{ij} \end{cases} \tag{2-111}$$

$$\begin{cases} L_{ii} = \dfrac{\partial \Delta Q_i}{\partial U_i} = U_i B_{ii} - Q_i'/U_i \approx U_i B_{ii} \\ L_{ij} = \dfrac{\partial \Delta Q_i}{\partial U_j} = -U_i (G_{ij}\sin\theta_{ij} - B_{ij}\cos\theta_{ij}) \approx U_i B_{ij} \end{cases} \tag{2-112}$$

从而有

$$H = \begin{bmatrix} U_1^2 B_{11} & U_1 U_2 B_{12} & \cdots & U_1 U_{n-1} B_{1n-1} \\ U_2 U_1 B_{21} & U_2^2 B_{22} & \cdots & U_2 U_{n-1} B_{2n-1} \\ \vdots & \vdots & & \vdots \\ U_{n-1} U_1 B_{n-11} & U_{n-1} U_2 B_{n-12} & \cdots & U_{n-1}^2 B_{n-1n-1} \end{bmatrix}$$

$$= \begin{bmatrix} U_1 & & & 0 \\ & U_2 & & \\ & & \ddots & \\ 0 & & & U_{n-1} \end{bmatrix} \begin{bmatrix} B_{11} & \cdots & B_{1n-1} \\ \vdots & & \vdots \\ B_{n-11} & \cdots & B_{n-1n-1} \end{bmatrix} \begin{bmatrix} U_1 & & & 0 \\ & U_2 & & \\ & & \ddots & \\ 0 & & & U_{n-1} \end{bmatrix}$$

$$= \boldsymbol{U}'\boldsymbol{B}'\boldsymbol{U}' \tag{2-113}$$

$$\boldsymbol{L} = \begin{bmatrix} U_1 B_{11} & U_1 B_{12} & \cdots & U_1 B_{1m} \\ U_2 B_{21} & U_2 B_{22} & \cdots & U_2 B_{2m} \\ \vdots & \vdots & & \vdots \\ U_m B_{m1} & U_m B_{m2} & \cdots & U_m B_{mm} \end{bmatrix}$$

$$= \begin{bmatrix} U_1 & & & 0 \\ & U_2 & & \\ & & \ddots & \\ 0 & & & U_m \end{bmatrix} \begin{bmatrix} B_{11} & \cdots & B_{1m} \\ \vdots & & \vdots \\ B_{m1} & \cdots & B_{mm} \end{bmatrix} = \boldsymbol{U}''\boldsymbol{B}'' \tag{2-114}$$

将式（2-113）和式（2-114）代入式（2-110），可得

$$\begin{cases} \Delta \boldsymbol{P} + \boldsymbol{U}'\boldsymbol{B}'\boldsymbol{U}'\Delta \boldsymbol{\theta} = 0 \\ \Delta \boldsymbol{Q} + \boldsymbol{U}''\boldsymbol{B}''\Delta \boldsymbol{U} = 0 \end{cases} \tag{2-115}$$

又因 $\boldsymbol{U}'$ 近似为一单位矩阵，故可取 $\boldsymbol{B}'\boldsymbol{U}' \approx \boldsymbol{B}'$，并各乘以 $\boldsymbol{U}'^{-1}$ 和 $\boldsymbol{U}''^{-1}$，从而式（2-115）变为

$$\begin{cases} \Delta \boldsymbol{P}/\boldsymbol{U}' + \boldsymbol{B}'\Delta \boldsymbol{\theta} = 0 \\ \Delta \boldsymbol{Q}/\boldsymbol{U}'' + \boldsymbol{B}''\Delta \boldsymbol{U} = 0 \end{cases} \tag{2-116}$$

此即为 P-Q 解耦迭代的修正方程，其中 $\boldsymbol{B}'$、$\boldsymbol{B}''$ 的元素均直接取原节点导纳矩阵相应元素的虚部，但阶数不同：前者为 $(n-1) \times (n-1)$，后者为 $m \times m$。同理，$\boldsymbol{U}'$ 阶数为 $(n-1) \times 1$，$\boldsymbol{U}''$ 阶数为 $m \times 1$。

P-Q 解耦的迭代公式为

$$\begin{cases} \boldsymbol{\theta}^{(k+1)} = \boldsymbol{\theta}^{(k)} - \boldsymbol{B}'^{-1}\Delta \boldsymbol{P}^{(k)}/\boldsymbol{U}'^{(k)} \\ \boldsymbol{U}^{(k+1)} = \boldsymbol{U}^{(k)} - \boldsymbol{B}''^{-1}\Delta \boldsymbol{Q}^{(k)}/\boldsymbol{U}''^{(k)} \end{cases} \quad (k = 0, 1, 2, \cdots) \tag{2-117}$$

在用 P-Q 解耦法求解潮流分布时需注意：①由于解耦降阶和用常数矩阵 $\boldsymbol{B}'$ 和 $\boldsymbol{B}''$ 取代 $\boldsymbol{H}$ 和 $\boldsymbol{L}$ 两点改进，从而使计算大为简化；②P-Q 解耦迭代的次数多于牛顿法，但每次迭代费时少，约为原算法时间的 1/3，故总的速度快于牛顿法；③特别值得指出的是，虽然采用了一些简化假设，但丝毫不影响最终结果的精度，因为收敛判据和失配功率的计算公式与用牛顿迭代法时完全相同。

还需说明的是，由于其推导过程中采用了一些简化假设，若实际系统中这些假设不成立，则会出现潮流求解不收敛的情况，如配电网中电阻与电抗比 R/X 比较大，不符合假设 $R \ll X$ 的条件，因此会导致潮流不收敛。

📖 **任务实施**

一、节点导纳矩阵

【示例1】 如图 2-40 所示系统是一个由三条输电线路组成的环形网络，输电线用 Π 形

等值电路表示。设三条线路参数的标幺值相同：$z_L = j0.1$；$y_L = j0.02$。求系统的节点导纳矩阵。

解： 选地为参考节点。以节点 1 为例说明自导纳 Y_{ii} 的形成。和节点 1 直接相连的支路有：支路 12 的阻抗支路 z_L、支路 13 的阻抗支路 z_L 以及和节点 1 直接相连的两条并联导纳支路 $y_L/2$，从而 $Y_{11} = 1/j0.1 + 1/j0.1 + j0.01 + j0.01 = -j19.98$。以节点 1 和节点 2 之间的互导纳 Y_{12} 为例说明互导纳 Y_{ij} 的形成。12 节点间有直接支路，其导纳为 $1/z_L$，故

图 2-40 ［示例 1］附图

$$Y_{12} = -y_{12} = -1/j0.1 = j10$$

照此方法，得到系统的节点导纳矩阵为

$$\boldsymbol{Y}_B = \begin{bmatrix} -j19.98 & j10 & j10 \\ j10 & -j19.98 & j10 \\ j10 & j10 & -j19.98 \end{bmatrix}$$

【练习 1】 某六节点系统如图 2-41 所示。图中接地支路标注的是导纳标幺值（两侧相同），非接地支路标注的是阻抗标幺值。

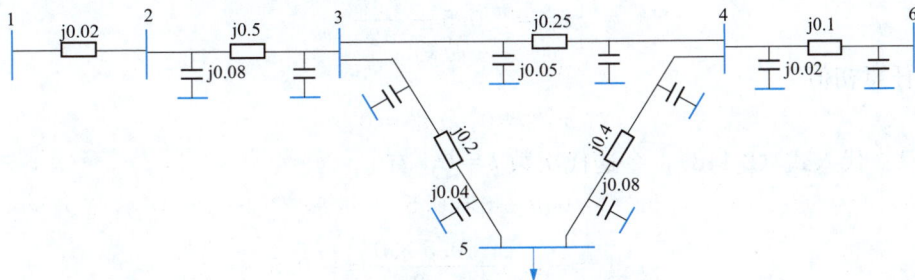

图 2-41 ［练习 1］图

试完成：

(1) 计算各节点的自导纳。

节点 1：

$Y_{11} = y_{12} = $ _____ ；

节点 2：

$Y_{22} = y_{20} + y_{12} + y_{23} = $ _____ ；

节点 3：

$Y_{33} = y_{30} + y_{32} + y_{34} + y_{35} = $ _____ ；

依此方法，请大家继续计算出节点 4、节点 5 与节点 6 的自导纳。

(2) 计算各节点的互导纳。

与节点 1 连接的支路只有节点 2，所以节点 1 与节点 2 的互导纳为

$Y_{12} = Y_{21} = $ _____ 。

节点 3，与节点 3 连接的支路有节点 4、节点 5，所以节点 3 与这两个支路之间的互导

纳为

$$Y_{34} = Y_{43} = \underline{\hspace{3cm}};$$

$$Y_{35} = Y_{53} = \underline{\hspace{3cm}}\,。$$

依此方法，请大家继续计算其他节点之间的互导纳。

（3）得到各节点的自导纳与互导纳后，下面请列出该电网的节点导纳矩阵。

（4）若从节点 4 新建一条线路至节点 6，线路阻抗为 j0.4，试修改导纳矩阵；

节点 4 的自导纳修改为：$Y'_{44} = Y_{44} + 1/\text{j}0.4 = \underline{\hspace{2cm}}$；

节点 6 的自导纳修改为：$Y'_{66} = \underline{\hspace{3cm}}$；

节点 4 和节点 6 的互导纳修改为：$Y'_{46} = Y'_{64} = \underline{\hspace{2cm}}\,。$

（5）若支路 34 断开，如何修改？

二、高斯 - 赛德尔法解非线性方程组

【示例 2】 设有二维非线性方程组

$$\begin{cases} 2x_1 + x_1 x_2 - 1 = 0 \\ 2x_2 - x_1 x_2 + 1 = 0 \end{cases}$$

解：根据式（2-80），将上面方程组改写为

$$\begin{cases} x_1 = 0.5 - \dfrac{x_1 x_2}{2} \\ x_2 = -0.5 + \dfrac{x_1 x_2}{2} \end{cases} \tag{2-118}$$

给出任意初值

$$x_1^{(0)} = 0, \quad x_2^{(0)} = 0$$

迭代 1：代入式（2-118），令迭代次数 $k=0$，有

$$\begin{cases} x_1^{(1)} = 0.5 - 0 = 0.5 \\ x_2^{(1)} = -0.5 + \dfrac{0.5 \times 0}{2} = -0.5 \end{cases}$$

迭代 2：再代入式（2-118），令 $k=1$，有

$$\begin{cases} x_1^{(2)} = 0.5 - \dfrac{0.5 \times (-0.5)}{2} = 0.625 \\ x_2^{(2)} = -0.5 + \dfrac{0.5 \times 0.625}{2} = -0.34375 \end{cases}$$

迭代 3：令 $k=2$，同样有

$$\begin{cases} x_1^{(3)} = 0.5 - \dfrac{0.625 \times (-0.34375)}{2} = 0.60742 \\ x_2^{(3)} = -0.5 + \dfrac{0.60742 \times (-0.34375)}{2} = -0.70880 \end{cases}$$

继续迭代，直到 $x_1^{(k)}$、$x_2^{(k)}$ 接近真解 1 和 −1 为止。

三、牛顿迭代法求解潮流分布

【示例 3】 利用牛顿迭代法求解图 2-42 给出的系统潮流分布。设发电机 G1 端电压为 1pu，其发出的有功和无功可调；发电机 G2 的端电压为 1pu，按指定的有功 0.5pu 发电，取 $\varepsilon = 10^{-4}$。电网各元件参数如图 2-42 所示。

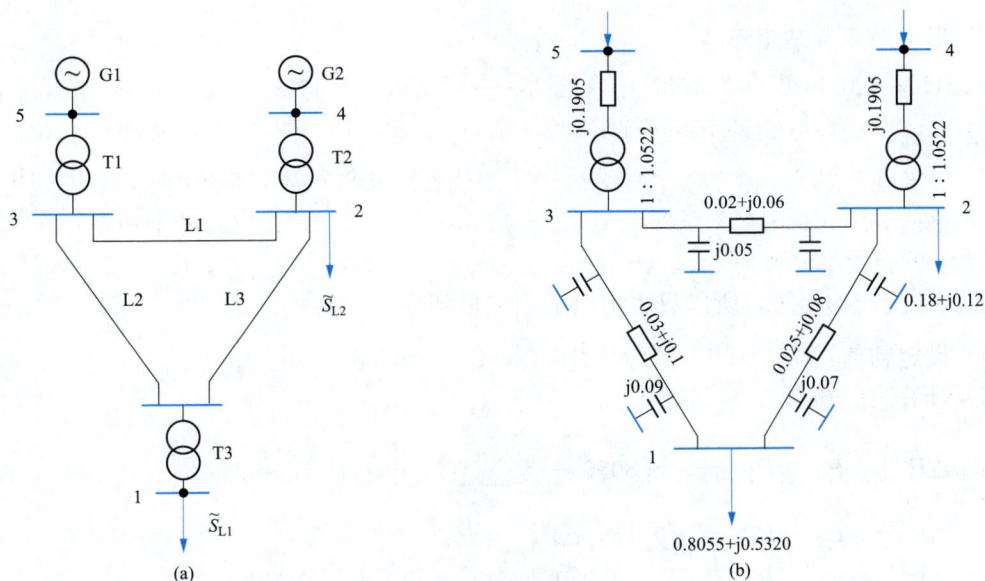

图 2-42　［示例 3］附图

（a）电网接线图；（b）等值电路图

解：电网的等值电路如图 2-42（b）所示，电网参数和等值电路的求解过程这里省略。重点介绍牛顿法潮流计算的过程。

（1）节点编号。由已知条件 G1 为平衡节点，编号为 5；G2 为 PV 节点，编号为 4；其余为 PQ 节点，分别编号为 1、2、3。

（2）原始数据见表 2-6 和表 2-7。

表 2-6　　　　　　　　　　　　支　路　数　据

i	j	R	X	$B/2$（或 k）
1	2	0.025	0.08	0.07
1	3	0.03	0.1	0.09
2	3	0.02	0.06	0.05
4	2	0	0.1905	1.0522
5	3	0	0.1905	1.0522

表 2-7　　　　　　　　　　　　节　点　数　据

i	U	P_G	Q_G	P_L	Q_L	节点类型
1	待求	0	0	0.8055	0.5320	PQ
2	待求	0	0	0.18	0.12	PQ
3	待求	0	0	0	0	PQ
4	1.0	0.5	待定	0	0	PV
5	1.0	待定	待定	0	0	$V\theta$

（3）形成节点导纳矩阵

$$\mathbf{Y_B} = \begin{bmatrix} 6.3110-j20.4022 & -3.5587+j11.3879 & -2.7523+j9.1743 & 0+j0 & 0+j0 \\ & 8.5587-j3100093 & -5+j15 & 0+j4.9889 & 0+j0 \\ & & 7.7523-j28.7757 & 0+j0 & 0+j4.9889 \\ & & & 0-j5.2493 & 0+j0 \\ & & & & 0-j05.2493 \end{bmatrix}$$

因为 $\mathbf{Y_B}$ 为对称矩阵，所以只表示出了上三角部分。

（4）设定初值：$\dot{U}_1^{(0)}=\dot{U}_2^{(0)}=\dot{U}_3^{(0)}=1\angle0°$，$Q_4^{(0)}=0$，$\theta_4^{(0)}=0$。

（5）计算失配功率

$$\Delta P_1^{(0)} = P_1 - P_1^{(0)} = -0.8055 - U_1 \sum_{j=1}^{5}(G_{ij}\cos\theta_{ij} + B_{ij}\sin\theta_{ij}) = -0.8055$$

$$\Delta P_2^{(0)} = P_2 - P_2^{(0)} = -0.18, \quad \Delta P_3^{(0)} = P_3 - P_3^{(0)} = 0$$

$$\Delta P_4^{(0)} = P_4 - P_4^{(0)} = -0.5, \quad \Delta Q_1^{(0)} = Q_1 - Q_1^{(0)} = -0.3720$$

$$\Delta Q_2^{(0)} = Q_2 - Q_2^{(0)} = 0.2475, \quad \Delta Q_3^{(0)} = Q_3 - Q_3^{(0)} = 0.3875$$

显然，$\max\{|\Delta P_i, \Delta Q_i|\} = 0.8055 > \varepsilon$。

（6）形成雅可比矩阵（阶数为 7×7）

$$\mathbf{J}_0 = \begin{bmatrix} 20.562 & 11.388 & 9.174 & 0.000 & -6.311 & 3.559 & 2.752 \\ 11.388 & -31.377 & 15.000 & 4.989 & 3.559 & -3.559 & 5.000 \\ 9.1743 & 15.000 & -29.163 & 0.000 & 2.752 & 5.000 & -7.752 \\ 0.000 & 4.989 & 0.000 & -4.989 & 0.000 & 0.000 & 0.000 \\ 6.311 & -3.559 & -2.752 & 0.000 & -20.242 & 11.388 & 9.174 \\ -3.559 & 8.559 & -5.000 & 0.000 & 11.388 & -30.642 & 15.000 \\ -2.752 & -5.000 & 7.752 & 0.000 & 9.174 & 15.000 & -28.388 \end{bmatrix}$$

（7）解修正方程，得到

$$\Delta\theta_1^{(0)} = -7.4848°, \quad \Delta\theta_2^{(0)} = -5.8404°, \quad \Delta\theta_3^{(0)} = -5.5758°, \quad \Delta\theta_4^{(0)} = -0.0981°$$

$$\Delta U_1^{(0)} = 0.0034, \quad \Delta U_2^{(0)} = 0.0285, \quad \Delta U_3^{(0)} = 0.0339$$

从而

$$\theta_1^{(1)} = \theta_1^{(0)} + \Delta\theta_1^{(0)} = -7.4848, \quad \theta_2^{(1)} = \theta_2^{(0)} + \Delta\theta_2^{(0)} = -5.8404$$

$$\theta_3^{(1)} = \theta_3^{(1)} + \Delta\theta_3^{(0)} = -5.5758, \quad \theta_4^{(1)} = \theta_4^{(1)} + \Delta\theta_4^{(0)} = -0.0981$$

$$U_1^{(1)} = U_1^{(0)} + \Delta U_1^{(0)} = 1.0034$$

$$U_2^{(1)} = U_2^{(0)} + \Delta U_2^{(0)} = 1.0285$$

$$U_3^{(1)} = U_3^{(0)} + \Delta U_3^{(0)} = 1.0339$$

然后转入下一次迭代，经 3 次迭代后，$\max\{|\Delta P_i, \Delta Q_i|\} < \varepsilon = 10^{-4}$。迭代过程中失配功率的变化情况见表 2-8，节点电压的变化情况见表 2-9。

迭代收敛后，还需要进行平衡节点功率、支路功率和全系统损耗功率的计算，计算结果见表 2-10 和表 2-11。

表 2-8 历次迭代失配功率的变化情况

k	0	1	2	3
ΔP_1	-0.8055	1.9322×10^{-2}	2.00×10^{-4}	-7.7×10^{-7}
ΔP_2	-0.18	4.0048×10^{-3}	-4.73×10^{-5}	9.39×10^{-7}
ΔP_3	0	-5.5076×10^{-3}	-8.66×10^{-5}	-1.01×10^{-6}
ΔP_4	-0.5	-1.3401×10^{-2}	-8.37×10^{-5}	$<10^{-8}$
ΔQ_1	-3.3720	-1.4848×10^{-2}	-2.75×10^{-4}	-2.15×10^{-6}
ΔQ_2	0.2475	-3.8574×10^{-2}	-4.06×10^{-4}	6.78×10^{-7}
ΔQ_3	0.3875	-4.2440×10^{-2}	-4.34×10^{-4}	3.14×10^{-8}

表 2-9 迭代过程中节点电压变化情况

k	U_1	U_2	U_3	k	U_1	U_2	U_3
0	1	1	1	2	0.99171	1.01765	1.02299
1	1.00345	1.02852	1.03388	3	0.99156	1.01751	1.02286

表 2-10 迭代收敛后各节点电压和功率

k	U	θ	P_G	Q_G	P_L	Q_L
1	0.9916	-7.4748	0.0000	0.0000	0.8055	0.5320
2	1.0175	-5.8548	0.0000	0.0000	0.1800	0.1200
3	1.0229	-5.5864	0.0000	0.0000	0.0000	0.0000
4	1.0000	-0.2022	0.5000	0.1977	0.0000	0.0000
5	1.0000	0.0000	0.4968	0.1706	0.0000	0.0000

表 2-11 迭代收敛后各支路的功率和功率损耗

i	j	P_{ij}	Q_{ij}	P_{ji}	Q_{ji}	ΔP_{ij}	ΔQ_{ij}
1	2	-0.4510	-0.2558	0.4563	0.1314	0.0053	-0.1224
1	3	-0.3905	-0.2762	0.3962	0.1126	0.0057	-0.1636
2	3	-1.003	-0.1087	0.1005	0.0054	0.0002	-0.1033
4	2	-0.5000	0.1977	0.5000	-0.1426	0.0000	0.0551
5	3	-0.4968	0.1706	0.4968	-0.1181	0.0000	0.0525

全系统损耗的功率为

$$\Delta\tilde{S}=\sum_{i=1}^{5}(P_i+Q_i)=-(0.8055+j0.5320)-(0.18+j0.12)+(0.5+j0.1977)+$$
$$(0.4968+j0.1706)=0.0113-j0.2837$$

【练习 2】 某五节点系统如图 2-43 所示，节点 1 保持 $U_1=1.06+j0$ 定值，其他四个节点给定的注入功率分别为

$$\tilde{S}_2=0.20+j0.20;\quad \tilde{S}_3=-0.45-j0.15;$$
$$\tilde{S}_4=-0.40-j0.05;\quad \tilde{S}_5=-0.60-j0.10。$$

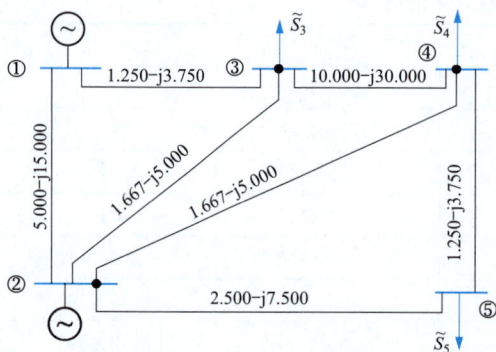

图 2-43 ［练习 2］附图

各线路导纳已标注于图中，下面用牛顿迭代法完成一次迭代。请大家完成下列各项任务。

（1）在电力系统潮流计算中，表征每个节点状态的有四个参数，分别是＿＿＿＿＿＿＿＿，一般对每个节点给出两个运行参数作为已知条件，而另外两个作为待求量。根据原始数据给出的方式，电力系统中节点可分为＿＿＿＿＿、＿＿＿＿＿、＿＿＿＿＿三种类型。

（2）请写出图中各个节点的节点类型。

节点 1：＿＿＿＿；节点 2＿＿＿＿＿；节点 3＿＿＿＿＿；节点 4＿＿＿＿＿；节点 5＿＿＿＿＿。

（3）形成节点导纳矩阵。

（4）设定各节点极坐标形式的电压初值。

（5）按照式（2-100）计算各节点（除平衡节点外）的失配功率。

（6）按照式（2-103）～式（2-106）形成雅可比矩阵（阶数为＿＿＿＿＿）。

（7）求解修正方程，得到 $\Delta U_i^{(0)}$、$\Delta\theta_i^{(0)}$。

（8）求解四个节点的第一次迭代电压值和相位值 $U_i^{(1)}$、$\Delta\theta_i^{(1)}$。

（9）计算第一次迭代后的失配功率 $\Delta P_i^{(1)}$、$\Delta Q_i^{(1)}$。

（10）有兴趣的同学可以按照第 6 步到第 9 步的方法继续迭代，每次迭代结束后比较 $\max\{\Delta P_i^{(1)}，\Delta Q_i^{(1)}\}<10^{-5}$。

（11）若满足第 10 小题的条件，试利用式（2-107）～式（2-109）计算平衡节点功率、各支路功率及损耗的功率，计算系统总的功率损耗。

四、$P\text{-}Q$ 解耦法求解潮流分布

【示例 4】 利用 $P\text{-}Q$ 解耦迭代求解［示例 3］。

解：此时 $\boldsymbol{B}'$ 和 $\boldsymbol{B}''$ 分别为

$$\boldsymbol{B}' = \begin{bmatrix} -20.4022 & 11.3879 & 9.1743 & 0 \\ & -31.0093 & 15 & 4.9889 \\ & & -28.7757 & 0 \\ & & & -5.2493 \end{bmatrix}$$

$$\boldsymbol{B}'' = \begin{bmatrix} -20.4022 & 11.3879 & 9.1743 \\ & -31.0093 & 15 \\ & & -28.7757 \end{bmatrix}$$

设初值同［示例 3］，解得失配功率仍为

$$\Delta P_1^{(0)} = P_1 - P_1^{(0)} = -0.8055 - U_1 \sum_{j=1}^{5}(G_{ij}\cos\theta_{ij} + B_{ij}\sin\theta_{ij}) = -0.8055$$

$$\Delta P_2^{(0)} = P_2 - P_2^{(0)} = -0.18,\quad \Delta P_3^{(0)} = P_3 - P_3^{(0)} = 0$$

$$\Delta P_4^{(0)} = P_4 - P_4^{(0)} = -0.5,\quad \Delta Q_1^{(0)} = Q_1 - Q_1^{(0)} = -0.3720$$

$$\Delta Q_2^{(0)} = Q_2 - Q_2^{(0)} = 0.2475,\quad \Delta Q_3^{(0)} = Q_3 - Q_3^{(0)} = 0.3875$$

代入式（2-116），有

$$
\begin{bmatrix} \theta_1^{(1)} \\ \theta_2^{(1)} \\ \theta_3^{(1)} \\ \theta_4^{(1)} \end{bmatrix} = \begin{bmatrix} 0° \\ 0° \\ 0° \\ 0° \end{bmatrix} - \boldsymbol{B}'^{-1} \begin{bmatrix} -0.8055 \\ -0.18 \\ 0 \\ -0.5 \end{bmatrix} = \begin{bmatrix} -9.4811° \\ -7.3933° \\ -6.8767° \\ -1.5691° \end{bmatrix}
$$

$$
\begin{bmatrix} U_1^{(1)} \\ U_2^{(1)} \\ U_3^{(1)} \end{bmatrix} = \begin{bmatrix} 1 \\ 1 \\ 1 \end{bmatrix} - \boldsymbol{B}''^{-1} \begin{bmatrix} -0.3720 \\ 0.2475 \\ 0.3875 \end{bmatrix} = \begin{bmatrix} 1.0105 \\ 1.0267 \\ 1.0307 \end{bmatrix}
$$

继续迭代，所得结果见表 2-12，迭代收敛后的计算同牛顿法，不再重复。

表 2-12　　　　　　　　　　　　迭代过程中节点电压变化情况

K	θ_1	θ_2	θ_3	θ_4	U_1	U_2	U_3
1	-9.4811	-7.3933	-6.8767	-1.5691	1.0105	1.0267	1.0307
2	-7.2731	-5.5498	-5.2948	-0.0328	0.9862	1.0150	1.0213
3	-7.4879	-5.9017	-5.6451	-0.2233	0.9905	1.0172	1.0225
4	-7.4639	-5.8538	-5.5844	-2.2010	0.9917	1.0175	1.0228
5	-7.4802	-5.8571	-5.5875	-0.2043	0.9917	1.0176	1.0229
6	-7.4743	-5.8535	-5.5854	-0.2013	0.9915	1.0175	1.0229
7	-7.4746	-5.8548	-5.5865	-0.2022	0.9916	1.0175	1.0229
8	-7.4748	-5.8548	-5.5864	-0.2022	0.9916	1.0175	1.0229

小结

电力系统潮流计算是电力系统的基本分析之一，要对电力系统进行分析，必须首先画出电力系统的等值电路。本项目介绍了电力系统主要元件（电力线路和变压器）的参数计算和等值电路，在此基础上讨论了形成电网等值电路的方法；然后介绍了简单电力系统和复杂电力系统的潮流计算方法。

表示电力线路电气特性的主要参数有电阻、感抗、电导和容纳四个。由于电力线路参数的分布特性，导致电力线路的等值电路无法精确表示，因此一般用集中参数表示。为了简化，不同电压等级和不同长度的线路采用不同的等值电路，短线路采用一字形等值电路；中等长度线路采用Ⅱ形等值电路；长线路需考虑分布特性，但也可以用修正后且与中等长度线路类似的Ⅱ形等值电路。

变压器是用来变换电压和分配电能的设备，它的出现使电力系统成为多电压等级的复杂系统。反映变压器电气特性的参数有电阻、电抗、电导和电纳四个，这四个参数可以根据变压器铭牌给定的空载试验数据和短路试验数据求得，这里要注意变压器电纳与电力线路电纳的不同点在于：线路电纳为容性，数值为正值；变压器电纳为感性，数值为负值。

由于变压器的存在使得电力系统成为一个多电压等级的复杂电网，在画电力系统的等值电路时，需将各参数归算到基本级下。电力系统等值电路按照参数表示方法的不同，可以分为有名值表示和标幺值表示两种等值电路。由于用标幺值表示可以简化计算过程，因此得到广泛应用，在多电压等级的电力系统中，标幺值表示的关键在于基准值的选取。

由于电力系统的复杂性，潮流计算一般采用计算机算法，但是这里为了说明潮流计算的物理过程，因此介绍简单电力网络潮流计算的手算法。手算潮流时，已知条件不同，采用的方法不同，本项目介绍了不同条件下的区域网潮流和地方网潮流的计算方法。

复杂电力系统采用计算机算法来计算潮流。常用的电路方程为节点电压方程，重点介绍了节点导纳矩阵的形成与修改。常用的算法有高斯-赛德尔迭代法、牛顿-拉夫逊迭代法和 P-Q 分解迭代法。这三种算法中，高斯-赛德尔法对初值没有要求，但是迭代速度慢；牛顿-拉夫逊法迭代速度快，但是对初值要求高，否则可能导致迭代不收敛；P-Q 分解迭代法利用电力系统运行规律和电力系统参数特点，对牛顿-拉夫逊法迭代方程进行了简化，使得 P、Q 迭代分开进行且每次迭代不需要重新计算雅可比矩阵，简化了计算，提高了计算速度，但是如果电网不满足简化条件，如不满足 $R \ll X$，则可能导致迭代不收敛。

項目 3

电力系统故障分析与计算

项目目标

能够说出短路的概念、基本类型、引起短路的原因和后果及限制短路电流的措施；会计算无限大容量系统下三相短路时稳态短路电流和冲击短路电流；能够理解对称分量法的意义并能够进行简单计算；会利用对称分量法进行各种不对称短路的分析计算。

⯈任务 1 认 识 故 障

教学目标

知识目标：

（1）能够说出短路的概念及基本类型、短路原因及后果。

（2）能够罗列短路电流实用计算的基本假设。

能力目标：

（1）能根据现场的情况发现短路的原因，分析产生的后果，并提出具体措施。

（2）能说出电力系统进行短路电流计算的目的。

素质目标：

培养学生安全生产第一的职业意识。

任务描述

上网检索近五年国内外电力系统事故案例（主要是关于短路故障的案例），分析短路的类型、发生的原因、事故发展的经过以及产生的后果，提出防止短路事故的措施。

任务准备

课前做如下准备：

上网检索近五年国内外电力系统事故案例。

课前预习相关知识部分，并独立回答下列问题。

（1）什么是短路？哪些原因可能造成短路？

（2）短路的类型有哪些？发生短路后有哪些危害？

相关知识

电力系统稳态运行时，发电厂所发出的功率与用户所需要的功率及网络损耗的功率相平衡，系统的电压和频率都是稳定的。但电力系统在运行过程中常常会发生故障，在发生故障时，系统的运行参数会发生剧烈变化，系统的运行状态将迅速地从一种状态过渡到另一种状态，这有可能导致电力系统局部甚至全部遭到破坏。或者，即使系统能够达到一种新的稳定运行状态，其运行参数也将大大偏离正常值，使电能质量严重下降，如果不采取特别措施，系统就很难恢复正常运行。例如，断路器操作引起的过电压可能会危及设备的绝缘，短路故障会产生远大于正常电流的短路电流，其热效应也可能损坏设备，而且短路故障改变了网络结构，因而改变了各发电机的输出功率，造成各发电机组输入功率和输出功率的不平衡，有可能引起发电机组失去同步等后果，这将给工农业生产、国防建设、交通运输及人们的生活带来严重的后果。因此，必须对电力系统的各种暂态过程进行分析研究，以确保电力系统安全运行。值得注意的是，电力系统是一个统一的整体，在暂态过程中，各种运行参量都在变化，且互相影响，互相制约。

电力系统可能发生的故障类型比较多，对电力系统危害较严重的有短路、断路以及各种复杂故障等。由于短路故障在电力系统中经常发生且危害严重，因此这里将重点讨论短路故障。

一、短路的概念及短路的原因

短路是指电力系统在正常运行情况以外的相与相之间或相与地（包括设备的外壳、变压器铁心、低压线路的中性线等）之间的非正常短接。在电力系统正常运行时，除中性点外，相与相或相与地之间是绝缘的。如果由于某些原因使其绝缘破坏而构成了通路，就称为电力系统发生了短路故障。

在中性点非有效接地的系统中，短路故障主要是指不同相的带电部分间的短路，也包括不同相的多点接地。在这种系统中，单相接地故障不会形成短路回路，仅有不大的接地电流流过接地点，系统仍可继续运行，因此不属于短路，而是一种异常运行。

电力系统中造成短路故障的原因很多，归纳起来主要有以下几点。

（1）绝缘破坏。例如设备绝缘的自然老化、机械外力所造成的绝缘损伤，以及电气设计制造、安装及维护不良导致的绝缘缺陷等，都可能引发短路故障。

（2）气象条件影响。例如雷击过电压或操作过电压引起的绝缘子、绝缘套管表面闪络放电，雷击造成的断线、大风引起的断线以及导线覆冰引起的倒杆等，都可能引发短路故障。

（3）误操作。例如带负荷拉、合隔离开关，检修完线路及设备后未拆除接地线就合闸送电等误操作行为，都可能引发短路故障。

（4）其他外物因素。例如鸟兽、风筝、金属丝或其他导电丝带等跨接在裸露的载流导体上，也可能造成短路故障。

二、短路的类型及其危害

1. 短路的类型

在三相系统中，可能发生的短路包括三相短路、两相短路、两相接地短路和单相接地短路（中性点有效接地系统）。三相短路时，由于各相阻抗相同，三相回路保持对称，故称为对称短路；而其他几种短路均使三相回路阻抗不对称，故称为不对称短路。上述各种短路均是指在同一地点发生的短路，但实际上也可能是在不同地点同时发生短路，例如两相在不同地点接地短路。各种短路的图例及代表符号见表 3-1。

表 3-1　　　　　　　　　　　　　　　各种短路的图例和代表符号

短路类型	示意图	符号
三相短路		$k^{(3)}$
两相短路		$k^{(2)}$
两相接地短路		$k^{(1,1)}$
单相接地短路		$k^{(1)}$

电力系统的运行经验表明，在各种短路类型中，单相接地短路占大多数，约占 83%，两相接地短路约占 8%，两相短路约占 4%，三相短路约占 5%。虽然三相短路发生的概率很低，但它对系统的危害最为严重，因此，对三相短路的研究显得尤为重要，而且三相短路电流的电流计算是不对称短路电流计算的基础。

2. 短路危害

在电力系统发生短路时，由于电源供电回路的阻抗减小以及短路瞬间的暂态过程使短路回路中的短路电流急剧增加，可达额定电流的数十倍乃至上百倍，这个急剧增大的电流称为短路电流。短路的后果随着短路类型、短路地点和持续时间的不同而变化，可能破坏局部地区的正常供电，也可能威胁整个系统的安全运行。短路故障的危险后果归纳起来有以下几点。

（1）短路故障时，短路回路的电流迅速增大。强大的短路电流流过载流导体和设备本身，使导体和设备严重发热，甚至导致设备损坏。同时，短路电流强大的电动力效应会使导体间产生很大的机械应力，严重时可引起导体变形甚至损坏，使短路故障进一步扩大。因此，各种电气设备应有足够的热稳定性和动稳定性，使电气设备在通过最大可能的短路电流时不致损坏。

（2）短路故障会使系统电压大幅度下降。短路电流流过系统各元件时，使元件的电压损耗增大，整个网络的电压降低，从而影响电动机等负荷的正常用电。当电压低到一定程度时，可能使电动机停转，待启动的电动机可能无法启动，从而造成产品报废及设备损坏等严重后果。

（3）短路故障会破坏系统的稳定运行。由于短路会使系统的潮流分布突然发生变化，可能破坏并列运行同步发电机的稳定性，使发电机与系统解列，从而导致大面积停电。短路故障切除后，已失步发电机再重新拉入同步过程中，可能发生较长时间的振荡，以至于引起保护误动作而大量甩负荷，这是短路故障的最严重后果。

（4）不对称接地短路会产生零序电流和零序磁通，会在临近平行的通信线路或铁路信号线上感应很大的电动势，对通信产生严重的影响，甚至危及设备和人身的安全。

（5）不对称短路会产生负序电流和负序电压，将影响旋转电动机的安全运行和使用寿命。

（6）在某些不对称短路情况下，非故障相的电压将超过额定值，引起过电压，从而增加系统的过电压水平。

3. 限制短路电流的措施

为了减少短路电流对电力系统的危害，一方面可在电力系统的运行和设计中采取措施以限制短路电流的大小，如采用合理的主接线形式和运行方式，必要时加装限流电抗器（如在发电机或主变压器回路中装设分裂电抗器、母线分段电抗器或出线电抗器等）；另一方面应尽可能地缩短短路电流的作用时间，如采用合理的继电保护设备，迅速将发生短路的部分与系统其他部分隔离，从而减轻短路电流强大的热效应和电动力效应对设备的危害。由于大部分短路故障是暂时性的，当短路点和电源隔离后，故障点不再有短路电流流过，该点可能迅速去游离，并有可能重新恢复正常，因此输电线路广泛采取重合闸的措施来提高供电可靠性。

三、计算短路电流的目的及基本假设

1. 计算短路电流的目的

短路电流的计算主要是为了解决以下几方面的问题。

（1）电气设备的选择。电力系统中的设备在短路电流的作用下会发热，并受到电动力的冲击，为此必须计算短路电流，以校验设备的动、热稳定性，并确保所选择的设备在最大短路电流热效应和电动力效应作用下不会损坏。

（2）继电保护的设计和整定。电力系统中应配置何种保护以及这些保护装置应如何整定，都需要对电网中发生的各种短路进行分析和计算，从而获得故障支路的短路电流值、短路电流在网络中的分布情况及系统中某些节点的电压值。

（3）接线方案的比较和选择。在设计电网的接线图以及发电厂和变电站的电气主接线时，为了比较各种不同方案的接线图，确定是否增加限制短路电流的设备等，都必须进行短路电流的计算。

此外，在分析输电线路对通信线路的干扰时，也必须进行短路电流计算。

在现代电力系统的实际情况下，进行准确的短路电流计算相当复杂。同时，对解决大部分实际工程问题，并不要求精确的计算结果。为了简化和便于计算，实际多采用近似计算方法。本项目介绍的短路电流的实用计算，就是建立在一系列基本假设条件的基础上的，虽然计算结果存在误差，但不会超过实际工程计算中的允许范围。

2. 短路电流实用计算的基本假设

（1）电力系统在正常运行时是三相对称的。

（2）电力系统中所有发电机电动势的相位在短路过程中都相同，频率与正常运行时相同。

（3）电力系统各元件的磁路不饱和，即各元件的电抗值为一常数，计算中可以应用叠加定理。

（4）在高压电路的短路计算中忽略电阻，只考虑电抗，但在计算低压网络的短路电流时，应计及元件的电阻，可以不计算复阻抗，而是用阻抗的绝对值进行计算。

（5）略去了变压器的励磁电流和所有元件的电容。

📖 **任务实施**

【练习1】 认识电力系统短路

（1）电力系统的短路是指电力系统正常运行情况以外的_____之间或_____（包括设备

的外壳、变压器铁心、低压线路的中性线等）之间的_____短接。

（2）在三相系统中短路类型有：_____短路、_____短路、_____短路和_____短路。当_____短路时的各相阻抗相同，三相回路对称，称为对称短路；_____短路、_____短路以及_____短路均使三相回路阻抗不对称，故称为不对称短路。

（3）电力系统中造成短路故障的原因有_____、_____、_____以及其他外物因素等。

（4）短路故障的危险后果有：

1）短路故障时，短路回路的电流_____。

2）短路故障会使系统电压_____。

3）短路故障会破坏系统的_____。

4）不对称接地短路会产生_____和_____，对通信产生严重的影响。

5）不对称短路会产生_____和_____，将影响旋转电动机的安全运行和使用寿命。

6）在某些不对称短路情况下，非故障相的电压将超过额定值，引起过电压，从而增加系统的_____水平。

【练习 2】 上网检索近五年国内外电力系统事故案例（主要是关于短路故障的案例），分析短路的类型、发生的原因、事情发展的经过以及产生的后果，提出防止短路事故的措施。

任务 2 分析计算无限大容量系统供电电路内三相短路

教学目标

知识目标：

（1）能说出无限大容量系统的概念及其基本特点。

（2）能阐述无限大容量供电系统三相短路电流的特点。

（3）能说出短路冲击电流、母线残余电压的概念。

能力目标：

能够正确计算无限大容量系统供电电路内三相短路时的短路冲击电流。

素质目标：

培养学生严谨认真的态度。

任务描述

在某供电系统，电源可视为无穷大功率电源，变压器和输电线路并联导纳不计。当输电线路中发生三相短路故障时，计算其短路冲击电流。

任务准备

课前预习相关知识部分，并独立回答下列问题：

（1）什么是无限大容量系统？有哪些基本特点？

（2）在什么情况下短路电流会达到最大？

（3）什么是短路冲击电流？

相关知识

在电力系统运行中，发生三相短路时，系统运行状态会发生变化，这个过程不仅和网络参数有关，而且还和电源的情况有关。一般来说，电力系统的电源主要是同步发电机，同步发电机的电动势在短路后的暂态过程中是随着时间而变化的，分析这些电动势的变化规律是一件相当复杂的工作。不过，在某种情况下，电源的电动势在短路后暂态过程中可以近似认为不变，如由无限大容量系统供电的电路就属于这种情况。下面从较简单的情况入手来讨论三相对称短路。

一、无限大容量系统的概念

无限大容量系统（或称无限大容量电源）是指在这种电源供电的电路内发生短路时，电源的端电压值恒定不变，即电压的幅值和频率都恒定不变。记作 $S=\infty$，电源内阻抗 $Z=0$。举例如下：

（1）电源的容量很大，当发生短路后，引起的功率变化对于电源来说影响很小，因而电源的电压和频率都能基本上保持恒定。

（2）由很多个有限容量的发电机并联而成的电源，因其内阻抗很小，电源电压基本能保持恒定。

实际上，真正的无限大容量电源是不存在的，它只是一种近似的处理手段。通常用供电电源的内阻抗与短路回路总阻抗的相对大小来判断能否将电源看成是无限大容量电源。一般认为，当供电电源的内阻抗小于短路回路总阻抗的 10% 时，可以将供电电源简化为无限大容量电源，即认为其容量无穷大，内阻抗为零。在这种情况下，外电路发生短路时，可以近似认为电源的电压幅值和频率保持恒定。在配电系统中发生短路时，通常将输电系统看成是带有一定阻抗的无限大容量电源。

总之，无限大容量电源的端电压及频率在短路后的暂态过程中保持不变，因此可以不考虑电源内部的暂态过程，从而使短路电流的分析、计算变得简单。

二、暂态过程分析

图 3-1 为一无限大容量电源供电的三相对称电路突然发生三相短路示意图。假设短路发生前系统处于稳定运行状态，U 相电流为［用下标｜0｜表示短路前（$t=0_-$）的量］

$$i_U = I_{m|0|}\sin(\omega t + \alpha + \varphi_{|0|}) \tag{3-1}$$

其中

$$I_{m|0|} = \frac{U_m}{\sqrt{(R+R')^2 + \omega^2(L+L')^2}}$$

$$\varphi_{|0|} = \arctan\frac{\omega(L+L')}{(R+R')}$$

假设 $t=0$s 时刻，k 点发生三相短路故障，此时电路被分成两个独立回路。短路点的右半部分成为一个无源网络，相当于 RL 串联电路换路时的零输入响应情况，其中的电流将从短路瞬间的数值开始逐渐衰减到零；左半部分为由无限大容量电源供电的三相电路，相当于 RL 串联电路换路时的全输入响应情况，其阻抗由原来的 $(R+R')+j\omega(L+L')$ 突然减小到 $R+j\omega L$。短路后的暂态过程分析和计算主要针对这一有源电路。

由于短路后的电路仍然是三相对称的，因此只需分析其中一相的暂态过程，下面以 U

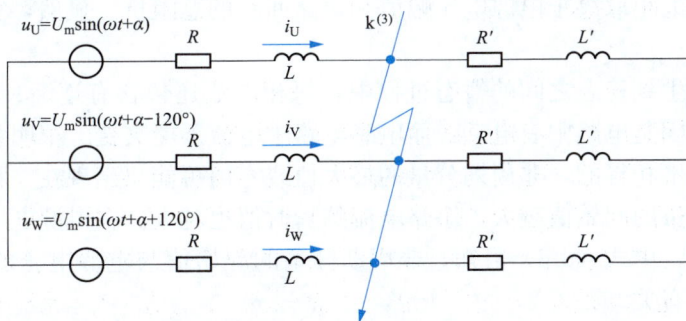

图 3-1　无限大容量电源供电的三相对称电路发生三相短路示意图

相为例进行分析。U 相电流的微分方程为

$$L\frac{\mathrm{d}i_{\mathrm{U}}}{\mathrm{d}t} + Ri_{\mathrm{U}} = U_{\mathrm{m}}\sin(\omega t + \alpha) \tag{3-2}$$

式（3-2）是一阶常系数非齐次的线性微分方程，其全部解由特解和通解两部分组成。

特解为

$$i_{\infty\mathrm{U}} = i_{\mathrm{pU}} = \frac{U_{\mathrm{m}}}{Z}\sin(\omega t + \alpha - \varphi) = I_{\mathrm{m}}\sin(\omega t + \alpha - \varphi) \tag{3-3}$$

式中：$Z = \sqrt{R^2 + (\omega L)^2}$；$\varphi = \arctan\dfrac{\omega L}{R}$；$i_{\mathrm{pU}}$ 是稳态短路电流，或称短路电流的稳态分量，与外加电源电动势有相同的变化规律，是恒幅值的正弦交流量，也称为短路电流周期分量。

通解为

$$i_{\mathrm{aU}} = Ce^{-t/T_{\mathrm{a}}} \tag{3-4}$$

式中：$T_{\mathrm{a}} = L/R$，T_{a} 是自由分量衰减的时间常数，它决定着非周期分量衰减的快慢，T_{a} 越大，衰减越慢；C 是积分常数；i_{aU} 是短路电流中的自由分量，称为短路电流非周期分量，是与外加电源无关的非周期电流，其起始值为 C，以后按照时间常数 T_{a} 衰减并最终衰减到零。自由分量电流的存在是因为电感中的电流不能突变。

这样，U 相的短路全电流为

$$i_{\mathrm{U}} = i_{\mathrm{pU}} + i_{\mathrm{aU}} = I_{\mathrm{m}}\sin(\omega t + \alpha - \varphi) + Ce^{-t/T_{\mathrm{a}}} \tag{3-5}$$

式中：积分常数 C 由初始条件决定。即在短路瞬间，由于通过电感的电流不能突变，短路前瞬间的电流值必须与短路发生后瞬间的电流值相等，因此，根据式（3-1）和式（3-5），令 $t=0$，并令它们相等，得

$$I_{\mathrm{m|0|}}\sin(\omega t + \alpha - \varphi_{|0|}) = I_{\mathrm{m}}\sin(\omega t + \alpha - \varphi) + Ce^{-t/T_{\mathrm{a}}}$$

从而解出

$$C = I_{\mathrm{m|0|}}\sin(\alpha - \varphi_{|0|}) - I_{\mathrm{m}}\sin(\alpha - \varphi) \tag{3-6}$$

将式（3-6）代入式（3-5），得

$$i_{\mathrm{U}} = I_{\mathrm{m}}\sin(\omega t + \alpha - \varphi) + [I_{\mathrm{m|0|}}\sin(\alpha - \varphi_{|0|}) - I_{\mathrm{m}}\sin(\alpha - \varphi)]e^{-t/T_{\mathrm{a}}} \tag{3-7}$$

由于三相短路时系统仍是对称的，依据对称关系可以得到 V、W 相短路全电流的表达式。

根据上述内容，可得出无限大容量电源供电系统的三相短路电流的特点如下：

（1）短路至稳态时，三相短路电流中的稳态短路电流为三个幅值相等、相角相差120°的

交流电流，其幅值大小取决于电源电压幅值和短路回路的总阻抗。显然，它们大于短路前的稳态电流。

（2）从短路发生到稳态之间的暂态过程中，每相电流还包含有逐渐衰减的非周期分量。它们出现的物理原因是电路中有电感，而电感电路中电流不能突变。很明显，在 $t=0$ 时刻，各相的直流电流是不相等的，非周期分量的最大值或零值可能只出现在一相短路电流中。

（3）非周期分量的起始值越大，短路电流的瞬时值也越大。在电源电压幅值和短路回路阻抗恒定的情况下，由式（3-6）可知，非周期分量的起始值与电源电压的初相位 α 和短路前回路中的电流值有关。

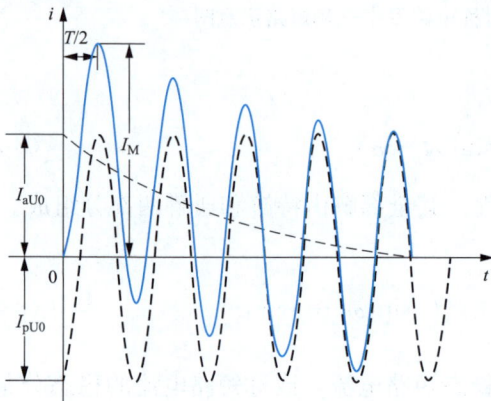

图 3-2　短路电流波形图

三、短路冲击电流

短路电流最大瞬时值称为短路电流冲击值，用 i_{im} 表示。短路冲击电流主要用于检验电气设备和载流导体在最大短路电流下的电动力是否超过允许值，即所谓的动稳定性。

当电路的参数已知时，短路电流周期分量的幅值是一定值，而短路电流的非周期分量则按指数规律衰减。因此，非周期分量的起始值越大，该相短路电流的最大瞬时值也越大。

假设短路前空载，短路发生时某相电动势正好过零，则该相将出现最大短路电流，该相短路电流波形如图 3-2 所示。由图 3-2 可知，短路冲击电流将在短路后半个周期即 $t=0.01s$ 时出现，冲击电流值为

$$i_{im} \approx I_m + I_m e^{-0.01/T_a} = (1 + e^{-0.01/T_a})I_m = k_{im}I_m \tag{3-8}$$

式中：k_{im} 为冲击系数，即冲击电流值对短路电流周期性分量幅值的倍数。k_{im} 的大小与时间常数 T_a 有关。在实用计算中，当短路发生在发电机电压母线时，k_{im} 取 1.9；当短路发生在发电厂高压侧母线时，k_{im} 取 1.85；当在其他地方发生短路时，k_{im} 取 1.8。

应该指出的是，由于三相电路各相电压的相位差为 120°，因此在发生三相短路时，各相电路电流的周期分量和非周期分量的初始值不同。当冲击电流仅在一相出现时，其他两相并不会出现这个冲击电流。

四、母线残余电压

在继电保护的整定计算中，有时需要计算在短路点前面的某一母线的剩余电压。三相短路时，短路点的电压为零，系统中距短路点电抗为 X 的某点剩余电压，在数值上等于短路电流通过该电抗时的电压降。剩余电压又称为母线残余电压。

短路进入稳态后，如果某一母线至短路点的电抗为 X，则该母线的残余电压为

$$U_{rem} = \sqrt{3} I_{\infty} X$$

📖 **任务实施**

一、认识无限大容量系统及三相短路特点

（1）无限大容量系统（或称无限大容量电源）是指在电源供电的电路内发生_____时，电源的_____恒定不变，即电压的_____和_____都恒定不变。记作 $S=$_____，电源内

阻抗 $Z=$ _____ 。一般认为，当供电电源的内阻抗小于短路回路总阻抗的 _____ 时，可以将供电电源简化为无限大容量电源。

（2）无限大容量供电系统三相短路电流具有如下特点。

1）短路至稳态时，三相短路电流中的稳态短路电流为 _____ 的交流电流，其幅值大小取决于 _____ 和 _____ ，它们大于短路前的稳态电流。

2）从短路发生到稳态之间的暂态过程中，每相电流还包含有逐渐衰减的 ____ ，其最大值或零值可能只出现在一相短路电流。

3）非周期分量起始值越大，短路电流瞬时值 ____ 。在电源电压幅值和短路回路阻抗恒定的情况下，非周期分量的起始值与 _____ 、 _____ 有关。

二、短路冲击电流的计算

（1）短路电流最大瞬时值称为 _____ ，用 i_{im} 表示。主要用于检验电气设备和载流导体在最大短路电流下的电动力是否超过允许值，即所谓的 _____ 。

（2）短路冲击电流 $i_{im} \approx k_{im} I_m$ ，其中 k_{im} 称为 _____ ，即冲击电流值对短路电流周期性分量幅值的倍数。在实用计算中，当短路发生在发电机电压母线时，k_{im} 取 ____ ；当短路发生在发电厂高压侧母线时，k_{im} 取 ____ ；当在其他地方发生短路时，k_{im} 取 ____ 。

【示例】　如图 3-3 所示的供电系统，电源可视为无穷大功率电源，变压器和输电线路并联导纳忽略不计。在输电线路中发生三相短路故障，试求短路冲击电流。

已知：$U_S = 110\text{kV}$；T1：20MVA，$110/38.5\text{kV}$，$U_k\% = 10.5$，$\Delta P = 135\text{kW}$；L：10km，$x_1 = 0.38\Omega/\text{km}$，$r_1 = 0.13\Omega/\text{km}$；T2：$2 \times 3.2\text{MVA}$，$35/10.5\text{kV}$，$U_k\% = 7$。

解： 对短路点左边的回路求出有关参数（折算到 35kV 侧）

对变压器 T1，有

$$R_{T1*} = \frac{\Delta P}{1000} \times \frac{U_N^2}{S_N^2} = 0.5003(\Omega); \quad X_{T1*} = \frac{U_k\%}{100} \times \frac{U_N^2}{S_N} = 7.7818(\Omega)$$

对输电线路 L，有

$$R_1/2 = r_1 \times l/2 = 0.65(\Omega); \quad X_1/2 = x_1 \times l/2 = 1.9(\Omega);$$
$$U_S' = 110 \times 38.5/110 = 38.5(\text{kV})$$

此时左边回路的等值电路如图 3-4 所示。

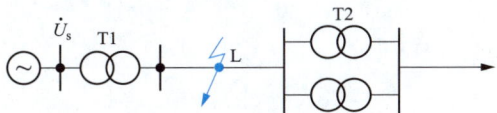

图 3-3　［示例］附图

图 3-4　［示例］等值电路图

短路电流周期分量的有效值为

$$I_m = \frac{U_S'}{\sqrt{R^2 + X^2}} = \frac{38.5/\sqrt{3}}{\sqrt{(0.5003 + 0.65)^2 + (7.7818 + 1.9)^2}} = 2.2798(\text{kA})$$

取冲击系数 $k_{im} = 1.8$ ，则短路冲击电流为

$$i_{im} \approx \sqrt{2} k_{im} I_m = 5.8035(\text{kA})$$

【练习 1】　如图 3-5 所示供电系统，各元件参数如下：线路 L，50km，$x_1 = 0.4\Omega/\text{km}$；变压器 T，$S_N = 10\text{MVA}$，$U_k\% = 10.5$，$k_T = 110/11$。设供电点处系统为无限大容量系统，

供电点电压为 106.5kV 且保持恒定不变。当空载运行时，变压器低压母线发生三相短路，试计算：短路电流周期分量的起始值和冲击电流。

【练习2】 如图 3-6 所示的网络中，各元件参数如下：线路 L，10km，$x_1 = 0.4\Omega/\text{km}$；变压器 T1，$S_N = 20\text{MVA}$，$U_{k1}\% = 10.5$，$k_{T1} = 115/38.5$；变压器 T2 和 T3 并联，$S_N = 3.2\text{MVA}$，$U_{k2}\% = 7$，$k_{T2} = 35/10.5$。当降压变电站 10.5kV 母线上发生三相短路时，可将系统视为无限大容量系统，试求此时短路点的冲击电流。

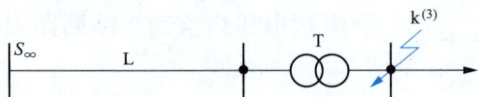

图 3-5 ［练习1］附图   图 3-6 ［练习2］附图

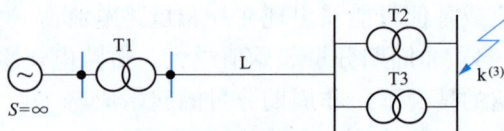

任务3 认识对称分量法

教学目标

知识目标：
能说出对称分量法的概念及正序分量、负序分量和零序分量各自的特点。
能力目标：
（1）能利用对称分量法计算正序分量、负序分量和零序分量。
（2）能画出正序网络、负序网络和零序网络。
素质目标：
培养学生应用数学模型解决实际工作问题的能力。

任务描述

在电力系统发生不对称短路时，利用边界条件求出电压、电流的对称序分量，画出正序网络图、负序网络图和零序网络图。

任务准备

课前预习相关知识部分，并独立回答下列问题：
（1）什么是对称分量法？
（2）正序分量、负序分量和零序分量各自有什么特点？

相关知识

在实际的电力系统中，不仅有三相对称短路发生，还有不对称短路发生。为了保证电力系统的安全运行，必须进行不对称短路的分析和计算，以便正确地选择电气设备、确定网络接线方案及运行方式、选择继电保护和自动化装置，并为整定其动作参数提供依据。

电力系统中通常采用对称分量法分析计算不对称短路。

一、对称分量法

三相短路时，由于电路的对称性没有被破坏，因此只需分析一相即可。当系统发生不对称短路时，电路的对称性被破坏，网络中出现了不对称电流和电压，这时就不能只取一相进行计算。在分析不对称短路时，通常是将一组不对称的三相相量分解成三组相序不同的对称分量。在线性网络中，这三序分量是相互独立的，可以分别进行计算，最后再将计算结果按照一定规则组合起来得到最终的短路结果，这就是对称分量法。

在三相系统中，任意一组不对称的三相相量可以分解为三组对称的序分量，分别称为正序分量、负序分量和零序分量。

（1）正序分量。三个序分量大小相等，相位差120°，正相序，如图 3-7（a）所示。

（2）负序分量。三个序分量大小相等，相位差120°，逆相序，如图 3-7（b）所示。

（3）零序分量。三个序分量大小相等，相位相同，如图 3-7（c）所示。

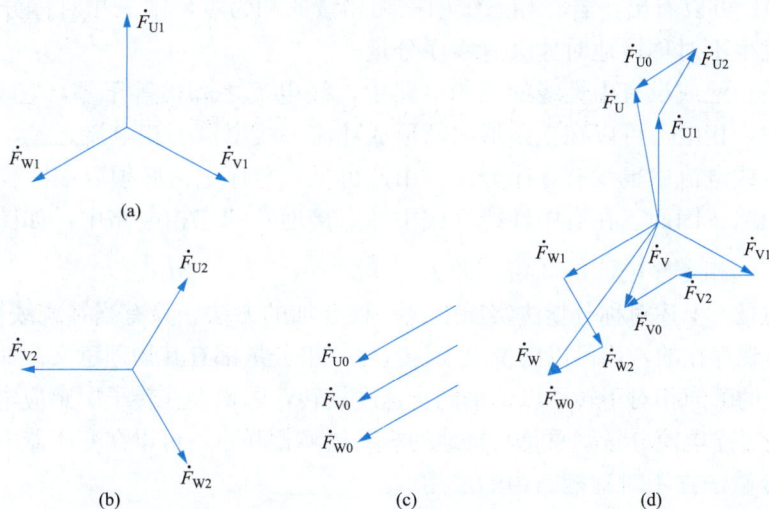

图 3-7　对称分量法

（a）正序相量图；（b）负序相量图；（c）零序相量图；（d）正、负、零序合成的相量图

当选择 U 相作为基准相时，引入旋转相量 $\alpha = \mathrm{e}^{\mathrm{j}120°}$ 后，三组序相量有如下关系：

正序分量：$\dot{F}_{V1} = \alpha^2 \dot{F}_{U1}$，$\dot{F}_{W1} = \alpha \dot{F}_{U1}$

负序分量：$\dot{F}_{V2} = \alpha \dot{F}_{U2}$，$\dot{F}_{W2} = \alpha^2 \dot{F}_{U2}$

零序分量：$\dot{F}_{U0} = \dot{F}_{V0} = \dot{F}_{W0}$

上述的旋转相量 α 称为算子，其值为

$$\alpha = \mathrm{e}^{\mathrm{j}120°} = -\frac{1}{2} + \mathrm{j}\frac{\sqrt{3}}{2}；\quad \alpha^2 = \mathrm{e}^{\mathrm{j}240°} = -\frac{1}{2} - \mathrm{j}\frac{\sqrt{3}}{2}$$

$$1 + \alpha + \alpha^2 = 0；\quad \alpha^3 = 1$$

用作图法很容易将三个下标分别含 U、V、W 的三序相量合成为一组不对称相量 $\dot{F}_U$、$\dot{F}_V$、$\dot{F}_W$，合成结果示于图 3-7（d）中。由图可得合成结果的数学表达式为

$$\begin{cases} \dot{F}_U = \dot{F}_{U1} + \dot{F}_{U2} + \dot{F}_{U0} = \dot{F}_{U1} + \dot{F}_{U2} + \dot{F}_{U0} \\ \dot{F}_V = \dot{F}_{V1} + \dot{F}_{V2} + \dot{F}_{V0} = \alpha^2 \dot{F}_{U1} + \alpha \dot{F}_{U2} + \dot{F}_{U0} \\ \dot{F}_W = \dot{F}_{W1} + \dot{F}_{W2} + \dot{F}_{W0} = \alpha \dot{F}_{U1} + \alpha^2 \dot{F}_{U2} + \dot{F}_{U0} \end{cases} \qquad (3\text{-}9)$$

式（3-9）说明三组对称分量可以合成一组（三个）不对称相量。解上述方程式，得

$$\begin{cases} \dot{F}_{U1} = \dfrac{1}{3}(\dot{F}_U + \alpha\dot{F}_V + \alpha^2\dot{F}_W) \\[2mm] \dot{F}_{U2} = \dfrac{1}{3}(\dot{F}_U + \alpha^2\dot{F}_V + \alpha\dot{F}_W) \\[2mm] \dot{F}_{U0} = \dfrac{1}{3}(\dot{F}_U + \dot{F}_V + \dot{F}_W) \end{cases} \tag{3-10}$$

式（3-10）表示任一组不对称分量可以分解为三相对称分量，且这种分解是唯一的。式中的 $\dot{F}_U$、$\dot{F}_V$、$\dot{F}_W$ 可以是电流、电压或磁链。

由式（3-10）可以看出，若三相系统中三相相量的和为零，则三相对称分量中没有零序分量。只有在发生不对称接地时才会有零序分量。

在中性线不接地或没有中性线的三相电路中，线电流之和恒等于零，它不含零序分量。在三角形接线中，相电流可以在三角形内部形成环流，线电流为相电流之差，线电流之和也恒等于零，所以线电流中也没有零序分量。由此可见，零序电流必须以中性线或大地（以地代中线）作为通路。因而，在有中性线（或中性点接地）的三相电路中，如图 3-8 所示，中性线的电流等于一相零序电流的 3 倍，即 $\dot{I}_n = \dot{I}_U + \dot{I}_V + \dot{I}_W = 3\dot{I}_0$。

需要说明的是，上述对称分量法实质上是一种叠加的方法，只有当系统线性时才能应用。但各序分量是客观存在的，均可以测量出来，且每一组分量都有其物理意义。如负序电流在旋转电动机中产生的磁通相对于转子以 2 倍同步速度旋转，因而会在转子中感应电流，造成转子的附加发热。而零序电流分量则总是与接地的短路故障相联系，可以在变压器中性点处测得。

二、对称分量法在不对称短路中的应用

正常运行时，电力系统三相一般是对称的。但是，当系统发生不对称短路时，三相的对称性遭到破坏，系统变成不对称。例如，一空载线路接于发电机，发电机的中性点经阻抗 Z_N 接地，如图 3-9 所示。

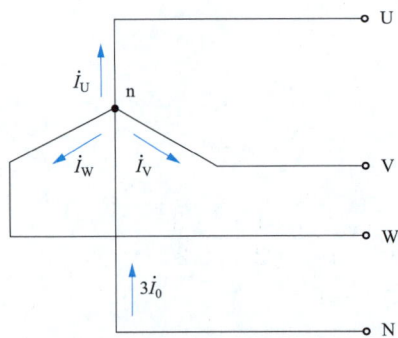

图 3-8　零序电流以中性线为通路的示意图　　　图 3-9　发生单相接地短路的简单电路

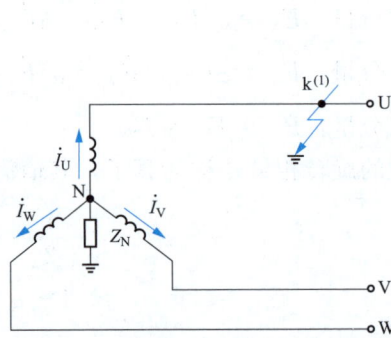

若在线路的 $k^{(1)}$ 点发生了 U 相单相接地故障，在故障点存在以下关系：电压 $\dot{U}_U = 0$，$\dot{U}_V \neq 0$，$\dot{U}_W \neq 0$；电流 $\dot{I}_U \neq 0$，$\dot{I}_V = 0$，$\dot{I}_W = 0$。由此可知，系统发生单相接地故障时，故障点处的三相电压出现了不对称，三相电流也不对称。而此时发电机三相电动势是对称的，线路三相参数也是对称的。

　　等值电路如图 3-10（a）所示。根据替代原理，可以用三个电压源 $\dot{U}_U$、$\dot{U}_V$、$\dot{U}_W$ 来替代短路点处的三相接地电压，如图 3-10（b）所示。利用对称分量法，将故障点处的不对称电压和不对称电流分解成三组对称分量，如图 3-10（c）所示。由于电路的其余部分是三相对称的，因此各序具有独立性，根据叠加定理，图 3-10（c）可以分解成图 3-10（d）、（e）、（f）所示的三个独立网络，即正序网络、负序网络和零序网络。同理，三个序网络叠加起来即为图 3-10（c）。

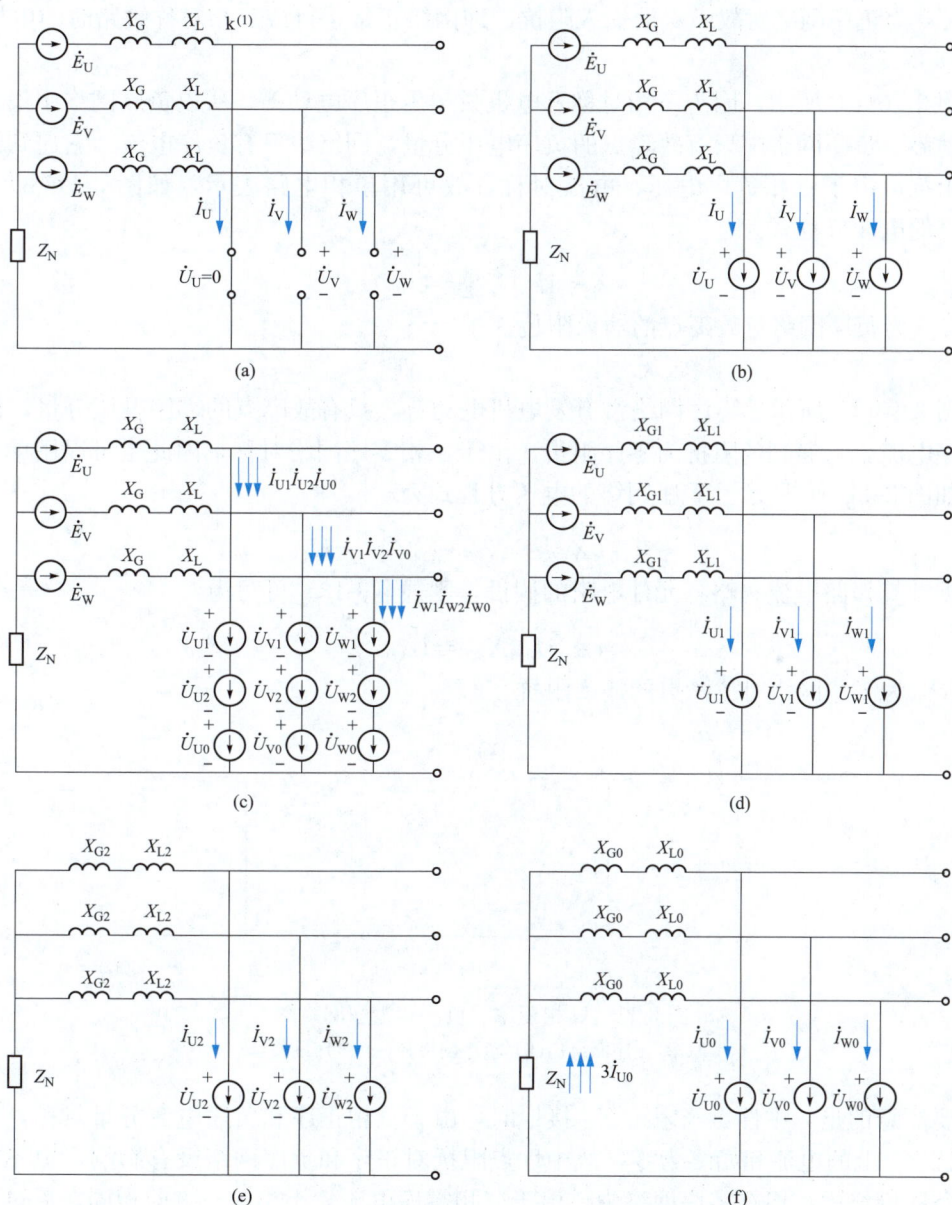

图 3-10　利用对称分量法分析不对称短路

（a）等值电路图；（b）用电压源替代三相接地电压；（c）对称分量法分解后三序叠加图；

（d）正序网络图；（e）负序网络图；（f）零序网络图

1. 正序网络

图 3-10（d）中包含发电机电动势（正序）$\dot{E}_U$、$\dot{E}_V$、$\dot{E}_W$ 和故障点的正序电压分量 $\dot{U}_{U1}$、$\dot{U}_{V1}$、$\dot{U}_{W1}$，网络中只有正序电流，电流所遇到的阻抗为正序阻抗，所以正序网络为有源网络。由于正序网络中三相序电压、序电流以及发电机三相电动势均对称，因此正序网络可以用单相电路表示，如图 3-11(a) 所示。由图可得正序网络的电压方程式为

$$\dot{E}_U - j\dot{I}_{U1}X_{1\Sigma} = \dot{U}_{U1} \tag{3-11}$$

式中：$X_{1\Sigma}$ 为正序网络对故障点的输入阻抗，即网络正常运行或三相对称短路时的电抗。

2. 负序网络

如图 3-10(e) 所示，因为三相对称发电机只产生正序电动势，所以负序网络中没有发电机的电动势。负序网络中只有故障点的负序电压分量，网络中只有负序电流，它遇到的阻抗为负序阻抗。由于三相负序电压、电流对称，故可用单相电路表示，如图 3-11(b) 所示。负序网络的电压方程式为

$$-j\dot{I}_{U2}X_{2\Sigma} = \dot{U}_{U2} \tag{3-12}$$

式中：$X_{2\Sigma}$ 为负序网络对故障点的输入阻抗。

3. 零序网络

如图 3-10(f) 所示，零序网络没有发电机电动势，只有故障点的零序电压分量，网络中只有零序电流，它遇到的阻抗为零序阻抗。由于三相零序网络对称，因此也可以用单相电路表示，如图 3-11(c) 所示。零序网络的电压方程式为

$$-j\dot{I}_{U0}(X_{G0} + X_{L0} + 3Z_N) = \dot{U}_{U0}$$

根据计算短路电流忽略各元件电阻的假设，则式（3-13）可写为

$$-j\dot{I}_{U0}X_{0\Sigma} = \dot{U}_{U0} \tag{3-13}$$

式中：$X_{0\Sigma}$ 为零序网络对故障点的输入阻抗。

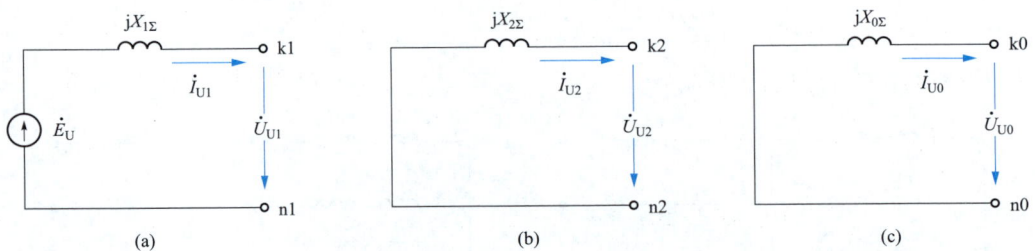

图 3-11　U 相正序、负序和零序网络图
（a）正序网络；（b）负序网络；（c）零序网络

需要注意的是，中性点经阻抗 Z_N 接地时，由于三相正序和负序电流分量对称，流过中性点阻抗 Z_N 上的电流和始终为零，故中性点阻抗对正序和负序网络没有影响，也不出现在正序和负序网络中。但在零序网络中，由于三相零序电流大小相等、方向相同，流过中性点阻抗 Z_N 的零序电流为一相零序电流的 3 倍，在用单相电路表示零序网络时，中性点阻抗 Z_N 应乘以 3 倍。

📖 **任务实施**

一、认识对称分量法

（1）在分析不对称短路时，通常是将一组_____分解成三组_____。在网络中，这三序分量是_____的，可以分别进行计算，最后再将计算结果按照一定规则组合起来得到最终的短路结果，这就是对称分量法。

（2）在三相系统中，任意一组不对称的三相相量可以分解为三组对称的序分量，分别称为_____分量（三个序分量大小相等，相位差 120°，正相序）、_____分量（三个序分量大小相等，相位差 120°，逆相序）和_____分量（三个序分量大小相等、相位相同）。

（3）画出正序、负序和零序相量图。

（4）以电流为例，写出各相电流的对称序分量的表达式。

$$\begin{cases} \dot{I}_{U1} = \\ \dot{I}_{U2} = \\ \dot{I}_{U0} = \end{cases}$$

（5）对称分量法是一种叠加的方法，只有在_____系统时才能应用。若三相系统中三相相量的和为零，则三相对称分量中没有_____分量。只有在发生不对称接地时才会有_____分量。零序电流必须以_____或_____（以地代中线）作为通路，在有中性线（或中性点接地）的三相电路中，中性线的电流等于_____倍，即 $\dot{I}_n = \dot{I}_U + \dot{I}_V + \dot{I}_W = 3\dot{I}_0$。

二、计算不对称电路

【示例】 图 3-12 所示的简单系统中，W 相断开，流过 U、V 两相的电流为 10A。试以 U 相电流为参考相量，计算线电流的对称分量。

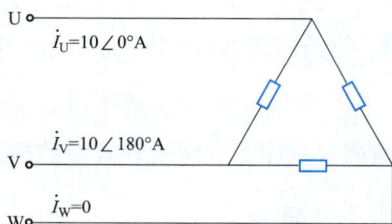

图 3-12　［示例］附图

解： 线电流为

$$\dot{I}_U = 10\angle 0°(\text{A}); \quad \dot{I}_V = 10\angle 180°(\text{A}); \quad \dot{I}_W = 0$$

U 相线电流的各序电流分量为

$$\dot{I}_{U1} = \frac{1}{3}(\dot{I}_U + \alpha\dot{I}_V + \alpha^2\dot{I}_W)$$

$$= \frac{1}{3} \times [10\angle 0° + 10\angle(180° + 120°) + 0]$$

$$= 5 - j2.89 = 5.78\angle -30°(\text{A})$$

$$\dot{I}_{U2} = \frac{1}{3}(\dot{I}_U + \alpha^2\dot{I}_V + \alpha\dot{I}_W) = \frac{1}{3} \times [10\angle 0° + 10\angle(180° + 240°) + 0]$$

$$= 5 + j2.89 = 5.78\angle 30°(\text{A})$$

$$\dot{I}_{U0} = \frac{1}{3}(\dot{I}_U + \dot{I}_V + \dot{I}_W) = \frac{1}{3} \times (10\angle 0° + 10\angle 180° + 0) = 0$$

V、W 相线电流的各序电流分量为

$$\dot{I}_{V1} = a^2 \dot{I}_{U1} = 5.78\angle -150°(A) \qquad \dot{I}_{W1} = a\dot{I}_{U1} = 5.78\angle 90°(A)$$

$$\dot{I}_{V2} = a\dot{I}_{U2} = 5.78\angle 150°(A) \qquad \dot{I}_{W2} = a^2\dot{I}_{U2} = 5.78\angle -90°(A)$$

$$\dot{I}_{V0} = 0 \qquad\qquad\qquad \dot{I}_{W0} = 0$$

【练习】 画出不对称短路时的三相正序、负序和零序网络图。

▶任务 4 分析计算不对称短路

👨‍🎓 教学目标

知识目标：

（1）能说出电力系统发生单相接地短路、两相短路和两相接地短路的边界条件。

（2）能简述电力系统简单不对称短路分析与计算的步骤。

（3）能说出正序等效定则。

能力目标：

能够根据对称分量法或者正序等效定则计算电力系统发生单相接地短路、两相短路、两相接地短路后故障相的短路电流和非故障相的电压。

素质目标：

通过分析计算不对称短路能培养学生具体问题具体分析的思维能力。

⚡ 任务描述

电力系统发生不对称短路，如单相接地短路、两相短路和两相接地短路时，根据对称分量法或者正序等效定则计算短路后故障相的短路电流和非故障相的电压。

✏️ 任务准备

课前预习相关知识部分，并独立回答下列问题：

（1）单相接地短路的边界条件是什么？

（2）两相短路的边界条件是什么？

（3）两相接地短路的边界条件是什么？

🗂 相关知识

在中性点接地的电力系统中，不对称短路有单相接地短路、两相短路和两相接地短路。无论是哪一种短路形式，都需要列出各序网络的电压方程式，即

$$\begin{cases} \dot{E}_{U\Sigma} - j\dot{I}_{U1}Z_{1\Sigma} = \dot{U}_{U1} \\ -j\dot{I}_{U2}Z_{2\Sigma} = \dot{U}_{U2} \\ -j\dot{I}_{U0}Z_{0\Sigma} = \dot{U}_{U0} \end{cases} \tag{3-14}$$

式中：$\dot{E}_{U\Sigma}$ 为正序网络对于故障点的等值电动势，其值等于故障发生之前故障点 U 相的相电

压；$Z_{1\Sigma}$、$Z_{2\Sigma}$、$Z_{0\Sigma}$ 分别为正序网络、负序网络和零序网络对故障点的输入阻抗；$\dot{I}_{U1}$、$\dot{I}_{U2}$、$\dot{I}_{U0}$ 分别为故障点 U 相电流的正序分量、负序分量和零序分量；$\dot{U}_{U1}$、$\dot{U}_{U2}$、$\dot{U}_{U0}$ 分别为故障点 U 相对地电压的正序分量、负序分量和零序分量。

这三个方程中有六个未知数，分别为故障处的电流和电压的各序分量。另外，还需要根据不对称短路的具体边界条件写出三个方程式，这样才能进行求解。下面对上述三种不对称短路进行分析讨论。

一、单相接地短路

图 3-13 所示系统在 U 相发生单相接地短路，由于 U 相的状态不同于 V、W 两相，故称 U 相为特殊相。在短路点 k 处可以列出短路的边界条件为

$$\dot{U}_U = 0,\ \dot{I}_V = \dot{I}_W = 0 \tag{3-15}$$

应用对称分量法将边界条件展开可得

$$\dot{U}_U = \dot{U}_{U1} + \dot{U}_{U2} + \dot{U}_{U0} \tag{3-16}$$

$$\begin{cases} \dot{I}_{U1} = \dfrac{1}{3}(\dot{I}_U + \alpha\dot{I}_V + \alpha^2\dot{I}_W) = \dfrac{1}{3}\dot{I}_U \\[2mm] \dot{I}_{U2} = \dfrac{1}{3}(\dot{I}_U + \alpha^2\dot{I}_V + \alpha\dot{I}_W) = \dfrac{1}{3}\dot{I}_U \\[2mm] \dot{I}_{U0} = \dfrac{1}{3}(\dot{I}_U + \dot{I}_V + \dot{I}_W) = \dfrac{1}{3}\dot{I}_U \end{cases} \tag{3-17}$$

整理得

$$\dot{I}_{U1} = \dot{I}_{U2} = \dot{I}_{U0} = \frac{1}{3}\dot{I}_U \tag{3-18}$$

在计算不对称短路时，通常根据边界条件分解的结果将三序网络按照一定的规律连接起来，构成复合序网。根据式（3-18）可知，三序电流相等，三序网络串联；又根据式（3-16）可知，三序网络串联后构成一个闭合回路，其单相接地短路时的复合序网如图 3-14 所示。

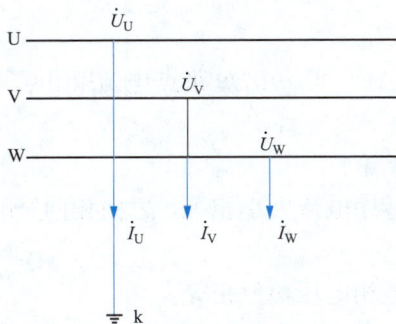

图 3-13　U 相单相接地短路示意图　　图 3-14　U 相单相接地短路时的复合序网图

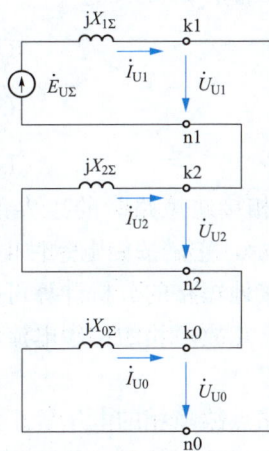

$$\begin{cases} \dot{U}_{U1} + \dot{U}_{U2} + \dot{U}_{U0} = 0 \\ \dot{I}_{U1} = \dot{I}_{U2} = \dot{I}_{U0} = \dot{I}_U/3 \end{cases} \tag{3-19}$$

联立方程组（3-19）和方程组（3-14）求解，即可得到单相接地短路后的三序电流分量 $\dot{I}_{U1}$、$\dot{I}_{U2}$、$\dot{I}_{U0}$ 和三序电压分量 $\dot{U}_{U1}$、$\dot{U}_{U2}$、$\dot{U}_{U0}$，再根据对称分量的合成方法求出短路后故障相的短路电流和非故障相的电压，此方法称为解析法。也可以利用式（3-19）构成图 3-14 所示的复合序网进行求解，此方法称为复合序网法。由于复合序网简单直观，以下分析均采用复合序网法。

根据图 3-14 所示的复合序网，可得各序电流分量为

$$\dot{I}_{U1} = \dot{I}_{U2} = \dot{I}_{U0} = \frac{\dot{E}_{U\Sigma}}{j(X_{1\Sigma} + X_{2\Sigma} + X_{0\Sigma})} \tag{3-20}$$

U 相（短路相）的短路电流为

$$\dot{I}_U = \dot{I}_{U1} + \dot{I}_{U2} + \dot{I}_{U0} = \frac{3\dot{E}_{U\Sigma}}{j(X_{1\Sigma} + X_{2\Sigma} + X_{0\Sigma})} \tag{3-21}$$

单相短路电流的绝对值为

$$I_k = 3I_{U1} = \frac{3E_{U\Sigma}}{X_{1\Sigma} + X_{2\Sigma} + X_{0\Sigma}} \tag{3-22}$$

故障处 V、W 相的电流为零。

在一般网络中，$X_{2\Sigma} \approx X_{1\Sigma}$，若 $X_{0\Sigma} > X_{1\Sigma}$，则单相短路电流小于同一点的三相短路电流；若 $X_{0\Sigma} < X_{1\Sigma}$，则单相短路电流大于三相短路电流。

当计算出三序电流分量后，根据复合序网可得故障处三序电压分量为

$$\begin{cases} \dot{U}_{U1} = \dot{E}_{U\Sigma} - j\dot{I}_{U1}X_{1\Sigma} = j\dot{I}_{U1}(X_{2\Sigma} + X_{0\Sigma}) \\ \dot{U}_{U2} = -j\dot{I}_{U2}X_{2\Sigma} \\ \dot{U}_{U0} = -j\dot{I}_{U0}X_{0\Sigma} \end{cases} \tag{3-23}$$

由各序电压合成得故障

$$\begin{cases} \dot{U}_U = \dot{U}_{U1} + \dot{U}_{U2} + \dot{U}_{U0} = 0 \\ \dot{U}_V = \alpha^2 \dot{U}_{U1} + \alpha \dot{U}_{U2} + \dot{U}_{U0} \\ \dot{U}_W = \alpha \dot{U}_{U1} + \alpha^2 \dot{U}_{U2} + \dot{U}_{U0} \end{cases} \tag{3-24}$$

根据 U 相接地短路时的边界条件，由式（3-19）可画出短路点电流和电压的相量图，如图 3-15 所示，它是按纯电感性电路画的。

对单相接地短路的分析计算可得出以下几点结论：

（1）短路点故障相的正序电流、负序电流和零序电流大小相等，方向相同；非故障相中的电流等于零。

（2）短路点故障相的电压等于零，两个非故障相电压幅值相等。

（3）单相接地短路时，故障相（特殊相）正序电流的大小与正序网在短路点后串联一个附加电抗（$X_\Delta = X_{2\Sigma} + X_{0\Sigma}$）而发生三相短路时的电流相等，即

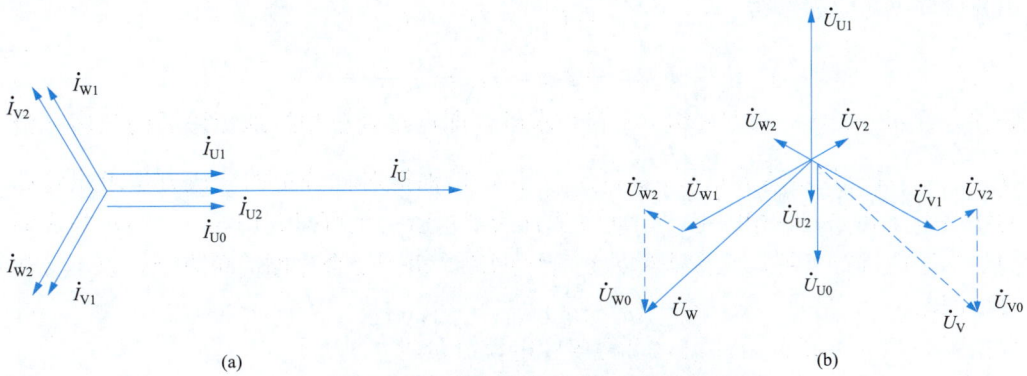

图 3-15 U 相接地短路时短路点的相量图

(a) 电流相量图; (b) 电压相量图

$$\dot{I}_{U1} = \frac{\dot{E}_{U\Sigma}}{\text{j}(X_{1\Sigma} + X_{\Delta})} \tag{3-25}$$

二、两相短路

两相短路示意图如图 3-16 所示,设 V、W 两相短路,U 相为特殊相,故障点的边界条件为

$$\dot{I}_U = 0, \quad \dot{I}_V = -\dot{I}_W, \quad \dot{U}_V = \dot{U}_W \tag{3-26}$$

利用对称分量法展开可得

$$\begin{cases} \dot{I}_{U1} + \dot{I}_{U2} + \dot{I}_{U0} = 0 \\ \alpha^2 \dot{I}_{U1} + \alpha \dot{I}_{U2} + \dot{I}_{U0} = -(\alpha \dot{I}_{U1} + \alpha^2 \dot{I}_{U2} + \dot{I}_{U0}) \\ \alpha^2 \dot{U}_{U1} + \alpha \dot{U}_{U2} + \dot{U}_{U0} = \alpha \dot{U}_{U1} + \alpha^2 \dot{U}_{U2} + \dot{U}_{U0} \end{cases} \tag{3-27}$$

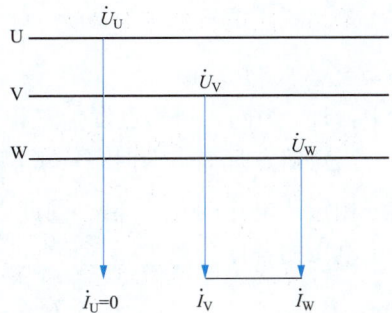

图 3-16 V、W 两相短路故障示意图

整理可得新的边界条件

$$\begin{cases} \dot{I}_{U0} = 0 \\ \dot{I}_{U1} + \dot{I}_{U2} = 0 \\ \dot{U}_{U1} = \dot{U}_{U2} \end{cases} \tag{3-28}$$

根据新的边界条件可以推断出两相短路的复合序网为正序网络和负序网络的并联结构,如图 3-17 所示;零序网络不存在,这是因为故障点不接地,零序电流无通路。

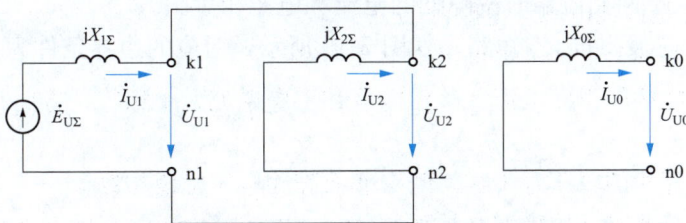

图 3-17 V、W 两相短路时的复合序网图

113

由复合序网可直接解得

$$\begin{cases} \dot{I}_{U1} = -\dot{I}_{U2} = \dfrac{\dot{E}_{U\Sigma}}{j(X_{1\Sigma}+X_{2\Sigma})} \\ \dot{I}_{U0} = 0 \end{cases} \tag{3-29}$$

则故障处的各相短路电流为

$$\dot{I}_V = -\dot{I}_W = \alpha^2 \dot{I}_{U1} + \alpha\dot{I}_{U2} + \dot{I}_{U0}$$
$$= (\alpha^2 - \alpha)\dot{I}_{U1} = -j\sqrt{3}\,\dot{I}_{U1}$$
$$= -j\sqrt{3}\,\dfrac{\dot{E}_{U\Sigma}}{j(X_{1\Sigma}+X_{2\Sigma})} \tag{3-30}$$

取绝对值为

$$I_k = I_V = \sqrt{3}\,\dfrac{E_{U\Sigma}}{X_{1\Sigma}+X_{2\Sigma}} \tag{3-31}$$

当 $X_{1\Sigma} = X_{2\Sigma}$ 时，则有

$$\dot{I}_k = -j\dfrac{\sqrt{3}}{2}\dfrac{\dot{E}_{U\Sigma}}{jX_{1\Sigma}} = -j\dfrac{\sqrt{3}}{2}\dot{I}_k^{(3)} \tag{3-32}$$

式中：$\dot{I}_k^{(3)}$ 为同一短路点发生三相短路时的短路电流。

当短路点远离电源时，一般满足 $X_{1\Sigma} = X_{2\Sigma}$，由式（3-32）可知，两相短路电流是同一点三相短路电流的 $\sqrt{3}/2$ 倍。因此电力系统中两相短路电流总是小于三相短路电流。

电压的各序分量为

$$\dot{U}_{U1} = \dot{U}_{U2} = j\dot{I}_{U1}X_{2\Sigma} = -j\dot{I}_{U2}X_{2\Sigma} \tag{3-33}$$

故障处的各相电压（设 $X_{1\Sigma} = X_{2\Sigma}$）为

$$\begin{cases} \dot{U}_U = \dot{U}_{U1} + \dot{U}_{U2} = 2\dot{U}_{U1} = j2\dot{I}_{U1}X_{2\Sigma} = j2\dfrac{\dot{E}_{U\Sigma}}{j2X_{2\Sigma}}X_{2\Sigma} = \dot{E}_{U\Sigma} \\ \dot{U}_V = \alpha^2\dot{U}_{U1} + \alpha\dot{U}_{U2} = -\dot{U}_{U1} = -\dfrac{\dot{U}_U}{2} \\ \dot{U}_W = \alpha\dot{U}_{U1} + \alpha^2\dot{U}_{U2} = -\dot{U}_{U1} = -\dfrac{\dot{U}_U}{2} \end{cases} \tag{3-34}$$

式（3-34）表明，当发生两相短路时，非故障相电压不变，故障相电压幅值降低一半。图 3-18 给出了 V、W 两相短路时故障处的电流和电压相量图。

若 V、W 相经过渡阻抗 Z_k 短路，如图 3-19 所示，对应的边界条件为

$$\begin{cases} \dot{I}_U = 0, \ \dot{I}_V = -\dot{I}_W \\ \dot{U}_V - \dot{U}_W = \dot{I}_V Z_k \end{cases} \tag{3-35}$$

电流的边界条件与纯金属性两相短路时完全相同，即 $\dot{I}_{U1} = -\dot{I}_{U2}$。电压的边界条件推导如下

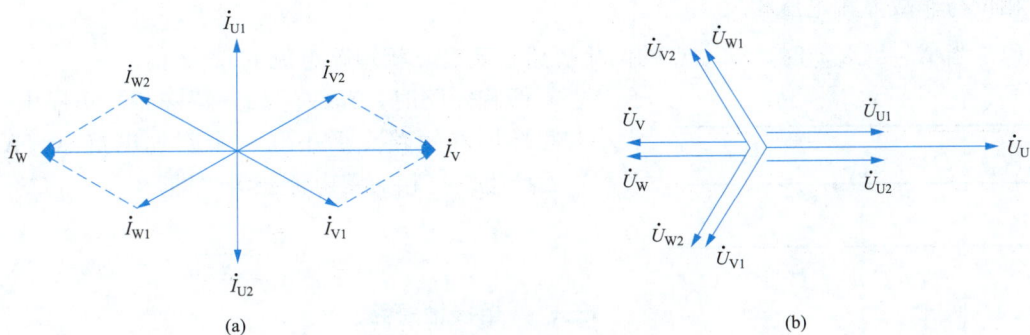

图 3-18　V、W 两相短路时短路点的相量图

(a) 电流相量图；(b) 电压相量图

$$(\alpha^2 \dot{U}_{U1} + \alpha \dot{U}_{U2}) - (\alpha \dot{U}_{U1} + \alpha^2 \dot{U}_{U2}) = (\alpha^2 \dot{I}_{U1} + \alpha \dot{I}_{U2}) Z_k$$

$$(\alpha^2 - \alpha) \dot{U}_{U1} + (\alpha - \alpha^2) \dot{U}_{U2} = (\alpha^2 - \alpha) \dot{I}_{U1} Z_k$$

即

$$\dot{U}_{U1} - \dot{U}_{U2} = \dot{I}_{U1} Z_k \tag{3-36}$$

由式（3-35）和式（3-36）可得复合序网如图 3-20 所示。由复合序网求得各序电流分量为

$$\begin{cases} \dot{I}_{U1} = -\dot{I}_{U2} = \dfrac{\dot{E}_{U\Sigma}}{j(X_{1\Sigma} + X_{2\Sigma}) + Z_k} \\ \dot{I}_{U0} = 0 \end{cases} \tag{3-37}$$

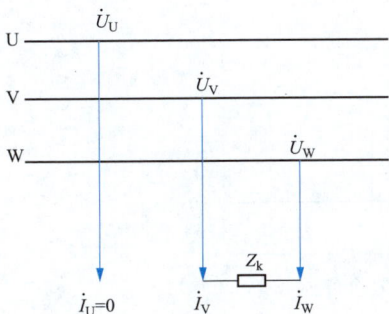

图 3-19　V、W 两相经阻抗 Z_k 短路示意图

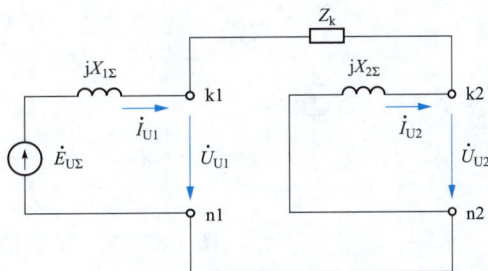

图 3-20　V、W 两相经阻抗 Z_k 短路时的复合序网图

短路电流为

$$\dot{I}_V = -\dot{I}_W = -j\sqrt{3} \dot{I}_{U1} \tag{3-38}$$

由以上分析可得出以下结论。

（1）两相短路时，短路电流及电压中不存在零序分量。

（2）两相短路电流中的正序分量与负序分量大小相等、方向相反；两故障相中的短路电流总是大小相等、方向相反，在数值上等于正序电流的 $\sqrt{3}$ 倍。

（3）故障点两故障相的电压总是大小相等、相位相同，其数值仅为非故障相电压的一半，相位与非故障相电压相反。

（4）当 $X_{1\Sigma}=X_{2\Sigma}$ 时，同一点的两相短路电流是三相短路电流的 $\sqrt{3}/2$ 倍。

（5）两相短路时，非故障相（特殊相）正序电流的大小与正序网在短路点后串联一个附加电抗 $X_\Delta(X_\Delta=X_{2\Sigma})$ 后产生的三相短路电流相等，即

$$\dot{I}_{U1}=\frac{\dot{E}_{U\Sigma}}{\mathrm{j}(X_{1\Sigma}+X_\Delta)} \tag{3-39}$$

三、两相接地短路

两相接地短路示意图如图 3-21 所示，假设 V、W 两相接地短路，故障点的边界条件为

$$\dot{I}_U=0, \dot{U}_V=\dot{U}_W=0 \tag{3-40}$$

利用对称分量法展开可得

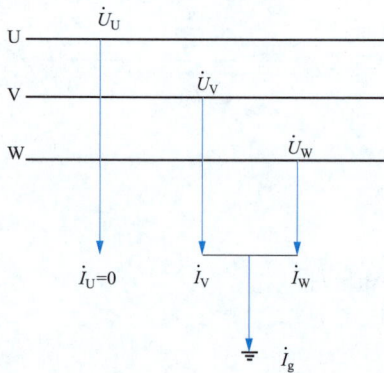

图 3-21 V、W 两相接地短路示意图

$$\begin{cases}\dot{I}_{U1}+\dot{I}_{U2}+\dot{I}_{U0}=0\\ \alpha^2\dot{U}_{U1}+\alpha\dot{U}_{U2}+\dot{U}_{U0}=0\\ \alpha\dot{U}_{U1}+\alpha^2\dot{U}_{U2}+\dot{U}_{U0}=0\end{cases} \tag{3-41}$$

整理可得新的边界条件

$$\begin{cases}\dot{I}_{U1}+\dot{I}_{U2}+\dot{I}_{U0}=0\\ \dot{U}_{U1}=\dot{U}_{U2}=\dot{U}_{U0}\end{cases} \tag{3-42}$$

由新的边界条件可知，两相接地短路的复合序网为正序网络、负序网络和零序网络的并联结构，如图 3-22 所示。

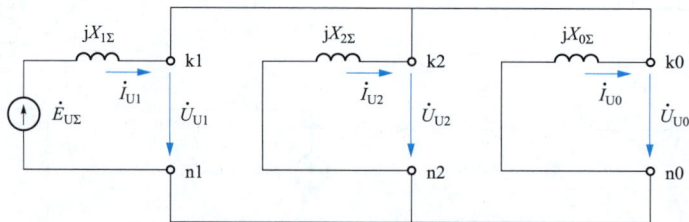

图 3-22 V、W 两相接地短路时的复合序网

由复合序网中可以计算

$$\dot{I}_{U1}=\frac{\dot{E}_{U\Sigma}}{\mathrm{j}(X_{1\Sigma}+X_{2\Sigma}//X_{0\Sigma})} \tag{3-43}$$

电流的负序分量和零序分量分别为

$$\dot{I}_{U2}=-\frac{X_{0\Sigma}}{X_{0\Sigma}+X_{2\Sigma}}\dot{I}_{U1} \tag{3-44}$$

$$\dot{I}_{U0}=-\frac{X_{2\Sigma}}{X_{0\Sigma}+X_{2\Sigma}}\dot{I}_{U1} \tag{3-45}$$

则故障处的各相短路电流为

116

$$\dot{I}_V = \alpha^2 \dot{I}_{U1} + \alpha \dot{I}_{U2} + \dot{I}_{U0} = \left(\alpha^2 - \frac{\alpha X_{0\Sigma} + X_{2\Sigma}}{X_{2\Sigma} + X_{0\Sigma}}\right)\dot{I}_{U1} \tag{3-46}$$

$$\dot{I}_W = \alpha \dot{I}_{U1} + \alpha^2 \dot{I}_{U2} + \dot{I}_{U0} = \left(\alpha - \frac{\alpha^2 X_{0\Sigma} + X_{2\Sigma}}{X_{2\Sigma} + X_{0\Sigma}}\right)\dot{I}_{U1} \tag{3-47}$$

短路电流取其绝对值为

$$I_k = I_V = I_W = \sqrt{3} \times \sqrt{1 - \frac{X_{2\Sigma}X_{0\Sigma}}{(X_{2\Sigma} + X_{0\Sigma})^2}} \times I_{U1} \tag{3-48}$$

两相接地短路时，流入地中的电流为

$$\dot{I}_g = \dot{I}_V + \dot{I}_W = 3\dot{I}_{U0} = -3\frac{X_{2\Sigma}}{X_{2\Sigma} + X_{0\Sigma}}\dot{I}_{U1} \tag{3-49}$$

短路点电压的各序分量为

$$\dot{U}_{U1} = \dot{U}_{U2} = \dot{U}_{U0} = j\frac{X_{2\Sigma}X_{0\Sigma}}{X_{2\Sigma} + X_{0\Sigma}}\dot{I}_{U1} \tag{3-50}$$

短路点非故障处的相电压为

$$\dot{U}_U = 3\dot{U}_{U1} = j\frac{3X_{2\Sigma}X_{0\Sigma}}{X_{2\Sigma} + X_{0\Sigma}}\dot{I}_{U1} = \dot{E}_{U\Sigma}\frac{3X_{2\Sigma}X_{0\Sigma}}{X_{1\Sigma}X_{2\Sigma} + X_{1\Sigma}X_{0\Sigma} + X_{2\Sigma}X_{0\Sigma}} \tag{3-51}$$

两相接地短路时故障处的电流和电压相量图如图 3-23 所示。

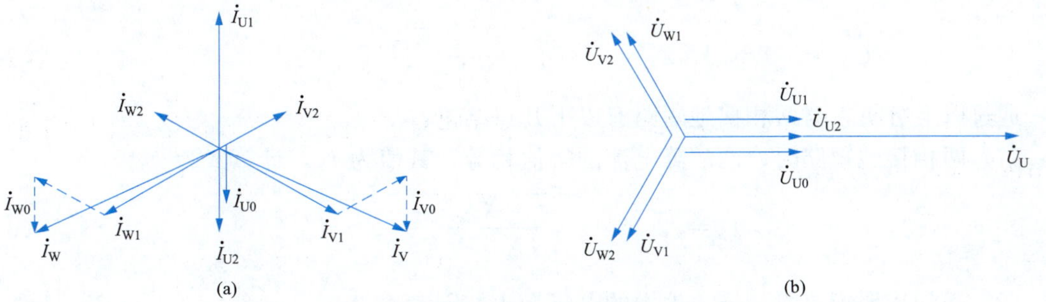

图 3-23　V、W 两相接地短路时短路点的相量图
（a）电流相量图；（b）电压相量图

下面讨论 V、W 两相短路后经过渡阻抗 Z_k 接地的情况，如图 3-24 所示。故障点的边界条件为

$$\dot{I}_U = 0, \quad \dot{U}_V = \dot{U}_W = (\dot{I}_V + \dot{I}_W)Z_k \tag{3-52}$$

由 $\dot{I}_U = 0$，$\dot{U}_V = \dot{U}_W$ 可得

$$\begin{cases} \dot{I}_{U1} + \dot{I}_{U2} + \dot{I}_{U0} = 0 \\ \dot{U}_{U1} = \dot{U}_{U2} \end{cases} \tag{3-53}$$

由 $\dot{U}_V = (\dot{I}_V + \dot{I}_W)Z_k$ 可得

$$\dot{U}_V = \alpha^2 \dot{U}_{U1} + \alpha \dot{U}_{U2} + \dot{U}_{U0} = (\alpha^2 + \alpha)\dot{U}_{U1} + \dot{U}_{U0}$$
$$= -\dot{U}_{U1} + \dot{U}_{U0} = (\dot{I}_V + \dot{I}_W)Z_k = 3\dot{I}_{U0}Z_k$$

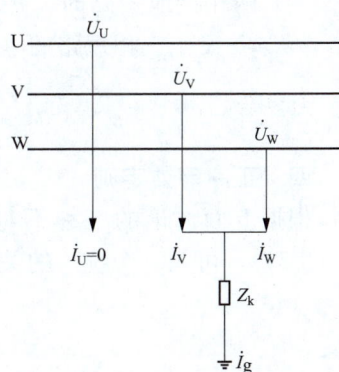

图 3-24　V、W 相短路经 Z_k 接地

117

故

$$\dot{U}_{U1} = \dot{U}_{U0} - 3\dot{I}_{U0}Z_k \tag{3-54}$$

由式（3-53）和式（3-54）可得两相经阻抗接地短路的复合序网，如图 3-25 所示。由复合序网可得各序电流分量。显然，两相短路经阻抗 Z_k 接地时，各序电流仍可用式（3-43）～式（3-45）计算，只是式中的 $X_{0\Sigma}$ 用 $X_{0\Sigma} + 3Z_k$ 代替。

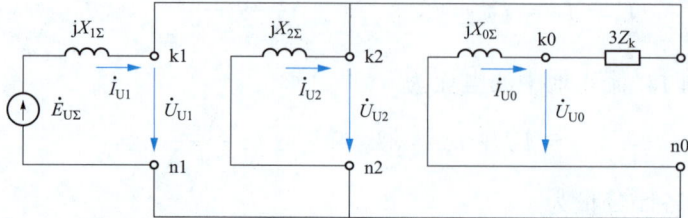

图 3-25　V、W 相短路经 Z_k 接地时的复合序网图

故障相电压计算式为

$$
\begin{aligned}
\dot{U}_U &= \dot{U}_{U1} + \dot{U}_{U2} + \dot{U}_{U0} \\
&= 2\dot{I}_{U1}\frac{jX_{2\Sigma}(jX_{0\Sigma} + 3Z_k)}{j(X_{2\Sigma} + X_{0\Sigma}) + 3Z_k} + \dot{I}_{U1}\frac{jX_{2\Sigma}X_{0\Sigma}}{j(X_{2\Sigma} + X_{0\Sigma}) + 3Z_k} \\
&= 3\dot{I}_{U1}\frac{jX_{2\Sigma}(jX_{0\Sigma} + 2Z_k)}{j(X_{2\Sigma} + X_{0\Sigma}) + 3Z_k}
\end{aligned} \tag{3-55}
$$

$$\dot{U}_V = \dot{U}_W = 3\dot{I}_{U0}Z_k = -3\dot{I}_{U1}\frac{jX_{2\Sigma}Z_k}{j(X_{2\Sigma} + X_{0\Sigma}) + 3Z_k} \tag{3-56}$$

通过以上分析，对两相接地短路有以下几点结论：

（1）两相接地短路时，两故障电流的幅值相等，其值为 I_k，计算式为

$$I_k = \sqrt{3} \times \sqrt{1 - \frac{X_{2\Sigma}X_{0\Sigma}}{(X_{2\Sigma} + X_{0\Sigma})^2}} \times I_{U1} \tag{3-57}$$

（2）两相接地短路时，流入地中的电流为 $\dot{I}_g$，计算式为

$$\dot{I}_g = \dot{I}_V + \dot{I}_W = 3\dot{I}_{U0} = -3\frac{X_{2\Sigma}}{X_{2\Sigma} + X_{0\Sigma}}\dot{I}_{U1} \tag{3-58}$$

（3）两相接地短路时，短路点处的正序电流与在故障后串联一个附加电抗 X_Δ（$X_\Delta = X_{0\Sigma}//X_{2\Sigma}$）发生三相短路的电流相等，即

$$\dot{I}_{U1} = \frac{\dot{E}_{U\Sigma}}{j(X_{1\Sigma} + X_\Delta)} \tag{3-59}$$

四、正序等效定则

根据上面讨论的三种不对称短路特殊相的正序电流分量的式（3-25）、式（3-39）和式（3-59），可用一个统一的关系表达式表示为

$$\dot{I}_{U1}^{(n)} = \frac{\dot{E}_{U\Sigma}}{jX_{1\Sigma} + jX_\Delta^{(n)}} \tag{3-60}$$

式中：$X_\Delta^{(n)}$ 为附加电抗，其值随着短路类型的不同而不同，上标中的 n 代表短路类型。

式（3-60）说明：在不对称短路时，特殊相（也称基准相）的正序电流与在短路点后串

联一个附加电抗 $X_\Delta^{(n)}$ 发生三相短路的短路电流相等，且附加电抗 $X_\Delta^{(n)}$ 取决于短路类型和负序网、零序网电抗。即将不对称短路转换为对称短路，通过计算对称短路得到基准相的正序电流，这就是正序等效定则。

此外，从式（3-22）、式（3-31）和式（3-48）可以得出短路点的短路电流值与基准相的正序分量值成正比的结论，即

$$I_k^{(n)} = m^{(n)} I_{U1} \tag{3-61}$$

式中：$m_\Delta^{(n)}$ 为比例系数，其值与短路方式有关。

各种不对称短路时的 $X_\Delta^{(n)}$ 和 $m_\Delta^{(n)}$ 见表 3-2。

表 3-2　　　　　　　　　各种短路时的 $X_\Delta^{(n)}$ 和 $m^{(n)}$ 值

短路类型	代表符号	$X_\Delta^{(n)}$	$m^{(n)}$
三相短路	$k^{(3)}$	0	1
单相接地短路	$k^{(1)}$	$X_{2\Sigma} + X_{0\Sigma}$	3
两相短路	$k^{(2)}$	$X_{2\Sigma}$	$\sqrt{3}$
三相不对称短路两相接地短路	$k^{(1,1)}$	$X_{0\Sigma}//X_{2\Sigma}$	$\sqrt{3}\sqrt{1 - \dfrac{X_{2\Sigma}X_{0\Sigma}}{(X_{2\Sigma}X_{0\Sigma})^2}}$

📖 任务实施

一、三相不对称电路

【练习1】　认识三相不对称短路的特点。

（1）单相接地短路时：

1）短路点故障相的正序电流、负序电流和零序电流_____相等，_____相同；非故障相中的电流等于_____。

2）短路点故障相的电压等于_____，两个非故障相电压_____。

3）故障相（特殊相）正序电流的大小与正序网在短路点后串联一个附加电抗 $X_\Delta =$_____发生三相短路时的电流相等，即 $\dot{I}_{U1} =$_____。

（2）两相短路时：

1）两相短路时，短路电流及电压中不存在_____分量。

2）两相短路电流中的正序分量与负序分量_____相等、_____相反；两故障相中的短路电流总是_____相等、_____相反，在数值上等于正序电流的_____倍。

3）故障点两故障相的电压总是大小_____、相位_____，其数值仅有非故障相电压的_____，相位与非故障相电压_____反。

4）当 $X_{1\Sigma} = X_{2\Sigma}$ 时，同一点的两相短路电流是三相短路电流的_____倍。

5）两相短路时，非故障相（特殊相）正序电流的大小与正序网在短路点后串联一个附加电抗 $X_\Delta =$_____后产生的三相短路电流相等，即 $\dot{I}_{U1} =$_____。

（3）两相接地短路时：

1）两故障电流的幅值相等，其值为 $I_k =$_____。

2）流入地中的电流为 $\dot I_{\mathrm g}=$ _____ 。

3）短路点处的正序电流与在故障后串联一个附加电抗 $X_\Delta=$ _____ 发生三相短路的电流相等，即 $\dot I_{\mathrm U1}=$ _____ 。

【练习2】 分析简单不对称短路故障的边界条件及复合序网的连接情况，完成下表。

故障类型	边界条件		复合序网
	相分量表示	序分量表示	
单相接地短路			
两相短路			
两相接地短路			

二、正序等效定则

【练习3】 在不对称短路时，特殊相（也称基准相）的正序电流与在短路点后串联一个附加电抗 $X_\Delta^{(n)}$ 发生的三相短路的短路电流相等，且附加电抗 $X_\Delta^{(n)}$ 取决于 _____ 和 _____ 序网电抗。即将不对称短路转换为对称短路，通过计算对称短路得到 _____ ，这就是正序等效定则。

【示例1】 如图 3-26 所示电力系统，在 k 点发生不对称短路，试绘制该网络的三序网络图。

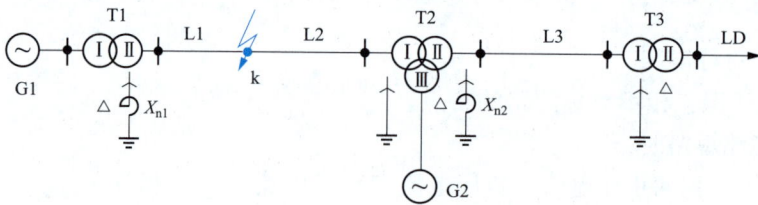

图 3-26 系统接线图

解： 1）正序网络。图 3-27（a）为根据图 3-26 绘制的正序网络。在正序网络中，发电机电抗用 $X_{\mathrm d}''$ 表示，发电机的正序电动势为 $\dot E''$，变压器、线路参数均为正序参数，负荷 LD 用等值阻抗表示，$\dot U_{\mathrm U1}$ 为故障点的正序电压。正序网络可简化为图 3-27（b）所示的形式。

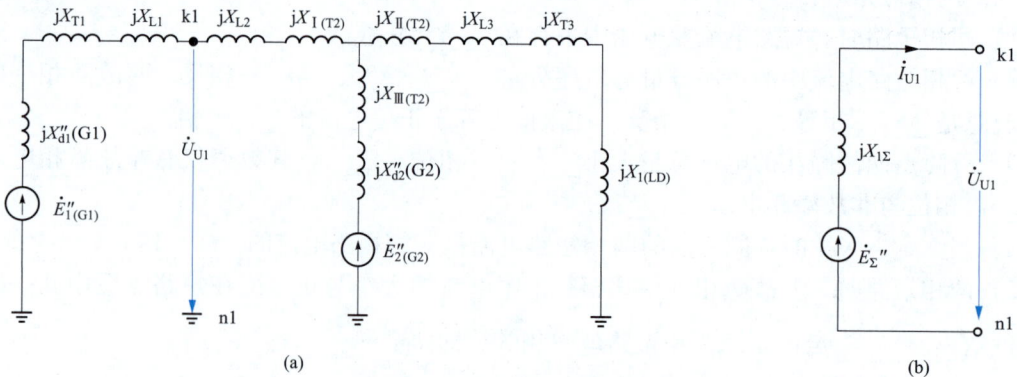

图 3-27 正序网络及等值电路
（a）正序网络；（b）正序等值电路

2）负序网络。图 3-28（a）所示为负序网络，它与正序网络完全一样，只是负序网络中所有电源电动势为零。各元件参数为负序参数，发电机的负序参数近似计算时和正序参数相等，也为 X_d''，其他静止元件的负序参数等于正序参数，$\dot{U}_{U2}$ 为故障点的负序电压。负序网络可简化为图 3-28（b）所示。

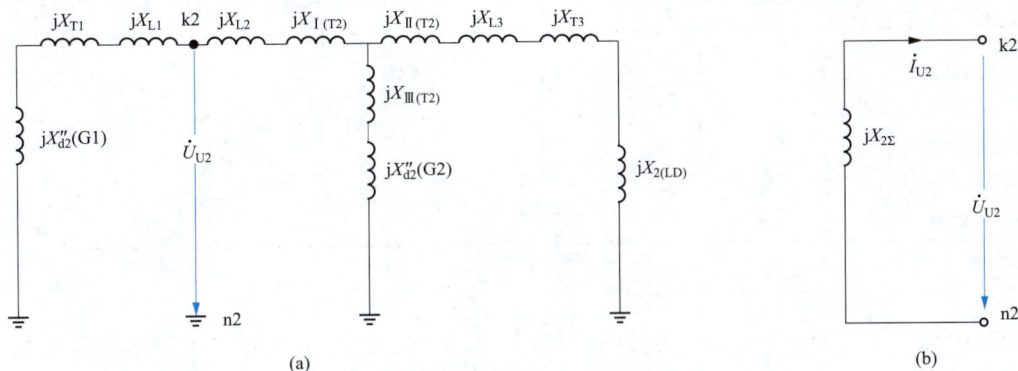

（a）

图 3-28　负序网络及等值电路

（a）负序网络；（b）负序等值电路

3）零序网络。图 3-29（a）所示为零序网络，它为一无源网络，所有元件的参数用零序参数表示，$\dot{U}_{U0}$ 为故障端口的零序电压，其具体绘制方法如下：

在绘制零序网络之前，首先要弄清零序电流的通路，通常都是从短路点出发，由近及远逐个元件观察零序电流的途径。先观察 k 点的左侧，左侧变压器 T1 为 YNd 接线，零序电流通过 L1 线路流经变压器 T1，经 T1 中性点接地电抗 X_{n1} 构成回路，绘制零序网络时，该电抗应乘以 3 倍；三角形侧零序相当于短路，变压器 T1 左侧无零序电流。再观察 k 点右侧，右侧变压器 T2 为 YNyn0d 接线，零序电流通过线路 L2 流经变压器 T2，经 T2 中性点接地构成回路。三角形侧零序相当于短路，发电机 G2 中无零序电流。变压器 T2 中压侧为 yn 接线，且中性点经电抗 X_{n2} 接地（同样应乘以 3 倍），在 yn 侧有无零序电流取决于它后面有无零序通路。yn 侧的零序电流经线路 L3 流经变压器 T3，在 T3 中性点直接接地构成回路，T3 变压器的三角形侧零序相当于短路，三角形侧后无零序电流。零序网络可简化为图 3-29（b）所示的形式。

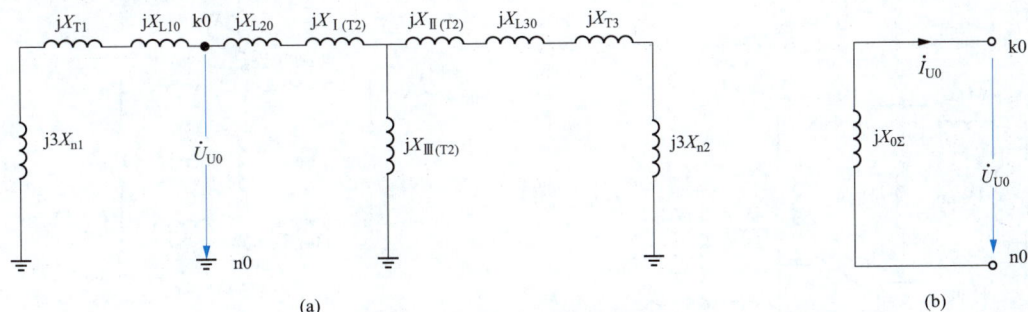

（a）

图 3-29　零序网络及等值电路

（a）零序网络；（b）零序等值网络

【示例 2】　系统的接线图如图 3-30 所示，试画出其正序网络、负序网络和零序网络图。

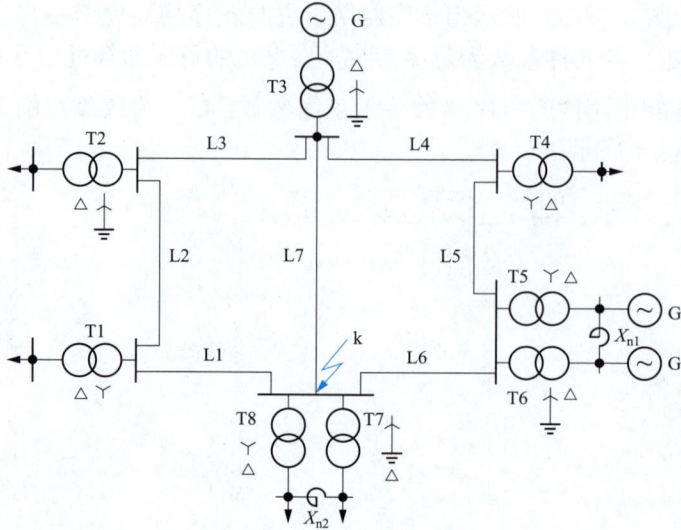

图 3-30　系统接线图

解：（1）正序网络如图 3-31(a) 所示（略去负荷）。

(a)

(b)

(c)

图 3-31　各序网络图

（a）正序网络；（b）负序网络；（c）零序网络

（2）负序网络如图 3-31(b) 所示。

（3）零序网络如图 3-31(c) 所示。

【练习 4】　如图 3-32 所示电力系统接线图，在 k 点发生单相接地短路故障，试作出正序、负序和零序等值电路，并写出 $X_{1\Sigma}$、$X_{2\Sigma}$、$X_{0\Sigma}$ 的表达式。

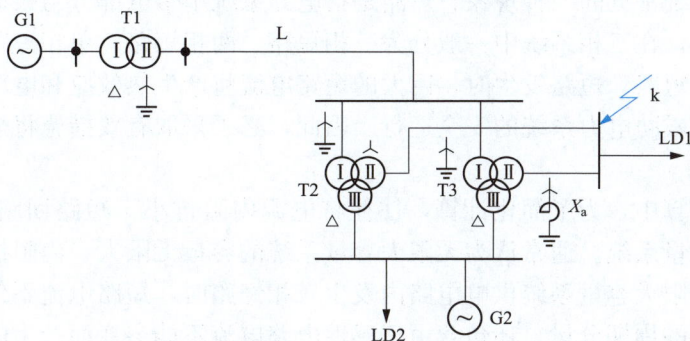

图 3-32　系统接线图

【练习 5】　图 3-33 所示电力系统接线图，当 k 点发生两相接地短路故障时，试作出正序、负序和零序等值电路。

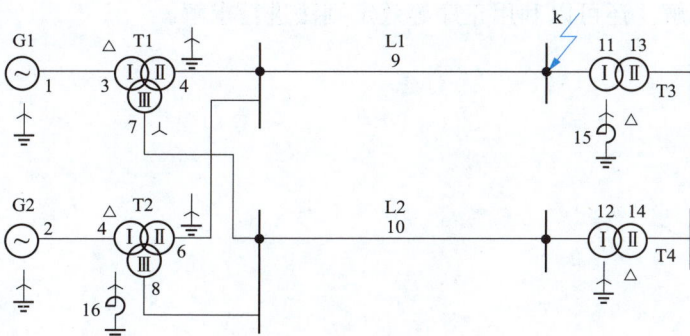

图 3-33　系统接线图

【练习 6】　如图 3-34 所示简化系统，当 k 点发生不对称短路故障时，试写出故障边界条件，并画出其复合序网。

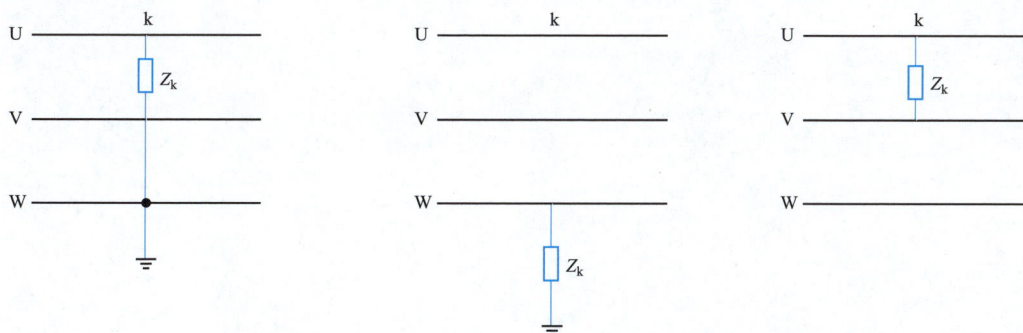

图 3-34　故障点边界条件

小 结

本项目介绍了短路的基本概念、原因、种类、危害以及限制短路电流的措施。在此基础上，重点讲述了短路电流的计算方法。

短路是电力系统常见的一种现象。短路是指电力系统中带电部分与大地之间以及不同相之间的非正常连接，在三相系统中一般分为三相短路、两相短路、单相短路（或称单相接地短路）和两相接地短路。短路发生时，巨大的短路电流将产生热效应和电动力效应，可能损坏电气设备，严重威胁电力系统的安全运行。因此，必须采取有效措施将短路电流限制在允许值以下。

在工程实用计算中，为了简化计算，往往将电源内阻抗小于短路回路总阻抗 10％ 的电源看作是无限大容量系统。通常认为无限大容量系统的容量无限大，内阻抗为零，电源电压始终保持恒定。无限大容量系统供电电路内发生三相短路时，短路电流不仅包含由电源电压和回路阻抗所决定的周期分量，还包含由于感性电路电流不能突变而产生的非周期分量。短路后的最大短路电流瞬时值称为短路冲击电流。

对称分量法是指一组不对称的相量（电压或电流）可分解成三组对称的序分量（正序、负序和零序分量），三组对称序分量是相互独立的，可用三个相互独立的序网络来表示。不对称短路计算可用解析法列出各序电压方程，并结合故障点的边界条件进行求解，也可以利用复合序网进行求解，还可以利用正序等效定则法进行求解。

项目 **4**

电力系统频率调整

📋 **项目目标**

能说出电力系统的频率质量指标及频率偏差过大的危害；会写出电力系统有功功率平衡方程式；能画出电力系统综合负荷的频率静态特性曲线和发电机组的频率静态特性曲线并说出其含义；会分析电力系统频率的一次调整、二次调整的过程；能说出不同类型的发电厂在频率调整中的作用；能说出等微增率运行准则；会进行有功功率的经济分配的计算。

▷任务 1 认知电力系统的频率质量标准

👨‍🎓 **教学目标**

知识目标：

(1) 能罗列出影响电能质量的因素及主要电能质量指标。

(2) 能说出我国频率允许偏差值。

能力目标：

(1) 会计算频率合格率。

(2) 能阐述频率偏移对电力系统的影响。

素质目标：

培养学生在工作和学习中应用标准规范的能力。

⚡ **任务描述**

查阅我国电能质量相关标准，利用从调度部门获取的相关频率数据计算频率合格率。分析频率偏移过大对用户、发电厂和系统造成的影响。

✏️ **任务准备**

课前做如下准备：

(1) 利用互联网检索电能质量标准。

(2) 做好到现场参观的准备。

课前预习相关知识部分，并独立回答下列问题：

(1) 衡量电能质量的指标有哪些？

(2) 我国电力系统频率允许偏差是多少？

📖 **相关知识**

电力系统供给用户的电能应具有良好的质量，随着科学技术和国民经济的发展，高新设备和精密仪器等对电能质量的要求越来越高。良好的电能质量可以使电气设备正常工作并取得最佳技术经济效益。衡量电能质量的指标主要有五项：频率、电压、波形、电压波动和闪变及三相电压不平衡度。

理想的电能是：频率和电压为额定值，波形为正弦波，无电压波动、闪变和电压不平衡的情况。然而，电能从生产到消耗的过程中任何一个环节都会对电能质量产生影响，而且电能的质量指标还与电网结构，有功功率和无功功率的平衡，各种调频、调压、滤波和无功补偿设备的使用以及调度和运行技术管理等因素有关，这些因素对交流电的频率、波形及电压等都可能产生不良影响，所以电能质量指标和额定值的偏差是不可避免的。为此，我国规定了电能的质量标准的容许变动范围。

制定电能质量标准就是确定适当的电能质量指标允许偏差值。国家技术监督局已颁布GB/T 12325—2008《电能质量 供电电压偏差》、GB/T 15945—2008《电能质量 电力系统频率偏差》、GB/T 15543—2008《电能质量 三相电压不平衡度》、GB/T 12326—2008《电能质量 电压波动和闪变》和GB/T 14549—1993《电能质量 公用电网谐波》五个有关标准。

电能质量不完全取决于电力生产部门，有的质量指标（如谐波、电压波动和闪变、三相电压不平衡度等）还受用户干扰影响。本任务只介绍与电力生产部门有关的电能质量指标——频率，其他指标在后面的任务中介绍。

一、频率质量指标

电力系统的频率是指电力系统中同步发电机产生的交流正弦波基波的频率。在稳态条件下，各发电机同步运行，整个电力系统的频率是相同的。

我国电力系统交流电压、电流的额定频率为50Hz。电网容量大于300万kW时，频率允许偏差值为±0.2Hz；系统容量小于300万kW时，频率允许偏差值可以放宽到±0.5Hz。

频率除了对其偏移的绝对值有一定要求外，还要对其出现偏差时系统运行时间有限制，即频率的积累误差。积累误差须用具有统计功能的数字式自动记录仪表测量，其绝对误差不大于0.01Hz，统计的时间单位为s。

频率的质量以频率合格率为统计及考核指标。频率合格率是指实际运行频率在允许偏差范围内累计运行时间占对应总运行统计时间的百分比，即

$$F(系统频率合格率) = \left[1 - \frac{频率超上限与超下限时间总和(s)}{频率监测总时间(s)}\right] \times 100\%$$

二、频率偏差过大的危害

电力系统中的发电和用电设备都是按照额定频率设计和制造的，只有在额定频率附近运行时，才能发挥最佳的技术性能，并取得最好的经济效益。若频率偏差过大，对发电和用电设备的运行都将产生不利的影响。

电力系统在运行时，如果发电机输出功率严重不足，频率就会下降。频率降低超过容许值时，称为低频运行。电力系统低频运行有如下影响。

1. 影响用户

（1）频率变化将引起异步电动机转速的变化，由这些电动机驱动的纺织、造纸等机械生

126

产的产品产量和质量将受到影响，导致纺织品、纸张等出现毛疵和厚薄不匀等质量问题，甚至产生次品及废品。

（2）频率降低将使异步电动机的转速和功率降低，导致传动机械的输出功率也降低。

（3）系统频率的波动将影响测量、控制等电子设备的准确性和工作性能，频率过低时甚至无法正常工作，导致电子计算机计算错误、电视机工作不稳定等问题。

2. 影响发电厂

（1）频率降低时，由异步电动机驱动的火电厂厂用机械（如风机、水泵及磨煤机等）的输出功率降低，导致发电机输出功率也降低，使系统的频率进一步下降。特别是频率下降到 $47\sim48$ Hz 时，厂用机械的输出功率将显著降低，可能在几分钟内破坏火电厂的正常运行，使系统功率缺额更为严重，频率下降更快，从而发生频率崩溃现象。

（2）低频运行使汽轮机叶片产生低频共振，影响使用寿命，甚至产生裂纹并最终断裂。

（3）核电厂反应堆的冷却介质泵对频率有严格要求，当频率降低到一定数值时，会跳闸并使反应堆停止运行。

3. 影响系统电压

频率降低时，会引起发电机电动势减小，电压降低，负荷电流增加，使得发电机的无功功率减小，进一步促使电压下降。同时，异步电动机和变压器的励磁电流增加，所消耗的无功功率增大，将继续引起系统电压下降，这可能形成恶性循环，最终导致电压崩溃。

4. 影响系统经济运行

系统低频运行时，汽轮发电机组、水轮发电机组、锅炉等重要设备的效率会降低。此外，还会引起系统中各发电厂之间不能按最经济条件分配功率，这些都影响电力系统的经济运行。

📖 任务实施

一、实地参观

参观所在地区调控中心或者电力系统仿真实训室。

二、认识频率质量标准

（1）我国电力系统交流电压、电流的额定频率为＿＿＿Hz。电网容量大于 300 万 kW 时，频率允许偏差值为＿＿＿Hz；系统容量小于 300 万 kW 时，偏差值可以放宽到＿＿＿Hz。

（2）频率的质量是以＿＿＿＿＿＿＿为统计及考核指标，是指实际运行频率在允许偏差范围内累计运行时间占对应总运行统计时间的百分比，计算方法为：

F（系统频率合格率）＝＿＿＿＿＿＿＿＿＿＿＿＿＿＿＿＿＿＿＿

（3）电力系统在低频运行有如下影响。

1）影响用户。引起异步电动机＿＿＿＿＿＿＿的变化，产品产量和质量将受到影响；频率降低导致传动机械的＿＿＿＿＿＿＿降低；影响测量、控制等电子设备的＿＿＿＿＿＿和＿＿＿＿＿＿。

2）影响发电厂。频率降低时，由异步电动机驱动的火电厂厂用机械（如风机、水泵及磨煤机等）的＿＿＿＿＿＿＿降低，导致发电机输出功率降低，使系统的频率进一步下降，甚至发生频率崩溃现象；低频运行时＿＿＿＿＿＿＿产生低频共振，影响使用寿命，甚至产生裂纹并最终断裂；当频率降低到一定数值时，核电厂反应堆停止运行。

3）影响系统电压。频率降低时，要引起发电机＿＿＿＿＿＿＿的减小，＿＿＿＿＿＿＿降低，负荷电流增加，使得发电机的＿＿＿＿＿＿＿减小，进一步促使＿＿＿＿＿＿下降，甚至引起系统电压崩溃。

4）影响系统经济运行。系统低频运行时，汽轮发电机组、水轮发电机组、锅炉等重要设备的＿＿＿＿＿＿降低，引起系统中各发电厂之间不能按＿＿＿＿＿＿分配功率。

▶ 任务 2　电力系统有功功率平衡及备用

🎓 教学目标

知识目标：

（1）能写出电力系统有功功率平衡方程。

（2）能说出电力系统有功备用容量的分类及特点。

能力目标：

能说出有功功率平衡方程中各项参数的意义。

素质目标：

能学会与电力行业相关部门进行有效沟通。

⚡ 任务描述

参观走访电力相关部门，了解电力系统备用的分类及管理方法。从相关部门获取某一地区的发电功率、厂用电功率、负荷功率和网络损耗等数据，计算并理解有功功率平衡方程。

✏️ 任务准备

课前做如下准备：从电力相关部门统计发电厂信息、负荷信息和电网信息，整理归纳各类型的数据。

课前预习相关部分知识，回答以下问题：

（1）电力系统有功功率平衡方程包含哪几项？各项含义是什么？

（2）电力系统备用如何分类？什么是热备用？什么是冷备用？

📘 相关知识

电力系统运行的特点之一是不能大量、廉价储存电能。在任何时刻，发电机发出的功率都等于此时刻系统综合负荷与电网中各元件有功功率损耗之和。电力系统有功功率平衡可表示为

$$\sum P_G = \sum P + \sum P_C + \sum \Delta P \tag{4-1}$$

式中：$\sum P_G$ 为系统各发电厂机组发出的有功功率总和（工作容量）；$\sum P$ 为系统综合有功负荷；$\sum P_C$ 为各发电厂厂用电有功功率总和；$\sum \Delta P$ 为电网中各元件有功功率损耗总和，即网损。

在一般情况下，电网各元件的有功损耗 $\sum \Delta P$ 占发电厂输出功率的 7%～8%；热电厂厂用电 $\sum P_C$ 占 12%；凝汽式火电厂厂用电 $\sum P_C$ 为 5%～10%，水电厂厂用电 $\sum P_C$ 为 1%，核电厂厂用电 $\sum P_C$ 为 5%～8%。

在电力系统规划设计和运行时，为保证系统在额定频率下连续运行，不间断地向用户供电，系统电源容量应大于包括网络损耗和厂用电在内的系统发电负荷。系统电源容量大于系统发电负荷的部分称为系统的备用容量。

电力系统的备用容量可以分为负荷备用、事故备用、检修备用和国民经济备用四种类型。

负荷备用又称为调频备用，是为了适应短时间内的负荷波动，以稳定系统频率，并承担一天内计划外的负荷增加而设置的备用。系统的负荷备用必须为接于母线但不满载运行的机组。负荷备用一般取为系统最大发电负荷的 2%～5%。大系统采用较小的百分数，小系统采用较大的百分数。负荷备用一般应由应变能力较强的有调节库容的水电厂担任。

事故备用是电力系统中发电设备发生故障时，为了保证系统重要负荷供电所设置的备用容量。在规划设计中，事故备用容量的大小应根据系统容量、发电机台数、单位机组容量、机组的事故概率和系统的可靠性指标等因素确定，一般取系统最大发电负荷的 10% 左右，且不小于系统中一台最大机组的容量。事故备用可以是停机备用，事故发生时，动用停机备用需要一定的时间，汽轮发电机组从启动到满载需要数小时；水轮发电机组只需要几分钟。因此，一般以水轮发电机组作为事故备用机组。

检修备用是指为了系统中的发电设备能定期检修而设置的备用，其大小一般应结合系统负荷特性、发电机台数、设备新旧程度和检修时间的长短等因素确定，以满足可以周期性地检修所有机组、设备的要求。系统机组的计划检修应利用负荷季节性低落时空出来的容量。只有空出容量不足但又要保证全部机组周期性检修的需要时，才设置检修备用容量。火电机组检修周期为一年半，水电机组为两年。

电力工业是先行工业，除满足当前负荷的需要设置上述几种备用外，还应考虑负荷的计划增长，为此设置一定的备用，这种备用称为国民经济备用。

负荷备用、事故备用、检修备用和国民经济备用归纳起来以热备用或冷备用的形式存在于系统中。热备用是指运转中的发电设备可能发出的最大功率与系统发电负荷之差，也称为运转备用或旋转备用。其中至少包含全部负荷备用和部分事故备用。冷备用是指未运转但随时可以启用的发电设备可能发出的最大功率，部分事故备用属于冷备用范畴。需要注意的是，检修中的发电设备不属于冷备用，因为它们不能由调度随时调用。

从保证可靠供电和良好的电能质量角度来看，热备用越多越好。发电设备从"冷状态"至投入系统，再到发出额定功率，一般所需时间短则几分钟（水电厂），长则十余小时（火电厂）。而就保证重要负荷供电而言，即使几分钟也是过长的。从保证系统运行的经济性角度考虑，热备用又不宜多，所以应综合统筹考虑。只有系统中具备了备用容量，才能够进行系统中有功功率的最优分配和频率调整。

任务实施

一、电力系统有功功率平衡方程
$$\sum P_G = \underline{\hspace{6cm}}$$

二、备用容量

（1）在电力系统规划设计和运行时，为保证系统经常在额定频率下连续运行，不间断地向用户供电，系统电源容量应大于包括网络损耗和厂用电在内的系统发电负荷。系统电源容量大于系统发电负荷的部分称为系统的_____。

（2）电力系统的备用容量可以分为_____备用、_____备用、_____备用和国民经济备用四种类型。

（3）负荷备用又称为_____备用，系统的负荷备用必须为接于母线但不满载运行的机组。负荷备用一般取为系统最大发电负荷的_____%，负荷备用一般应由应变能力较强的_____担任。

（4）事故备用是电力系统中发电设备发生_____时，为了保证系统重要负荷供电所设置的备用容量。一般取系统最大发电负荷的_____%左右，且不小于系统中一台最大机组的容量，一般以水轮发电机组作为事故备用机组。

（5）检修备用容量是指为了系统中的发电设备_____而设置的备用，以满足可以周期性地检修所有机组、设备的要求。系统机组的计划检修应利用_____的容量。只有空出容量不足但又要保证全部机组周期性检修的需要时，才设置检修备用容量。火电机组检修周期为_____年，水电机组为_____年。

（6）备用容量以热备用或冷备用的形式存在于系统中。热备用是指运转中的发电设备可能发出的_____之差，也称为运转备用或旋转备用。冷备用是指未运转、但随时可以启用的发电设备可能发出的_____。

三、功率计算

根据从相关部门获取的数据，计算有功功率平衡方程中的各项。

（1）各发电厂机组发出的有功功率之和 $\sum P_{\mathrm{G}}$。

（2）电力系统中的有功负荷之和 $\sum P$。

（3）各发电厂厂用电有功功率之和 $\sum P_{\mathrm{C}}$。

（4）电网中有功损耗之和 $\sum \Delta P$。

观察 $\sum P_{\mathrm{G}}$、$\sum P$、$\sum P_{\mathrm{C}}$、$\sum \Delta P$ 是否满足有功功率平衡方程，分析数据中的误差及原因。

任务3　认知电力系统的频率静态特性

教学目标

知识目标：

（1）能说出电力系统中负荷的分类及特点。

（2）能说出综合负荷的频率静态特性和发电机组的频率静态特性，理解 K、K_{f} 的含义。

（3）能说出发电机频率的一次调整和二次调整的特点。

能力目标：

（1）能画出综合负荷和发电机组频率静态特性曲线并分析曲线的物理意义。

（2）能根据发电机组功率-频率静态特性进行简单计算。

素质目标：

培养学生树立全局观念的职业意识。

任务描述

走访当地的发电厂，获取发电机组功率和频率的数据；从电力相关部门获取负荷和频率的数据。画出电力系统综合负荷和发电机组的频率静态特性曲线，充分理解负荷频率自动调节效应系数、机组功频静态特性系数和机组调差系数的意义；确定发电厂不同输出功率时的频率。

任务准备

课前做如下准备：

（1）查阅资料，了解频率对负荷功率的影响。

（2）了解原动机调速系统的组成部分及工作原理。

课前预习相关知识部分，回答下列问题：

（1）电力系统中的负荷根据其与频率的关系可以分为哪几类？各有什么特点？

（2）发电机组的一次调频和二次调频有什么区别？

相关知识

在进行频率调整时，综合负荷吸收的有功功率和发电机组发出的有功功率随频率变化的规律称为电力系统的频率静态特性。根据电力系统负荷变化调整发电机输出的有功功率，以保证频率偏差在允许的范围内，是系统运行维护的一项主要工作。

电力系统的频率只有在所有发电机的总有功输出功率与总有功负荷（包括电网损耗）相等时，才能保持不变。而当总有功输出功率与总有功负荷不平衡时，电力系统的频率会发生变化。电力系统的负荷是时刻变化的，任何一处负荷的变化，都会引起全系统功率的不平衡，导致频率的变化。另外，在电力系统发生短路或断线等故障时，发电机的输出功率会发生大幅度的变化，从而使系统的频率产生大的偏移。所以，要及时调节各发电机的输出功率，才能保持系统频率的偏差在允许的范围之内。

一、电力系统综合负荷的频率静态特性

1. 电力系统负荷和频率的关系

电力系统中有功功率随频率变化的负荷可以分为以下三种类型。

（1）与频率变化无关的负荷。这类负荷从电网中吸收的有功功率与频率无关，或不受频率变化的影响，包括照明、电热器、电弧炉和整流负荷等，其三相有功功率 P 计算式为

$$P = 3I^2 R \times 10^{-3} \tag{4-2}$$

式中：I 为负荷电流，A；R 为负荷电阻，Ω。

（2）与频率一次方成正比的负荷。这类负荷的阻力矩 M 等于常数，包括金属切削机床、卷扬机、球磨机和压缩机等，其从系统吸收的有功功率计算式为

$$P = M \frac{2\pi f}{p} \tag{4-3}$$

式中：P 为电气设备吸收的有功功率，kW；f 为交流电的频率，Hz；p 为电动机的磁极对数；M 为电动机的阻力矩，kN·m。

（3）与频率高次方成正比的负荷。这类负荷从电网中吸收的有功功率可用式（4-3）表示，但是阻力矩 M 不是常数，其值随频率 f 变化而变化，因此，P 与 f 的高次方成正比关

系。鼓风机、离心水泵等电动机负荷属于这类负荷。

上述第二、三类负荷大部分是由异步电动机拖动的，考虑到异步电动机的转速和输出功率均与频率有关，因此它所取用的有功功率的变化将引起频率的相应变化。

电力系统的负荷随时都在变化，如图 4-1 曲线 P 所示。对系统各类负荷的分析表明，系统负荷可以看作由以下三种不同变化规律的变动负荷组成。曲线 P_1 变化幅值小，速度快（变化周期一般在 10s 以内），这种负荷有很大的偶然性；曲线 P_2 变化幅值较大，速度较慢（变化周期一般在 10s～30min 以内），这种负荷变动是由冲击性设备引起的；曲线 P_3 变化幅值大，属于变化缓慢的持续变动负荷，是由生产、生活、气象等因素变化引起的负荷变动，这种负荷变动是可以预测的。针对负荷变化的不同，电力系统的频率调整大体可以分为一次、二次和三次调整。

2. 电力系统综合负荷的频率静态特性

电力系统综合负荷的静态特性曲线是指系统稳态运行时，系统综合负荷（连接容量不变）随频率、电压变化的特性曲线。为了保证电力系统频率和电压的稳定，需相应调整系统有功功率和无功功率的平衡，这是因为电力系统频率的变化主要与系统有功功率的平衡有关，而电压的变化主要与系统无功功率的平衡有关。为了简化分析，本项目讨论在连接容量不变且电压等于额定值的情况下，综合负荷吸收有功功率随频率变化的特性（即综合负荷的频率静态特性曲线）；在项目 5 中讨论频率等于额定值时，综合负荷吸收无功功率随电压变化的特性。

根据统计资料，电力系统中有功功率随频率变化的三种负荷中，以第二类负荷占多数。在电力系统运行中，频率的容许变化范围很小。因此，系统综合负荷的频率静态特性曲线近似为一条直线，如图 4-2 所示。图 4-2 中，P、f 用标幺值表示。由图 4-2 可见，当系统综合负荷连接容量不变时，可采用标幺值 $P=1.0$ 的曲线；如果连接容量改变，可采用标幺值 $P=0.9$、$P=1.1$ 相对应的曲线。连接容量是指电力系统在频率、电压等于额定值时，连接系统中用电设备的实际容量。

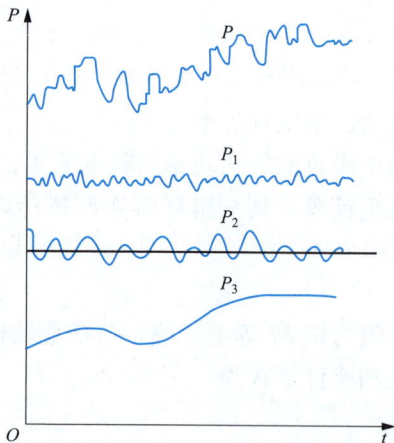

图 4-1　电力系统有功负荷的变化　　　图 4-2　综合负荷频率静态特性曲线

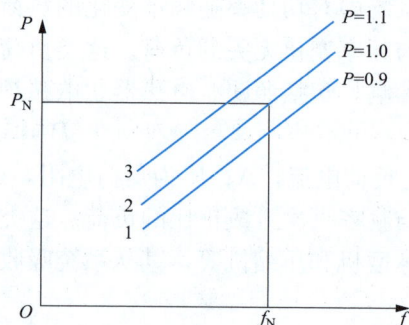

图 4-2 中曲线的斜率可表示为

$$K = \tan\beta = \frac{\Delta P}{\Delta f} \tag{4-4}$$

式中：K 为负荷频率自动调节效应系数，其数值取决于全系统各类负荷的比重。

由图 4-2 可以看出，当频率下降时，系统有功负荷自动减少；当频率上升时，系统有功负荷自动增加。

负荷频率自动调节效应系数 K 可以用标幺值 K_* 表示。K_* 可以通过试验或计算求得。一般电力系统的 K_* 值为 1~3，这表明频率变化 1% 时，有功负荷会相应地变化 1%~3%。K 的数值是调度部门必须掌握的一个数据，它是考虑按频率减负荷方案和低频率事故时用一次切除负荷来恢复频率的计算依据。

二、发电机组的频率静态特性

电力系统中的负荷功率以及电网元件的功率损耗时刻在变化，这就要求发电机的出力要作相应调整。但由于发电机的原动机具有机械惯性，发电机组的功率不平衡情况经常发生。为了保证电能质量，使频率变化不超出容许范围，需要对机组转子转速进行调整。现阶段，电力系统内所有发电机的原动机均装有自动调速器。当系统有功功率平衡被破坏引起频率变化时，原动机的调速系统会自动改变进汽（水）量，相应增加或减少发电机的输出功率，以建立新的功率平衡关系。调速系统的调节过程结束后，系统在新的稳态下运行。发电机组的输出功率随频率自动变化的特性称为发电机组的功率 - 频率静态特性。下面以汽轮发电机组为例，简单介绍发电机调速系统的原理。

1. 调速装置框图

汽轮机的调速装置主要由测速元件、放大传动元件、反馈元件和调节对象等部分组成，其框图如图 4-3 所示。

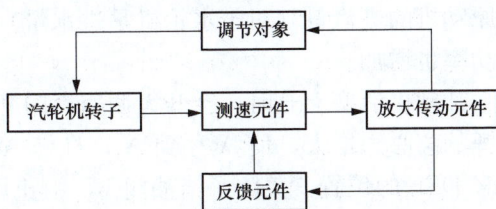

图 4-3 汽轮机调速装置框图

测速元件的任务是测量发电机组转子相对于额定转速的改变量，它可分为离心测速、液压测速和电压测速等类型。放大传动元件的任务有两方面：一方面是将测量得到的转速改变量放大后传递给调节对象；另一方面是作用于反馈元件，使此种行为中止。调节对象，对于汽轮机来说是调节汽门。在放大传动元件的作用下，汽轮机调速装置开大或关小调节汽门的开度，使进汽量增加或减小，以调节汽轮发电机组转子的转速，从而适应负荷变化的需要。

2. 离心式调速装置工作原理

原动机的调速系统有很多种，可以分为机械液压调速系统和电气液压调速系统两大类。下面以离心式的液压调速系统为例介绍调速装置的结构和工作原理。图 4-4 为离心式调速装置示意图。

测速元件由离心飞锤及其附件组成，飞锤连接弹簧，连杆系统与原动机轴连接。当飞锤等系统在原动机轴的带动下以额定转速旋转时，飞锤的离心力与弹簧的拉力平衡，杠杆 ACB 在水平位置，错油门管口 a、b 被活塞堵住，压力油不能经过错油门进入油动机，油动机活塞不动，调速汽门的开度适中，进汽量保持稳定。此时，汽轮机在额定转速下旋转，发电机具有额定频率。

如果有功负荷增大，发电机与原动机的转速会下降，导致飞锤的离心力减小，在弹簧及重力的共同作用下，飞锤会下落。由于油动机活塞两边油压相等，B 点位置不动，杠杆以 B 点为中心转动到 A'C'B 的位置。在调频器无法动作的情况下，杠杆 DFE 以 D 点为中心转动

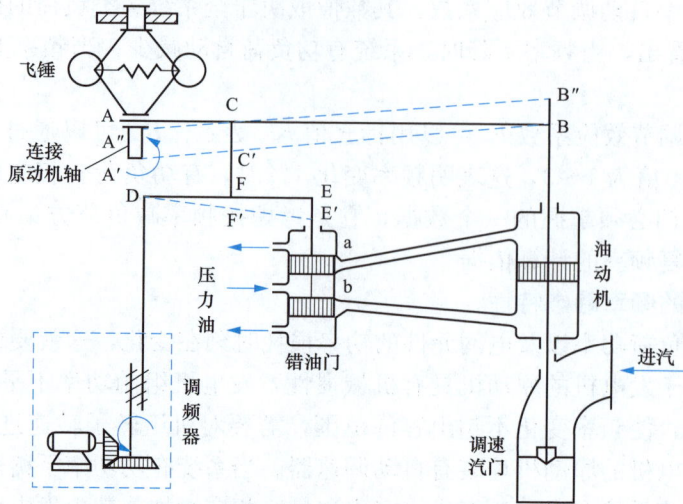

图 4-4 离心式调速装置示意图

到 DF′E′的位置。E 点移动到 E′后，错油门活塞下移，开启油门 b，使得带有压力的油经过错油门进入油动机活塞下部。在油压的作用下，油动机活塞上移，调速汽门的开度增大，进入原动机的进汽量（对于水轮机是进水量）增加，使得原动机的转速增加，发电机的输出有功功率也增加。

油动机活塞上升时，会开大调速汽门开度，同时使 B 点移到 B″，由于汽轮机转速增加，飞锤的离心力增大，使 A′移到 A″，杠杆 ACB 移到 A″CB″的位置。随后，杠杆 DF′E′又回到原来 DFE 的位置，关闭了错油门 b，中止压力油继续进入油动机的下部，油动机活塞的上下两侧油压重新平衡，它会在一个新的位置稳定下来，调速过程结束。这时杠杆 AB 的 B 端由于汽门已开大而略有上升，到达 B″点的位置；C 点仍保持原来位置；而 A 点则略有下降，到达 A″位置。与这个位置相对应的转速将略低于原来的数值。

这种因负荷的变化引起发电机转速和频率的变化，从而达到自动调节频率的过程，称为频率的一次调整。负荷增大时，通过一次调整，频率虽有所增大，但是没有增大到原来的额定值，这种特性称为调速装置的有差特性。

为使负荷增加后发电机组转速仍能维持原始转速，需要进行频率的二次调整。二次调整是通过调频器完成的。调频厂发电机值班人员开动调频器的电动机，通过蜗轮、蜗杆传动将

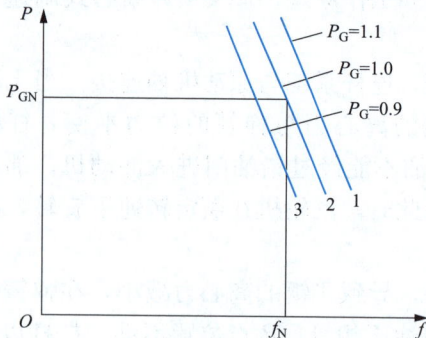

图 4-5 发电机组的功率-频率静态特性

D 点抬高，再次开启错油门 b，使调速汽门的开度增大，进一步增加进汽量或进水量，机组转速上升，离心飞锤使杠杆 A 点由 A″点向上升。油动机活塞向上移动时，杠杆 AB 又绕 A 逆时针转动，带动 C、F、E 点向上移动，再次堵塞错油门小孔，结束调节过程。适当选择 D 点位移，A 点就有可能回到原来位置，从而使频率达到额定值。这种用调频器完成频率的调节过程称为频率的二次调整。

频率的二次调整使机组的功率-频率静态特性曲线左右平移，如图 4-5 所示。原动机的运行点不断

从一条曲线过渡到另一条曲线。

3. 频率静态特性

反映调整过程结束后发电机输出功率和频率关系的曲线称为发电机组的功率 - 频率静态特性，如图 4-5 所示。

图 4-5 中曲线的斜率为

$$K_f = -\frac{\Delta P_f}{\Delta f} \tag{4-5}$$

式中：K_f 为机组功频静态特性系数。

K_f 用标幺值表示为

$$K_{f*} = -\frac{\Delta P_f/P_{GN}}{\Delta f/f_N} = -\frac{\Delta P_{f*}}{\Delta f_*} = K_f \frac{f_N}{P_{GN}} \tag{4-6}$$

式（4-5）、式（4-6）中的负号表示发电机组输出有功功率的变化和频率的变化方向相反，即频率降低时，发电机组有功功率增加。在发电机组的频率静态特性曲线上分别取两点（空载运行点和额定运行点），由式（4-5）可以得出

$$K_f = -\frac{\Delta P_f}{\Delta f} = -\frac{0-P_{GN}}{f_0-f_N} = \frac{\frac{P_{GN}}{f_N}\times 100}{\frac{f_0-f_N}{f_N}\times 100}$$

根据式（4-6），取 K_f 的基准值为 P_{GN}/f_N，并令 $\sigma\% = \frac{f_0-f_N}{f_N}\times 100$，则 K_f 的标幺值表示为

$$K_{f*} = \frac{1}{\sigma\%}\times 100 \tag{4-7}$$

式中：$\sigma\%$ 为机组调差系数；f_0 为机组空载时的频率，Hz；f_N 为机组额定功率时的频率，Hz；P_{GN} 为机组额定功率，MW。

机组调差系数 $\sigma\%$ 的意义表明：机组输出功率改变时，相应的转速会发生偏移。$\sigma\%$ 或 K_{f*} 的值通常可以整定为下列数值。

汽轮发电机组：$\sigma\% = 3\sim 5$；$K_{f*} = 33.3\sim 20$。

水轮发电机组：$\sigma\% = 2\sim 4$；$K_{f*} = 50\sim 25$。

📖 **任务实施**

【练习 1】 认知电力系统频率静态特性，画出系统综合负荷和发电机组的频率静态特性曲线。

（1）综合负荷的频率静态特性。

1）综合负荷的频率静态特性是指系统_____运行时，电压等于额定值时系统综合负荷（连接容量不变）随_____变化的特性曲线。连接容量是指电力系统在频率、电压等于_____时，连接系统中用电设备的实际容量。

2）负荷频率自动调节效应系数 $K = $_____，其数值取决于全系统_____。当频率下降时，系统有功负荷自动_____；当频率上升时，系统有功负荷自动_____。K 可以用标幺值 K_* 表示，一般电力系统的 K_* 值为_____，这表明频率变化 1% 时，有功负

荷会相应地变化_____。K 是考虑_____和_____时用一次切除负荷来恢复频率的计算依据。

（2）发电机组的频率静态特性。

1）发电机组输出功率随_____自动变化的特性称为发电机组的频率静态特性。

2）机组功频静态特性系数 $K_f =$ _____，用标幺值表示为 $K_{f*} =$ _____，频率降低时，发电机组有功出力_____。

3）机组调差系数 $\sigma\% =$ _____，表明机组出力改变时，相应的转速会发生偏移。$\sigma\%$ 或 K_{f*} 的值通常可以整定为下列数值：汽轮发电机组 $\sigma\% =$ _____，$K_{f*} =$ _____；水轮发电机组 $\sigma\% =$ _____；$K_{f*} =$ _____。

【示例】 确定发电厂不同输出功率时的频率。有一发电厂装有 100MW 的同型号的汽轮发电机组，并联运行且两台机组功率相同，调差系数为 4，机组满载时频率为 49.5Hz。求发电厂功率分别是 50、100、150MW 时，频率各为多少？

解： 因为机组调差系数 $\sigma\% = 4$，所以 $K_{f*} = \dfrac{1}{\sigma\%} \times 100 = 25$；

$$K_{f*} = -\frac{\Delta P_f / P_{GN}}{\Delta f / f_N} = -\frac{\Delta P_f f_N}{\Delta f P_{GN}}, \quad \Delta P_f = -\frac{K_{f*} \Delta f P_{GN}}{\Delta f_N}$$

以下根据上式分别计算 50、100、150MW 时的频率。

（1）发电厂输出功率为 50MW 时

$$200 - 50 = -\frac{25 \times 200 \times (49.5 - f_{50})}{50}$$

$$f_{50} = 51Hz$$

（2）发电厂输出功率为 100MW 时

$$200 - 100 = -\frac{25 \times 200 \times (49.5 - f_{100})}{50}$$

$$f_{100} = 50.5Hz$$

（3）发电厂输出功率为 150MW 时

$$200 - 150 = -\frac{25 \times 200 \times (49.5 - f_{150})}{50}$$

$$f_{150} = 50Hz$$

【练习 2】 某一容量是 100MW 的发电机，调差系数整定为 4%，当系统频率为 50Hz 时，发电机功率为 60MW；若频率下降为 49.5Hz，则发电机的功率是多少？

▶ 任务 4　调整电力系统的频率

👤 **教学目标**

知识目标：

能够阐述发电厂的类型及特点。

能力目标：

（1）能根据不同类型发电厂的特点确定各发电厂承担负荷的顺序。

（2）能够分析电力系统的频率调整过程，区分一、二次调频的不同。

素质目标：

培养学生在团队中积极沟通协作完成任务的能力。

任务描述

走访当地发电厂或电力相关部门，或参观电力调度仿真系统、仿真发电厂，了解不同发电厂的特点及其在电力系统中承担的角色。收集整理某一时间段内当地电力系统频率调整的案例，区分频率调整过程，结合实际案例加深对频率调整过程的理解。

任务准备

课前做如下准备：

从相关部门收集频率调整的案例，整理相关资料，使其通俗易懂。

课前预习相关知识部分，并独立回答下列问题：

（1）电力系统中常见的发电厂有哪些类型？各有什么特点？

（2）电力系统中频率的调整分为哪几个过程？

相关知识

电力系统的负荷是随时变化的，负荷的变化引起系统有功功率平衡的破坏，从而导致系统频率不断变化。调频的实质就是维持有功功率的平衡。为使系统频率维持稳定且在允许的范围之内，需要不断调整各发电厂的输出功率。

一、各类发电厂在频率调整中的作用

目前，电力系统中发电厂主要形式有凝汽式火力发电厂、水力发电厂、热电厂、核电厂、风能发电厂及太阳能发电厂等。各类发电厂在维持有功功率平衡和频率稳定的过程中作用不同，实际上要在电力系统的统一调度下运行。

（1）凝汽式火力发电厂。凝汽式火力发电厂原则上可以承担任何负荷，但从技术经济方面应考虑以下两个方面问题：一是汽轮发电机组在空载及轻载（额定负荷的 $10\% \sim 30\%$）下运行时，因摩擦鼓风损失所产生的热量无法被蒸汽带走，可能使汽轮机末级叶片温度过高而造成事故；二是汽轮发电机组若在尖峰负荷下工作，由于负荷经常变动，燃料单位耗量将会增加。热电厂原则上应按供热负荷曲线运行，主要承担基本负荷，其最小负荷取决于热负荷。具有频率调整速度快、调节范围较宽的特点。

（2）水力发电厂。水电厂按水库特点可分为无调节（径流式）、有调节和抽水蓄能电厂。无调节（径流式）水力发电厂在丰水期间为避免弃水而满载运行，承担系统基本负荷；有调节水力发电厂适合承担系统的调峰、调频任务，并可作为事故备用；抽水蓄能电厂在低谷期间以电动机方式运行，将下游水库的水抽到上游水库蓄能，在高峰期以发电机方式运行并向系统供电，起到调峰填谷、调频、调相、事故备用、黑启动以及促进新能源消纳等作用。

（3）核电厂。核电厂一次性投资大，运行费用小，为尽量提高其发电设备的利用率，核

电厂一般在额定功率或接近额定功率的状态下连续运行。原子反应堆的负荷基本上没有限制，技术最小负荷取决于汽轮发电机组。核电厂宜承担系统基本负荷，若承担变化较大的负荷，会消耗更多能量，且易损坏设备。

（4）风能发电厂。它受风速大小的影响，可控性差，宜承担基本负荷。

（5）其他类型电厂。除上述类型的电厂外，还有太阳能、海洋能、地热能、生物质能和氢能等新能源发电形式。

各类发电厂的特点不同，承担负荷的顺序也不同，主要由技术经济特点决定。

枯水期：无调节能力的水电厂→风电厂、太阳能电厂、海洋能电厂→有调节能力的水电厂的强迫功率→热电厂的强迫功率→地热能电厂、生物能电厂→核能电厂→超超临界机组电厂→超临界机组电厂→燃烧劣质、当地燃料的火电厂→热电厂的可调功率→高温高压火电厂→中温中压火电厂→低温低压火电厂（视需要而定）→有调节能力的水电厂的可调功率→抽水蓄能电厂。

丰水期：水电厂→风电厂、太阳能电厂、海洋能电厂→热电厂的强迫功率→地热能电厂、生物能电厂→核能电厂→超超临界机组电厂→超临界机组电厂→燃烧劣质、当地燃料的火电厂→热电厂的可调功率→高温高压火电厂→中温中压火电厂→低温低压火电厂（视需要而定）→抽水蓄能电厂。

主要类型发电厂在综合负荷曲线中的位置如图 4-6 所示。

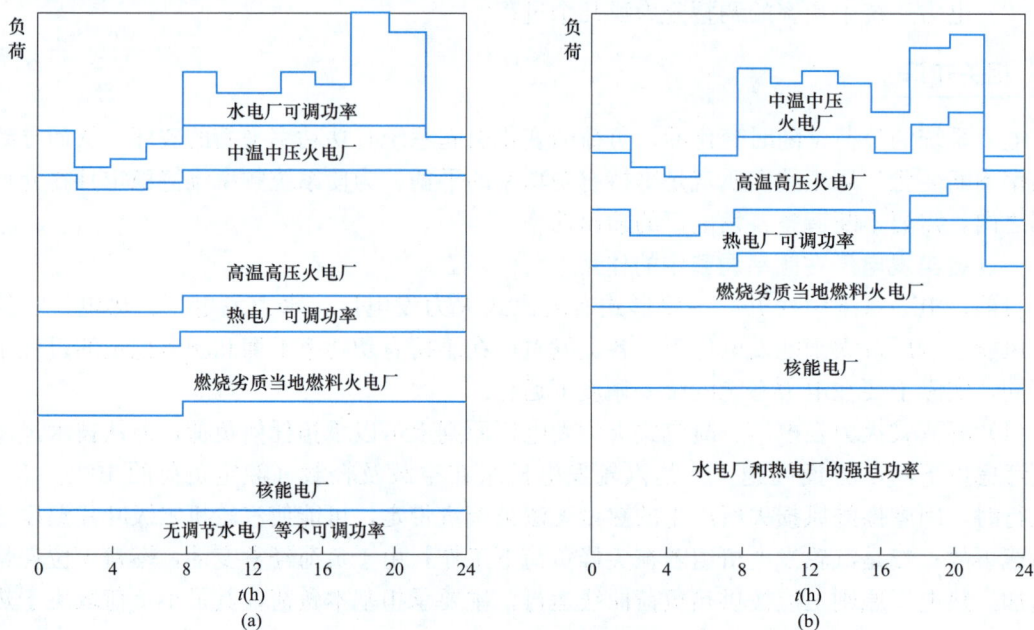

图 4-6　部分发电厂在综合负荷曲线中的位置示意图
（a）枯水季节；（b）丰水季节

根据各个发电厂在系统频率调整过程中的作用不同，将发电厂分为主调频电厂、辅助调频电厂及基载厂。主调频电厂负责整个系统的频率调整工作，作为主调频电厂应满足下列条件：

（1）具有足够的调频容量和调频范围。

（2）能比较迅速地调整输出功率。

（3）调整输出功率时符合安全及经济运行原则。

主调频电厂承担系统的负荷备用，负责将系统频率保持在额定频率的允许偏移范围内，一个系统只设一个主调频电厂。辅助调频电厂在系统频率超过规定范围时，才参与系统频率调整工作，一个系统只设少数几个辅助调频电厂。基载厂按照系统调度下达的负荷曲线运行，系统中大部分电厂为基载厂。

在水火电厂并存的电力系统中，由于水电厂调整输出功率速度快、操作简单、调整范围大，且调整输出功率不影响电厂的安全生产，一般应选择大容量且有调节库容的水电厂作为主调频电厂，其他大容量且有调节库容的水电厂可以作为辅助调频电厂，大型火电厂中效率较低的机组也可作为辅助调频电厂。

在没有水电厂的电力系统中，可以装设特制的带系统尖峰负荷的汽轮发电机组，这种机组结构简单，启停快，通流部分间隙大，能适应较大的温度变化。

二、电力系统的频率调整过程

电力系统综合负荷的变化情况如图 4-1 所示。曲线 P 分解为 P_1、P_2、P_3 三组曲线。

曲线 P_1 变化幅值小、速度快，需依靠系统各发电机组的调速装置自动调节原动机的输入功率，以适应这一变化，此种调频过程称为系统频率的一次调整。

曲线 P_2 变化幅值较大、速度较慢，可以通过手动或自动调整调频器来改变调速装置的特性曲线，以适应这一变化，此种调频过程称为系统频率的二次调整。频率的二次调整主要在主调频电厂中进行，当频率变化较大时，辅助调频电厂才参与调频工作。

曲线 P_3 变化幅值大、速度慢，其变化规律可根据运行经验进行预测。按照电力系统各发电机的特性，将负荷经济地分配给各发电厂，系统调度依照预测事先作出次日每小时的负荷曲线，根据各电厂上报的次日每时段上网的电力和电价，结合优质优价、最优网损及系统综合负荷曲线，作出各电厂次日每小时的负荷曲线，这些按预先制定的负荷预测曲线分担负荷运行的发电厂称为基载厂。此种调频过程称为系统频率的三次调整。

1. 频率的一次调整

发电机组的有功功率-频率静态特性曲线和系统综合负荷的频率静态特性曲线如图 4-7 所示。

设系统起始运行时综合负荷连接容量的标幺值为 1.0（包括损耗），系统根据有功平衡运行于标幺值均为 1.0 的两曲线的交点 a 点，频率等于 f_a。如综合负荷连接容量增加到 1.1，设系统在点 a 运行时负荷突然增加 ΔP_L，即负荷的频率特性突然向上移动 ΔP_L，由于负荷突然增加，发电机输出功率因原动机惯性来不及增加，频率将下降至 f_b。频率下降引起调速装置动作，开大调速汽门的开度，负荷的功率也将因自身的调节效应而减少。发电机发出的功率将沿频率特性向上增加，而负荷吸收的功率将沿频率特性向下减少。经过一个衰减的振荡过程，系统抵达一个新的平衡点 c，此时的系统频率 $f_c < f_a$，这就是频率的一次调整。

依靠调速器进行的一次调整只能限制周期较短、幅度较小的负荷变动引起的频率偏移。由图 4-7 可见，频率的一次调整可以使频率升高，但不能使频率恢复到原来的值，若要保持原来频率不变，则需进行二次调整。

2. 频率的二次调整

调频电厂的值班人员通过调节调频器，使发电机组的有功功率-频率特性曲线平行地上下移动，从而使负荷变动引起的频率偏移保持在允许的范围之内。如图 4-8 中，在负荷增大

ΔP_L 后，进行一次调整时，运行点将转移到 c 点，频率下降到 f_c，在一次调整的基础上进行二次调整，就是在负荷变动引起的频率下降超出允许范围时操作调频器，增加发电机组发出的功率，使频率特性曲线向上移动。此时运行点从 c 点转移到 e 点，对应的频率上升到 f_e，可见进行二次调整可以改善频率质量。

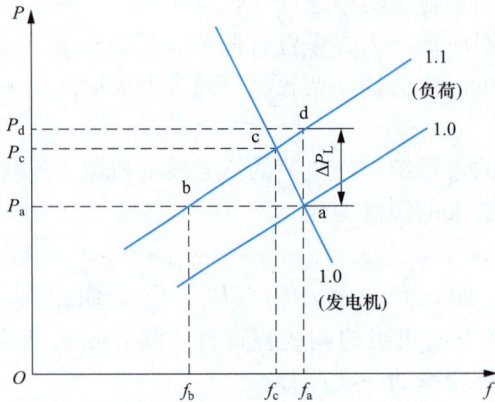

图 4-7　频率的一次调整　　　　　　　　图 4-8　频率的二次调整

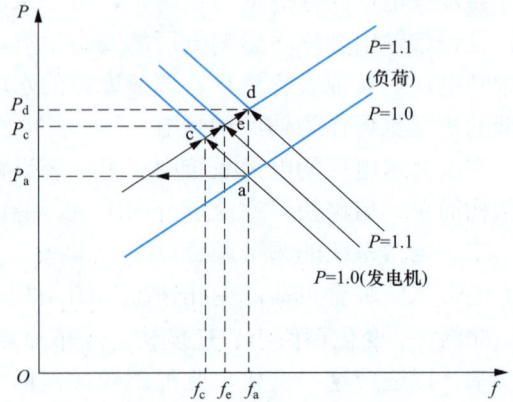

如果发电机组增发的功率能满足负荷的增加量 ΔP_L，此时机组的频率特性曲线上移，发电机组输出功率增加到 P_d，频率恢复到 f_a，这样经过频率的二次调整就实现了频率的无差调节。综合负荷的连接容量减少时的分析与此类似。

在进行二次调整时，系统中负荷的增减基本由调频机组或调频厂承担。也可适当增加其他机组或电厂的功率，以减少调频机组或调频厂的负荷，但数值有限。这样在二次调整时，调频厂的功率变化幅度远大于其他电厂，如调频厂不位于负荷中心，这种情况可能使调频厂与系统其他部分联系的联络线上流通的功率超出允许值。因此，在调整系统频率时需同时控制联络线上流通的功率。

3. 事故调频

如果电力系统发生了电源事故，引起系统有功功率严重不平衡，导致系统频率大幅度下降。这时，应迅速投入旋转备用及低频减载装置，恢复系统有功平衡，防止频率进一步下降。如果事故非常严重，在采取上述措施以后，频率仍然大幅度下降，系统调度人员应迅速启动备用发电机组、切除部分负荷。若还不能满足平衡要求，需采取将系统解列成多个小系统、分离厂用电等措施，以恢复主系统的功率平衡，抑制频率下降，避免发生频率崩溃现象。

📖 任务实施

一、调频电厂的选择

（1）根据各个发电厂在系统频率调整过程中的作用不同，将发电厂分为_____、_____及_____。

（2）主调频电厂负责整个系统的频率调整工作，应满足下列条件：①具有足够的_____和_____；②能比较迅速地_____；③调整输出功率时符合_____原则。

（3）主调频电厂一个系统只设_____个。辅助调频电厂在_____时，才参与系统频率调整工作，一个系统只设_____个。基载厂按照系统调度下达的负荷曲线运行，系统中大部分电厂为基载厂。

（4）在水火电厂并存的电力系统中，一般应选择_____水电厂作为主调频电厂，其他大容量的_____可以作为辅助调频电厂，大型火电厂中效率较低的机组也可作为辅助调频电厂。

（5）在没有水电厂的电力系统中，可以装设特制的带系统尖峰负荷的_____作为调频电厂。

二、频率的调整

（1）频率的一次调整是依靠_____进行的调整，只能限制_____的负荷变动引起的频率偏移。一次调整可以使频率升高，但不能使频率恢复到原来的值，是_____差调节。

（2）频率的二次调整是在一次调整的基础上由于负荷变动引起的频率下降超出允许范围时，操作_____，增加发电机组发出的功率，使频率质量改善。如果发电机组增发的功率能满足负荷的增加，频率可以恢复到负荷变动以前，频率的二次调整实现了频率的_____差调节。

（3）收集频率调整案例，分析频率的一次调整过程和二次调整过程有何差异？在什么情况下需要进行频率的二次调整？

⯈ 任务 5 经济分配发电厂有功功率

🧑‍🏫 教学目标

知识目标：
（1）能说出能源耗量微增率的概念。
（2）能说出有功功率在发电厂之间的经济分配原则，即等微增率运行准则。
能力目标：
能通过数学工具分析负荷的经济分配方案。
素质目标：
培养学生利用数学图形和计算进行推导的能力。

⚡ 任务描述

通过数学几何推导有功功率在两个发电厂之间的经济最优分配，进而通过数学计算推导有功功率在多个发电厂之间分配规律。通过上述推导过程，理解等微增率运行准则的含义。

✏️ 任务准备

课前做如下准备：
复习高等数学最优化理论，能使用拉格朗日乘数法进行简单的推导。
课前预习相关知识部分，并独立回答下列问题：
（1）电力系统中负荷发生较大变化时，如何使频率偏移维持在规定的范围内？

（2）发电机组的微增率和效率有何区别？

相关知识

电力系统在保证有功功率平衡的基础上，各类发电厂的发电机所应分担的功率应按技术经济性进行合理分配。系统负荷在较小范围内频繁变化时，系统中各发电机通过频率的一次调整，均应承担负荷的变化；当负荷变化较大时，在主调频电厂进行频率的二次调整，以承担负荷的这一变化；当系统负荷变化很大时，系统调度应当采取措施，使各带基本负荷的发电厂（基载厂）按重新分配的经济合理的功率运行，即进行频率的三次调整。

一、能源耗量特性

能源耗量特性是指燃料消耗量或燃料消耗费用的特点和规律。

火力发电厂在运行时，是要消耗燃料的。由于发电机组特性不相同，在一定的发电功率下，各机组在单位时间内的燃料耗量也是不同的。因此，系统发电机组经济运行问题归结为如何正确地安排系统各机组的发电功率，使得总的燃料耗量最小。由于无功功率对燃料的影响很小，因此，只考虑有功功率对燃料的影响。

反映发电设备单位时间内能源耗量输入和输出的有功功率关系曲线，称为该设备的能源耗量特性。整个火电厂的能源耗量特性如图 4-9 所示，图中横坐标 P_G 为电功率（MW），纵坐标 F 为单位时间内消耗的燃料，例如每小时多少吨热量为 7000kcal/kg 的标准煤。若为水电厂，则可为单位时间内消耗的水量，例如每秒钟多少立方米。为了便于分析，假定能源耗量特性连续可导（实际的特性并不都是这样）。

能源耗量特性曲线某点的纵坐标和横坐标之比，即输入与输出之比称为比耗量 $\mu = F/P_G$，其倒数 $\eta = P_G/F$ 表示发电厂的效率。能源耗量特性曲线上某点切线的斜率称为该点的能源耗量微增率 $\lambda = dF/dP_G$，它表示在该点运行时输入能源微增量与输出功率微增量之比。微增率曲线和效率曲线如图 4-10 所示。

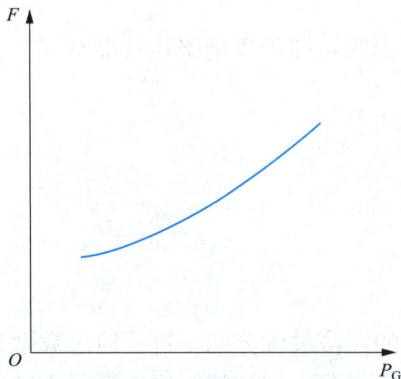

图 4-9　能源耗量特性图　　　　图 4-10　微增率曲线和效率曲线

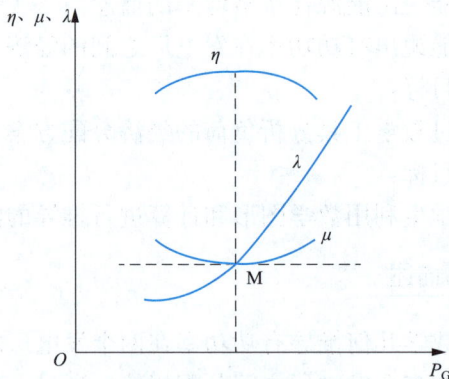

二、等微增率运行准则

根据理论分析和运行经验，电力系统各发电机组按相等的能源耗量微增率运行，系统总的能源耗量为最小，运行最经济，这就是著名的等微增率运行准则。

1. 两个发电厂间的负荷经济分配

已知两台并列运行的发电机组的能源耗量特性为 $F_1(P_{G1})$ 和 $F_2(P_{G2})$，负荷功率为

P_{LD}，如图 4-11 所示，假定各台机组燃料消耗量和输出功率不受限制，要求确定负荷功率在两台机组间的分配，使总的能源耗量最小。建立目标函数

$$F = F_1(P_{\text{G1}}) + F_2(P_{\text{G2}}) \qquad (4\text{-}8)$$

应满足约束条件

$$P_{\text{G1}} + P_{\text{G2}} - P_{\text{LD}} = 0 \qquad (4\text{-}9)$$

图 4-11，中线段 OO' 长度等于负荷功率 P_{LD}，在横坐标任取一点 A，均有 $OA + AO' = OO'$。如过 A 点作垂线与两个耗量特性曲线的交点分别为 B_1 和 B_2，则 $B_1B_2 = B_1A + AB_2 = F_1(P_{\text{G1}}) + F_2(P_{\text{G2}}) = F$ 就代表了总的燃料消耗量。当两能源耗量特性曲线切线平行，即斜率（微增率）λ 相等时，通过 A' 所作的垂线交于两能源耗量特性曲线 B_1' 和 B_2'，线段最短，则该点所对应的负荷分配方案为最优。

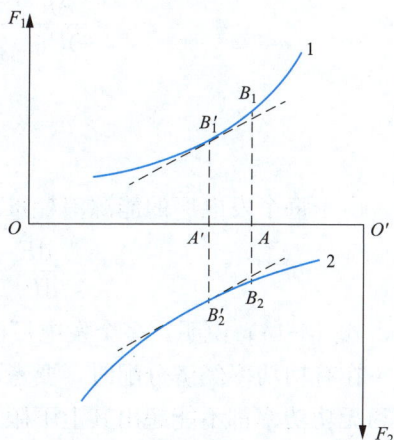

图 4-11　负荷在两台机组间分配

由此得出结论，电力系统两台发电机组按相等的能源耗量微增率运行，系统总的能源消耗最小，运行最经济。即 $\mathrm{d}F_1/\mathrm{d}P_{\text{G1}} = \mathrm{d}F_2/\mathrm{d}P_{\text{G2}} = \lambda_1 = \lambda_2 = \lambda$ 时，系统总的能源耗量最小。此结论可适应多台机组（或多个发电厂）间的负荷分配。

2. 多个发电厂间的负荷经济分配

讨论多个发电厂有功功率负荷最优分配的目的在于：在供应同样大小负荷有功功率的前提下，使单位时间内的能源耗量最少。可以用图解法分配各发电厂间的有功功率，也可用拉格朗日乘数法求解。

下面介绍用拉格朗日乘数法求解的过程。

假设有 n 个火电厂，其能源耗量特性分别是 $F_1(P_{\text{G1}})$，$F_2(P_{\text{G2}})$，…，$F_n(P_{\text{G}n})$，系统总的负荷为 P_{LD}，暂不考虑网络中的功率损耗，假设各台机组燃料消耗量和输出功率不受限制，要求确定负荷功率在 n 台机组间的分配方案，使总的能源耗量最小。

建立目标函数

$$F = F_1(P_{\text{G1}}) + F_2(P_{\text{G2}}) + \cdots + F_n(P_{\text{G}n}) = \sum_{i=1}^{n} F_i(P_{\text{G}i}) \qquad (4\text{-}10)$$

应满足的约束条件为

$$\sum_{i=1}^{n} P_{\text{G}i} - P_{\text{LD}} = 0 \qquad (4\text{-}11)$$

要使式（4-10）最小，可用拉格朗日乘数法求解极值。拉格朗日函数式为

$$L = F - \lambda \left(\sum_{i=1}^{n} P_{\text{G}i} - P_{\text{LD}} \right) \qquad (4\text{-}12)$$

式中：λ 为拉格朗日乘数（或乘子）。

要使式（4-12）最小，求式（4-12）极值为

$$\frac{\partial L}{\partial P_{\text{G}i}} = 0$$

即

$$\frac{\partial F}{\partial P_{Gi}} - \lambda = 0 \qquad (i=1,\ 2,\ \cdots,\ n)$$

或

$$\frac{\partial F}{\partial P_{Gi}} = \lambda \tag{4-13}$$

由于每个发电厂的能源消耗量只是该厂输出功率的函数，所以式（4-13）可写成

$$\frac{\mathrm{d}F_i}{\mathrm{d}P_{Gi}} = \lambda \qquad (i=1,\ 2,\ \cdots,\ n) \tag{4-14}$$

式（4-14）说明：多个发电厂间负荷经济分配的原则遵循等微增率运行准则。

在有功功率经济分配时，要考虑不等约束条件。与潮流计算类似，任一发电厂的有功功率和无功功率都不能超出其上下限，即

$$P_{Gi\min} \leqslant P_{Gi} \leqslant P_{Gi\max} \tag{4-15}$$

$$Q_{Gi\min} \leqslant Q_{Gi} \leqslant Q_{Gi\max} \tag{4-16}$$

系统中各节点电压必须保持在如下范围内

$$U_{i\min} \leqslant U_i \leqslant U_{i\max} \tag{4-17}$$

一般情况下，$P_{Gi\max}$ 通常选取为发电设备的额定有功功率，而 $P_{Gi\min}$ 则因发电设备类型不同而不同。如火力发电设备的 $P_{Gi\min}$ 不得低于额定有功功率的 25%。$Q_{Gi\max}$ 取决于发电机定子或转子绕组的温升；$Q_{Gi\min}$ 主要取决于发电机并列运行的稳定性等。$U_{i\max}$ 和 $U_{i\min}$ 则由对电能质量的要求所决定。

在计算发电机有功负荷经济分配时，这些不等约束条件可以暂不考虑，待算出结果后，再按有功功率的不等约束条件进行校验。对于有功功率超限的发电厂，可按其上限或下限分配负荷功率。其余发电厂按等微增率运行准则分配剩下的负荷功率。对于无功功率和电压，可在有功功率分配已基本确定后的潮流计算中再进行处理。

在按等微增率条件进行发电厂间有功负荷经济分配时，还需要考虑电网有功功率的损耗，因此，$\mathrm{d}F_i/\mathrm{d}P_{Gi}$ 必须乘一个修正系数 α_i，$\alpha_i = 1/(1-\partial P_L/\partial P_{Gi})$，$\partial P_L/\partial P_{Gi}$ 称为网损微增率，它表示网络有功损耗对第 i 个发电厂有功功率的微增率。

由于各个发电厂在电网中所处的位置不同，各厂的网损微增率也不一样。当 $\partial P_L/\partial P_{Gi}>0$ 时，说明发电厂 i 输出功率的增加会引起网损的增加，这时 $\alpha_i>1$，发电厂本身的燃料消耗微增率宜取较小值。相反，当 $\partial P_L/\partial P_{Gi}<0$ 时，说明发电厂 i 输出功率的增加将使网损减少，这时 $\alpha_i<1$，发电厂本身的燃料消耗微增率宜取较大值。

在具有水、火电厂的电力系统中，合理利用水库存水将使系统运行费用大幅节约，节约用水量最终反映为节约系统运行的总燃料消耗。水轮发电机组的水耗微增率可用一个转换系数折换成等值的燃料消耗微增率，然后按等微增率运行准则参与系统内机组间的功率分配。

因此，电力系统中各发电厂间有功负荷的经济分配是比较复杂的工作。例如，由于电力系统负荷的骤升或骤降，常需停止或启动某些锅炉与汽轮机，这也可引起附加功率损耗等。在电力供应紧张时，首先应该考虑用户对电能急速增长的需求，然后才能考虑经济合理运行的问题。

📖 任务实施

【**练习 1**】　等微增率运行准则。电力系统各发电机组按_____运行，系统总的_____为最小，运行最经济，这就是等微增率运行准则。

【**练习 2**】　对于含有两台机组的系统，能源耗量特性曲线如图 4-12 所示，假定两台机组的燃料消耗量和输出功率不受限制，用作图法找到最优分配点 A，使得两台机组的能源耗量最小，并说明此时代表的意义。

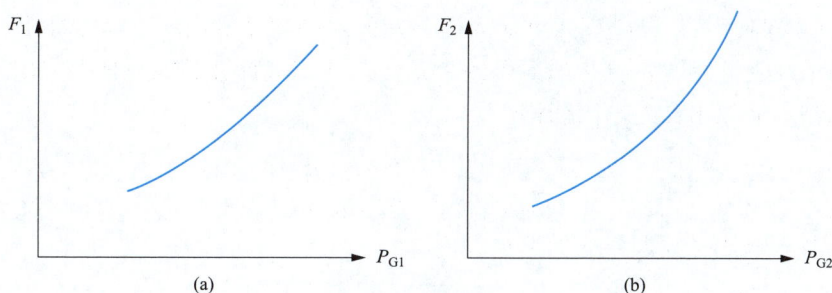

图 4-12　两台机组的能源耗量特性曲线

【**练习 3**】　电力系统多台机组按相等的能源耗量微增率运行，即 $dF_1/dP_{G1} = dF_2/dP_{G2} = \cdots = dF_n/dP_{Gn} = \lambda_1 = \lambda_2 = \cdots = \lambda_n$ 时，系统总的能源消耗为最小，运行最经济。此时有功功率负荷经济分配时要考虑不等约束条件，即

$$\underline{\hspace{2cm}} \leqslant P_{Gi} \leqslant \underline{\hspace{2cm}}$$
$$\underline{\hspace{2cm}} \leqslant Q_{Gi} \leqslant \underline{\hspace{2cm}}$$
$$\underline{\hspace{2cm}} \leqslant U_i \leqslant \underline{\hspace{2cm}}$$

🔍 小　结

频率是电能质量的主要指标之一，必须予以保证。系统频率与系统的有功负荷、发电机组发出的有功功率等密切相关，其关系可用系统的频率静态特性和发电机组的频率静态特性曲线表示。负荷的变化会破坏系统的有功功率平衡，从而导致系统频率不断变化。为维持系统频率稳定并使其在允许范围内，需要不断调整各发电厂的输出功率。

频率的一次调整针对变化幅值小、速度快的负荷，由系统中所有发电机组参与，依靠调速器完成，只能实现有差调节。

频率的二次调整，即通常所说的频率调整，针对变化幅值较大、速度较慢的负荷，由系统中指定的调频发电机组承担，依靠调频器完成，可以实现无差调节。当负荷增加时，系统必须增加功率输出以弥补功率缺额，这些功率增加量全由主调频厂和辅调频厂内的机组承担，其余发电厂输出功率不变。当负荷减小时，系统必须减少功率输出以平衡功率过剩。

对于变化幅值大、速度慢的负荷，其变化规律可根据运行经验进行预测，一般按电力系统各发电机的特性，经济地分配给各发电厂。系统调度依据负荷曲线，结合优质优价、最优网损及系统综合负荷曲线，作出各电厂次日每小时的负荷曲线，这些按预先制定的负荷预测曲线承担负荷运行的发电厂称为基载厂。此种调频过程称为系统频率的三次调整。

系统负荷在各类发电厂间的负荷分配主要应充分考虑动力资源的使用，其次还应计及水、火电厂机组特性的不同，按等微增率运行准则分配机组间功率，可以使系统的燃料耗量最经济。

项目 5

电力系统电压调整

项目目标

能说出电力系统的电压质量标准；会分析综合负荷的电压静态特性曲线；能列举出电力系统的无功电源和无功负荷的种类及其特点；会写出无功功率平衡方程式；能说出电压中枢点的调压方式及适用范围；会分析电力系统电压调整的技术措施。

▷任务 1 认知电力系统的电压质量标准

教学目标

知识目标：
(1) 能说出用户和电网的电压允许偏差范围。
(2) 能说出电能质量监测点设置原则。
能力目标：
(1) 能区分不同电压等级的电压允许偏差。
(2) 会计算电能质量统计指标。
(3) 能够阐述电压偏移对用户和系统的意义。
素质目标：
培养学生在工作和学习中应用标准规范的能力。

任务描述

查询电网允许电压偏差、电能质量指标相关资料，形成学习报告。内容包括：①电网电压允许偏差；②电压质量监测点设置；③电能质量指标；④电能质量标准对电网运行的意义。

任务准备

课前做如下准备：
上网查阅资料，了解电压允许偏差的标准规范；了解电压偏移对用户和系统的影响。
课前预习相关知识部分，并独立回答下列问题：
(1) 电网允许偏差包含哪些内容？用户和电网电压的允许偏差范围有哪些？
(2) 电压质量统计哪些内容？什么叫电压合格率？
(3) 什么叫电压偏移？电压偏移对用户和系统有哪些影响？

相关知识

衡量电能质量有两个重要标志：一是电压；二是频率。前面已经学习了电力系统的频率调整。本项目主要介绍电力系统的电压质量控制，即电压调整。

一切用电设备都是按照在电网额定电压条件下运行的要求而设计、制造的，当其端电压偏离额定值时，用电设备的性能就会受到影响。例如白炽灯、荧光灯，其发光效率、光通量和使用寿命均与电压有关。当电网电压升高时，白炽灯和荧光灯的光通量会增加，但使用寿命将缩短。反之，光通量会减小，而使用寿命会延长。再如生产中使用的电炉等电热设备，当电压降低时，其功率减少，效率降低。

用户中大量使用的电动机，当其端电压改变时，电动机的转矩、效率和电流都会发生变化。异步电动机的最大转矩和端电压的二次方成正比。电压越低，转矩越小，如果电压过低，电动机可能会因为转矩过小而停止运转，造成由它带动的设备运行异常。此外，电压降低时，电动机电流将显著增大，绕组温度升高，严重时会导致电动机烧毁。

由此可知，电力系统正常运行时，应保持各节点电压在额定值。但由于电网节点众多，结构复杂，且负荷不断变化，因此要维持电网各节点电压为额定值是很困难的，只能做到电网电压在允许范围内波动。

一、电网允许偏差

根据 GB/T 40427—2021《电力系统电压和无功电力技术导则》和 GB/T 24847—2021《1000kV 交流系统电压和无功电力技术导则》规定，用户和电网电压的允许偏差范围如下：

1. 用户受电端的电压允许偏差值

（1）35kV 及以上用户供电电压正负偏差绝对值之和不大于系统额定电压的 10%。

（2）10kV 及以下三相供电电压允许偏差值为系统额定电压的 ±7%。

（3）220V 用户的电压允许偏差值为系统额定电压的 +7%、-10%。

2. 发电厂和变电站的母线电压允许偏差值

（1）1000kV 母线正常运行时，最高电压不得超过 1100kV，最低电压应不影响电力系统同步稳定、电压稳定、厂用电的正常使用和下一级系统的电压调节。向空载线路充电，在暂态过程衰减后，线路末端电压不应超过系统标称电压的 1.15 倍，持续时间应根据设备技术规范和系统运行条件确定。

（2）750kV 系统正常运行时，最高电压不超过 825kV，最低电压应不影响电力系统同步稳定、电压稳定、厂用电的正常使用和下一级系统的电压调节。

（3）500(330)kV 母线正常运行时，最高运行电压不得超过系统额定电压的 10%，最低运行电压不应影响电力系统同步稳定、电压稳定、厂用电的正常使用及下一级系统的电压调节。

（4）发电厂 220kV 母线和 500(330)kV 变电站的中压侧母线正常运行时，电压允许偏差为系统额定电压的 0%～10%；事故运行时为系统额定电压的 -5%～+10%。

（5）发电厂和 220kV 变电站的 110～35kV 母线正常运行时，电压允许偏差为相应系统额定电压的 -3%～7%；事故运行时为系统额定电压的 ±10%。

（6）带地区供电负荷的变电站和发电厂（直属）的 10(6)kV 母线正常运行方式下的允许偏差为系统额定电压的 0%～7%。

特殊运行方式下的允许偏差值由调度部门确定。

3. 发电厂和变电站母线电压波动率允许值

电压波动率是指一段时间内母线电压波动的允许限度。根据 GB/T 12326—2008《电能质量 电压波动和闪变》规定，电压波动率计算公式为

$$U_b\% = \frac{最高电压 - 最低电压}{系统额定电压} \times 100\% \tag{5-1}$$

发电厂和变电站母线电压在满足允许偏差值的条件下，其一日内电压波动率还应满足：

(1) 500(330)kV 高压母线电压：3%。

(2) 发电厂 220kV 母线和 500(330)kV 变电站的中压侧母线：3.5%。

(3) 特殊运行方式下日电压波动率由调度部门确定。

二、电压质量的统计

1. 电网电压质量监测点的设置

监测电力系统电压值和考核电压质量的节点称为电压质量监测点。电力系统电压质量监测点设置原则为：①与主网（220kV 及以上电网）直接连接的发电厂高压母线电压；②各级调度界面处的 330kV 及以上变电站的一次和二次母线电压、220kV 变电站一次或二次母线电压；③供电公司在所辖电网内按规定设置的电压质量监测点。其中发电厂 220kV 母线和 500(330)kV 变电站高、中压母线还应计算电压波动率和电压波动合格率，并列入指标考核范围。

2. 供电电压质量监测点的设置

供电电压质量监测分为 A、B、C、D 四类监测点。各类监测点每年应随供电网络变化进行动态调整。

(1) A 类。带地区供电负荷的变电站和发电厂（直属）的 10(6)kV 母线电压。

1) 变电站内两台及以上变压器分裂运行，每段 10kV 母线均应设置电压质量监测点。

2) 一台变压器 10kV 侧为分裂母线运行，只设一个电压质量监测点。

(2) B 类。35(66)kV 专线供电和 110kV 及以上供电的用户端电压。B 类电压质量监测点设置及安装应符合下列要求。

1) 35(66)kV 专线供电的用户，可装设在产权分界处；110kV 及以上非专线供电用户，电压质量监测点应设置在用户变电站处。

2) 对于两路电源供电的 35kV 及以上用户变电站，用户变电站母线未分裂运行，只需设置一个电压质量监测点；对于用户变电站母线分裂运行，且两路电源属于两个变电站，则应设置两个电压质量监测点；用户变电站母线分裂运行，两路电源属于一个变电站，且上级变电站母线未分裂运行，只需设置一个电压质量监测点；用户变电站母线分裂运行，两路电源属于一个变电站，且上级变电站母线分裂运行，应设置两个电压质量监测点。

3) 用户高压侧未设置电压互感器，电压质量监测点设置在给用户供电的上级变电站母线侧。

(3) C 类。35(66)kV 非专线供电的和 10(6)kV 供电的用户端电压。每 10MW 负荷至少应设一个电压质量监测点。C 类电压质量监测点设置和安装应满足下列要求。

1) C 类电压质量监测点应安装在用户侧。

2) C 类用户负荷的计算方法为 C 类用户售电量除以统计小时数。

3）应选择高压侧装有电压互感器的用户变电站，不考虑装设在用户变电站低压侧。

（4）D 类。380/220V 低压网络和用户端的电压。每百台配电变压器至少设两个电压质量监测点。不足百台的按百台计算，超过百台的每 50 台设置一个电压质量监测点。电压质量监测点应设在有代表性的低压配电网首末两端和部分重要用户上。

3. 电压质量统计指标

电压质量的重要指标为电压合格率，它定义为实际运行电压在允许电压偏差范围内累计运行时间与对应的总运行统计时间的百分比。电压合格率计算公式如下。

（1）监测点电压合格率。统计电压合格率的时间单位为 min。监测点 i 的电压合格率 $V_i\%$ 计算式为

$$V_i\% = \left[1 - \frac{(电压超下限时间) + (电压超上限时间)}{电压监测总时间}\right] \times 100\% \tag{5-2}$$

（2）电网电压合格率。

1）地市供电公司电网电压合格率

$$V_{地市(电网)}\% = \left[1 - \frac{\sum_{i=1}^{n}(电压超上限时间) + \sum_{i=1}^{n}(电压超下限时间)}{电压监测总时间}\right] \times 100\% \tag{5-3}$$

式中：n 为电网电压质量监测点数。

2）区域电网、省（自治区、直辖市）供电公司电网电压合格率 $V_{网省(电网)}\%$ 为其所属地市电网电压合格率 $V_{地市(电网)}\%$ 与各地市电压质量监测点数 n 的加权平均值，即

$$V_{网省(电网)}\% = \left(\frac{\sum_{i=1}^{k}V_{地市(电网)i}\% \times n_{地市(电网)i}}{\sum_{i=1}^{k}V_{地市(电网)i}}\right) \times 100\% \tag{5-4}$$

式中：k 为各网省公司地市供电公司数；i 为地市供电公司各类电压质量监测点数。

（3）各类供电电压合格率 $V_{(A、B、C、D)}\%$。

1）地市供电公司各类电压合格率 $V_{地市(A、B、C、D)}\%$

$$V_{地市(A、B、C、D)}\% = \left[1 - \frac{\sum_{i=1}^{n}(电压超下限时间) + \sum_{i=1}^{n}(电压超上限时间)}{电压监测总时间}\right] \times 100\% \tag{5-5}$$

式中：n 为该类电压质量监测点数。

2）区域电网、省（自治区、直辖市）供电公司电网各类电压合格率 $V_{网省(A、B、C、D)}\%$ 为其所属地市电网各类电压合格率 $V_{地市(A、B、C、D)}\%$ 与各地市电压质量监测点 n 的加权平均值，即

$$V_{网省(A、B、C、D)}\% = \left(\frac{\sum_{i=1}^{k}V_{地市(A、B、C、D)i}\% \times n_{地市(A、B、C、D)i}}{\sum_{i=1}^{k}V_{地市(A、B、C、D)i}}\right) \times 100\% \tag{5-6}$$

式中：$V_{地市(A、B、C、D)i}\%$ 为所属网省第 i 地市各类监测点电压合格率；i 为地市电网各类电压质量监测点数；k 为各网省公司地市供电公司数。

（4）综合供电电压合格率。综合供电电压合格率 $V_{供}\%$ 为

$$V_{供}\% = 0.5V_A + 0.5\left(\frac{V_B + V_C + V_D}{3}\right) \tag{5-7}$$

式中：V_A、V_B、V_C、V_D 分别为 A、B、C、D 类的电压合格率，若单位没有 B 类监测点，则式（5-7）中 3 变为 2。

三、电压偏移的影响

电网和用电设备都有其额定电压，电压过高或过低对用户和电力系统均有影响。

1. 对用户的影响

各种用电设备在额定电压下运行时，能在经济技术综合指标上取得最佳效果。若电压偏移过大，则会对用电设备的经济性和安全运行造成不利影响。

（1）照明设备。电压变动对照明设备的亮度和寿命都有很大影响。当电压降低时，白炽灯、荧光灯的亮度将减少，白炽灯的寿命将增加一倍以上，但是荧光灯可能无法启辉，且辉光启动器的不断闪烁会大大降低荧光灯的寿命。如果电压过高，白炽灯和荧光灯的亮度虽然都增加，但寿命都将显著缩短。

（2）异步电动机。对于占负荷比重最大的异步电动机，当端电压变化时，其转矩、电流和效率都会变化。由于电动机的转矩与端电压的二次方成正比，若端电压下降，则转矩会明显降低，可能导致电动机停转或不能启动；同时，电动机转速降低，电流增大，引起绕组温度升高，加速绝缘老化，严重时可能烧毁电动机。如果加在异步电动机上的电压过高，则对绕组绝缘不利。

（3）电子设备。电子设备对电压要求更高。若电压过高，会严重缩短设备的寿命，且影响安全。若电压过低，电子设备的工作不稳定，失真严重，甚至无法正常工作。

2. 电压偏移对电力系统的影响

电压偏移过大，不仅对用电设备的运行和安全不利，而且对电力系统本身的安全和经济运行也不利。电压降低时，发电厂中由异步电动机拖动的厂用机械（如风机、泵等）输出功率将减少，从而影响锅炉、汽轮机和发电机的输出功率，使效率降低。当电压过低时，发电机、变压器和线路将过负荷，严重时会引起跳闸，导致供电中断或系统解列运行，同时降低系统并列运行的稳定性，影响系统的经济运行。

任务实施

【练习 1】　查询关于电压管理的相关标准规范，了解电网允许偏差、电压质量指标统计，并完成学习报告，报告包括以下内容：

1. 电网允许偏差要求

（1）35kV 及以上用户供电电压正负偏差＿＿＿＿不大于系统额定电压的＿＿＿＿10％；10kV 及以下三相供电允许偏差为系统额定电压的＿＿＿＿＿；220V 用户的电压允许偏差值，为系统额定电压的＿＿＿＿＿＿＿。

（2）1000kV 母线正常运行方式时，最高电压不得超过＿＿＿＿kV，＿＿＿＿kV 系统正常运行方式时，最高电压不超过 825kV，500（330）kV 母线正常运行方式时，最高运行电压不得超过系统＿＿＿＿＿＿＿＿＿＿；发电厂和 220kV 变电站的 110～35kV 母线正常运行方式时，电压允许偏差为相应系统额定电压的＿＿＿＿＿＿，向空载线路充电，在暂态过程衰减后线路末端电压不应超过系统标称电压的＿＿＿＿＿倍。

（3）电压波动率按母线电压波动幅度与系统额定电压之比的百分数称为电压波动率，发电厂和变电站母线电压在满足允许偏差值的条件下，一日内的波动率还应满足①500（330）kV

高压母线电压_____，②发电厂 220kV 母线和 500(330) kV 变电站的中压侧母线_____；某电网 500kV 变电站 220kV 母线电压日最高电压 226.6kV，最低电压 222.2kV，母线电压波动率为_____。

2. 电网电压质量监测点设置、供电电压质量监测点设置和电压质量统计指标

（1）监测电力系统_____和考核_____的节点称为电压质量监测点。电力系统电压质量监测点设置原则为：与主网（220kV 及以上电网）直接连接的发电厂_____；各级调度界面处的_____kV 及以上变电站的_____和_____母线电压，_____kV 变电站一次或二次母线电压。

（2）供电电压质量监测点_____类是指的带地区供电负荷的变电站和发电厂（直属）的 10(6)kV 母线电压。

（3）对于 B 类监测点来说，35(66)kV 专线供电的用户，供电电压质量监测点可装设在_____，110kV 及以上非专线供电用户，电压质量监测点应设置在_____，用户高压侧未设置电压互感器，电压质量监测点设置在给用户供电的_____。

（4）对于 C 类监测点，每 10MW 负荷至少应设_____电压质量监测点。应选择高压侧装有电压互感器的用户变电站，不考虑装设在用户变电站低压侧。

（5）对于 D 类监测点，380/220V 低压网络和用户端的电压，每_____台配电变压器至少设两个电压质量监测点。不足百台的按百台计算，超过百台的每_____台设置一个电压质量监测点。监测点应设在有代表性的低压配电网首末两端和部分重要用户上。

3. 电压质量统计指标电压质量的统计

电压合格率定义是实际运行电压在_____累计运行时间与对应的总运行统计时间的百分比。

【练习 2】 利用实际工作和生活说明电压偏移对用户和系统的影响。

任务 2 认知电力系统综合负荷的电压静态特性

教学目标

知识目标：
（1）能说出电力系统综合负荷的电压静态特性概念。
（2）能说出白炽灯、电热负荷、电抗器负荷和异步电动机负荷的有功功率、无功功率和电压的关系。
能力目标：
（1）能分析异步电动机负荷的功率电压静态特性。
（2）能分析系统综合负荷的电压静态特性。
素质目标：
能与学习小组成员主动沟通协作圆满完成任务。

任务描述

查询电力系统负荷种类、电力系统综合负荷的电压静态特性，形成学习报告。内容包

括：①电力系统负荷类型；②电力系统各类负荷的无功功率、有功功率和电压的公式；③电力系统综合负荷电压静态特性分析。

任务准备

课前做如下准备：

上网检索查询资料，了解电力系统负荷的种类及其有功功率、无功功率与电压的关系曲线。

课前预习相关知识部分，并独立回答下列问题：

（1）电力系统负荷有哪些类型？

（2）什么是电力系统综合负荷的电压静态特性？

相关知识

电力系统综合负荷的电压静态特性是指系统在稳定运行频率等于额定值且负荷连接容量不变时，综合负荷的有功功率、无功功率与电压的关系曲线。电力系统不同负荷的电压静态特性不同，大体分为以下几种。

（1）白炽灯负荷。白炽灯由于其灯丝电阻随温度而变化，且不消耗无功功率，所消耗的有功功率计算式为

$$P = KU^{1.6} \tag{5-8}$$

式中：P 为白炽灯的有功功率，W；K 为与温度有关的灯丝系数；U 为端电压，V。

（2）电热负荷。电炉和电弧炉等负荷只消耗有功功率，所消耗的有功功率计算式为

$$P = \frac{U^2}{R} \tag{5-9}$$

式中：P 为电热设备的有功功率，W；R 为电热设备电阻，Ω；U 为端电压，V。

（3）电抗器负荷。电抗器负荷主要消耗无功功率，所消耗的无功功率计算式为

$$Q = \frac{U^2}{X} \tag{5-10}$$

式中：Q 为无功功率，var；X 为电抗器感抗，Ω；U 为端电压，V。

（4）异步电动机负荷。异步电动机既需要有功功率拖动机械负荷，也需要无功功率建立磁场。异步电动机的功率-转差率特性如图 5-1（a）所示。若异步电动机的机械负荷不变，当外加电压从额定电压降低到 $80\%U_N$ 时，电动机转差率从 s_1 增大到 s_2，转差率增大，将使电动机定子绕组电流增大，因此电动机吸收的有功功率可近似看作不变。异步电动机的有功功率-电压静态特性如图 5-1（b）所示，其特性曲线近似一条水平直线。

异步电动机吸收的无功功率受端电压影响很大。当端电压接近额定电压时，异步电动机的铁心磁路接近饱和；当端电压高于额定电压时，由于铁心磁路饱和，励磁无功将按电压的高次方比例增加；当端电压低于额定电压时，磁路尚未饱和，异步电动机吸收的无功功率将按电压二次方比例减少；当端电压低于额定电压很多时，电动机转差率会显著增加，引起定子电流大幅度增大，电动机漏磁无功损耗也将增加。综上所述，异步电动机的无功功率-电压静态特性曲线如图 5-1（b）所示。

在电力系统中，异步电动机占综合负荷的绝大多数。因此，系统综合负荷的电压静态特

性曲线近似于异步电动机的电压静态特性曲线，如图 5-2 所示。

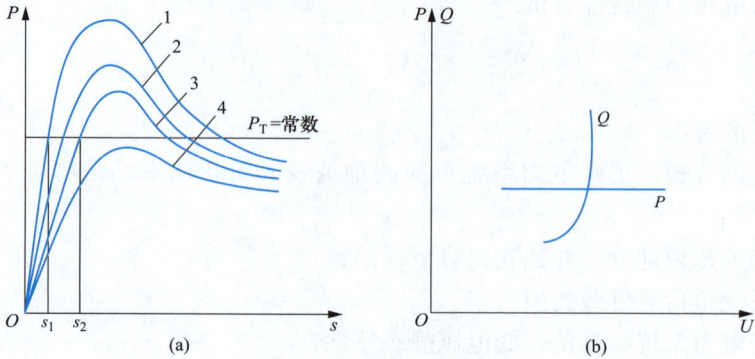

图 5-1　异步电动机特性曲线
（a）功率-转差率特性；（b）功率-电压静态特性
1—$U=100\%U_N$；2—$U=90\%U_N$；3—$U=80\%U_N$；4—$U=70\%U_N$

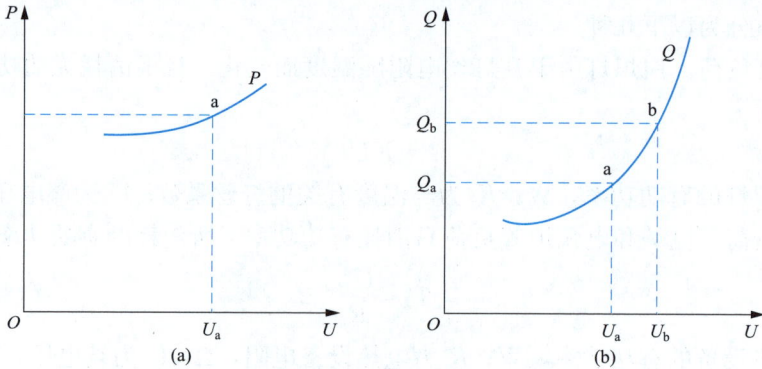

图 5-2　系统综合负荷的电压静态特性曲线
（a）有功负荷；（b）无功负荷

由图 5-2 可看出，电压变化对有功负荷影响不大，而对无功负荷影响很大。当电压升高时，负荷从系统吸收的无功功率将增大；反之，负荷从系统吸收的无功功率将减小。如果系统无功电源不足，那么为了维持系统无功功率平衡，就必须降低电压运行，以减少负荷从系统吸收的无功功率。若系统无功电源过剩，则引起系统电压升高，负荷从系统吸收的无功功率增大，使系统无功功率达到平衡。由此可见，要将电压控制在允许的偏移范围内，就必须使系统无功电源和无功负荷达到合理平衡。

📖 **任务实施**

【练习】　电力系统综合负荷的电压静态特性。

（1）电力系统综合负荷的电压静态特性是指系统在稳定运行频率等于额定值且负荷连接容量不变时，综合负荷的_____、_____与_____的关系。

（2）白炽灯负荷不消耗_____，所消耗的有功功率的公式为_____；电炉和电弧炉等负荷只消耗_____，所消耗的有功功率公式为_____；电抗器负荷主要消耗无功功率，所消耗的无功功率公式为＿＿＿＿＿。

（3）异步电动机负荷若异步电动机的机械负荷不变，当外加电压从额定电压降低到 $80\%U_x$ 时，电动机吸收的有功功率可近似看作＿＿＿＿＿。

（4）画出系统综合负荷的电压静态特性曲线并分析电压静态特性曲线，完成以下问题：

当电压升高时，负荷从系统吸收的无功功率将＿＿＿＿＿，如果系统无功电源不足，那么为了维持系统无功功率平衡，就必须＿＿＿＿＿电压运行，以减少负荷从系统吸收的无功功率。若系统无功电源过剩，则引起系统电压＿＿＿＿＿，负荷从系统吸收的无功功率＿＿＿＿＿，使系统无功功率达到平衡。要将电压控制在允许的偏移范围内，就必须使系统无功电源和无功负荷达到合理平衡。

任务 3　电力系统的电压和无功功率的管理

教学目标

知识目标：
（1）能说出电力系统无功负荷、无功损耗和无功电源的概念。
（2）能说出电力系统中枢点设置及调压方式。
能力目标：
（1）能写出电力系统无功功率平衡方程。
（2）能分辨出电压中枢点三种调压方式。
（3）能说出中枢点调压方式的适用范围。
素质目标：
培养学生在工作中服从命令的职业习惯。

任务描述

参观省（市）调度中心、变电站和线路，或参观电力调度仿真系统、仿真变电站和仿真发电厂。查询电力系统无功功率平衡和电力系统电压控制相关资料，形成学习报告。内容包括：①电力系统的无功负荷和无功损耗；②电力系统的无功电源；③电力系统的无功功率平衡；④电力系统的无功管理；⑤电压中枢点的选择；⑥中枢点电压允许偏移范围的确定；⑦中枢点的调压方式。

任务准备

课前做如下准备：
（1）上网查阅资料，了解电力系统的无功功率平衡。
（2）上网检索查询资料，了解电力系统的电压中枢点及其调压方式。
（3）做好现场参观准备。
课前预习相关知识部分，并独立回答下列问题：
（1）电力系统的无功损耗由哪些部分组成？

（2）电力系统无功电源有哪些？什么是电力系统无功功率平衡？

（3）什么叫电压中枢点？电压中枢点调压方式有哪些？

相关知识

电力系统的电压偏移和无功功率平衡有密切的关系，无功功率平衡的高低决定了电压水平。下面首先介绍无功功率平衡。

一、电力系统的无功功率平衡

1. 电力系统的无功负荷和无功损耗

（1）无功负荷。异步电动机在电力系统中占的比例比较大，所以电力系统无功的电压静态特性主要是由异步电动机决定的。

（2）变压器的无功损耗。变压器的无功损耗包括励磁损耗和漏抗中的损耗，在系统无功需求中占有一定的比重，一台变压器满载时其无功损耗约为其额定容量的百分之十几。因此，如果从电源到用户需要经过好几级变压，则变压器中无功损耗的数值也是相当可观的。

（3）电力线路的无功损耗。电力线路的无功损耗分为并联电纳和串联电抗中的无功损耗两部分。并联电纳中的损耗又称充电功率，与线路电压的二次方成正比，且呈容性；串联电抗中的无功损耗与流过线路负荷电流的二次方成正比，且呈感性。因此，线路作为电力系统的一个元件，消耗感性无功功率还是容性无功功率要按具体情况进行具体分析。

35kV 及以下的架空线路充电功率较小，一般这种线路消耗感性无功功率。110kV 及以上的架空线路，当传输功率较大时，电抗中消耗的无功功率将大于电纳的充电功率，此时线路消耗感性无功功率，电力线路成为无功负载；当传输功率较小时，电抗中消耗的无功功率小于电纳支路的充电功率，此时线路消耗容性无功功率，则电力线路成为无功电源。

2. 电力系统的无功电源

电力系统的无功电源除了同步发电机外，还有同步调相机、电力电容器和静止无功补偿器（SVC），这三种装置又称为无功补偿装置。

（1）同步发电机。同步发电机既是系统中唯一的有功电源，又是系统最基本的无功电源。调节发电机的励磁电流就可以增发无功，反之，就可以减小无功输出。发电机发出的无功功率可表示为

$$Q_{GN} = S_{GN}\sin\varphi = P_{GN}\tan\varphi_N \tag{5-11}$$

式中：S_{GN} 为发电机的额定视在功率，kVA；φ_N 为发电机的额定功率因数角；P_{GN} 为发电机输出的额定有功功率，kW。

当发电机的额定功率因数 $\cos\varphi_N$ 为 0.8 时，发电机的额定有功功率为 P_{GN}，额定视在功率 S_{GN} 为 $1.25P_{GN}$，发电机的无功功率 Q_{GN} 可达 $0.75P_{GN}$。所以，同步发电机是一个最基本的无功电源，当系统无功电源比较紧张时，必须充分利用发电机供给无功功率。例如，在冬季枯水期，由于水库蓄水不多，水力发电厂发出的有功功率受限，此时，可以降低功率因数运行多发无功功率，甚至将发电机作调相机运行。

当改变发电机功率因数 $\cos\varphi_N$ 时，发电机输出的有功功率和无功功率随之变化，但发电机在不同功率因数下运行，其运行点受到定子额定电流、转子额定电流、原动机输出功率及并列运行稳定极限等条件的限制。

（2）同步调相机。同步调相机实际是空载运行的同步发电机。在正常励磁的情况下，它

既不吸收无功功率，也不发出无功功率。在过励磁情况下，向系统发出感性无功功率；在欠励磁情况下，从系统吸收感性无功功率。因此，同步调相机既可作为无功电源，在系统电压过低时向系统提供无功功率以提高母线电压，也可以作为无功负荷，在系统电压过高时从系统吸收无功功率以降低母线电压。

同步调相机能连续调节，调节范围也比较宽，功率范围在 Q_N（过励磁）～（50％～65％）Q_N（欠励磁）之间。缺点是作为旋转设备，其有功损耗大，运行维护较复杂，且容量越小，单位容量（kVA）的投资越大，有功损耗的百分比值也越大，因此宜装在枢纽变电站中。

（3）电力电容器。电力电容器是目前应用最广泛的无功补偿设备，作为无功电源，一般并联于变电站运行，它只能发出感性无功功率，进而提高母线电压水平。三相并联电容器所提供的无功功率可表示为

$$Q_C = \frac{U^2}{X_C} \tag{5-12}$$

式中：Q_C 为电容器发出的无功功率，Mvar；U 为母线电压，kV；X_C 为电力电容器的容抗，Ω。

由式（5-12）可以看出，电力电容器输出功率受母线电压影响较大，当母线电压较低，需要电力电容器增加输出功率时，其输出功率反而减小。电力电容器的投切分组进行，其输出功率呈阶梯状变化，调节不够平滑。但是它运行维护简单，有功损耗小（为其容量的0.3％～0.5％），成本低，装设灵活方便，为适应运行情况的变化，电力电容器可连接成若干组，按功率因数和电压高低手动或自动投切，故在电网和电力用户中得到广泛应用。

（4）静止无功补偿器。静止无功补偿器由电力电容器和可调电抗器组成，并联在降压变压器的低压母线上。静止无功补偿器根据母线电压的高低，自动控制可调电抗器吸收感性无功功率的大小，从而控制静止无功补偿器发出或吸收感性无功功率的大小，以达到稳定母线电压的目的。

按照调节无功功率的方式，这种装置具有多种类型，如可控饱和电抗器型、自饱和电抗器型、晶闸管控制电抗器型和晶闸管控制电容电抗器型。四种类型装置原理如图5-3所示。其中，电容器 C 和电抗器 L 组成滤波电路，一方面用来限制电容回路合闸时的合闸涌流和切除时的过电压，另一方面用来滤除高次谐波，以免产生电压和电流波形畸变，从而提高电压质量。

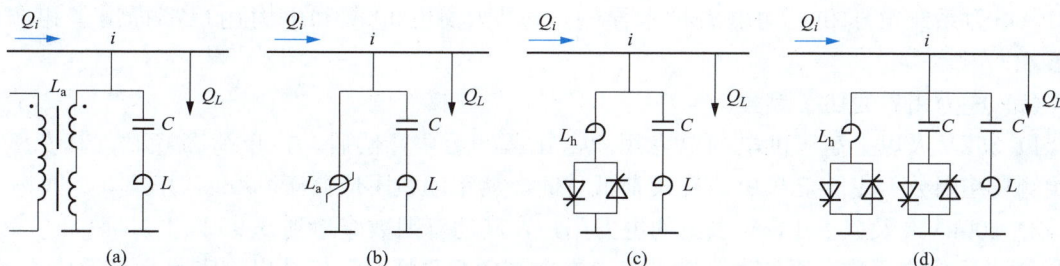

图 5-3 静止无功补偿器
（a）可控饱和电抗器型；（b）自饱和电抗器型；（c）晶闸管控制电抗器型；（d）晶闸管控制电容电抗器型

静止无功补偿器能快速平滑地调节无功功率，对冲击负荷有较强的适应性，运行维护简单，损耗较小，还能进行分相补偿，因而逐渐得到广泛的应用，有替代同步调相机的趋势。

静止无功补偿器可装于枢纽变电站用于电压控制，也可装于如轧钢厂、电弧炉等大的冲击负荷侧用于无功动态补偿。

3. 电力系统的无功功率平衡

电力系统运行过程必须时刻保持无功功率平衡，其无功功率平衡方程为

$$\sum Q_G + \sum Q_C = \sum Q + \sum Q_{ce} + \sum \Delta Q \tag{5-13}$$

式中：$\sum Q_G$ 为同步发电机发出的无功功率总和；$\sum Q_C$ 为无功补偿设备发出的无功功率总和；$\sum Q$ 为系统无功负荷的总和；$\sum Q_{ce}$ 为厂用无功负荷的总和；$\sum \Delta Q$ 为电网无功损耗的总和（包括并联电抗器）。

同步发电机发出的无功功率总和$\sum Q_G$是指发电机在额定功率因数下运行时所发出的无功功率。无功补偿设备发出的无功功率总和$\sum Q_C$是指无功补偿设备（包括同步调相机、并联电容器和静止无功补偿器等）在额定功率因数下运行时所发出的无功功率。系统无功负荷的总和$\sum Q$是指包括异步电动机、电抗器等负荷消耗的无功功率，可按负荷的功率因数计算，未经补偿的负荷功率因数一般不高，为 0.6～0.9。为了减少线路因输送大量无功功率所引起的有功损耗，规程对电力用户的功率因数进行了规定（例如不得低于 0.9 等）。系统运行部门进行无功功率平衡时，可按规程规定确定负荷消耗的无功功率。

电网无功损耗的总和$\sum \Delta Q$包括三部分，即

$$\sum \Delta Q = \sum \Delta Q_T + \sum \Delta Q_L + \sum \Delta Q_B \tag{5-14}$$

式中：$\sum \Delta Q_T$ 为电网中变压器的无功损耗；$\sum \Delta Q_L$ 为电网中输电线路阻抗支路电抗的无功损耗；$\sum \Delta Q_B$ 为电网中输电线路导纳支路容纳的无功损耗，属容性，取负值。

由电力系统综合负荷的电压静态特性曲线和系统无功功率平衡方程可知，要将电压水平维持在允许范围内，首先必须要有足够的无功电源容量，使全系统的无功功率在额定电压水平上达到平衡，且要留有一定的备用容量以应付无功负荷的增加，备用容量一般为最大无功负荷的 7%～8%。若无功电源容量不足，则应增设一定容量的无功电源。

4. 电力系统的无功管理

由于电力系统覆盖的范围广，如果大量无功功率由输电线路远距离输送，必然造成大的电压损耗和功率损耗，这样即使系统的无功功率维持在额定电压水平上的平衡，也可能出现局部地区电压偏移过大。因此无功补偿设备的设置应根据无功分层（各级电压）、分区（地区、县或站、网络）和就地平衡以及便于调整电压的原则进行设置。为此，GB/T 40427—2021《电力系统电压和无功电力技术导则》对发电端、电网和电力用户都提出了相应的要求。

（1）电力用户的功率因数。

1）35kV 及以上高压供电的电力用户，在考虑无功补偿后，在负荷高峰时，其变压器一次侧功率因数不应低于 0.95，在负荷低谷时，功率因数不应高于 0.95。

2）100kVA 及以上 10kV 供电的电力用户，其功率因数应达到 0.95 以上。

3）电力用户不应向系统送无功功率，在电网负荷高峰时不应从电网吸收大量无功功率。

（2）对发电机（包括汽轮发电机、水轮发电机和抽水蓄能发电机）的要求。

1）根据以下要求确定发电机额定功率因数（迟相）值：直接接入 330kV 及以上电网处于送端的发电机功率因数，宜选择为 0.9；处于受端的发电机功率因数，可在 0.85～0.9 中选择。直流输电系统送端的发电机功率因数，宜选择为 0.85；交直流混送系统的发电机功

率因数可在 0.85～0.9 中选择。其他发电机的功率因数可按 0.8～0.85 选择。

2）根据以下要求确定发电机吸收无功功率（进相）的能力：新安装发电机均应具备在有功功率为额定值时，功率因数进相 0.95 运行的能力。对已投入运行的发电机，应有计划地进行进相能力试验，根据试验结果予以应用。

（3）新能源机组应满足功率因数在超前 0.95～滞后 0.95 的范围内动态可调。

（4）电网的无功补偿。

1）330～500kV 电网，应按无功功率分层就地平衡的基本要求配置高、低压并联电抗器，以补偿超高压线路的充电功率。一般情况下，高、低压并联电抗器的总容量不宜低于线路充电功率的 90%。也就是说，330kV 以上电网的充电功率应基本上予以补偿，从最小负荷至最大负荷情况下无功功率应基本平衡。

2）在 35～220kV 电压等级的变电站，应根据需要配置无功补偿设备，其容量可按主变压器容量的 10%～30% 确定。在主变压器最大负荷时，其二次侧的功率因数和由电网供给的无功功率与有功功率的比值应符合管理规程规定的要求。例如，对于 220kV 变电站，在最大负荷时，一次侧的功率因数值应不低于 0.95；最小负荷时，相应一次侧的功率因数不宜高于 0.98。

3）对于 110kV 及以下的变电站，当电缆线路较多且在切除并联电容器后，仍出现向系统侧倒送无功时，可在变电站中、低压母线上装设并联电抗器。在最小负荷时，一次侧功率因数不应高于 0.98。

4）在 6～10kV 配电变压器低压侧配置低压电容器。电容器的安装容量不宜过大，一般为线路配电变压器总容量的 5%～10%，并且在线路最小负荷时，不能向变电站倒送无功，如果容量过大，还应装设自动投切装置。

（5）无功、电压管理曲线。

电力调度部门要根据电网负荷变化情况和电压调整的需要，编制和下达发电厂、变电站的无功功率曲线和电压曲线。无功功率（电压）曲线是发电厂、变电站控制和监测运行电压的依据，也是考核电压质量，进行电压合格率统计的标准。

二、电力系统电压控制

由于电力系统分布区域广泛，节点众多，电力系统调度部门不可能监视和控制所有用户的电压，因此实际做法是选择一些有代表性的发电厂和变电站作为电压质量的监视和控制点，这些点称为电压中枢点。如果这些点的电压质量符合要求，则其他点的电压质量也可以基本得到保证。因而电力系统电压控制策略可归结为：选择合适的中枢点；确定中枢点电压的允许偏移范围；采用一定方法将中枢点的电压偏移控制在允许范围内。

1. 电压中枢点的选择

电压中枢点是指电力系统中用来监视、控制和调整电压的母线，电力系统通常选择下列母线作为电压中枢点：①区域性发电厂和变电站的高压母线；②重要变电站 6～10kV 的母线；③有大量地方负荷的发电机母线。

2. 中枢点电压允许偏移范围的确定

每个负荷点都允许电压有一定的偏移，加上由负荷点至电压中枢点的电压损耗，便是每个负荷点对中枢点电压的要求。通常，一个中枢点要向多个负荷供电，此时确定中枢点电压允许偏移范围是以网络中电压损失最大的点（即电压最低的点）和电压损失最小的点（电压最高的点）作为依据。也就是说，中枢点的最低电压等于在地区负荷最大时电压最低点的用户电压的下限加上该点到中枢点的电压损失；中枢点的最高电压等于在地区负荷最小时电压最高点的用户电压的上限加上该点到中枢点的电压损失。只要中枢点电压满足这两个用户的要求，其他各用户的电压就能满足要求。

但如果各个负荷的变化幅度相差很大，各条线路的长度也相差也大，那么各个用户到中枢点电压损耗就会相差很大。此时，无论如何调节中枢点电压，都无法同时满足所有负荷的电压要求。也就是说，仅依靠控制中枢点电压已无法解决问题，必须辅以其他措施。例如，在某些负荷点装设补偿设备，减小电压损耗，从而使得该负荷的电压要求得到满足。这种电压控制方法称为集中控制与分散控制相结合的方法。

3. 中枢点的调压方式

当实际中由于缺乏必要的数据无法确定中枢点的电压控制范围时，可根据负荷的性质和系统的情况对中枢点的电压调整方式提出一个原则性要求，以便采取相应的调压措施。电力系统中枢点的调压方式有三种。

（1）逆调压。对于负荷变动大、线路较长、负荷距中枢点较远且电压质量要求又较高的电网，一般在中枢点采用逆调压方式。即在最大负荷时，将中枢点电压提高到线路额定电压的105%；在最小负荷时，将中枢点电压降低到线路额定电压。例如，电压中枢点的额定电压为10kV，采用逆调压方式，在最大负荷时，应使中枢点电压为10.5kV；在最小负荷时，应使中枢点电压为10kV。这样调控中枢点电压，可以使电网在最大负荷时，负荷点的电压不会因为电压损耗增大而过低；在最小负荷时，负荷点电压不会因为线路电压损耗较小而过高。因为调压方向和电网电压变化方向相反，所以称为逆调压。这种调压方式调压质量要求较高，一般需要在电压中枢点装设较贵重的调压设备，如调相机、静止补偿器、有载调压变压器等。

（2）顺调压。对于线路较短、电压损耗较小或用户允许的电压偏移较大的电网，一般在中枢点采用顺调压方式。即在最大负荷时，保持中枢点电压不低于线路额定电压的102.5%；在最小负荷时，保持中枢点电压不高于额定电压的107.5%。例如，某降压变电站低压母线采用顺调压方式，变压器电压比为110±2×2.5%/11kV，在最大负荷时，应使低压母线的电压不低于10.25kV；在最小负荷时，应使低压母线的电压不高于10.75kV。由于中枢点调压方向与电网电压变化方向相同，因此称为顺调压。顺调压要求较低，一般不需要装设特殊的调压设备，就能满足调压要求。

（3）恒调压。对于有些电力系统，当线路长度介于上述两种电力系统之间，负荷变动较小，且主要负荷对电压质量要求一般时，一般在中枢点采用恒调压方式。即在最大负荷和最小负荷时，均基本保持中枢点电压为额定电压的105%不变。恒调压的要求较逆调压稍低，一般通过合理选择变压器分接头和并联电容器补偿，即可满足调压要求。

📖 **任务实施**

【练习1】 电力系统的无功负荷和无功损耗。

（1）电力系统的无功负荷占比较大的负荷是_____。

（2）35kV及以上高压供电的电力用户，在考虑无功补偿后，在负荷高峰时，其变压器一次侧功率因数不应低于_____，在负荷低谷时，功率因数不应高于_____。

100kVA 及以上 10kV 供电的电力用户，其功率因数应达到_____以上。电力用户不应向系统送_____，在电网负荷高峰时不应从电网吸收大量_____。

（3）直接接入 330kV 及以上电网处于送端的发电机功率因数，宜选择为_____；处于受端的发电机功率因数，可在_____中选择。直流输电系统送端的发电机功率因数，宜选择为_____；交直流混送系统的发电机功率因数可在_____中选择。其他发电机的功率因数可按_____选择。新能源机组应满足功率因数在_____的范围内动态可调。

（4）330～500kV 电网，应按无功功率分层就地平衡的基本要求配置高、低压_____，以补偿超高压线路的_____，一般情况下，高、低压并联电抗器的总容量不宜低于线路充电功率的_____。

（5）在 35～220kV 电压等级的变电站，配置无功补偿设备容量可按_____容量的 10%～30%确定。

（6）对于 110kV 及以下的变电站，当电缆线路较多且在切除并联电容器后，仍出现向系统侧倒送无功时，可在变电站中、低压母线上装设_____。在最小负荷时，一次侧功率因数不应高于_____。

（7）在 6～10kV 配电变压器低压侧配置低压电容器。电容器的安装容量不宜过大，一般为线路配电变压器总容量的_____，并且在线路最小负荷时，不能向变电站倒送无功，如果容量过大，还应装设自动投切装置。

【练习2】 电力系统的无功电源。

（1）电力系统的无功电源有_____、_____、_____和_____。

（2）同步发电机调节发电机的_____就可以增发无功。

（3）同步调相机实际是空载运行的_____，在过励磁情况下，向系统_____感性无功功率；欠励磁情况下，从系统_____感性无功功率。因此同步调相机既可作为无功电源，也可以在系统电压过高时，作为_____从系统吸收无功功率以_____母线电压。

（4）电力电容器只能发出感性无功功率，提高母线_____水平，电力电容器输出功率受母线电压影响较_____，电容器的投切_____进行，其输出功率呈阶梯状变化，调节_____。但是它运行维护_____，有功功率损耗_____（为其容量的 0.3%～0.5%），成本_____，装设灵活方便，为适应运行情况的变化，电容器可连接成若干组，按功率因数和电压高低手动或自动投切。

（5）静止无功补偿器由_____和_____组成，并联在降压变压器的低压母线上。静止无功补偿器根据母线电压的高低自动控制可调电抗器_____感性无功功率的大小，从而控制补偿器发出或吸收感性无功功率的_____，达到稳定母线电压的目的。静止无功补偿器能快速_____调节无功，对冲击负荷有较强的适应性，运行维护简单，损耗较小，还能进行分相补偿，因而逐渐得到广泛的应用。

【练习3】 电力系统的无功功率平衡。

（1）电力系统运行过程的无功功率平衡方程_____，其中 $\sum Q_G$ 是指_____，$\sum Q_C$ 是指_____，$\sum Q$ 包括_____、电抗器等负荷消耗的无功功率。

（2）由电力系统综合负荷的电压静态特性曲线和系统无功功率平衡方程可知，要维持电压水平在允许范围内，首先必须有足够的_____，能使全系统的无功功率在额定电压水平上达到平衡，且要留有一定的_____以应付无功负荷的增加，一般为最大无功负荷的_____。

【练习4】 电力系统的无功管理。

（1）无功补偿设备的设置应根据_____、_____和_____以_____及_____的原则进行设置。

（2）高压供电的工业用户和高压供电装有带负荷调整电压装置的电力用户，功率因数为_____以上；其他100kVA（kW）及以上电力用户和大、中型电力排灌站，功率因数为_____以上；趸售和农业用电，功率因数为_____以上。

（3）330～500kV电网，应按无功功率分层就地平衡的基本要求配置高、低压_____，以补偿超高压线路的_____，一般情况下，高、低压并联电抗器的总容量不宜低于线路充电功率的_____。

（4）在35～220kV电压等级的变电站，配置无功补偿设备容量可按_____容量的10%～30%确定。

（5）对于110kV及以下的变电站，当电缆线路较多且在切除并联电容器后，仍出现向系统侧倒送无功时，可在变电站中、低压母线上装设_____。在最小负荷时，一次侧功率因数不应高于_____。

（6）在6～10kV配电变压器低压侧配置低压电容器。电容器的安装容量不宜过大，一般为线路配电变压器总容量的_____，并且在线路最小负荷时，不能向变电站倒送无功，如果容量过大，还应装设自动投切装置。

【练习5】 电压中枢点以及中枢点电压偏移范围。

（1）电压中枢点是指电力系统中用来_____、_____和_____的母线，电力系统通常选下列母线作为电压中枢点：①区域性发电厂和变电站的_____母线；②重要变电站_____的母线；③有大量地方负荷的_____母线。

（2）中枢点的最低电压等于在地区负荷最_____时，电压最_____点的用户电压的_____限加上该点到中枢点的_____；中枢点最高电压等于在地区负荷最小时，电压最_____点的用户电压的_____限加上该点到中枢点的_____。

（3）无论如何调节中枢点电压，都无法同时满足所有负荷的电压要求，必须辅以其他措施，这种电压控制方法称为_____与_____相结合的方法。

【练习6】 中枢点的调压方式。

（1）电力系统中枢点的调压方式有_____、_____和_____三种。

（2）对于负荷变动大、线路较长、负荷距中枢点较远且电压质量要求较高的电网，一般在中枢点采用_____。即在最大负荷时，将中枢点电压提高到线路额定电压的_____；在最小负荷时，将中枢点电压降低到线路_____；假设电压中枢点的额定电压为35kV，采用此调压方式，在最大负荷时，应使中枢点电压为_____kV；在最小负荷时，应使中枢点电压为_____kV。这种调压方式调压一般需要在电压中枢点装设较贵重的调压设备，如调相机、_____、_____等。

（3）对于线路较短、电压损耗较小或用户允许的电压偏移较大的电网，一般在中枢点采用_____。即在最大负荷时，保持中枢点电压不低于线路额定电压的_____，在最小负荷时，保持中枢点电压不高于_____的额定电压。例如，某降压变电站低压母线采用此调压方式，变压器电压比为 $110\pm2\times2.5\%/11kV$，在最大负荷时，应使低压母线的电压不低于_____kV；在最小负荷时，应使低压母线的电压不高于_____kV。这种调压方式一般不需要装设特殊的调压设备，就能满足调压要求。

（4）对于有些电力系统，当线路长度介于中间，负荷变动较小，且主要负荷对电压质量要求一般时，一般在中枢点采用_____。即在最大负荷和最小负荷时，均基本保持中枢点电压为额定电压的_____不变。恒调压的要求较逆调压稍低，一般采用合理选择变压器_____和_____补偿，即可满足调压要求。

任务 4　调整电力系统电压的技术措施

教学目标

知识目标：

（1）能说出电力系统电压的技术措施。

（2）能具体描述各种技术调压措施。

能力目标：

（1）能正确选择各种情况下采用的调压方式。

（2）能比较不同的技术调压方式的优缺点。

（3）会选择变压器的分接头进行调压。

素质目标：

培养学生树立全网为重、局部服从全网的观念。

任务描述

查询电力系统调压措施相关资料，学会各种调压措施。内容包括：①改变发电机励磁调压；②改变变压器分接头调压；③改变电网无功功率分布调压；④改变电网参数调压。

任务准备

课前做如下准备：

（1）上网检索资料，了解电力系统调压的技术措施及其优缺点。

（2）复习电压降和功率损耗计算。

课前预习相关知识部分，并独立回答下列问题：

（1）电力系统调压的技术措施有哪些？

（2）改变发电机励磁调压方法适用于哪些情况？

（3）如何改变变压器分接头进行调压？

（4）选择并联无功补偿容量有几种方式？

（5）如何改变电网参数调压？

相关知识

要实现在允许范围内调整系统电压，必须采取一定的调压措施。本任务介绍发电机调压、变压器调压、并联补偿调压、串联补偿调压等调压措施。

首先以图 5-4 所示的电网图来说明以上调压措施所依据的基本原理。图 5-4（a）为电网接线图，图 5-4（b）为其等值电路图。这里为简化分析，忽略了线路和变压器的导纳支路及功率损耗。如果忽略电压降的横分量，则变压器低压侧的电压为

$$u_{b} = (u_{G}k_{1} - \Delta U)/k_{2} = \frac{u_{G}k_{1} - \dfrac{PR + QX}{u_{G}k_{1}}}{k_{2}} \tag{5-15}$$

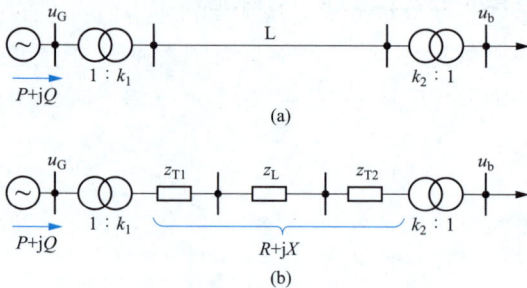

图 5-4　电压调整措施原理解释图
(a) 电网接线图；(b) 电网等值电路图

式中：k_{1}、k_{2} 分别为升压和降压变压器的电压比；R、X 分别为变压器和线路总电阻和电抗；P、Q 分别为发电机发出的有功功率与无功功率；u_{G} 为发电机端电压。

由式（5-14）可知，为调整用户端电压，可采取以下措施。

（1）改变发电机励磁电流，以改变发电机端电压 u_{G}。

（2）调整变压器的分接头，以改变变压器电压比 k_{1}、k_{2}。

（3）系统中设置无功补偿设备，以改变电网传输的无功功率 Q。

（4）参数 R、X 调压，主要是减少电网电抗 X。

由式（5-15）还可以看出，通过改变输出的有功功率，可以调节末端电压，但实际上一般不采用此方法调压。这是因为：一方面对于高压输电网而言，线路电抗远大于电阻，$\Delta U = \dfrac{PR + QX}{U} \approx \dfrac{QX}{U}$，改变有功功率对 ΔU 影响不大；另一方面有功功率电源只有发电机，而发电机的有功功率输出不能随意改变。

下面分别讨论几种主要的调压措施。

一、改变发电机励磁调压

现代同步发电机在端电压偏离额定值不超过 $\pm 5\%$ 的范围内，能够以额定功率运行。现代发电机组装有自动励磁调节装置，可以根据运行情况调节励磁电流，进而调节端电压。当负荷增大时，电网电压损耗增加，用户端电压下降，这时增加发电机励磁电流可提高系统电压；当负荷减小时，用户端电压升高，减小发电机励磁电流可降低电网电压，此种调压方式为逆调压。对于不同电网，发电机调压所起的作用不同。

由孤立发电厂不经升压直接供电的小型电网，由于供电线路较短，线路上电压损耗较小，因此改变发电机端电压即可满足负荷点的电压质量要求，不必另外增加调压设备。这种情况下，采用发电机调压是最经济合理的调压方式。

对线路较长、供电范围较大且有多级变压的供电系统，从发电厂到最远负荷点之间的电压损耗数值和变化幅度均比较大，并且在不同运行方式下电压损耗的差别也很大。此时利用

发电机调压不能满足所有负荷的要求，这就需要和其他调压设备配合共同完成调压任务。

在大型电力系统中，改变发电机励磁调压只是一种辅助的调压措施。如果发电机容量较小，改变发电机励磁对发电厂高压母线电压影响不大；如果发电机的容量较大，改变发电机的励磁电流，可以调节发电厂高压母线电压。改变发电厂高压母线的电压，会引起系统无功功率的重新分配，很可能与系统无功功率的经济分配产生矛盾，进而影响系统的经济运行。因此，在这样的系统中，大型发电厂是按照系统调度下达的调压措施曲线来调节无功功率。

对于大型用户的自备电厂，在最大负荷时，可通过增加励磁电流来提高电压；在最小负荷时，可减少励磁电流，甚至可以欠励磁运行，以吸收过剩的无功功率来降低电压。发电机在欠励磁运行时，应保留足够的静态稳定储备。

总之，发电机是电力系统中重要的无功电源，改变发电机励磁是电压调整的重要手段。在高峰负荷时段，当高压母线电压偏低时，应尽量使发电机带满无功功率到额定值；在低谷负荷时段，应尽量少带无功功率，使发电机功率因数达到 0.98 以上运行。对于已进行过进相运行试验的机组，在需要时应进相运行，使高压母线电压接近运行偏差下限值。需要注意的是，进相运行机组应保留 10% 的静态稳定储备。

二、改变变压器分接头调压

变压器一次侧接入系统后，只要改变变压器的电压比，就可以改变二次侧的电压。合理选择变压器电压比是电力系统调压措施中应用最为广泛的措施之一。

我国制造的普通电力变压器高压绕组上，除了主接头（对应于 U_N）外，还有几个附加分接头可供选择。电力变压器容量在 6300kVA 及以下时，一般有两个附加分接头，加上主接头，一共 3 个接头，即 $U_N\pm5\%$，分别于 $1.05U_N$、U_N 和 $0.95U_N$ 处引出，调压范围为 10%。对于容量为 8000kVA 及以上的变压器，有 5 个分接头（$U_N\pm2\times2.5\%$），如图 5-5(a) 所示，分别于 $1.05U_N$、$1.025U_N$、U_N、$0.975U_N$ 和 $0.95U_N$ 处引出，调压范围为 10%。三绕组变压器一般高、中压绕组都有分接头供调压选择用，如图 5-5(b) 所示。

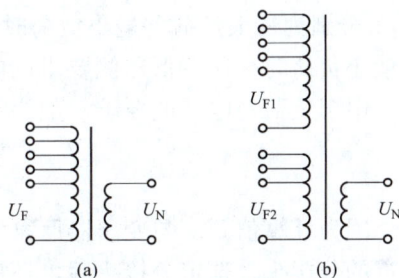

图 5-5　普通变压器的分接头
(a) 双绕组变压器；(b) 三绕组变压器

下面介绍普通变压器分接头的选择计算方法。

1. 双绕组变压器

普通双绕组变压器的分接头在选定后就不能改变了，对这一类变压器必须事先选好一个分接头，使得在最大负荷与最小负荷时，电压偏移不超过允许范围。在很多情况下，电压正负偏移相等最符合用电设备电压质量要求。下面按这个原则讨论这类变压器分接头的选择方法。

(1) 降压变压器的分接头选择。如图 5-6(a) 所示的降压变压器，其等值电路如图 5-6(b) 所示。假设其通过的功率为 $P+jQ$，高压侧实际电压为 U_1，归算到高压侧的变压器阻抗为 R_T+jX_T，归算到高压侧的变压器电压损耗为 ΔU，低压侧要求得到的电压为 U_2，则

$$\Delta U = (PR_T + QX_T)/U_1$$
$$U_2 = U_2'/k = (U_1 - \Delta U)/k \qquad (5-16)$$

式中：k 为变压器的实际电压比，$k=U_{1F}/U_{2N}$；U_{1F} 为高压侧的分接头电压；U_2' 为低压侧

归算到高压侧的电压；U_{2N} 为低压绕组的额定电压；U_2 为低压绕组的实际电压。

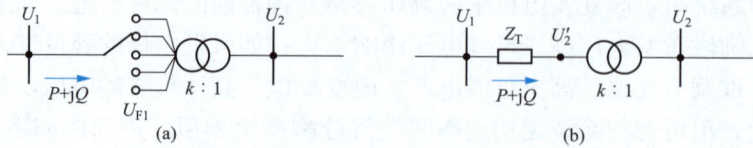

图 5-6　降压变压器分接头选择的示意图
（a）简化接线图；（b）等值电路图

将 k 代入式（5-16），即可得到变压器高压侧分接头电压，即

$$U_{1F} = \frac{U_1 - \Delta U}{U_2} U_{2N} \tag{5-17}$$

由于普通变压器分接头只能在停电情况下改变，在运行过程中，变压器无论负荷如何变化，都只能使用一个分接头，因此需要分别计算出最大负荷和最小负荷下所要求的分接头电压。

$$\begin{cases} U_{1Fmax} = \dfrac{U_{1max} - \Delta U_{max}}{U_{2max}} U_{2N} \\[3mm] U_{1Fmin} = \dfrac{U_{1min} - \Delta U_{min}}{U_{2min}} U_{2N} \end{cases} \tag{5-18}$$

式中：U_{1Fmax}、U_{1Fmin} 分别为最大负荷和最小负荷时变压器高压侧分接头的电压；U_{1max}、U_{1min} 分别为最大负荷和最小负荷时变压器高压侧的实际电压；U_{2max}、U_{2min} 分别为最大负荷和最小负荷时变压器低压侧要求的电压。

由于负荷对电压的要求一般为正负偏移相等，因此取它们的算术平均值为

$$U_{1F} = \frac{U_{1Fmax} + U_{1Fmin}}{2} \tag{5-19}$$

因为计算值 U_{1F} 与变压器厂家给的实际分接头不一定相符，所以只能根据 U_{1F} 值选择最接近的分接头。选定分接头后，还需根据变压器低压侧调压要求的电压来进行校验，如果不满足要求，应考虑采取其他调压措施。校验时应注意，采用的变压器电压比为选定的变压器分接头电压与二次侧额定电压之比。

（2）升压变压器的分接头选择。对升压变压器，如图 5-7 所示。U_2 为低压母线电压，U_1 为高压母线电压，Z_T 为归算至高压侧的变压器阻抗，需选择的仍为高压绕组分接头，即 U_{1F}。

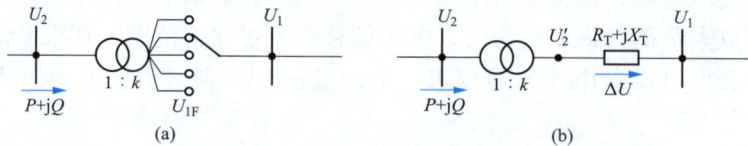

图 5-7　升压变压器分接头选择的示意图
（a）简化接线图；（b）原理接线图

采用类似的方法，有

$$U_2' = U_1 + \Delta U \tag{5-20}$$

式中：U_2' 为变压器低压母线电压归算至高压侧的值；U_1 为变压器高压侧实际电压；ΔU 为

变压器归算到高压侧的电压损耗，$\Delta U = (PR + QX)/U_2'$。

变压器的电压比为 $k = U_{1F}/U_{2N} = U_2'/U_2$，因此

$$U_{1F} = \frac{U_2'}{U_2}U_{2N} = \frac{U_1 + \Delta U}{U_2}U_{2N} \tag{5-21}$$

式中：U_{2N} 为变压器低压绕组额定电压；U_2 为变压器低压母线的实际电压。

同理，求出 U_{1Fmax}、U_{1Fmin} 后取其平均值 U_{1F}，选择最接近的标准分接头并进行校验。

2. 三绕组变压器

上述双绕组变压器的分接头选择也可用于三绕组变压器的分接头选择。不同的是，三绕组变压器有两个分接头需要选择，一般根据功率流向确定选择的方法。对于电源在高压侧的三绕组降压变压器，应首先按照低压侧母线电压要求选定高压绕组分接头，此时高、低压绕组相当于一个双绕组变压器；然后再由已选定的高压绕组分接头和中压侧母线电压要求选择中压绕组的分接头，此时高、中压绕组相当于一个双绕组变压器。对于低压侧有电源的升压变压器，其他两侧分接头可以根据这两侧所要求的电压和低压侧电压情况分别进行选择，即将它看成两台双绕组升压变压器来进行选择。

3. 有载变压器

如果系统中无功电源不缺乏，采用普通变压器不能满足调压要求，特别是在长线路、负荷变动很大且需要在运行情况下改变变压器分接头的场合，可采用有载调压变压器，其原理接线图如图 5-8 所示。

有载调压变压器的高压绕组除主绕组外，还有一个引出若干分接头的调压绕组，调压绕组带有分接头切换装置，可在有负荷时切换分接头。切换装置有两个可动触头 K_a 和 K_b，每个触头串联一个接触器触点 KM_a 和 KM_b，调节时先将一个可动触头的接触器触点 KM_a 断开，将该动触

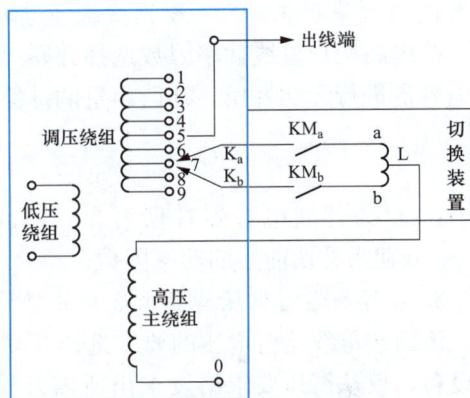

图 5-8　有载调压变压器的原理接线图

头 K_a 移动到相邻分接头上，然后再将另一个触头也移到该分接头上，逐级移动直到两个可动触头都移到所选的分接头。切换过程中，始终有一个触头绕组在原来的分接头上，避免变压器带负荷开路。当两个可动触头在不同分接头位置时，分接头之间由于存在着一定的相位差，会有一定的短路电流。切换装置中的电抗器 L 用来限制两分接头间的短路电流。为防止可动触头在切换中产生电弧，使变压器油绝缘劣化影响到主绕组，所以制造时在切换装置的可动触头 K_a、K_b 回路中串入接触器触点 KM_a、KM_b，并将 KM_a、KM_b 放在独立的油箱中。

有载调压变压器调压绕组的分接头多于普通变压器（例如 $\pm 8 \times 1.25\%$）。其能在带负荷条件下切换分接头，且级差小，调节范围大，因而能更好地满足用户要求。特别在要求逆调压时，普通变压器无法实现，只有采用有载调压变压器。缺点是造价高，维修复杂。

对于 110kV 及以上电压等级的变压器，一般将调节绕组放在变压器的中性点侧，由于变压器的中性点接地，中性点附近对地电压很低，因此调节装置的绝缘问题容易解决。

选择变压器分接头的要求是：所选的分接头应使二次母线的实际电压不超出电压允许偏

移范围。除此之外，变压器分接头的选择还应考虑如下几个问题。

（1）区域性大型发电厂的升压变压器分接头应尽量放在最高位置。

（2）通常按照最大负荷和最小负荷两种情况选择变压器的分接头，但也应考虑发生事故后中枢点的电压是否会降至临界电压的情况。若是，则应采取其他事故措施或自动切除负荷。

（3）应尽量将一次系统的电压提高到上限运行。这样可以降低一次系统的无功功率损耗，增大一次系统的充电功率，对系统的无功功率平衡和电压调整有利。当系统的无功功率充足时，用户的电压也应尽可能在上限运行，这对系统的经济运行有利。当整个系统的无功功率不足时，用户低压母线的电压应维持原有水平，以保证系统能安全、可靠运行。

三、改变电网无功功率分布调压

改变变压器电压比调整电压的方法，适用于系统无功电源充足的情况。当电力系统无功电源不足时，应先增加无功电源，采用无功分层分区就地平衡的原则设置并投入无功补偿设备。

无功补偿设备的设置不受能源和地点的限制，可集中安装也可分散安装。通过改变电网无功功率分布，就地平衡无功负荷，可以减少无功功率在电网传输过程中产生的功率损耗和电压损耗，提高电网的电压质量和设备利用率。

1. 按提高用户母线功率因数选择并联无功补偿容量

按提高用户母线功率因数选择并联无功补偿容量，一般适用于中小容量系统，多采用并联电容器进行无功补偿。补偿容量的计算公式为

$$Q_c = \left[\left(\frac{1}{\cos^2 \varphi_1} - 1 \right)^{1/2} - \left(\frac{1}{\cos^2 \varphi_2} - 1 \right)^{1/2} \right] P_{av} \tag{5-22}$$

式中：Q_c 为并联电容器补偿容量，kvar；P_{av} 为年最大负荷月的平均有功功率；$\cos \varphi_1$、$\cos \varphi_2$ 分别为补偿前后的功率因数。

2. 按母线运行电压的要求选择并联无功补偿容量

下面按母线运行电压的要求选择并联无功补偿容量。分析时分两步：首先不考虑具体补偿设备，仅从调压要求出发求出所需补偿的无功容量；然后再针对具体设备选择所需补偿容量。

图 5-9 所示简单供电网络的负荷点电压不符合要求，拟在负荷端点采用并联补偿设备改善电压状况。

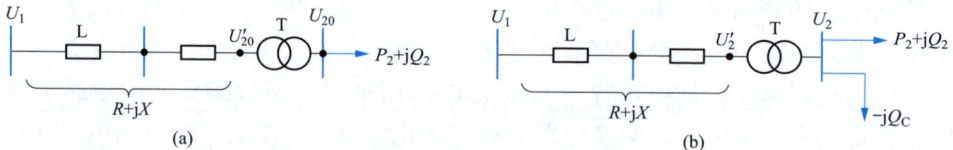

图 5-9 并联补偿调压容量的确定图

(a) 补偿前电网的等值电路；(b) 补偿后电网的等值电路

不计线路和变压器并联导纳，也不计电压降横分量，补偿前有关系式

$$U_1 = U'_{20} + \frac{P_2 R + Q_2 X}{U'_{20}} \tag{5-23}$$

式中：U'_{20} 为补偿前归算至高压侧的变压器低压侧母线电压；P_2、Q_2 分别为负荷消耗的有功功率和无功功率；R、X 分别为电源点到负荷点总阻抗。

补偿后有关系式

$$U_1 = U_2' + \frac{P_2 R + (Q_2 - Q_C) X}{U_2'} \tag{5-24}$$

式中：U_2' 为归算至高压侧的补偿后变压器低压侧母线；Q_C 为负荷端无功补偿容量。

设补偿前后供电点电压 U_1 不变，则有

$$U_1 = U_{20}' + \frac{P_2 R + Q_2 X}{U_{20}'} = U_2' + \frac{P_2 R + (Q_2 - Q_C) X}{U_2'} \tag{5-25}$$

整理后得到

$$Q_C = \frac{U_2'}{X} \left[(U_2' - U_{20}') + \left(\frac{P_2 R + Q_2 X}{U_2'} - \frac{P_2 R + Q_2 X}{U_{20}'} \right) \right] \approx \frac{U_2'}{X} (U_2' - U_{20}') \tag{5-26}$$

式（5-24）中第二项为补偿前后电压损耗的变化量，其值很小可忽略。设变压器电压比为 $k : 1$，则

$$Q_C = \frac{U_2'}{X} (U_2' - U_{20}') = \frac{kU_2}{X} (kU_2 - U_{20}') \tag{5-27}$$

式中：U_2 为并联补偿后和选定变压器分接头后，变压器低压母线按调压方式要求的电压。

由式（5-27）可以看出，补偿容量不仅与补偿前后负荷端电压的差值成正比，电压差越大，所需的补偿容量越大；而且也和变压器的电压比 k 有关，因此，在计算补偿容量的同时，需考虑变压器电压比的选择。选择电压比的原则是既要满足调压要求，又要使补偿容量最小。下面分别讨论电力电容器和同步调相机补偿容量的确定方法。

（1）电力电容器。对电力电容器，按最小负荷时全部退出、最大负荷时全部投入的原则选择变压器电压比，首先按最小负荷时确定变压器电压比，即

$$U_{1F} = \frac{U_{1\min} - \Delta U_{\min}}{U_{2\min}} U_{2N} \tag{5-28}$$

式中：$U_{1\min}$ 为最小负荷时变压器高压侧母线电压；$U_{2\min}$ 为最小负荷时变压器低压母线按调压方式要求的电压；$\Delta U_{\min}$ 为最小负荷时的电压损耗；U_{2N} 为变压器低压侧额定电压。

由式（5-28）求得分接头电压后再标准化，选取最接近的分接头，并校验是否符合调压要求，根据选定的分接头计算变压器的实际电压比 $k = U_{1F}/U_{2N}$。然后在最大负荷时由式（5-27）求出所需的无功补偿容量，即

$$Q_C = \frac{kU_{2\max}}{X} (kU_{2\max} - U_{20\max}') \tag{5-29}$$

式中：$U_{2\max}$ 为最大负荷时变压器低压侧按调压方式要求的电压；$U_{20\max}'$ 为补偿前最大负荷时归算至高压侧变压器的低压母线电压。

（2）同步调相机。对同步调相机，按最小负荷时欠励磁运行、最大负荷时过励磁运行的原则选择变压器的电压比。注意欠励磁时同步调相机吸收无功功率，而欠励磁满额运行时的容量一般为过励磁运行时的 α 倍，一般为 0.5～0.65。故有

$$\begin{cases} -\alpha Q_C = \dfrac{kU_{2\min}}{X} (kU_{2\min} - U_{20\min}') \\ Q_C = \dfrac{kU_{2\max}}{X} (kU_{2\max} - U_{20\max}') \end{cases} \tag{5-30}$$

式中：将第二式代入第一式，可得到

$$k = \frac{U_{2\min}U'_{20\min} + \alpha U_{2\max}U'_{20\max}}{U_{2\min}^2 + \alpha U_{2\max}^2} \tag{5-31}$$

计算出变压器分接头电压值 $U_F = kU_{2N}$，再次计算出变压器电压比 k，选择标准的分接头，将其代入式（5-30），即可求得所需的补偿容量 Q_C。

四、改变电网参数调压

用户电压过低的原因有两个：一是系统无功电源不足，导致系统被迫降低运行电压，以维持系统无功功率的平衡，可以通过投入无功补偿和发电机增发无功来提高系统电压；二是电网的电压损耗过大。由调压原理分析可知，通过改变电网参数可以达到调压的目的。即改变电网 R、X，可采用的方法有以下三种。

（1）增大电网中导线截面积，以减小电阻 R，从而降低电压损耗。但是这种方法仅在有功功率所占比例较大，原有导线截面积较小的 10kV 及以下配电线路中才有效。在输电线路中，由于 $X \gg R$，电压损耗中 Q_X 起主导作用，因此这种方法降低电压损耗收效甚小。此外，从节约有色金属的角度出发，一般不采用改变电阻的方法调整电压。

（2）改变电网的接线方式，以减小电网的阻抗，从而降低电网的电压损耗，达到调压的目的。改变电网的接线方式主要有：①将单回路供电改造为双回路供电线路；②将开环运行的电网改造为闭环运行的电网；③投入或切除变电站中并联运行的一台或多台变压器。

上述几种方法只能在不降低供电可靠性和不显著增加功率损耗的前提下，作为辅助调压措施使用。对于有两台或多台变压器并联运行的变电站，在最小负荷时，切除一台或多台变压器是可行的，可以采用备用电源自动投入装置弥补供电可靠性的不足，还可以降低变压器总的功率损耗。

（3）串联电容补偿。对于长距离输电线路，由于线路电抗比较大，导致电压损耗和无功损耗大，同时限制了线路的输送容量。在线路上串联电容器，利用容抗补偿线路的感抗，从而可提高线路末端电压，这种方法称为串联补偿调压，如图 5-10 所示。

图 5-10 串联补偿调压
(a) 补偿前的电网；(b) 补偿后的电网

图中已知首端功率，补偿前的电压损耗为

$$\Delta U = \frac{P_1 R + Q_1 X}{U_1} \tag{5-32}$$

补偿后的电压损耗为

$$\Delta U_C = \frac{P_1 R + Q_1 (X - X_C)}{U_1} \tag{5-33}$$

式中：X_C 为串联补偿电容器的容抗值。

提高的末端电压为

$$\Delta U - \Delta U_C = \frac{Q_1 X_C}{U_1} \tag{5-34}$$

若要求提高的电压为 $\Delta U - \Delta U_C$，则所需要的容抗为

$$X_C = \frac{(\Delta U - \Delta U_C)U_1}{Q_1} \qquad (5\text{-}35)$$

串联补偿电容器由多个电容器经串联和并联组成，如图 5-11 所示。如果按产品手册选择的电容器额定电压为 U_C，额定容量为 Q_C，则可根据最大负荷时的电流 $I_{max} = S_{max}/(\sqrt{3}U_{max})$（其中 U_{max} 为对应于 S_{max} 的电压）所需的串联补偿容抗 X_C 和电容器额定电压 U_{NC}，额定电流 I_{NC}，确定电容器组的串数 m 和每串电容器的组数 n，即

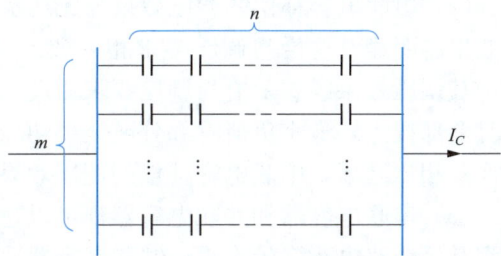

图 5-11　串联电容器组

$$\begin{cases} m \geqslant I_{max}/I_{NC} \\ n \geqslant I_{max}X_C/U_{NC} \end{cases} \qquad (5\text{-}36)$$

需要注意的是，m、n 应取比计算值偏大的整数，确定后需校验实际的补偿效果是否达到要求。m、n 确定后，则串联补偿电容器容量为

$$Q_C = 3mnQ_{NC} \geqslant 3I_{max}^2 X_C \qquad (5\text{-}37)$$

串联电容器组一般集中安装于一绝缘平台，以便于运行管理和维护。由于经串联补偿后电压会突然升高，因此其装设地点应考虑：既要使负荷点电压在允许范围内，又要使沿输电线路电压分布尽可能均匀，以提高所有负荷点电压，同时还应避免故障时流过电容器的短路电流过大。针对不同结构的线路，串联补偿电容器设置的地点是不同的。对于单电源线路，当负荷集中在辐射型网络末端时，仅需提高末端电压，串联补偿电容器应装于线路末端；当沿线有多个负荷时，为了提高沿线各负荷点的电压，将串联补偿电容器装于全线电压降的 1/2 处较为合适。

串联电容补偿的性能可用补偿度表示。补偿度是指串联补偿电容器的容抗 X_C 与线路感抗 X_L 的比值，用 K_C 表示，即

$$K_C = \frac{X_C}{X_L} \times 100\% \qquad (5\text{-}38)$$

当 $X_L > X_C$ 时，称为欠补偿，补偿了部分线路电抗，线路末端电压得到提高，但不会超过线路首端的电压。当 $X_L = X_C$ 时，称为全补偿，线路容抗补偿了全部线路电抗，线路相当于纯电阻线路，在不考虑电阻压降时，线路末端电压等于线路首端电压。当 $X_L < X_C$ 时，称为过补偿，此时线路末端电压可能高于线路首端电压。

值得注意的是，由式（5-34）可知，串联补偿电容器的调压效果，即线路末端提高的电压与所串电容器的容抗 X_C 成正比，同时也与线路中流过的无功功率 Q_1 成正比。无功负荷大时，调压效果显著；无功负荷小时，调压效果较弱，即具有正的调节效应，有利于维护电压运行的稳定。另外，若负荷的功率因数较高，则线路中流过的无功功率较小，从而导致串联电容的调压效果减弱。因此，串联补偿调压主要用于 110kV 以下功率因数较低的辐射型配电线路。此外，串联电容补偿应考虑装设过电压保护和防止短路电流对电容器冲击的保护电器，如避雷器、放电间隙、释能设备等。

五、串联电容补偿与并联电容补偿的比较

(1) 为减少同样大小的电压损耗，需设置的串联电容器容量仅为并联电容器容量的 10%～15%。

(2) 串联电容补偿的调压效果与无功负荷的大小有关。无功负荷增加时，电压越低，调压效果越明显，这恰与调压要求相一致。而对于并联电容补偿，无功负荷越大时，电压越低，其调压效果越差，恰与调压要求相反。另外，一般对并联电容补偿的要求是：在最大负荷时全部投入，最小负荷时部分或全部切除，这样的调压效果较好，但是需要时间进行操作切换。相比之下，串联电容补偿的调压效果更为显著。

(3) 串联电容器和并联电容器都可以达到调压的目的，但串联电容器具有负的电压降，起到补偿线路电压降的作用；并联电容器通过减少线路上流通的无功功率来减小线路的电压降。因此，串联电容器的调压作用比较明显。

(4) 串联电容补偿一般适用于负荷变动较大且频繁、功率因数又比较低的配电线路上，而对于负荷功率因数在 0.95 以上或导线截面较小的线路，由于此时电压损耗中与电阻有关的分量较大，使得串联电容补偿的效果不显著。

(5) 并联电容补偿可以减少电力线路流过的无功功率，从而可直接减少线路上的有功损耗。串联电容补偿则只能通过提高电压来间接减少线路的有功损耗。如果设置的电容器容量相等，则并联电容补偿对减少线路有功损耗的效果比串联电容补偿的效果显著。

电力系统的调压措施可以归纳为两大类：一类为合理组织电力系统现有设备的运行方式以达到调压的目的，如改变发电机励磁调压、改变变压器分接头调压等，应优先采用此类调压措施；另一类为需要增加设备或改进电力系统现状的调压措施，如改变电网无功功率分布调压、改变电网参数调压等。各种调压措施应合理应用。

📖 任务实施

【练习1】 改变发电机励磁调压。

(1) 现代同步发电机在端电压偏离额定值不超过_____的范围内，能够以额定功率运行。

(2) 现代同步发电机可以根据运行情况调节_____来调节端电压。负荷增大时，_____发电机励磁电流以提高系统电压；负荷减小时，用户端电压升高，_____发电机励磁电流以降低电网电压，此种调压方式为_____调压。

【练习2】 改变变压器分接头调压。

(1) 改变变压器的电压比就可以改变_____的电压。

(2) 电力变压器容量在 6300kVA 及以下时，一般有两个附加分接头，即 $U_N±5\%$，分别于_____U_N、U_N、_____U_N 处引出，调压范围为_____。对于容量为 8000kVA 及以上的变压器，有 5 个分接头（$U_N±2×2.5\%$），分别于_____U_N、_____U_N、U_N、_____U_N、_____U_N 处引出，调压范围为_____。三绕组变压器一般_____、_____压绕组都有分接头供调压选择用。

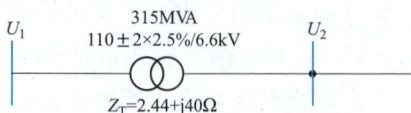
图 5-12 [示例1] 附图

【示例1】 一台降压变压器归算到高压侧的参数、负荷及分接头范围已标注于图 5-12 中，已知最大负荷时高压侧电压为 110kV，最小负荷时为 115kV，最大负荷和最小负荷时电压损耗分别为 $\Delta U_{max} = 7kV$，

$\Delta U_{\min}=3\text{kV}$，要求低压母线上电压变化范围为 $6\sim6.6\text{kV}$。试选择变压器分接头。

解： 由已知 $U_{1\max}=110\text{kV}$，$U_{1\min}=115\text{kV}$，$\Delta U_{\max}=7\text{kV}$，$\Delta U_{\min}=3\text{kV}$，并取最大负荷时 $U_{2\max}=6\text{kV}$，最小负荷时 $U_{2\min}=6.6\text{kV}$。得到最大负荷和最小负荷时的分接头电压为

$$U_{1\text{Fmax}}=\frac{U_{1\max}-\Delta U_{\max}}{U_{2\max}}U_{2\text{N}}=\frac{110-7}{6}\times6.6=113.3(\text{kV})$$

$$U_{1\text{Fmin}}=\frac{U_{1\min}-\Delta U_{\min}}{U_{2\min}}U_{2\text{N}}=\frac{115-3}{6.6}\times6.6=112(\text{kV})$$

从而得到变压器分接头电压为

$$U_{1\text{F}}=\frac{U_{1\text{Fmax}}+U_{1\text{Fmin}}}{2}=\frac{113.3+112}{2}=112.65(\text{kV})$$

选择最接近的变压器分接头为 $110+2.5\%\times110=112.75$（kV）。

检验最大负荷和最小负荷时低压侧的实际电压

$$U_{2\max}=\frac{(110-7)\times6.6}{112.75}=6.03(\text{kV})$$

$$U_{2\min}=\frac{(115-3)\times6.6}{112.75}=6.55(\text{kV})$$

符合低压母线要求 $6\sim6.6\text{kV}$。

【练习 3】 某降压变电站中有一台容量为 10MVA 的变压器，电压为 $110\pm2\times2.5\%/11\text{kV}$。已知最大负荷时，高压侧实际电压为 113kV，变压器阻抗中电压损耗为额定电压的 4.63%；最小负荷时，高压侧实际电压为 115kV，阻抗中电压损耗为 2.81%。变电站低压母线采用顺调压方式，试选择变压器分接头电压。

【示例 2】 一台与发电机直接相连的升压变压器，$S_{\text{N}}=31.5\text{MVA}$，电压比为 $6.3/121\pm2\times2.5\%\text{kV}$，已知最大负荷时高压母线电压 $U_{1\max}=120\text{kV}$，变压器电压损耗 $\Delta U_{\max}=8\text{kV}$；最小负荷时高压母线电压 $U_{1\min}=114\text{kV}$，变压器电压损耗 $\Delta U_{\min}=5\text{kV}$。发电机调压范围为 $6\sim6.6\text{kV}$。试选择变压器分接头。

解： 取最大负荷及最小负荷时发电机机端电压 $U_{2\max}=6.6\text{kV}$，$U_{2\min}=6\text{kV}$，由式（5-21）求得最大及最小负荷时的分接头电压为

$$U_{1\text{Fmax}}=(U_{1\max}+\Delta U_{\max})U_{2\text{N}}/U_{2\max}=(120+8)\times6.3/6.6=122.2(\text{kV})$$

$$U_{1\text{Fmin}}=(U_{1\min}+\Delta U_{\min})U_{2\text{N}}/U_{2\min}=(114+5)\times6.3/6=124.9(\text{kV})$$

求得变压器分接头电压为

$$U_{1\text{Fmin}}=\frac{U_{1\text{Fmax}}+U_{1\text{Fmin}}}{2}=\frac{122.2+124.9}{2}=123.55(\text{kV})$$

选变压器标准分接头为 $121\pm121\times2.5\%=124.025$（kV）。

校验如下

$$U_{2\max}=(120+8)\times6.3/124.025=6.5(\text{kV})$$

$$U_{2\min}=(114+5)\times6.3/124.025=6.04(\text{kV})$$

所选分接头符合要求。

【练习 4】 如图 5-13 所示升压变压器，额定容量为 31.5MVA，电压比为 $10.5/121\pm2\times2.5\%$，归算至高压侧的阻抗为 $Z_{\text{T}}=3+\text{j}48(\Omega)$，通过变压

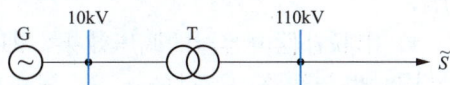

图 5-13 ［练习 4］附图

器的功率为 $\tilde{S}_{\max}=24+j16(\mathrm{MVA})$，$\tilde{S}_{\min}=13+j10(\mathrm{MVA})$。高压侧调压要求 $U_{\max}=120\mathrm{kV}$，$U_{\min}=112\mathrm{kV}$，试选择变压器分接头。

【练习5】 三绕组变压器有两个分接头需要选择，一般根据_____确定选择的方法。

（1）电源在高压侧的三绕组降压变压器，应首先按照_____母线电压要求选定_____绕组分接头，此时高、低压绕组相当于一个双绕组变压器；然后再由已选定的高压绕组分接头和中压侧母线电压要求选择_____绕组的分接头，此时高、中压绕组相当于一个双绕组变压器。

（2）电源在低压侧的三绕组升压变压器，其他两侧分接头可以根据这两侧所要求的电压和低压侧电压情况分别进行选择，即将它看成两台_____绕组_____压变压器来进行选择。

【练习6】 改变电网无功功率分布调压。

（1）改变变压器电压比调整电压的方法，适用于系统_____充足的情况。当电力系统无功电源不足时，应先_____无功电源。

（2）按提高用户母线功率因数选择并联无功补偿容量一般适用于_____容量系统，多采用_____进行无功补偿。补偿容量的计算公式为_____。

（3）按母线运行电压的要求选择并联无功补偿容量分两步：首先不考虑具体补偿设备，仅从_____要求出发求出所需补偿的无功容量；然后再针对_____设备定出所需补偿容量。

（4）电容器补偿容量的确定按_____时全部退出、_____时全部投入的原则选择_____，对同步调相机，按最小负荷时_____运行、最大负荷时_____运行的原则选择_____的电压比。

【练习7】 改变电网参数调压。

（1）改变电网的接线方式可以_____电网的_____，从而减小电网的_____损耗，达到调压目的。改变电网的接线方式主要有：①将单回路供电改造为_____供电线路；②将开环运行的电网改造为_____运行的电网；③_____变电站中多台并联运行的变压器的一台或数台。

（2）对于长距离输电线路，由于线路电抗比较大，造成电压损耗和无功损耗大，同时限制了线路的输送容量。在线路上_____，利用容抗补偿线路的感抗，从而可提高线路末端电压，这种方法称为_____调压。

（3）串联电容补偿的性能可用_____表示。即指串联电容器的容抗 X_C 与线路感抗 X_L 的比值 K_C，$K_C=$_____。

1）当 X_L_____X_C 时，称为欠补偿。补偿了部分线路电抗，线路末端电压得到提高，但不会超过线路首端的电压。

2）当 X_L_____X_C 时，称为全补偿。线路容抗补偿了全部线路电抗，线路相当于纯电阻线路，在不考虑电阻压降时，线路末端电压等于线路首端电压。

3）当 X_L_____X_C 时，称为过补偿。过补偿时，线路末端电压可能高于线路首端电压。

4）串联补偿电容器的调压效果，即线路末端提高的电压与所串电容器的容抗 X_C 成____比，同时也与线路中流过的_____成正比。无功负荷大时，调压效果显著；无功负荷小时，调压效果软弱，即具有正的调节效应，有利于维护电压运行的稳定。

5）如负荷的功率因数较高，则线路中流过的无功功率较_____，从而串联电容调压效果减小。因此串联补偿调压主要用于 110kV 以下功率因数较低的辐射型配电线路。

小　结

电压是电能质量的重要指标，本项目主要阐述了电力系统运行时系统的无功功率平衡与电压调整的问题。

电力系统运行过程中，功率的波动会引起电压发生偏移，其中无功功率的波动和电压偏移关系最为密切，描述正常运行情况下功率与电压变化规律的曲线称为功率-电压静态特性曲线。因为电力系统负荷中异步电动机占比最大，所以综合负荷的电压静态特性曲线近似为异步电动机的电压静态特性曲线。

电力系统电压偏移取决于系统的无功功率平衡。电力系统的无功电源有发电机、电容器、静止无功补偿器和调相机；无功负荷有系统无功负荷、电网无功损耗及厂用无功负荷。当系统无功电源缺乏时，会引起系统电压降低；相反，无功过剩则系统电压会升高。又因为电力系统供电范围很广，电网上电压损耗很大，所以即使总体无功功率平衡，在局部也可能造成电压偏移过大，因此需要做到分层分区的平衡，同时还需要一定的无功备用，以保证运行的可靠性和无功负荷的增长。

电力系统电压控制的策略为选取有代表性节点作为电压中枢点，通过控制电压中枢点电压偏移在允许范围内，从而控制电网所有节点电压在允许范围内。电压中枢点调压方式有逆调压、顺调压和恒调压三种。

电力系统电压调整措施有改变发电机励磁调压、改变变压器分接头调压、改变电网无功功率分布调压和改变电网参数调压。以上四种调压方式中，改变发电机励磁调压和改变电网无功率分布调压是改变发出无功功率大小进行电压调整的手段，也是保证电力系统电压水平的根本手段。变压器不是无功电源，不发出无功功率，但其分接头位置的变化可改变无功功率的分布，从而改变系统中局部的电压水平。串联电容补偿调压通过参数补偿，可以直接减小线路的电压损耗。因此，四种方法各有利弊，应综合利用，即进行综合调压。

项目 6

电力系统经济运行

项目目标

能够说出电力系统电能损耗的基本概念；会利用面积法、均方根电流法、最大负荷损耗时间法、等值功率法等进行电能损耗的计算；能够说出降低电能损耗的技术措施。

任务 1 认 知 电 能 损 耗

教学目标

知识目标：

能说出供电量、损耗电量及网损率的概念。

能力目标：

(1) 能区分线路、变压器的固定损耗和变动损耗。

(2) 能根据供电量和损耗电量计算网损率。

素质目标：

能培养学生节能环保低碳的理念。

任务描述

从某县供电公司获得一条线路的表计数据，计算该线路的网损率。

任务准备

课前做如下准备：

从某县供电公司获得线路的表计数据和线损分析报告。

课前预习相关知识部分，并独立回答下列问题：

(1) 什么叫供电量、损耗电量和网损率？

(2) 什么是固定损耗？什么是变动损耗？

相关知识

电力系统在运行过程中，运行参数经常发生变化。因此，按照某一电流或功率值计算的有功损耗仅为该运行时刻的瞬时值，并不具有普遍的意义。计算电网的有功损耗必须以一定时间段内损耗的电量来衡量。通常用一年（365×24h＝8760h）内电网总的有功损耗的电量来表示，即年电能损耗。

在给定的时间（日、月、季或年）内，系统中所有发电厂的总发电量与厂用电量之差称为供电量；所有送电、变电和配电各环节所损耗的电量称为电网的损耗电量。在同一时间内，电网损耗电量占供电量的百分数称为电网的损耗率，简称网损率或线损率，即

$$电网损耗率 = \frac{电网损耗量}{供电量} \times 100\% \tag{6-1}$$

网损率是电力系统的一个重要经济指标，也是衡量电力企业管理水平的主要标志。近年来，我国网损率逐年下降，2023 年网损率为 4.54%，比 2022 年下降 0.303%。

电网运行时，电流或功率流经电网元件会产生功率损耗。在电阻与电导中产生有功损耗，在电感中产生无功损耗。

电能损耗 ΔA（kWh）计算式为

$$\Delta A = \Delta P t \tag{6-2}$$

式中：ΔP 为有功损耗，kW；t 为计算电能损耗的时间，h。

电网的功率损耗包括以下两部分：

（1）固定损耗 ΔA_1：与电网输送的功率无关，只与电压有关的损耗。这部分损耗产生于输电线路和变压器的并联导纳中，如电晕损耗、变压器铁损与励磁损耗等，约占电网总功率损耗的 20%。

（2）变动损耗 ΔA_2：与电网输送的功率有关的损耗。这部分损耗产生于输电线路和变压器的阻抗中，输送的功率越大，损耗也越大，约占电网总功率损耗的 80%。

以变压器为例，若忽略电压变化对铁心的影响，则在给定的运行时间内，变压器的电能损耗为

$$\Delta A_T = \Delta P_0 T + 3 \int_0^T I^2 R_T \mathrm{d}t \times 10^{-3} \tag{6-3}$$

式（6-3）中的第一项与电流或功率无关，称为固定损耗，它只与电压和运行时间有关，计算比较简单；第二项与电流或功率有关，称为变动损耗，也与负荷的大小及运行时间有关，计算比较困难。线路中电阻上的电能损耗与式中的第二项相似。

当系统负荷一定时，有功损耗越大，所需要的发电设备容量也越大，从而增加了发电设备的投资，并消耗更多的能源（如水、煤、油等），使系统的运行费用增加。无功损耗影响电力系统无功功率的供应，要求发电设备多发无功或增加无功补偿设备，导致投资增加，过多的无功损耗导致有功功率的输送受到限制，并引起有功损耗增加。因此，降低电网的功率损耗与电能损耗是电网规划设计与运行管理中的重要任务。电能损耗的计算方法主要有面积法、均方根电流法、最大负荷损耗时间法和等值功率法等。

📖 **任务实施**

【练习 1】　基本概念。

（1）供电量是在给定的时间（日、月、季或年）内，系统中＿＿＿＿＿＿＿＿与＿＿＿＿＿之差。

（2）电网的损耗电量是＿＿＿＿＿＿＿＿＿＿＿＿＿＿＿＿＿＿的电量。

（3）网损率是在同一时间内，＿＿＿＿＿＿＿占供电量的百分数。

【练习 2】　电网功率损耗。

电网功率损耗包括以下两部分。

（1）固定损耗 ΔA_1：与电网输送的_____无关，只与_____有关的损耗。如电晕损耗、变压器铁损与励磁损耗等，约占电网总功率损耗的_____。

（2）变动损耗 ΔA_2：与电网输送的_____有关的损耗。这部分损耗产生于输电线路和变压器的阻抗中，约占电网总损耗功率的_____。

（3）当负荷为零时，变压器和线路的电能损耗为零吗？线路变压器和线路的电能损耗计算有何异同？

【示例】 线损计算。10kV某条线路西关线，关口表倍率为10000，线路下带高压用户2户，公变台区5个。某日，西关线关口表正向上表底为3609.41kWh，正向下表底为3611.97kWh；反向上表底为0，反向下表底为0。所带负荷表计读数见表6-1，求该线路线损率。

表6-1　　　　　　　　　　　西关线所带负荷表计读数

序号	类型	用户/台区名称	倍率	正向上表底 (kWh)	正向下表底 (kWh)	反向上表底 (kWh)	反向下表底 (kWh)
1	台区	城东2号变	50	7894.4256	7909.8538	0	0
2	台区	城东3公变	120	11069.4013	11077.5227	0.7103	1.9604
3	台区	楼东村5号变	300	2742.3191	2749.5119	0	0
4	台区	城东1号变	60	14483.7794	14523.0709	0	0
5	台区	楼西村南变	80	7773.8957	7801.6632	0	0
6	高压用户	楼西新村	400	353.5169	363.3125	0	0
7	高压用户	吉和翠峰苑小区	2000	771.7147	777.8169	0	0

说明　10kV配电线路模型公式：线损率＝线损电量/输入电量；输入电量＝关口表正向电量＋光伏台区反向电量；售电量＝高压用户用电量＋所有台区正向电量；输出电量＝关口表反向电量；线损电量＝输入电量－售电量－输出电量。

解：输入电量＝(3611.97－3609.41)×10000＋(1.9604－0.7103)×120
　　　　　＝25600＋150.012＝25750.012(kWh)

售电量＝(7909.8538－7894.4256)×50＋(11077.5227－11069.4013)×120＋
　　　　(2749.5119－2742.3191)×300＋(14523.0709－14483.7794)×60＋
　　　　(7801.6632－7773.8957)×80＋(363.3125－353.5169)×400＋
　　　　(777.8169－771.7147)×2000
　　　　＝771.41＋974.568＋2157.84＋2357.49＋2221.4＋3918.24＋12204.4
　　　　＝24605.348(kWh)

输出电量＝0
线损电量＝25750.012－24605.348－0＝1144.664(kWh)

线损率＝$\frac{1144.664}{25750.012}\times100\%=4.45\%$

【练习3】 线损计算。10kV某条线路上令狐线，关口表倍率为4000，线路下带高压用户1户，公变台区5个。某日，上令狐线关口表正向上表底为431.69kWh，正向下表底为431.93kWh；反向上表底为157.48kWh，反向下表底为157.54kWh。所带负荷表计读数见表6-2，求该线路线损率。

表 6-2　　　　　　　　　　　　　上令狐线所带负荷表计读数

序号	类型	用户/台区名称	倍率	正向上表底 (kWh)	正向下表底 (kWh)	反向上表底 (kWh)	反向下表底 (kWh)
1	高压用户	农民专业合作社	80	102.9075	102.924	0	0
2	台区	下柱濮2号变	40	9250.58	9255.55	0	0
3	台区	下柱濮村变	120	1660.0345	1665.7293	41.0299	41.0299
4	台区	贺南沟村变	15	971.9511	973.414	0	0
5	台区	于家庄村变	15	306.8851	307.7301	0	0
6	台区	王家庄村变	120	1114.0138	1116.0997	1829.1429	1833.1214

▶️任务 2　　计算电网的电能损耗

👨‍🎓 教学目标

知识目标：

（1）能阐述用均方根电流法计算电网电能损耗的步骤。

（2）能说出最大负荷损耗时间的意义。

（3）能阐述最大负荷损耗时间法计算电网电能损耗的步骤。

（4）能阐述等值功率法计算电网电能损耗的步骤。

能力目标：

在实际工作中能够利用面积法、均方根电流法、最大负荷损耗时间法和等值功率法计算电网电能损耗。

素质目标：

培养学生在电能损耗计算时能够具体问题具体分析。

⚡ 任务描述

从调度部门获得相关负荷数据，画出年持续负荷曲线，并利用面积法、均方根电流法、最大负荷损耗时间法和等值功率法计算电网电能损耗。

✏️ 任务准备

课前做如下准备：

从地（市）电力调度部门查询某线路的年持续负荷曲线、代表日实测负荷记录、已知负荷性质及最大负荷利用时间。

课前预习相关知识部分，并独立回答下列问题：

（1）什么是均方根电流？

（2）什么是最大负荷损耗时间？有什么意义？

📖 相关知识

当负荷电流通过线路电阻时，在时间 T 内产生的电能损耗为 ΔA（简称线损或网损），

计算式为

$$\Delta A = \int_0^T \Delta P \, \mathrm{d}t = \int_0^T 3I^2 R \times 10^{-3} \, \mathrm{d}t = R \times 10^{-3} \int_0^T \left(\frac{S}{U}\right)^2 \mathrm{d}t \tag{6-4}$$

式中：R 为线路一相的电阻，Ω；ΔP 为线路电阻中的有功损耗，kW；I 为流过线路电阻的电流，A；S 为线路电阻中通过的视在功率，kVA；U 为线路的实际工作电压，近似计算时可用额定电压 U_N 代替，kV；T 为计算电能损耗的时间，h。

若时间 $T=24\mathrm{h}$，则 ΔA 为一天的电能损耗；若 $T=8760\mathrm{h}$，则 ΔA 为一年的电能损耗。由于负荷随时间的变化规律不可能用一个简单的函数式表示，因而用式（6-4）计算 ΔA 比较困难。可以采取一些近似的方法计算线路中的电能损耗。本任务介绍了面积法、均方根电流法、最大负荷损耗时间法及等值功率法。若已知年持续负荷曲线，可采用面积法；若有代表日实测负荷记录，可采用均方根电流法；若已知负荷性质及最大负荷利用时间，可采用最大负荷损耗时间法；运行的电网也可用等值功率法。

一、面积法电能损耗计算

若已知年持续负荷曲线，则可绘出其二次方曲线（见图 6-1），求出负荷二次方曲线下 $0 \sim T$ 范围内的面积，然后乘以适当的比例，即可得出线路电阻中的电能损耗。若在时间 T 内近似认为线路电压和功率因数不变，则式（6-4）可表示为

$$\Delta A = \int_0^T \left(\frac{S}{U}\right)^2 R \, \mathrm{d}t \times 10^{-3} = \frac{R \times 10^{-3}}{U^2 \cos^2 \varphi} \int_0^T P^2 \, \mathrm{d}t \tag{6-5}$$

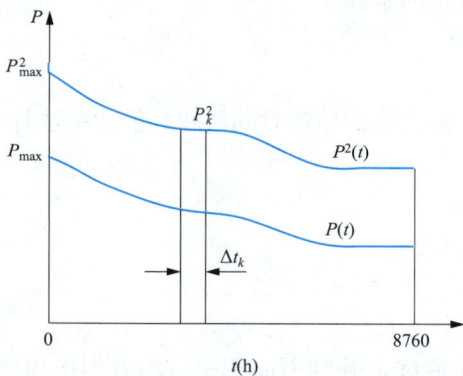

图 6-1　已知年持续负荷曲线计算电能损耗图

式中：$\int_0^T P^2 \, \mathrm{d}t$ 为负荷二次方曲线下 $0 \sim T$ 时间内所围成的面积，时间 T 一般取一年，即 8760h；$\dfrac{R \times 10^{-3}}{U^2 \cos^2 \varphi}$ 为比例系数；若 S 以 kVA、P 以 kW、R 以 Ω 作为单位，ΔA 为一年中线路电阻的电能损耗，单位为 kWh。

根据微积分的基本原理，该面积可用 n 个宽度为 Δt_k、高度为 P_k^2 的小矩形面积之和代替，故式（6-5）可改写为

$$\Delta A = \frac{R \times 10^{-3}}{U^2 \cos^2 \varphi} \sum_{k=1}^{n} P_k^2 \Delta t_k \tag{6-6}$$

式（6-6）即为已知年持续负荷曲线时的电能损耗计算公式。其中，电阻 R 单位为 Ω，电压 U 单位 kV，功率 P 单位为 kW，则电能损耗 ΔA 的单位为 kWh。

二、均方根电流法电能损耗计算

由于绘制年持续负荷曲线的工作量大，尤其对于有分支的电网，用年持续负荷曲线下的面积计算电能损耗更为复杂。以下讨论由面积法导出的均方根电流法计算电网电能损耗的方法，首先要确定代表日均方根电流。

（1）负荷以电流表示。对于有代表日实测负荷记录的电网，已知代表日每小时的负荷电流，则一日的电能损耗为

$$\Delta A = 3R \times 10^{-3} \sum_{k=1}^{24} I_k^2 \Delta t_k \tag{6-7}$$

若取 $\Delta t_1 = \Delta t_2 = \cdots = \Delta t_{24} = 1\text{h}$，则代表日 24h 的电能损耗为

$$\Delta A = 3R \times 10^{-3} \left(\frac{I_1^2 + I_2^2 + \cdots + I_{24}^2}{24} \right) \times 24 = 3I_{\text{rms}}^2 R \times 24 \times 10^{-3} \qquad (6\text{-}8)$$

其中

$$I_{\text{rms}} = \sqrt{\frac{I_1^2 + I_2^2 + \cdots + I_{24}^2}{24}} = \sqrt{\frac{\sum_{k=1}^{24} I_k^2}{24}} \qquad (6\text{-}9)$$

式中：R 为线路一相的电阻，Ω；I_{rms} 为代表日均方根电流，A。

（2）负荷以功率表示。若电网负荷以功率表示，则代表日均方根电流为

$$I_{\text{rms}} = \sqrt{\frac{\sum_{k=1}^{24} (P_k^2 + Q_k^2)}{3 \times 24 U_{\text{av}}^2}} \qquad (6\text{-}10)$$

式中：U_{av} 为测量功率处线电压平均值，kV；P_k、Q_k 分别为代表日第 k 小时的三相有功功率和无功功率，kW、kvar。

（3）负荷以有功与无功电能表示。若电网负荷以有功与无功电能表示，则代表日均方根电流为

$$I_{\text{rms}} = \sqrt{\frac{\sum_{k=1}^{24} (A_k^2 + A_{rk}^2)}{3 \times 24 U_{\text{av}}^2}} \qquad (6\text{-}11)$$

式中：A_k 为第 k 小时负荷消耗的有功电能，kWh；A_{rk} 为第 k 小时负荷取用的无功电能，kvarh。

用电能表的实测数据计算均方根电流比较合理。由于电能表较电流表或功率表精度高，并且每小时的电能表读数反映了该小时的平均电流，因此求出的均方根电流是代表日 24 个平均电流的均方根值。

在求出代表日均方根电流后，代表日电能损耗计算式为

$$\Delta A = 3I_{\text{rms}}^2 R \times 24 \times 10^{-3} \qquad (6\text{-}12)$$

如果需要计算每月、每季或一年的电能损耗，应在代表日计算的基础上，乘以适当的倍数。计算时，选的代表日越多，电能损耗计算精度就越高。一个月电网电能损耗的计算式为

$$\Delta A_{月} = (\Delta A_1 + \Delta A_2)\left(\frac{A_1}{A_2 d} \right)^2 d \qquad (6\text{-}13)$$

式中：ΔA_1 为代表日固定损耗，kWh；ΔA_2 为代表日可变损耗，kWh；A_1 为全月供电量，kWh；A_2 为代表日供电量，kWh；d 为全月实际天数，d。

三、最大负荷损耗时间法电能损耗计算

当变电站或用户的年持续负荷曲线或代表日负荷实测记录未知时，用面积法或均方根电流法计算电能损耗会有困难，这时可采用最大负荷损耗时间法计算电能损耗。根据式（6-5）可得

$$\Delta A = \frac{R \times 10^{-3}}{U^2 \cos^2 \varphi} \int_0^{8760} P^2 \, dt = \frac{R \times 10^{-3}}{U^2} \int_0^{8760} S^2 \, dt \qquad (6\text{-}14)$$

式（6-14）的意义如图 6-2 所示，电能损耗 ΔA 为一定比例下视在功率 S^2 曲线下的面积。若 $T = 8760\text{h}$，则 ΔA 为一年的电能损耗。由图 6-2 可见，S^2 曲线下的面积可以用以 S_{max}^2 为高度、以 τ 为宽度的矩形面积代替，即

$$\Delta A = \frac{R \times 10^{-3}}{U^2} \int_0^{8760} S^2 \, \mathrm{d}t = \frac{R \times 10^{-3}}{U^2} S_{\max}^2 \tau \qquad (6\text{-}15)$$

其中

$$\tau = \frac{\Delta A}{\Delta P_{\max}} = \frac{\Delta A}{\left(\dfrac{S_{\max}}{U}\right)^2 R \times 10^{-3}} = \frac{\int_0^{8760} S^2 \, \mathrm{d}t}{S_{\max}^2} \qquad (6\text{-}16)$$

τ 称为最大负荷损耗时间，其意义是：若线路中输送的功率一直保持为最大负荷 $S_{\max}$，则在 τ 时间内的电能损耗恰好等于按线路实际负荷曲线运行在一年 8760h 内所消耗的电能。

$T_{\max}$、$\cos\varphi$ 及 τ 的数值关系如图 6-3 所示，或查表 6-3。在未知负荷曲线时，根据用户的性质，先计算出最大负荷利用小时数 $T_{\max}$，再根据 $T_{\max}$ 及 $\cos\varphi$ 查出 τ 的数值，利用式（6-15）即可计算出线路全年的电能损耗。

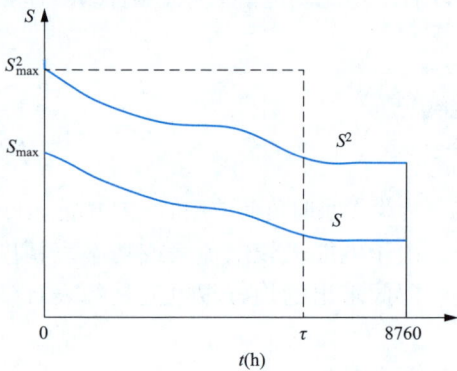

图 6-2　最大负荷损耗时间 τ 的意义

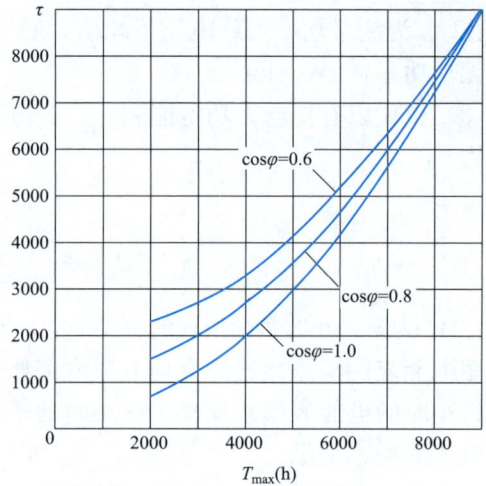

图 6-3　$T_{\max}$ 与 τ 的数值关系

表 6-3　　最大负荷利用小时数 $T_{\max}$、功率因数 $\cos\varphi$ 与最大负荷损耗时间 τ 的关系

τ (h/a)　　$\cos\varphi$ $T_{\max}$ (h/a)	0.8	0.85	0.9	0.95	1.0
2000	1500	1200	1000	800	700
2500	1700	1500	1250	1100	950
3000	2000	1800	1600	1400	1250
3500	2350	2150	2000	1800	1600
4000	2750	2600	2400	2200	2000
4500	3200	3000	2900	2700	2500
5000	3600	3500	3400	3200	3000
5500	4100	4000	3950	3750	3600
6000	4650	4600	4300	4350	4200
6500	5250	5200	5100	5000	4850
7000	5950	5900	5800	5700	5600
7500	6650	6000	6550	6500	6400
8000	7400	7350	7350	7300	7250

1. 线路上的电能损耗计算

(1) 线路上有若干集中负荷的电能损耗的计算。若一条线路上有若干集中负荷时，如图 6-4 所示，则线路的总电能损耗等于各段线路电能损耗之和，即

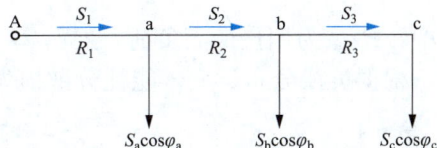

图 6-4　多个负荷点的供电线路

$$\Delta A = \left(\frac{S_1}{U_a}\right)^2 R_1\tau_1 + \left(\frac{S_2}{U_b}\right)^2 R_2\tau_2 + \left(\frac{S_3}{U_c}\right)^2 R_3\tau_3$$

式中：S_1、S_2、S_3 分别为各线段的最大负荷功率；τ_1、τ_2、τ_3 分别为各线段的最大负荷损耗时间。

欲求线路各段的 τ，需先计算出各线段的 $\cos\varphi$ 和 T_{max}，如果已知各点负荷的最大负荷利用小时数分别为 $T_{max.a}$、$T_{max.b}$ 和 $T_{max.c}$，各点最大负荷同时出现，且分别为 S_a、S_b、S_c，则有

$$\cos\varphi_1 = \frac{S_a\cos\varphi_a + S_b\cos\varphi_b + S_c\cos\varphi_c}{S_1} = \frac{P_a + P_b + P_c}{\sqrt{(P_a+P_b+P_c)^2 + (Q_a+Q_b+Q_c)^2}}$$

$$\cos\varphi_2 = \frac{S_b\cos\varphi_b + S_c\cos\varphi_c}{S_2} = \frac{P_b + P_c}{\sqrt{(P_b+P_c)^2 + (Q_b+Q_c)^2}}$$

$$\cos\varphi_3 = \cos\varphi_c$$

$$T_{max1} = \frac{P_a T_{max.a} + P_b T_{max.b} + P_c T_{max.c}}{P_a + P_b + P_c} = \frac{A_a + A_b + A_c}{P_a + P_b + P_c}$$

$$T_{max2} = \frac{P_b T_{max.b} + P_c T_{max.c}}{P_b + P_c} = \frac{A_b + A_c}{P_b + P_c}$$

$$T_{max3} = T_{max.c}$$

式中：P_a、P_b、P_c 分别为 a、b、c 点的有功负荷，kW；Q_a、Q_b、Q_c 分别为 a、b、c 点的无功负荷，kvar；T_{max1}、T_{max2}、T_{max3} 分别为 Aa、ab、bc 段的最大负荷利用小时数，h。

已知 $\cos\varphi$ 和 T_{max} 时，从表 6-3 中找到合适的 τ 值，即可计算出线路上的电能损耗。

(2) 负荷沿线路均匀分布时的电能损耗的计算。如果线路上带有沿线路均匀分布的负荷，如街道路灯以及沿线路有相同负荷密度的农村配电网，在计算电能损耗时，可以按等效集中负荷计算电能损耗。

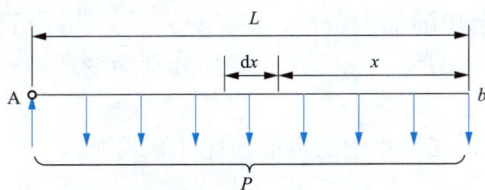

图 6-5　均匀分布负荷线路

均匀分布负荷线路如图 6-5 所示，假设线路长为 L，单位长度电阻为 r_0，线路所带总负荷为 P，则线路单位长度的负荷为 P/L，距线路末端 x 段的功率为 Px/L，在线路 dx 段的有功损耗为

$$d(\Delta P) = \frac{1}{U_N^2\cos^2\varphi}\left(\frac{P}{L}x\right)^2 r_0 dx \times 10^{-3}$$

长度为 L 的线路中总功率损耗为

$$\Delta P = \int_0^L d(\Delta P) = \frac{r_0\times10^{-3}}{U_N^2\cos^2\varphi}\int_0^L\left(\frac{P}{L}x\right)^2 dx = \frac{1}{3}\times\frac{R\times10^{-3}}{U_N^2\cos^2\varphi}P^2$$

用最大负荷损耗时间法计算线路中的电能损耗为

$$\Delta A = \Delta P_{\max}\tau = 0.33 \times \frac{R \times 10^{-3}}{U_N^2 \cos^2\varphi}P_{\max}^2\tau \tag{6-17}$$

式中：$P_{\max}$ 为用户最大负荷，kW；0.33 为均匀分布负荷能耗分散损失系数。

根据负荷分布类型，能耗分散损失系数见表 6-4。

表 6-4 <center>能 耗 分 散 损 失 系 数</center>

负荷分布情况	分散损失系数	负荷分布情况	分散损失系数
末端集中负荷	1	中间较重分布负荷	0.38
均匀分布负荷	0.33	首端较重分布负荷	0.20
末端较重分布负荷	0.53		

2. 变压器的电能损耗计算

变压器的电能损耗包括固定损耗和变动损耗，这两部分损耗分别由导纳（励磁）支路消耗的电能和阻抗支路消耗的电能组成。利用最大负荷损耗时间 τ 计算变压器的电能损耗时，也考虑这两部分电能损耗。

双绕组变压器电能损耗的计算式为

$$\Delta A_T = \Delta P_{\max}\tau + \Delta P_0 T = 3I_{\max}^2 R_T\tau \times 10^{-3} + \Delta P_0 \times 8760 \tag{6-18}$$

式中：$\Delta P_{\max}$ 为变压器在最大负荷时的有功损耗，kW；ΔP_0 为变压器的铁损，约等于空载损耗，kW；τ 为最大负荷损耗时间，h；T 为变压器接入电网的运行时间，若计算一年的电能损耗，则 $T=8760$h。

其中

$$R_T = \frac{\Delta P_k U_N^2}{S_N^2} \times 10^{-3}, \ I_{\max} = \frac{S_{\max}}{\sqrt{3}U_N}$$

代入式（6-18）得

$$\Delta A_T = \Delta P_k\left(\frac{S_{\max}}{S_N}\right)^2\tau + \Delta P_0 \times 8760 \tag{6-19}$$

式中：$S_{\max}$ 为通过变压器的最大功率，kVA；S_N 为变压器的额定容量，kVA。

三绕组变压器电能损耗的计算式为

$$\Delta A_T = \Delta P_0 \times 8760 + \Delta P_{k1}\left(\frac{S_1}{S_N}\right)^2\tau_1 + \Delta P_{k2}\left(\frac{S_2}{S_N}\right)^2\tau_2 + \Delta P_{k3}\left(\frac{S_3}{S_N}\right)^2\tau_3 \tag{6-20}$$

式中：S_1、S_2、S_3 分别为变压器一、二、三次侧承担的最大负荷，kVA；τ_1、τ_2、τ_3 分别为变压器一、二、三次侧的最大负荷损耗时间，h；ΔP_{k1}、ΔP_{k2}、ΔP_{k3} 分别为变压器一、二、三次侧的等值短路损耗，kW。

若电网中接有 n 台同容量的变压器并联运行，则在一年中的电能损耗计算式为

$$\Delta A_{Tn} = \frac{\Delta P_k}{n}\left(\frac{S_{\max}}{S_N}\right)^2\tau + n\Delta P_0 \times 8760 \tag{6-21}$$

四、等值功率法电能损耗计算

若线路在给定的时间 T 内，通过电阻 R 的线路供电的电流、有功功率和无功功率分别为 I_{eq}、P_{eq}、Q_{eq}，对应的 T 时段内的电能损耗恰好为该线路 T 时段内实际的电能损耗，即

$$\Delta A = 3\int_0^T I^2 R \times 10^{-3}\,\mathrm{d}t = 3I_{eq}^2 RT \times 10^{-3} = \frac{P_{eq}^2 + Q_{eq}^2}{U^2}RT \times 10^{-3} \tag{6-22}$$

则称 I_{eq}、P_{eq}、Q_{eq} 分别为等值电流（A）、等值有功功率（kW）和等值无功功率（kvar），利用它们求出线路电能损耗的方法称为等值功率法。其中

$$I_{eq}=\sqrt{\frac{1}{T}\int_0^T i^2(t)\,\mathrm{d}t} \tag{6-23}$$

P_{eq}、Q_{eq} 也有相同的表达式。工程计算中，I_{eq}、P_{eq}、Q_{eq} 可用各自的平均值表示，即

$$\begin{cases} I_{eq}=GI_{av} \\ P_{eq}=KP_{av} \\ Q_{eq}=LQ_{av} \end{cases} \tag{6-24}$$

此时，电能损耗计算式为

$$\Delta A=\frac{RT}{U^2}(K^2 P_{av}^2+L^2 Q_{av}^2)\times 10^{-3} \tag{6-25}$$

$$K^2=\frac{1}{2}+\frac{(1+\beta)^2}{8\beta} \tag{6-26}$$

式中：P_{av}、Q_{av} 可用 T 时段内有功电量 A_P 和无功电量 A_Q（这两个值可从电能表直接读取）求得，即 $P_{av}=A_P/T$，$Q_{av}=A_Q/T$；K、L 分别为有功负荷曲线和无功负荷曲线的形状系数；β 为最小负荷率。L 与 K 的计算类似，当负荷功率因数不变时，L 与 K 相等。

等值功率法对原始数据要求不多，方法简单易懂，在已运行的系统中进行电能损耗计算是非常有效的。

任务实施

一、面积法电能损耗计算

【示例 1】　有一额定电压为 10kV 的三相架空线路，由此线路供用户的年持续负荷曲线如图 6-6 所示，线路电阻为 10Ω，平均功率因数为 0.8。试计算该配电线路的年电能损耗。

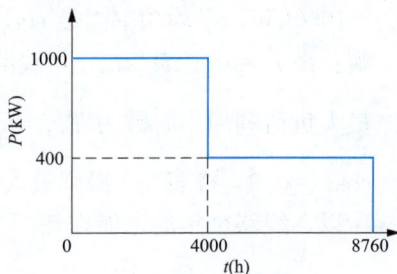

图 6-6　[示例 1] 附图

解： 线路在一年中的电能损耗为

$$\Delta A=\frac{R\times 10^{-3}}{U^2\cos^2\varphi}\sum_{k=1}^n P_k^2\Delta t_k$$

$$=\frac{10\times 10^{-3}}{10^2\times 0.8^2}\times\left[1000^2\times 4000+400^2\times(8760-4000)\right]$$

$$=7.44\times 10^5\,(\mathrm{kWh})$$

用户一年取用电能为

$$A=\int_0^{8760}P\,\mathrm{d}t=\sum_{k=1}^n P_k\Delta t_k=1000\times 4000+400\times(8760-4000)$$

$$=5.904\times 10^6\,(\mathrm{kWh})$$

电能损耗百分数为

$$\Delta A\%=\frac{\Delta A}{A}\times 100\%=\frac{7.44\times 10^5}{5.904\times 10^6}\times 100\%=12.6\%$$

二、均方根电流法电能损耗计算

【练习1】 均方根电流确定：

1）负荷以电流表示：$I_{rms}=$ _____

2）负荷以功率表示：$I_{rms}=$ _____

3）负荷以有功与无功电能表示：$I_{rms}=$ _____

【练习2】 在求出代表日均方根电流后，代表日电能损耗计算式为

$$\Delta A = \underline{\hspace{6cm}}$$

每月的电能损耗

$$\Delta A_{月} = \underline{\hspace{8cm}} \text{（kWh）}$$

三、最大负荷损耗时间法电能损耗计算

【练习3】 最大负荷损耗时间 τ 的意义是，如果线路中输送的功率一直保持为_____，在 τ 时间内的电能损耗恰好等于按线路_____运行在_____所消耗的电能。

【练习4】 利用最大负荷损耗时间法在未知负荷曲线上计算电能损耗的步骤如下：

1）根据用户的性质，先计算出_____。

2）再根据 T_{max} 及 $\cos\varphi$，查出_____。

3）计算出线路全年的电能损耗：$\Delta A=$ _____。

【示例2】 有一条额定电压为 10kV、长度为 15km 的三相架空电力线路，采用 LJ-50 导线（已知 $r_0=0.64\Omega/km$），已知该线路一年中输送的电能为 6000000kWh，最大负荷 $P_{max}=1000kW$，平均功率因数 $\cos\varphi=0.9$，试求一年中线路的电能损耗。

解： 由 $r_0=0.64\Omega/km$，得线路电阻 $R=r_0 l=0.64\times15=9.6(\Omega)$

最大负荷利用小时数为 $T_{max}=\dfrac{A}{P_{max}}=\dfrac{6000000}{1000}=6000(h)$

$\cos\varphi=0.9$，查表 6-3 得到最大负荷损耗时间 $\tau=4300h$。

所以，线路全年的电能损耗

$$\Delta A=\frac{R\times10^{-3}}{U^2\cos^2\varphi}P_{max}^2\tau=\frac{9.6\times10^{-3}}{10^2\times0.9^2}\times1000^2\times4300=510000(\text{kWh})$$

【示例3】 两台型号为 SFL1-40000/110 变压器并联运行，每台参数为：$\Delta P_k=200kW$，$U_k\%=10.5$，$\Delta P_0=42kW$，$I_0\%=0.7$。负荷 $\tilde{S}_{max}=50+j37.5MVA$，$T_{max}=4000h$。试求全年电能损耗。

解： 负荷为 $\tilde{S}_{max}=50+j37.5MVA$，则 $\cos\varphi=\dfrac{50}{\sqrt{50^2+37.5^2}}=0.8$，又 $T_{max}=4000h$，查表得 $\tau=2750h$。变压器全年电能损耗为

$$\Delta A_T=\frac{\Delta P_k}{n}\left(\frac{S_{max}}{S_N}\right)^2\tau+n\Delta P_0\times8760$$

$$=\frac{200}{2}\times\left(\frac{50/0.8}{40}\right)^2\times2750+2\times42\times8760=1.41\times10^6(\text{kWh})$$

【练习5】 某变电站两台容量为 20MVA、电压比为 110/11kV 的降压变压器并列运行，其最大负荷为 30MW，$\cos\varphi=0.85$，变压器的参数为 $\Delta P_k=104kW$，$\Delta P_0=27.5kW$，年持

续负荷曲线如图 6-7 所示，求下列情况下变压器的电能损耗。

（1）两台变压器全年并列运行。

（2）当负荷降至 60% 时，立即切除一台变压器运行。

【练习6】　110kV 输电线路长 120km，$r_0 = 0.17\Omega/\text{km}$，$x_0 = 0.406\Omega/\text{km}$，$b_0 = 2.86 \times 10^{-6}\text{S/km}$。线路末端最大负荷 $\tilde{S}_{\text{max}} = 50 + j36\text{MVA}$，$T_{\text{max}} = 4000\text{h}$。试求线路全年电能损耗。

四、等值功率法电能损耗计算

【示例4】　某元件的电阻为 10Ω，在 720h 内通过的电量为 $A_P = 80200\text{kWh}$ 和 $A_Q = 40100\text{kvarh}$，最小负荷率为 $\beta = 0.4$，平均运行电压为 10.3kV，假定功率因数不变，试求该元件的电能损耗。

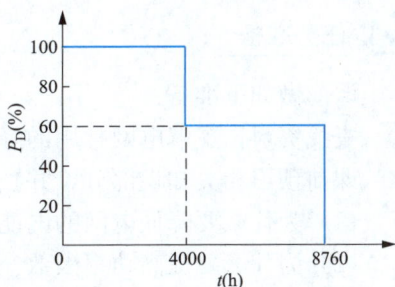

图 6-7　［练习5］附图

解： 通过该元件的平均功率

$$P_{\text{av}} = \frac{A_P}{T} = \frac{80200}{720} = 111.4(\text{kW})$$

$$Q_{\text{av}} = \frac{A_Q}{T} = \frac{40100}{720} = 55.7(\text{kvar})$$

当 $\beta = 0.4$ 时，形状系数的平均值

$$K = L = \sqrt{\frac{1}{2} + \frac{(1+0.4)^2}{8 \times 0.4}} = 1.055$$

则该元件的电能损耗

$$\Delta A = \frac{RT}{U^2}(K^2 P_{\text{av}}^2 + L^2 Q_{\text{av}}^2) \times 10^{-3}$$

$$= \frac{10 \times 720}{10.3^2} \times 1.055^2 \times (111.4^2 + 55.7^2) \times 10^{-3} = 1171.77(\text{kWh})$$

任务 3　降低电能损耗的技术措施

教学目标

知识目标：

（1）能阐述提高功率因数的意义。

（2）能罗列几种提高功率因数的方法。

（3）能阐述变压器经济运行的条件。

（4）能罗列几种降低电能损耗的技术措施。

能力目标：

能够学会在实际工作中选择降低电能损耗的措施。

态度目标：

培养学生的系统分析思维能力。

了解当地省（市、县）供电公司、工厂企业等常用的降低电能损耗的技术措施。

任务准备

课前做如下准备：

查找资料，了解电网常用的降低电能损耗的技术措施。

课前预习相关知识部分，并独立回答下列问题：

(1) 为什么要降低电网的电能损耗？

(2) 为什么要提高功率因数？

(3) 什么叫电网的经济功率分布？

相关知识

电网的电能损耗不仅耗费一定的动力资源，而且占用一部分发电设备容量。例如，一个年供电量为 200 亿 kWh 的中型电力系统，若网损率为 10%，则全年的电量损失将达 20 亿 kWh。若网损率下降到 9%，则一年可节约 2 亿 kWh 电量，相当于节约 8 万 t 标准煤［以煤耗 0.4kg/(kWh)计算］。这 2 亿 kWh 电量相当于 4 万 kW 发电设备的年发电量（发电设备以 $T_{max}=5000h$ 计）。因此，降低电能损耗有巨大的经济效益。

降低电能损耗可以采取如下技术措施，如改善网络中的功率因数，合理组织电网的运行方式，对原有电网进行技术改造，简化网络结构等。

由 $\Delta A = \dfrac{R \times 10^{-3}}{U^2 \cos^2 \varphi} \int_0^{8760} P^2 \mathrm{d}t$ 得知，提高 $\cos\varphi$、U，降低 R，均可降低电能损耗。

一、合理选择导线的截面积

由电能损耗的表达式得知，降低电阻 R，可降低电能损耗。增大导线的截面积，可减小电阻 R。但导线的截面积越大，投资费用也越高。考虑到安全及经济方面的要求，合理选择导线截面积可以降低电能损耗。

二、提高用户的功率因数，避免无功功率的远距离输送

实现无功功率的就地平衡，不仅可改善电压质量，而且可以减少网络的有功损耗，提高电网运行的经济性。线路的有功损耗为

$$\Delta P_{\mathrm{L}} = \frac{P^2}{U^2 \cos^2 \varphi} R$$

若将功率因数由 $\cos\varphi_1$ 提高到 $\cos\varphi_2$，则线路的功率损耗可降低为

$$\Delta P_{\mathrm{L}}\% = \left[1 - \left(\frac{\cos\varphi_1}{\cos\varphi_2} \right)^2 \right] \times 100\% \tag{6-27}$$

当功率因数 $\cos\varphi$ 由 0.8 提高到 0.9 时，线路中的功率损耗可降低 21%。由此可见，其效果非常明显。下面讨论提高功率因数的几种方法。

1. 增设并联无功补偿装置以提高供电线路的功率因数

在用户或变电站中，增设无功补偿装置，如并联电容器、调相机或者静止无功补偿器等，即可就地平衡无功功率，减少了线路上所传输的无功功率，相应提高了功率因数，降低

了电能损耗。

将功率因数由 $\cos\varphi_1$ 提高到 $\cos\varphi_2$，需并联电力电容器容量 Q_b 为

$$Q_b = P_{av}(\tan\varphi_1 - \tan\varphi_2)$$

对图 6-8 所示的简单电力系统，在未装设无功补偿装置前，线路中电能损耗为

$$\Delta A = \frac{P_2^2 + Q_2^2}{U^2} R_\Sigma \tau \tag{6-28}$$

装有容量为 Q_b 的无功补偿装置以后，线路中电能损耗为

$$\Delta A' = \frac{P_2^2 + (Q_2 - Q_b)^2}{U^2} R_\Sigma \tau \tag{6-29}$$

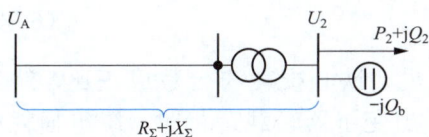

图 6-8　并联无功补偿接线

显然，Q_b 越是接近 Q_2，电网电能损耗越小。但是，Q_b 的容量越大，它本身的投资与损耗也越大。因此，合理的无功补偿装置容量应通过全面的技术经济的分析比较后才能确定。从调压、降低能耗和提高系统稳定运行等方面综合考虑，需要较大无功功率时，可在枢纽变电站装设同步调相机；需要较小无功功率时，宜在变电站和用户装设并联电力电容器；对有冲击无功负荷的地区，宜装设静止补偿器。

对于用户来说，负荷距离电源点越远，补偿前的功率因数越低，安装无功补偿装置的降损效果就越明显。对于电力系统来说，配置无功补偿容量需要综合考虑实现无功功率的分区平衡、提高电压质量和降低电能损耗这三个方面的要求，通过优化计算确定无功补偿装置的安装地点和容量分配。为了减少对无功功率的需求，用户应尽可能避免用电设备在低功率因数下运行。

2. 合理选择使用异步电动机以提高用户的功率因数

许多工业企业都大量使用三相异步电动机。异步电动机所需的无功功率可以表示为

$$Q = Q_0 + (Q_N - Q_0)\left(\frac{P}{P_N}\right)^2 = Q_0 + (Q_N - Q_0)\beta^2 \tag{6-30}$$

式中：Q_0 为异步电动机空载运行时所需要的无功功率，kvar；P_N 为异步电动机额定负荷时的有功功率，kW；Q_N 为异步电动机额定负荷时的无功功率，kvar；P 为异步电动机实际输出的负荷功率，kW；β 为负荷率（负载系数）。

式（6-30）中的第一项是电动机的励磁功率，即建立主磁场所需的无功功率，近似以空载无功功率 Q_0 表示，它只与外加电压有关，与电动机负荷情况无关，其数值占 Q_N 的 $60\% \sim 70\%$；第二项是绕组漏磁电抗中消耗的无功功率，与电动机负荷率的二次方成正比，满载时占 Q_N 的 $30\% \sim 40\%$。因此电动机负荷率越低，功率因数越低。

减小异步电动机的无功功率，提高功率因数主要采取如下措施：

（1）合理选择异步电动机的容量，避免"大马拉小车"的现象，以提高异步电动机的负荷率。

（2）限制异步电动机空载或轻载运行时间。

（3）提高异步电动机的检修质量，防止定子绕组匝数的减少及定子、转子间气隙的增加。

（4）可采用同步电动机代替异步电动机，或者使异步电动机同步运行。

三、组织变压器经济运行

首先，应当合理选择变压器的台数与容量，以保持变压器在合理的负荷率下高效率运

行。从变压器原理可知，变压器运行的最高效率与其空载损耗与负载损耗的比值有关，并非负荷率越大效率越高。

其次，合理选定并列运行变压器的台数，这样不但可以提高变电站的功率因数，还可以减少变压器的有功损耗。一台变压器运行时的有功损耗为

$$\Delta P = \Delta P_0 + \Delta P_k \left(\frac{S}{S_N}\right)^2 \tag{6-31}$$

式中：ΔP_0 为一台变压器的空载损耗，kW；ΔP_k 为一台变压器的短路损耗，kW；S_N 为一台变压器的额定容量，kVA。

两台变压器并列运行时的有功损耗为

$$\Delta P' = 2\Delta P_0 + \frac{1}{2}\Delta P_k \left(\frac{S}{S_N}\right)^2 \tag{6-32}$$

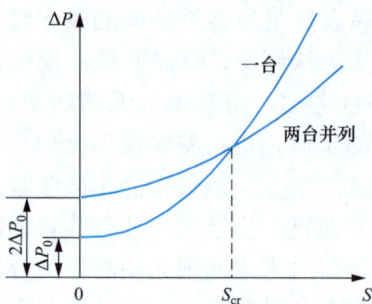

图 6-9　变压器功率损耗图

由式（6-32）可见，铁心损耗与台数成正比，绕组损耗与台数成反比。当变压器轻载运行时，绕组损耗所占比重相对减小，铁心损耗所占比重相对增大。在某一负荷下，减少变压器台数，即可降低总的功率损耗。如图 6-9 所示，当一台变压器与两台变压器并联运行的功率损耗相等时，称此时变电站的负荷功率为临界功率 S_{cr}，即 $S = S_{cr}$，所以

$$S_{cr} = S_N \sqrt{\frac{2\Delta P_0}{\Delta P_k}} \tag{6-33}$$

因此，$S < S_{cr}$ 时，一台变压器运行损耗最小；$S > S_{cr}$ 时，两台变压器并联运行损耗最小。如果变电站装有 n 台同容量变压器，根据负荷的变化情况，变压器经济运行台数的确定与上述分析类似，此时投入 k 台变压器的临界容量为

$$S_{cr} = S_N \sqrt{k(k-1)\left(\frac{\Delta P_0}{\Delta P_k}\right)} \tag{6-34}$$

如果变压器容量不同，则应乘以负荷分配系数。

最后需要指出的是，实际运行时，对于一昼夜内多次大幅度变化的负荷，为避免频繁操作，不宜按上述临界功率来投切变压器。对于季节性变化的负荷，按临界功率投切变压器是切实可行的，但对供电可靠性的要求需进行必要的分析和计算。当变电站只有两台变压器且需要切除一台时，应考虑装设变压器自动投入装置，以保证供电可靠性。

四、在闭式网中实行功率的经济分布

如果闭式网的导线截面积不是均一的，其功率分布将与电网各段阻抗有关。如图 6-10 所示的闭式网中，其功率分布为

$$\begin{cases} \tilde{S}_1 = \dfrac{\tilde{S}_c Z_2^* + \tilde{S}_b(Z_2^* + Z_3^*)}{Z_1^* + Z_2^* + Z_3^*} \\ \tilde{S}_2 = \dfrac{\tilde{S}_b Z_1^* + \tilde{S}_c(Z_1^* + Z_3^*)}{Z_1^* + Z_2^* + Z_3^*} \end{cases} \tag{6-35}$$

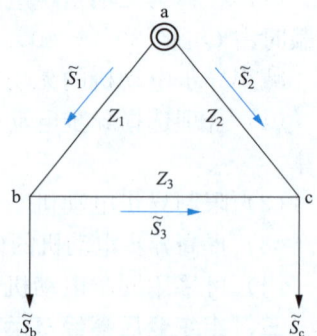

图 6-10　闭式网的功率分布

这种未施加任何调节和控制手段，仅由线路阻抗所决定的功率分布，称为自然的功率分布。然而，自然的功率分布未必

是网损最小的潮流。下面讨论闭式网运行时出现最小功率损耗的条件，图 6-10 的电网运行时，电网内有功损耗计算式为

$$\Delta P = \frac{S_1^2}{U^2}r_1 + \frac{S_2^2}{U^2}r_2 + \frac{S_3^2}{U^2}r_3 = \frac{P_1^2 + Q_1^2}{U^2}r_1 + \frac{P_2^2 + Q_2^2}{U^2}r_2 + \frac{P_3^2 + Q_3^2}{U^2}r_3 \qquad (6\text{-}36)$$

将下面关系式

$$P_2 = p_b + p_c - P_1; \quad P_3 = P_1 - p_b;$$
$$Q_2 = q_b + q_c - Q_1; \quad Q_3 = Q_1 - q_b;$$
$$\widetilde{S}_b = p_b + jq_c; \quad \widetilde{S}_c = p_c + jq_c$$

代入式（6-36）得

$$\Delta P = \frac{P_1^2 + Q_1^2}{U^2}r_1 + \frac{(p_b + p_c - P_1)^2 + (q_b + q_c - Q_1)^2}{U^2}r_2 + \frac{(P_1 - p_b)^2 + (Q_1 - q_b)^2}{U^2}r_3$$

使电网内有功损耗最小的条件为

$$\frac{\partial \Delta P}{\partial P_1} = 0; \quad \frac{\partial \Delta P}{\partial Q_1} = 0$$

则有

$$\frac{\partial \Delta P}{\partial P_1} = \frac{2P_1}{U^2}r_1 - \frac{2(p_b + p_c - P_1)}{U^2}r_2 - \frac{2(P_1 - p_b)}{U^2}r_3 = 0$$

$$\frac{\partial \Delta P}{\partial Q_1} = \frac{2Q_1}{U^2}r_1 - \frac{2(q_b + q_c - Q_1)}{U^2}r_2 - \frac{2(Q_1 - q_b)}{U^2}r_3 = 0$$

解上列方程得电网 ΔP 最小的功率分布为

$$P_1 = \frac{p_b(r_2 + r_3) + p_c r_2}{r_1 + r_2 + r_3} \qquad (6\text{-}37)$$

$$Q_1 = \frac{q_b(r_2 + r_3) + q_c r_2}{r_1 + r_2 + r_3} \qquad (6\text{-}38)$$

式（6-37）和式（6-38）表明，当闭式网内功率按其变为纯电阻闭式网的功率分布时，电网内有功损耗最小，这样的功率分布称为经济功率分布。

对于均一电网，网络内的自然功率分布等于经济功率分布。而对于非均一电网，可以采取以下措施，将自然功率分布改变为经济功率分布，使得电网内功率损耗最小。

（1）对环网中 X/R 比值特别大的线路进行串联电容器补偿。

（2）选择适当地点开环运行。为了限制短路电流或满足继电保护动作选择性的要求，需要将闭式网开环运行，开环节点的选择也尽可能兼顾到使开环后的功率分布更接近于经济分布。

（3）在环网中增设混合型加压调压变压器，由它产生环路电动势及相应的循环功率，以改善功率分布。

无论采用哪一种措施，都必须全面细致地考虑其经济效果及运行中可能出现的问题。

五、合理确定电网的运行电压水平

变压器铁心中的功率损耗在额定电压附近大致与电压二次方成正比，当网络运行电压水平提高时，若变压器的分接头也进行相应的调整，则铁损将基本保持不变。而线路的导线和变压器绕组中的功率损耗则与电压二次方成反比。必须指出的是，在运行电压水平提高后，

负荷所取用的功率会略有增加,这也将稍微增加网络中与通过功率有关的损耗。

对于电压在 330kV 及以上的超高压线路,应研究和实测运行电压水平的高低,以确定不同负荷、不同气象条件下合理的运行电压水平。这是因为电晕和绝缘泄漏损耗较大,可能大于 I^2R 的变动损耗。

对于 35～220kV 的电网,线路导线和变压器绕组的负荷功率损耗在网络总损耗中占 80% 左右,大于铁心中的固定损耗,因此适当提高运行电压可以降低电能损耗。

对于 6～10kV 的农村配电网,统计表明,变压器铁损所占比重在 60%～80% 之间,甚至更高。这是因为小容量变压器的空载电流较大,且农村电力用户的负荷率较低,导致变压器经常处于轻载状态。对于这类电网,为了降低功率损耗及能量损耗,宜适当降低运行电压。

电网中大量采用有载调压变压器,与并联电容器组的自动投切相配合,在不同负荷情况下调整电力系统的运行电压,可以降低电能损耗。当然,改变电网的运行电压水平,必须以电压偏移在允许范围内为前提,且不能影响电力系统的安全运行。在重载区域接入合适容量的储能装置,能够有效地提高系统电压水平,并降低电能损耗。

六、合理调整负荷,提高负荷率

在电力系统运行时,合理调整负荷曲线以提高负荷率,使曲线趋于平稳,这样不但可以提高设备利用率,还可以降低电网的电能损耗。图 6-11 展示了某线路的两条日负荷电流曲线,图 6-11(a) 曲线变化平稳,图 6-11(b) 曲线变化剧烈。设线路电阻为 R,对于负荷变化平稳的曲线,线路一日电能损耗为

$$\Delta A_{(a)} = 3 \times I^2 R \times 24 \times 10^{-3}$$

对于负荷变化剧烈的曲线,线路一日电能损耗为

$$\Delta A_{(b)} = 3\left[(I + \Delta I)^2 + (I - \Delta I)^2\right] \times R \times 12 \times 10^{-3}$$
$$= 3(I^2 + \Delta I^2)R \times 24 \times 10^{-3}$$
$$\Delta A_{(b)} - \Delta A_{(a)} = 3\Delta I^2 R \times 24 \times 10^{-3}$$

由此可以看出,负荷变化剧烈的曲线电能损耗较大,其能耗增大百分数为

$$\Delta A\% = \frac{\Delta A_{(b)} - \Delta A_{(a)}}{\Delta A_{(a)}} \times 100\% = \frac{\Delta I^2}{I^2} \times 100\%$$

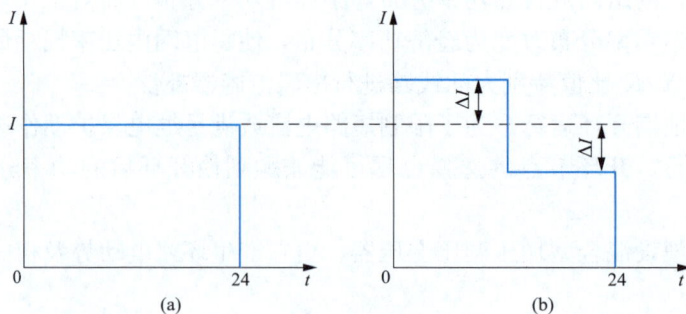

图 6-11　日负荷电流曲线

(a) 负荷平稳；(b) 负荷变化剧烈

七、对原有电网进行技术改造

现有电网是在原有电网基础上发展而来的。随着生产和居民日常生活的改善,用电量剧

增，旧电网部分不堪重负，线损增加，电能质量下降，并且有事故隐患，威胁电网的安全。

对原有电网进行升压改造，将 3~6kV 的电网升压改造为 10kV 电网，将 10~35kV 的电网升压改造为 110kV 电网。线路升压后降损效果显著。如果导线的电阻和负荷功率不变，那么线路上功率损耗与电压二次方成反比，电压提高为原来的 3 倍，损耗降为原来的 1/9。由于节约了能量损耗，改造电网的投资可在几年内全部收回，经济效益巨大。

在原有电网改造时，应考虑减少变电次数。对于电压等级较多的电网，简化电压等级，减少变电次数，也能明显降低电能损耗。如采用 110、10、0.4kV 电压等级或 110、35、0.4kV 电压等级供电，避免采用 110、35、10、0.4kV 电压等级供电。此外，解决电网的"迂回卡脖"问题，也可以明显降低电能损耗。

在改建旧电网时，将 110kV 或 220kV 的高压电直接引入负荷中心，简化网络结构，减少变电次数，不仅能大幅降低电能损耗，而且能扩大供电能力，提高供电可靠性和电能质量。

对于某些负荷特别重且最大负荷利用小时数较高的线路，可按电流经济密度检验其导线截面积，如果导线截面积过小，应考虑更换，以降低电能损耗。

📖 任务实施

【练习1】 简述降低电网电能损耗的主要技术措施有哪些？

【练习2】 变电站经济运行。

变电站两台相同的变压器并联运行，考虑系统运行的经济性，决定一台运行还是两台运行的条件是 $S_{cr}=$ ＿＿＿＿＿＿＿＿。当 S＿＿＿S_{cr} 时，一台变压器运行损耗最小；当 S＿＿＿S_{cr} 时，两台变压器并联运行损耗最小。

【练习3】 两台型号为 SFL1-2000/35 的变压器并联运行，每台参数为 $\Delta P_k=24kW$，$\Delta P_0=3.6kW$。试求可以切除一台变压器的临界功率值。

【练习4】 35kV 降压变电站装有两台 6.3MVA 的变压器，变压器参数 $\Delta P_0=8.2kW$，$\Delta P_k=41kW$，试确定在多大负荷时两台变压器并列运行，多大负荷时单台变压器运行，可使变压器电能损耗最小。

🔍 小结

网损率是衡量电力企业管理水平的重要指标之一。电网损耗电量占供电量的百分比，称为电网的网损率或线损率。电网功率损耗包括固定损耗和变动损耗两部分。

运行中的电网可用均方根电流法或等值功率法计算电能损耗，已知年持续负荷曲线，可用面积法计算电网电能损耗，但精度不高。在规划设计电网时，可用最大负荷损耗时间法计算电能损耗，但精度也不高。

电力系统经济运行的目标是：在保证安全优质供电的条件下，尽量降低供电能耗（或成本）。

合理选择导线的截面积，提高用户的功率因数，组织变压器经济运行，在闭式网络中实行功率的经济分布，实现整个系统的有功、无功经济分配，对原有电网进行技术改造等都能降低网络的电能损耗。需要了解这些技术措施的降损原理和应用条件。任一种降损措施的采用，都不应降低电能质量和供电的安全性，应以提供充足、可靠和优质的电力供应为目的。

項目 7

架空线路导线截面积的选择

项目目标

能够说出选择架空线路导线截面积的基本原则；会根据载流量进行架空线路导线截面积的选择计算；会根据电压损失条件进行架空线路导线截面积的选择计算；会根据机械强度和经济条件进行架空线路导线截面积的校验。

▶任务 1　选择架空线路导线截面积的基本原则

教学目标

知识目标：
(1) 能分析保证电力线路安全运行的要求。
(2) 能说出影响选择架空线路导线截面积的因素。
能力目标：
(1) 能查找国家关于架空线路设计的技术规程。
(2) 能阐述选择架空线路导线截面积的基本原则。
素质目标：
培养学生团队协作的职业习惯。

任务描述

在校内或校外的实训基地仔细观察不同架空线路；分组讨论选择导线截面积时需要考虑的影响因素。

任务准备

课前做如下准备：
(1) 利用互联网检索架空线路设计技术规程。
(2) 观察校园周围架空线路的材料、截面积等。
课前预习相关知识部分，并独立回答下列问题：
(1) 架空线路导线太粗或太细有什么缺点？
(2) 温度、海拔等气象地理因素如何影响导线截面积的选择？

相关知识

导线是电力线路的主要元件，它在线路总投资中所占比重较大。选择导线截面积时，必须考虑技术和经济方面的要求。如果选择的导线截面积过小，会增加电能损耗及电压损耗；如果选择的导线截面积过大，会增加线路的投资费用及有色金属消耗量。因此，合理选择导线的截面积，对提高电网技术的合理性和运行的经济性都具有重要意义。一般来说，选择架空线路导线截面积要遵循以下几项基本原则。

1. 保证供电的安全性

保证电力线路安全运行主要有以下两个方面的要求。

（1）导线有足够的机械强度。架空线路的导线要承受各种机械负荷，如导线的风压、自重、覆冰等，这就要求导线截面积不能太小，否则就难以保证应有的机械强度。为此，对各类架空线路都规定了基于机械强度的最小允许截面积。

对于跨越铁路、公路、通航河流、通信线路及居民区的架空线路，其导线截面积不得小于 35mm²；对于经过其他地区的各类架空线路，其导线截面积，按机械强度的要求不得小于表 7-1 中所规定的数值。

表 7-1　　　　　　　　　　　　　**导线最小允许截面积**　　　　　　　　　　　　　（mm²）

导线种类		线路等级		
导线结构	导线材料	I	II	III
多股线	铜	16	10	6
	钢、铁	16	10	10
	铝及铝合金	25	16	16

注　35kV 以上线路为 I 类线路；1～35kV 线路为 II 类线路；1kV 以下线路为 III 类线路。

（2）导线长期通过负荷电流时的最高温度不应超过规定的允许值，导线长期通过的电流应满足热稳定的要求。导线在运行中的最高温度与其通过的电流大小有关，导线通过电流时会产生电能损耗，使导线温度升高，并与导线周围介质形成温差，于是导线向周围介质散发热量。当导线向外界散发的热量等于同时间内自身产生的热量时，导线的发热与散热达到动态平衡，这时导线的温度不再升高而是维持在某一定值。通过导线的电流越大，这一定值温度也就越高。

必须规定导线在运行时的最高允许温度。对于铝线、铝合金导线及钢芯铝绞线，在正常运行情况下，导线最高温度不能超过 70℃，事故情况下不能超过 90℃。因为对于架空线路，若导线温度过高，会使导线接头连接处氧化加剧，从而增加了接触电阻，致使连接处的温度进一步上升，最后可能使导线在连接处被烧断而造成事故；另外，导线温度过高，还会使架空线弧垂加大，从而使导线的对地距离或与被跨越物的安全距离不够而导致严重的后果。对于电缆线路和室内绝缘线路，若导线温度过高，则会使绝缘材料老化加快，严重的情况还会引起火灾。

根据导线允许的最高温度，用导线达到定值温度时发热与散热相等的热平衡方程式，可计算出导线长期运行通过的电流。热平衡方程式为

$$I^2 R = K_S F(\theta_m - \theta_0)$$

于是

$$I = \sqrt{\frac{K_S F(\theta_m - \theta_0)}{R}} \tag{7-1}$$

式中：I 为导线长期允许通过的最大电流，A；R 为导线在最高允许温度 θ_m 时的电阻，Ω；

K_s 为散热系数，可通过试验求得，$W/(cm^2 \cdot ℃)$；F 为导线的散热面积，cm^2；θ_m 为导线最高允许温度，$℃$；θ_0 为导线周围环境温度，$℃$。

为了方便使用，本书以 $\theta_m=70℃$、$\theta_0=25℃$ 为计算条件，列出了各种导线长期允许通过的最大电流，具体见附录 B 中附表 B-1。

需要指出的是，如果导线最高允许温度不是 70℃、周围环境温度不是 25℃，则表中列出的允许通过的电流值应乘以相应的修正系数进行调整。修正系数可以查阅附录 B 中附表 B-2。

因此，在选择导线截面积时，应保证导线所通过的最大工作电流不大于最高允许温度下的电流。这一规定不仅适用于正常运行的情况，也适用于某些事故运行的情况。例如，对于某些双回路输电线路或环形供电网络，常因事故导致线路断开，使余下的某些线路不能满足热稳定要求，进而需要增大导线截面积。

2. 保证供电的电压质量

对没有特殊调压措施的地方电网，为保证供电的电压质量，一般都规定了网络允许的电压损耗。导线截面积的选择，必须满足允许电压损耗的要求。根据 GB/T 12325—2008《电能质量 供电电压偏差》规定，在电力系统正常运行状况下，用户受电端的供电电压允许偏差为：35kV 及以上电压供电的，电压正、负偏差的绝对值之和不超过额定值的 10%；20kV 及以下三相供电电压偏差为额定值的 ±7%；220V 单相供电的，为额定值的 −10%、7%。

当线路上输送的功率一定时，导线截面积越小，线路的电阻、电抗越大（相对来说，电阻值的增大更多），从而线路的电压损耗也越大。当电压损耗超过规定值时，将给调压带来困难，因此必须选择足够大的导线截面积，以保证电压损耗在允许范围之内。这一点对地方性电网特别重要，因为这种电网的负荷分散，在每一个负荷点都装设调压设备在经济上不合理，所以在选择导线截面积时，往往用电压损耗作为控制条件。相反，对区域电网来说，依靠无功补偿等调压措施来满足电压质量要求则比较合理，因为区域电网的输送功率大，导线截面积也较大，且线路的电抗远大于电阻。电网中电压损耗主要取决于 QX/U，而增大导线截面积对电抗 X 的影响并不大，这样做显然不合理。根据经验，通常只有电压为 6~10kV 且导线截面积为 70~95mm^2 的线路才需要进行电压校验。

3. 保证电网的经济性

作为电力线路最主要元件的导线，其截面积选择恰当与否直接关系到电网的经济性。电能沿线路传输所造成的损失，是电网系统线损的最重要部分。在电网结构、电压等级、功率因数和负荷已定的情况下，不同的导线（材料及截面积）将极大地影响线损量。

架空线路的投资，实际上是电网系统整体的一项重要成本，网络的规划设计应以输电成本（投资与运行费用）最小为目标，所以线路年运行费用要低，以符合总体经济利益。线路年运行费用是为维持正常运行而每年支出的费用，包括电能损失费、折旧费、修理费和维护费。其中，电能损失费、折旧费及修理费与导线截面积有关。导线截面积越大，其电能损耗越小，但线路的初建投资成本增加，且线路的折旧费和修理费也随之增加；反之，导线截面积小，线路初建投资成本会减小，线路的折旧费和修理费也随之减小，但线路中的电能损耗将增加。因此，必须综合考虑各方面因素，进行必要的经济技术比较，以合理选择导线截面积。

4. 电力线路在正常情况下不发生全面电晕

当电力线路运行电压超过电晕临界电压时，线路将产生电晕。电晕要消耗有功功率，且电晕放电还会干扰无线电通信。因此，在设计线路时应避免架空线路在晴天发生全面电晕。110kV 及以上电压等级的输电线路，导线截面积应按电晕条件进行验算。电晕现象的发生与大气环境及导线截面积有关。规程规定，海拔不超过 1000m 地区的 35kV 线路不必验算电晕；110kV 线路，当导线的最小直径为 9.6mm 时，不必验算电晕。

5. 新建线路选择原则

对于短距离的新建线路，考虑到有色金属消耗量总值并不大，同时又有必要兼顾发展的需要，尤其是在工业区和城市规划区，再增加线路走廊较困难，或增加回路数将导致两端变电设备投资比重增大，因此可以选用经济条件稍大一级的导线截面积。

6. 临时线路选择原则

对于 3～5 年期间用于临时供电的导线，可提高电流密度选择导线截面积，允许有较大的电能损失。通常情况下，电网的导线截面积按经济电流密度来选择，并通过电压损耗、机械强度及发热条件进行校验。对于某些配电网的导线截面积，主要按容许电压损耗来选择；而对于 110kV 及以上电力线路的导线截面积，还应满足电晕损耗条件要求。

任务实施

(1) 观察不同架空线路导线的材料和截面积，拍照标注后上传到学习平台。
(2) 小组讨论选择导线截面积的原则并总结成学习报告。

任务 2 架空线路导线的选择

教学目标

知识目标：
(1) 理解经济电流密度的概念，并据此选择导线。
(2) 掌握电压损耗的计算方法。
能力目标：
(1) 能根据经济电流密度选择导线截面积，并进行校验。
(2) 能根据允许电压损耗选择导线截面积，并进行校验。
(3) 能根据不同电网的实际情况选择合理的导线。
素质目标：
培养学生勤于思考、认真负责的工作习惯。

任务描述

根据给定的电网工作环境，分析选择架空线路导线的依据，并据此选出合理的导线截面积。

任务准备

课前做如下准备：

查阅相关资料，了解架空线路导线有哪些材质类型。

课前预习相关部分知识，回答以下问题：

（1）选择架空线路导线时，需要考虑哪些因素？

（2）在何种情况下选择导线时，不需要进行电晕校验？

相关知识

导线截面积是依据网络中各节点的负荷功率进行选择的，一般应考虑经济电流密度、允许载流量、电晕、机械强度和电压损耗五个条件，但不是所有的线路都必须同时考虑这些条件。例如，在选择电缆时可以不考虑电晕；在选择35kV及以上电压等级的导线截面积时，主要是按经济电流密度选择，并按允许载流量和电晕进行校验；当线路电压为110kV及以上时，电晕可能是主要限制条件；而线路电压为10kV及以下时，电压损耗则是主要的选择条件，应按允许载流量和机械强度进行校验。下面介绍两种选择架空线路导线截面积的基本方法。

一、按经济电流密度选择导线截面积及校验

1. 经济电流密度

根据经济条件选择导线截面积，存在两个相互矛盾的方面：①从降低功率损耗及电能损耗的角度出发，希望导线截面积越大越好；②从减少线路初次投资和节约有色金属的角度出发，则希望导线截面积越小越好。因此，在选择导线截面积时，必须综合考虑各方面的因素，找出一个既满足技术要求，又能在使用期限内使综合费用最小，且符合国家总体经济利益的导线截面积，该截面积称为经济截面积。对应于经济截面积的电流密度称为经济电流密度，用 J 表示。

经济电流密度受诸多因素的影响，如发电成本、售电价和导线价格等。因此，它随各个国家不同时期的经济条件而变化，我国现行的架空和电缆线路导线的经济电流密度见表7-2。

表 7-2　　　　　　　　　架空和电缆线路导线的经济电流密度 J　　　　　　　　（A/mm²）

线路类别	导线材料	年最大负荷利用小时（h）		
		3000 以下	3000～5000	5000 以上
架空线路	铝	1.65	1.15	0.90
	铜	3.00	2.25	1.75
电缆线路	铝	1.92	1.73	1.54
	铜	2.50	2.25	2.00

2. 用经济电流密度选择导线截面积的步骤

（1）线路最大负荷电流（A）的计算

$$I_{max} = \frac{P}{\sqrt{3}U_N \cos\varphi} \tag{7-2}$$

式中：P 为线路计算负荷，kW；U_N 为线路额定电压，kV；$\cos\varphi$ 为线路负荷的功率因数。

（2）确定电力线路的最大负荷利用小时数（h）

$$T_{max} = \frac{A}{P_{max}} \tag{7-3}$$

式中：A 为电力线路一年传输的电量，kWh；P_{max} 为电力线路传输的最大有功功率，kW。

（3）按最大负荷方式计算电网的潮流分布，求出各段线路正常时通过的最大负荷电流

$I_{\max}$ 及各段线路的最大负荷利用小时数 $T_{\max}$，根据导线选用材料查出经济电流密度 J，则求得导线的经济截面积 $S(\mathrm{mm}^2)$ 为

$$S = \frac{I_{\max}}{J} \tag{7-4}$$

式中：$I_{\max}$ 为计算年限内通过导线的最大负荷电流，A；J 为经济电流密度，$\mathrm{A/mm}^2$。

应按线路投运后 5～10 年的电力负荷来计算最大负荷电流。由于电力负荷逐年增长，若计算年限选择太短，则可能导致电网建成后不久传输容量就超过计算值，造成长期不经济运行；相反，若计算年限选择过长，则会增加电网建设的初次投资，同样也使电网运行不经济。因此，计算年限一般按 5～10 年考虑。

（4）根据计算出的经济截面积值，选择最接近该值的标准截面积。当经济截面积介于两标准截面积之间时，标准截面积一般应取较大值。

3. 按允许载流量、电晕和机械强度校验导线截面积

（1）按允许载流量校验导线截面积。电流在线路中产生的电能损耗将转变为热能，使导体发热。所有导线都要按发热条件校验截面积，即校验各种导线长期允许通过的最大电流，导线中可能通过的最大电流必须小于其长期允许通过的最大电流。

按 J 选择的截面积，一般比按正常运行情况下的允许载流量计算的截面积大，因此不必再校验这类导线，只有在故障情况下才可能使其过热。

对电缆的规定较复杂，应用时可从参考《电力工程设计手册》。对于 35kV 及以下电压等级的线路，选择的导线在运行时的实际电压损耗应不大于配电线路所规定的允许电压损耗。

（2）按电晕校验导线截面积。对选出的架空线路的导线进行电晕校验，确保在晴朗天气不发生电晕。对于 110kV 及以上电压等级的线路进行电晕校验，电晕校验应满足的要求是：所选择的标准截面积应不小于相应电压等级线路不必验算电晕的最小截面积，项目 2 中表 2-1 列出了不必验算电晕的导线的最小直径。

（3）按机械强度校验导线截面积。架空线路的导线必须有一定的机械强度，不得采用单股导线。所选导线的标准截面积应大于机械强度要求的最小允许截面积。对跨越交通道路、通信线路和居民区的架空线路，导线的最小截面积为 35mm²；其他地区，10kV 及以下电压等级的导线最小截面积为 16mm²，10kV 以上电压等级的导线最小截面积一般为 35mm²。

二、按允许电压损耗选择导线截面积及校验

在城市配电网和农村电网中，电力线路的导线截面积一般按允许电压损耗来选择。这是因为：一方面，在地方电网中一般没有特殊的调压设备，只有通过选择适当的导线截面积来保证电力线路的电压损耗不超过允许值，从而保证各用户端的电压偏移在允许范围之内；另一方面，地方电网导线的电阻较大，也有可能通过选择适当的导线截面积来降低电压损耗。

图 7-1 为开式地方电网线路，接有 n 个负荷，且各段导线的截面积相同。电网总的电压损耗为

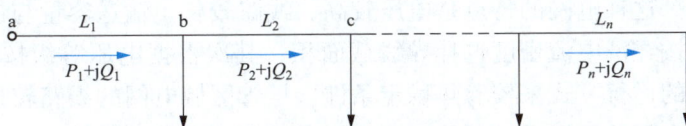

图 7-1　开式地方电网线路

$$\Delta U = \frac{\sum_{i=1}^{n}(P_i R_i + Q_i X_i)}{U_N} = \frac{\sum_{i=1}^{n} P_i R_i}{U_N} + \frac{\sum_{i=1}^{n} Q_i X_i}{U_N} = \Delta U_R + \Delta U_X \tag{7-5}$$

$$\Delta U_R = \frac{\sum_{i=1}^{n} P_i R_i}{U_N} = \frac{\rho \sum_{i=1}^{n} P_i L_i}{S U_N} \tag{7-6}$$

$$\Delta U_X = \frac{\sum_{i=1}^{n} Q_i X_i}{U_N} \tag{7-7}$$

式中：P_i、Q_i 分别为各段线路中通过的有功、无功功率，kW、kvar；U_N 为线路的额定电压，kV；R_i、X_i 分别为各段线路的电阻、电抗，Ω；ΔU_R、ΔU_X 分别为线路电阻、电抗中的电压损耗，V；L_i 为各段线路的长度，km；ρ 为导线的电阻率，$(\Omega \cdot mm^2)/km$；S 为导线的截面积，mm^2。

导线截面积的变化对导线单位长度电抗值的影响很小，对于由架空线路构成的地方电网，线路单位长度的电抗值一般在 $0.36 \sim 0.42\Omega/km$ 之间。可以对某一电压等级的线路在此范围内取一电抗值，然后用式（7-7）计算出线路电抗上的电压损耗 ΔU_X，再求出电阻上的电压损耗为

$$\Delta U_R = \Delta U_Y - \Delta U_X \tag{7-8}$$

式中：ΔU_Y 为线路允许电压损耗，V。

由式（7-6）变换求出导线的截面积 S 为

$$S = \frac{\rho \sum_{i=1}^{n} P_i L_i}{\Delta U_R U_N} \tag{7-9}$$

按式（7-9）计算出导线截面积后，选择与之相近的标准截面积，然后进行机械强度、发热条件和电压损耗校验。若满足校验条件，则所选择的截面积合适；若不满足，则将导线的截面积选择大一级重新校验，直至满足所有条件。

需要注意的是，在进行电压损耗校验时，要用选择的标准截面积导线的实际电阻、电抗计算线路电压损耗，而不是用原来假设的电阻、电抗计算。

此外，选择导线截面积时，应当充分考虑电网的发展，在计算中必须采用稳定且经常重复的最大负荷，特别是在系统发展尚不很明确的情况下，应注意不要将导线截面积定得太小。

三、导线截面积选择的实用方法

以上介绍了两种选择导线截面积的方法，但在具体选择导线截面积时，应针对不同电网的特点，按照具体问题具体分析的原则来灵活运用上述方法，只有这样选出的导线才在技术经济上是合理的，现分述如下：

（1）区域电网。这种电网的特点是电压较高、线路较长、输送容量与最大负荷利用小时数都较大，首先应按经济电流密度选择导线截面积，其次根据电压等级按电晕条件来校验，然后按线路最严重的运行方式来校验热稳定条件。尽管区域电网的线路较长，电压损耗可能不满足要求，但这个问题可以通过调压措施来解决，电压损耗不能作为这类电网选择导线截面积的控制条件。

（2）地方电网。如前所述，这种电网中的导线截面积应按电压损耗来选择，即应以电压损耗作为首要条件，再校验其他条件。

（3）低压配电网。由于线路较短，电压损耗条件并不是控制条件，在这种电网中，导线截面积主要是按允许发热所决定的载流能力来选取的。

由于电网的分类没有严格的界限，它们的特点也不是绝对的，上面的分类选择条件仅代表一般情况，有时为了选出最优方案，还需要对各种因素进行深入分析和比较。

📖 **任务实施**

一、按照经济电流密度选择导线的截面积

【示例 1】 某发电厂通过长 200km 的 220kV 双回架空输电线路，将 250MW 的功率输送到地方变电站。已知负荷功率因数为 0.85，最大负荷利用小时数 $T_{max}=6500h$。如果线路采用钢芯铝绞线，请选择导线的截面积。

解： 双回线路中输送的最大电流为

$$I_{max}=\frac{P}{\sqrt{3}U_N\cos\varphi}=\frac{250000}{\sqrt{3}\times220\times0.85}=772(A)$$

查表 7-2 得 $J=0.9A/mm^2$，则双回线路导线总的截面积为

$$S=\frac{I_{max}}{J}=\frac{772}{0.9}=857.8(mm^2)$$

单回线路每相导线截面积为 857.8/2=428.9mm²，选择钢芯铝绞线 LGJ-400。

本例可由附录查得 LGJ-400 导线的允许载流量为 835A，一回线路就可满足允许载流量的要求。

【练习 1】 某 110kV 双回架空输电线路，线路长 100km，输送功率为 80MW，功率因数为 0.85，已知最大负荷利用小时数 $T_{max}=6000h$，如果线路采用钢芯铝绞线，试选择导线的截面积。

【练习 2】 110kV 环形网络如图 7-2 所示，$\widetilde{S}_b$ 和 $\widetilde{S}_c$ 的最大负荷利用小时数分别为 5500h 和 4500h，导线采用钢芯铝绞线，几何均距为 5m。试选择导线截面积。

二、按允许电压损耗选择导线截面积及校验

【示例 2】 图 7-3 为 10kV 架空配电线路，导线采用铝绞线架设，几何均距为 1m，线路最大允许电压损耗为额定电压的 5%，线路长度、线路功率分布及负荷功率因数均标注在图中，若干线 abd 截面积要求相同，试选择导线截面积。

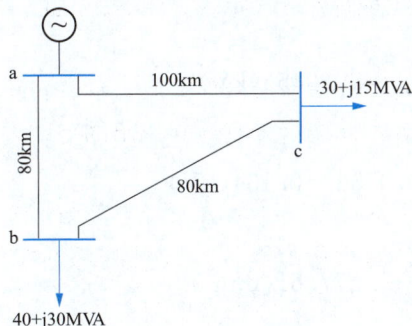

图 7-2 ［练习 2］附图

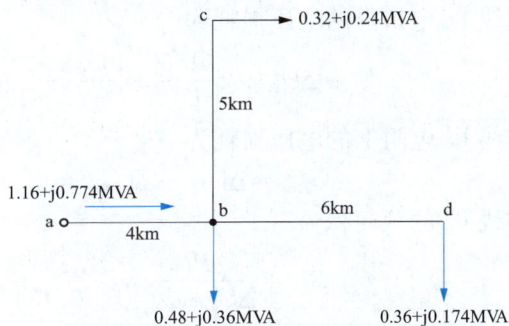

图 7-3 ［示例 2］附图

解： 线路的允许电压损耗为

$$\Delta U_Y = U_N \times 5\% = 10 \times 5\% = 0.5 (kV)$$

（1）选择干线 abd 截面积。取平均电抗 $x_1 = 0.38\Omega/km$，则干线 abd 电抗中的电压损耗为

$$\Delta U_X = \frac{\sum_{i=1}^{n} Q_i X_i}{U_N}$$

$$= \frac{0.38 \times (0.774 \times 4 + 0.174 \times 6)}{10} = 0.157 (kV)$$

由此可得电阻中的允许电压损耗为

$$\Delta U_R = \Delta U_Y - \Delta U_X = 0.5 - 0.157 = 0.343 (kV)$$

利用式（7-9）计算出干线 abd 的截面积为

$$S = \frac{\rho \sum_{i=1}^{n} P_i L_i}{\Delta U_R U_N} = \frac{31.5 \times (1.16 \times 4 + 0.36 \times 6)}{0.343 \times 10} = 62.5 (mm^2)$$

选用 LJ-70 导线，其 $r_1 = 0.46\Omega/km$，$x_1 = 0.345\Omega/km$。

校验：

由于所选导线标称截面积大于计算截面积，而且实际电抗小于所取平均电抗，故 abd 线路实际电压损耗小于允许电压损耗。

发热校验

$$I_{max} = I_{ab} = \frac{\sqrt{1.16^2 + 0.774^2}}{\sqrt{3} \times 10} \times 10^3 = 80.51 (A)$$

查附录 B 中附表 B-1 可得导线允许载流量为 265A＞80.51A，满足发热条件。

由表 7-1 可知，所选导线截面积也满足机械强度要求。由于该线路属于中压配电网，故不需要电晕校验。

（2）选择支线 bc 截面积。线路 ab 段的电压损耗为

$$\Delta U_{ab} = \frac{(Pr_1 + Qx_1)l}{U_N} = \frac{(1.16 \times 0.46 + 0.774 \times 0.345) \times 4}{10} = 0.32 (kV)$$

支线 bc 的允许电压损耗为

$$\Delta U_{bc} = \Delta U_Y - \Delta U_{ab} = 0.5 - 0.32 = 0.18 (kV)$$

支线 bc 电抗上的电压损耗为

$$\Delta U_{Xbc} = \frac{Qx_1 l}{U_N} = \frac{0.38 \times 0.24 \times 5}{10} = 0.0456 (kV)$$

支线 bc 电阻上的电压损耗为

$$\Delta U_{Rbc} = \Delta U_{bc} - \Delta U_{Xbc} = 0.18 - 0.0456 = 0.134 (kV)$$

支线 bc 的截面积为

$$S_{bc} = \frac{\rho Pl}{\Delta U_{Rbc} U_N} = \frac{31.5 \times 0.32 \times 5}{0.134 \times 10} = 37.61 (mm^2)$$

选用 LJ-50 导线，其 $r_1 = 0.64\Omega/km$，$x_1 = 0.355\Omega/km$。

校验：

由于所选导线标称截面积大于计算截面积，而且实际电抗小于所取平均电抗，故 bc 线路实际电压损耗小于允许电压损耗。

发热校验

$$I_{max} = I_{ab} = \frac{\sqrt{0.32^2 + 0.24^2}}{\sqrt{3} \times 10} \times 10^3 = 23.09(A)$$

查附录 B 中附表 B-1 可得导线允许载流量为 215A＞23.09A，满足发热条件。

由表 7-1 可知，所选导线截面积也满足机械强度要求。

【练习3】 变电站 A 经 10kV 线路向 B 和 C 两个工厂供电，如图 7-4 所示。导线采用铝绞线，正三角形排列，线间距离为 1m，全线允许电压损耗为 5%U_N，要求用相同截面积的导线。试选择导线的截面积（取 $x_1 = 0.38\Omega/km$）。

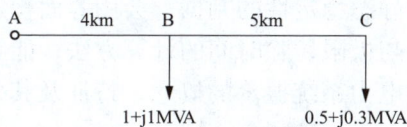

A ○────4km────► B ────5km────► C
　　　　　　　　　│　　　　　　　　│
　　　　　　　　　▼　　　　　　　　▼
　　　　　　　1+j1MVA　　　0.5+j0.3MVA

图 7-4　［练习 3］附图

小 结

本项目主要介绍了架空线路导线截面积选择的基本原则和基本方法。

选择导线截面积时应满足的基本原则包括：保证供电的安全性，保证供电的电压质量，保证电网的经济性和电力线路在正常情况下不发生全面电晕。

对 35kV 及以上架空线路，首先按经济电流密度选择导线截面积，然后按其他技术条件校验，优先选取钢芯铝绞线或高导电钢芯铝绞线。对 10kV 及以下中低压电网，则先按允许电压损耗选择导线截面积，再用允许载流量和机械强度校验，优先选取绝缘导线。

电力系统的稳定运行

项目目标

能够说出静态稳定性和暂态稳定性的概念；会写出简单电力系统的功角特性方程，并能说出 E_q、U、$X_{d\Sigma}$ 和 δ 的含义；能够说出静态稳定的实用判据及静态稳定储备的定义；知道电力系统电压、频率及负荷的静态稳定性的判据；会用等面积定则进行电力系统暂态稳定性的定性分析；知道极限切除角与极限切除时间的计算方法；能够列举出提高电力系统静态和暂态功角稳定的措施；会简述电力系统振荡的概念、特征及其处理的方法。

任务 1 认知电力系统的稳定性

教学目标

知识目标：
（1）了解电力系统稳定性的概念及分类。
（2）了解电力系统安全稳定标准。
（3）能够理解简单电力系统的功角特性。
能力目标：
（1）能说出电力系统稳定性的概念及分类。
（2）能说出电力系统安全稳定标准。
（3）能画出简单电力系统功角特性曲线并进行简单分析。
素质目标：
培养学生安全稳定第一的职业意识。

任务描述

观看电力系统大停电事故的视频，查阅资料 GB 38755—2019《电力系统安全稳定导则》，认识电力系统稳定性的概念及分类、电力系统安全稳定标准，对简单电力系统能够进行功角特性分析。

任务准备

课前做如下准备：
（1）观看电力系统大停电事故的视频。
（2）查阅资料 GB 38755—2019《电力系统安全稳定导则》。

（3）复习同步发电机并网后有功功率调整。

课前预习相关知识部分，并独立回答下列问题：

（1）什么是电力系统的稳定性？

（2）同步发电机为什么称为"同步"？同步电网是什么意思？

（3）电力系统稳定性破坏将造成什么后果？

相关知识

当系统运行失去稳定时，往往引起大面积的停电事故，严重影响生产和生活。电力系统稳定性的破坏，将使整个电力系统受到严重的不良影响，导致大量用户供电中断，甚至造成整个系统的瓦解。

电力系统正常运行的一个重要标志是电力系统中的同步电机（主要是发电机）都处于同步运行状态。所谓同步运行状态，是指所有并联运行的同步发电机都有相同的电角速度。此时，各发电机的电动势相量之间的相角差、发电机电动势与各母线电压相量的相角差以及各母线电压的相角差保持恒定。在这种情况下，表征运行状态的参数（如电流 I、电压 U、功率 S 等）具有接近于不变的数值，通常称此状态为稳定运行状态。

电力系统稳定性的破坏会造成大量用户供电中断，甚至导致整个系统的瓦解，后果极为严重。因此，保持电力系统运行的稳定性对于电力系统安全可靠运行具有非常重要的意义。

一、电力系统稳定的基本概念

1. 电力系统稳定性的概念

电力系统稳定性是研究电力系统在受到扰动后保持自身稳定的能力。GB 38755—2019《电力系统安全稳定导则》将电力系统稳定性分为功角稳定、电压稳定和频率稳定三大类，如图 8-1 所示。

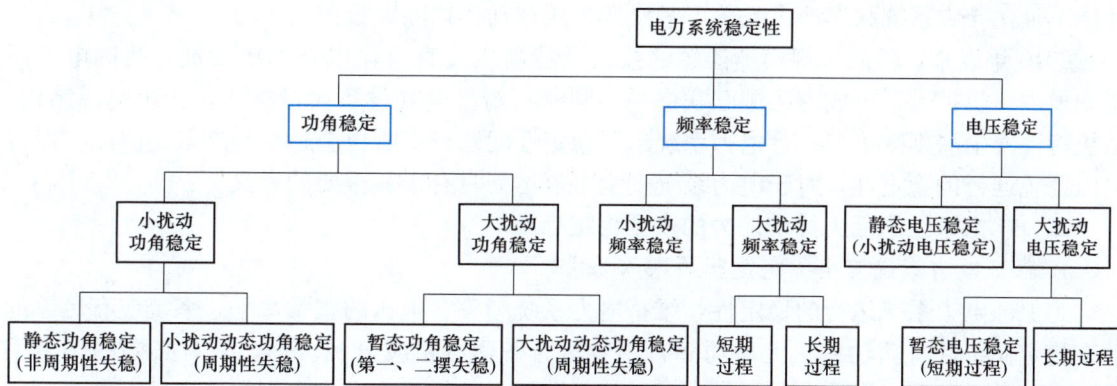

图 8-1　电力系统稳定性分类

（1）功角稳定。人们通常将电力系统在运行中受到微小的或大的扰动后能否继续保持系统中同步发电机间同步运行的问题，称为电力系统同步稳定性问题。电力系统同步运行的稳定性是根据受扰后系统并联运行的同步发电机转子之间的相对位移角（或发电机电动势之间的相角差）的变化规律来判断的，因此，这种性质的稳定性又称为功角稳定。

GB 38755—2019《电力系统安全稳定导则》中，功角稳定是指同步互联电力系统中的同步发电机受到扰动后保持同步运行的能力。功角稳定又可分为静态功角稳定、暂态功角稳定和动态功角稳定。

静态功角稳定是指电力系统受到小扰动后，不发生功角非周期性失步，并能自动恢复到起始运行状态的能力。

暂态功角稳定是指电力系统受到大扰动后，各同步发电机保持同步运行，并过渡到新的或恢复到原来稳态运行方式的能力，通常指保持第一、第二摇摆不失步的功角稳定。

动态功角稳定是指电力系统受到小扰动或大扰动后，在自动调节和控制装置的作用下，不发生发散振荡或持续振荡，保持长过程的运行稳定性的能力。

（2）电压稳定。GB 38755—2019《电力系统安全稳定导则》中，电压稳定是指电力系统受到小扰动或大扰动后，系统电压能够保持或恢复到允许的范围内，不发生电压崩溃的能力。

（3）频率稳定。GB 38755—2019《电力系统安全稳定导则》中，频率稳定是指电力系统受到小扰动或大扰动后，系统频率能够保持或恢复到允许的范围内，不发生频率振荡或崩溃的能力。

2. 电力系统稳定性破坏的影响

当系统运行失去稳定时，往往引起大面积的停电事故，严重影响生产和生活。电力系统稳定性的破坏，将使整个电力系统受到严重的不良影响，导致大量用户供电中断，甚至造成整个系统瓦解。21 世纪以前发生的几次停电事故，以及 2002 年美国、加拿大发生的大停电事故，大部分原因是电力系统首先失去功率稳定引起的，停电范围达百万平方千米，容量达数千万千瓦，停电时间达数十小时，造成数以百亿计的损失。

近年来，国外电网由于特高压交直流及大规模新能源等故障导致的大停电事故时有发生。2018 年，巴西特高压美丽山直流闭锁导致"3·21"大停电事故，巴西电网几乎全停；2019 年，英国"8·9"事故中电网遭受雷击后，由于火电厂、海上风电、分布式电源涉网性能不足，导致系统频率严重跌落，触发低频减载动作切除大量负荷。

2010 年以来，伴随大规模新能源的接入及特高压交直流输电技术的发展，我国电力系统规模进一步扩大，形成跨区域互联格局。同时，新型电气设备大量接入，传统电源结构、系统特性发生深刻变革。一旦电力系统出现稳定性问题，影响也会越来越严重。因此，保持电力系统运行的稳定性，对于电力系统安全可靠运行具有极其重要的意义。

二、电力系统承受大扰动能力的安全稳定标准

1. 保证电力系统安全稳定运行的基本要求

为保证电力系统运行的稳定性，维持电力系统频率、电压的正常水平，系统应有足够的静态稳定储备和有功功率、无功功率备用容量。备用容量应分配合理，并有必要的调节手段。在正常负荷及电源波动和调整有功、无功潮流时，均不应发生自发振荡。

合理的电网结构和电源结构是电力系统安全稳定运行的基础。在电力系统的规划设计阶段，应统筹考虑，合理布局；在运行阶段，运行方式的安排也应注重电网结构和电源开机的合理性。合理的电网结构和电源结构应满足如下基本要求。

（1）在正常运行方式（含计划检修方式）下，所有设备均应不过负荷，电压与频率应不越限，系统中任一元件发生单一故障时，应能保持系统安全稳定运行。

（2）在故障后经调整的运行方式下，电力系统仍应有规定的静态稳定储备，并能在再次发生任一元件故障时保持稳定运行，同时满足其他元件不超过规定事故过负荷能力的要求。

（3）电力系统发生稳定破坏时，必须有预定的措施，以防止事故范围扩大，减少事故损失。

（4）低一级电压等级电网中的任何元件（如发电机、交流线路、变压器、母线、直流单极线路、直流换流器等）发生各种类型的单一故障时，均不应影响高一级电压等级电网的稳定运行。

（5）电力系统二次设备（包括继电保护装置、安全自动装置、自动化设备、通信设备等）的参数设定及耐受能力应与一次设备相适应。

（6）送受端系统的直流短路比、多馈入直流短路比以及新能源场站的短路比应达到合理的水平。

2. 安全稳定标准

电力系统稳定与扰动的大小及持续时间、电网结构与运行方式、电力系统各元件参数、电力系统保护及控制系统的性能等有很大关系。

在电力系统规划和运行中，主要关注的是电力系统遭受扰动后的行为以及所能承受的扰动大小。一般要求规划设计和运行中的电力系统必须达到一定的抗干扰能力标准，GB 38755—2019《电力系统安全稳定导则》将我国电力系统承受大扰动能力的安全稳定标准分为三级。

第一级标准：保持稳定运行和电网的正常供电。即正常运行方式下（含计划检修方式）的电力系统受到单一故障扰动后，保护、开关及重合闸正确动作，且不采取稳定控制措施，应能保持电力系统稳定运行和电网的正常供电，其他元件不超过规定的事故过负荷能力，不发生连锁跳闸。单一故障扰动具体包括：①任何线路单相瞬时接地故障重合成功；②同级电压的双回或多回线和环网中，任一回线单相永久故障重合不成功及无故障三相断开不重合；③同级电压的双回或多回线和环网中，任一回线三相故障断开；④发电机跳闸或失磁，任一新能源场站或储能电站脱网；⑤任一台变压器故障退出运行（辐射型结构的单台变压器除外）；⑥任一大负荷突然变化；⑦任一回交流系统间联络线故障或无故障断开不重合；⑧直流系统单极闭锁或单换流器闭锁；⑨直流单极线路短路故障。

第二级标准：保持稳定运行，但允许损失部分负荷。即正常运行方式（含计划检修方式）下的电力系统受到较严重的故障扰动后，保护、开关及重合闸正确动作，应能保持稳定运行，必要时允许采取切机和切负荷、直流紧急功率控制、抽水蓄能电站切泵等稳定控制措施。这些故障扰动具体包括：①单回线或单台变压器（辐射型结构）故障或无故障三相断开；②任一段母线故障；③同杆并架双回线的异名两相同时发生单相接地故障重合不成功，双回线三相同时跳开，或同杆并架双回线同时无故障断开；④直流系统双极闭锁或两个及以上换流器闭锁（不含同一极的两个换流器）；⑤直流双极线路短路故障。

第三级标准：当系统不能保持稳定运行时，必须尽量防止系统崩溃并减少负荷损失。即电力系统稳定破坏时，必须采取失步/快速解列、低频/低压减载、高频切机等措施，避免造成长时间大面积停电和对重要用户（包括厂用电）的灾害性停电，使负荷损失尽可能减少到最小，电力系统应尽快恢复正常运行。使电力系统稳定破坏的情况包括：①故障时开关拒动作；②故障时继电保护装置、安全自动装置误动作或拒动作；③自动调节装置失灵；④多重故障；⑤失去大容量发电厂；⑥新能源大规模脱网；⑦其他偶然因素。

三、同步发电机的有功功率平衡

同步发电机在运行时，原动机（汽轮机、水轮机等）的机械旋转功率，除了极少部分损耗外，大部分转变为定子输出的电功率。若原动机的输入功率 P_1 扣除损耗之后，正好等于发电机输出功率 P_2，则发电机组的转速维持匀速旋转。否则，发电机组的转速会发生变化。当输入功率 P_1 大于输出功率 P_2 时，机组加速；反之，机组减速。因此，同步发电机能否同步运转，关键在于机组的功率是否能够保持平衡。

如图 8-2 所示，正常稳态运行时，发电机电磁功率 P 平衡关系为

$$P = P_1 - (p_0 + p_2) \tag{8-1}$$

式中：P 为发电机的电磁功率；P_1 为原动机的输入功率；p_0 为发电机铁心损耗；p_2 为发电机组机械损耗。

正常稳定运行时，发电机输出功率 P_2 为

$$P_2 = P - p_{cu} \tag{8-2}$$

式中：P_2 为发电机输出功率；p_{cu} 为发电机定子绕组损耗。

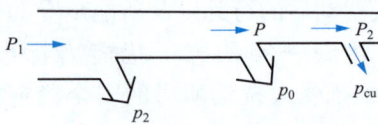

图 8-2　同步发电机的功率流程图

电力系统运行时，发电机输出的有功功率必须与用户需要的有功功率（包括电网的有功损耗）保持平衡，系统的频率才能维持不变。发电机输出功率或用户负荷发生变化时，系统有功功率平衡遭到破坏，发电机组的参数会发生变化，系统频率也会发生变化。当负荷增加时，发电机组减速，系统频率下降；反之，发电机组加速，系统频率上升。

四、简单电力系统中隐极式发电机的功角特性

图 8-3(a) 所示的简单电力系统中，发电机 G 通过升压变压器 T1、输电线路 L、降压变压器 T2 接到受端电力系统。假定受端系统为容量无限大系统，则发电机输送任何功率时，受端母线电压的幅值和频率均不变（即无限大容量母线，受端系统的电源容量为送端发电机容量的 7~8 倍，受端系统一般可认为是无限大系统）。当送端发电机为隐极时，可以作出系统的等值电路如图 8-3(b) 所示。隐极式发电机的转子是对称的，因而其直轴同步电抗和交轴同步电抗相等，即 $X_d = X_q$。

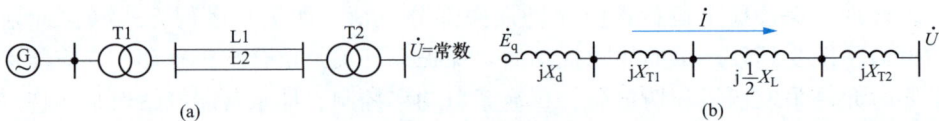

图 8-3　简单电力系统接线及其等值电路
(a) 系统接线；(b) 等值电路

图 8-3 中受端系统可以看作内阻抗为零、电动势为 U 的发电机。各元件的电阻及导纳均忽略不计时，系统的总电抗为

$$X_{d\Sigma} = X_d + X_{T1} + \frac{1}{2}X_L + X_{T2}$$

由图 8-4 的相量图可知

$$I_a X_{d\Sigma} = I X_{d\Sigma} \cos\varphi = E_q \sin\delta$$

其中 $I_a = I\cos\varphi$。

两端同时乘以电压 U，计及发电机输出功率 $P_{Eq} = P = UI\cos\varphi$ 便得功角特性方程为

$$P_{Eq} = \frac{E_q U}{X_{d\Sigma}}\sin\delta \tag{8-3}$$

当发电机的电动势 E_q 和受端电压 U 均为恒定时，传输功率 P_{Eq} 是相位角 δ 的正弦函数。相位角 δ 为电动势发电机空载电动势 E_q 和无穷大系统端电压 U 之间的相位角。因为传输功率的大小与相位角 δ 密切相关，所以又称 δ 为"功角"或"功率角"。传输功率与功率角的关系为 $P=f(\delta)$，称为"功角特性"或"功率特性"。功角特性曲线如图 8-5 所示。发电机输送的功率极限出现在 $\delta=90°$ 时，其值为 $E_qU/X_{d\Sigma}$。

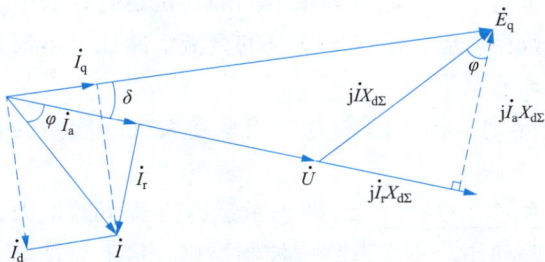

图 8-4　简单电力系统相量图

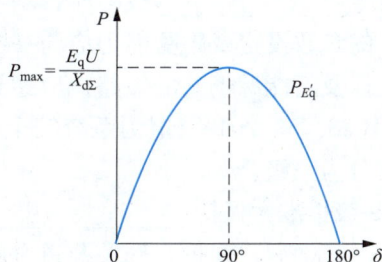

图 8-5　功角特性曲线

需要说明：

(1) 发电机空载电动势 $\dot{E}_q$ 因与交轴同向，故以 q 作为下标。

(2) 式（8-3）一般用于电力系统静态稳定分析。

(3) 分析电力系统暂态稳定时，发电机常数应取暂态电动势 E'、暂态电抗 X'_d。此时功角特性方程为

$$P_{E'}=\frac{E'U}{X'_{d\Sigma}}\sin\delta' \tag{8-4}$$

功角 δ 除了表示电动势和电压之间的相位差，即表征系统的电磁关系之外，还表明了各发电机转子之间的相对空间位置。δ 角随时间的变化描述了各发电机转子间的相对运动，是判断各发电机之间是否同步运行的依据。

📖 任务实施

阅读 GB 38755—2019《电力系统安全稳定导则》第二和第三部分，完成以下练习。

一、电力系统稳定性

(1) 电力系统稳定性是研究电力系统在受到扰动后_____的能力。电力系统稳定性分为_____稳定、_____稳定和_____稳定三大类。

(2) 功角稳定是指同步互联电力系统中的_____的能力。功角稳定又可分为____功角稳定、____功角稳定和____功角稳定。

(3) 静态功角稳定是指电力系统受到____后，不发生功角非周期性失步，并能自动恢复到_____运行状态的能力。暂态功角稳定是指电力系统受到____后，各同步发电机保持同步运行，并_____或_____的能力，通常指保持第一、第二摇摆不失步的功角稳定。动态功角稳定是指电力系统受到_____干扰后，在自动调节和控制装置的作用下，保持长过程的_____的能力。

二、电力系统稳定标准

(1) 合理的电网结构和电源结构是电力系统安全稳定运行的基础。合理的电网结构和电

源结构应满足如下基本要求：①在正常运行方式，所有设备均应_____、电压与频率_____，系统中任一元件发生_____时，应能保持系统安全稳定运行；②在故障后经调整的运行方式下，电力系统仍应有规定的_____，并能在再次发生任一元件故障时保持稳定运行，同时满足其他元件不超过_____的要求；③电力系统发生_____时，必须有预定的措施，以防止_____扩大，减少事故损失；④低一级电压等级电网中的任何元件发生_____故障时，均不应影响_____电压等级电网的稳定运行；⑤电力系统_____的参数设定及耐受能力应与一次设备相适应；⑥送_____的直流短路比、多馈入直流短路比以及新能源场站的短路比应达到合理的水平。

（2）GB 38755—2019《电力系统安全稳定导则》将我国电力系统承受大扰动能力的安全稳定标准分为三级。

1）第一级标准：保持_____和_____。即正常运行方式下的电力系统受到_____扰动后，保护、开关及重合闸正确动作，不采取稳定控制措施，应能保持电力系统_____和电网的_____，其他元件不超过规定的_____能力，不发生连锁跳闸。

2）第二级标准：保持_____，但允许_____。即正常运行方式下的电力系统受到_____扰动后，保护、开关及重合闸正确动作，应能保持_____，必要时允许采取_____和_____、直流紧急功率控制、抽水蓄能电站切泵等稳定控制措施。

3）第三级标准：当系统不能保持稳定运行时，必须尽量防止_____并减少_____。即电力系统稳定破坏时，必须采取_____/_____、_____/_____、高频切机等措施，避免造成长时间大面积停电和对重要用户（包括厂用电）的灾害性停电，使负荷损失尽可能减少到最小，电力系统应尽快恢复正常运行。

三、简单电力系统的功角特性

（1）受端系统的电源容量为送端发电机容量的_____倍，受端系统一般可认为是无限大系统，送端发电机输送任何功率时，受端母线电压的_____和_____均不变（即无限大容量母线）。

（2）当发电机的电动势 E_q 和受端电压 U 均为恒定时，传输功率 P_{Eq} 是相位角 δ 的正弦函数。相位角 δ 为_____和_____之间的相位角。因为传输功率 P_{Eq} 的大小与相位角 δ 密切相关，因此又称 δ 为"功角"或"功率角"。

（3）功角特性是指发电机的_____与_____的关系 $P=f(\delta)$。发电机输送的功率极限出现在 $\delta=$_____时，其值为_____。

（4）写出简单电力系统的功角特性方程并画出其曲线。

任务 2　分析简单电力系统并列运行的静态功角稳定

教学目标

知识目标：

（1）能说出在简单电力系统内隐极同步发电机功角特性方程。

（2）能说出电力系统静态功角稳定的实用判据。

（3）能说出小干扰法分析简单电力系统的静态功角稳定的思路。

能力目标：

（1）能说出电力系统静态功角稳定的概念。

（2）能利用功角特性曲线分析判断电力系统是否具有静态功角稳定性。

（3）能计算简单系统的静态稳定储备系数，并判断该系数是否符合相关准则的规定。

素质目标：

培养学生在工作和学习中应用标准规范的能力。

任务描述

在简单电力系统中，能够通过功角特性曲线判断电力系统的静态功角稳定性，计算简单系统的静态稳定储备系数，并判断该系数是否符合相关准则的规定；用小干扰法分析简单电力系统的静态功角稳定。

任务准备

课前做如下准备：

（1）回忆"电机"课程中知识，什么是功角？什么是功角特性曲线？什么是同步？

（2）查看 GB 38755—2019《电力系统安全稳定导则》中关于静态功角稳定的相关规定和准则。

课前预习相关知识部分，并独立回答下列问题：

（1）什么是电力系统静态功角稳定？

（2）什么是小干扰？

相关知识

我国 GB 38755—2019《电力系统安全稳定导则》规定，电力系统受到小干扰后，不发生非周期性失步并能自动恢复到初始状态的能力称为静态功角稳定，而与快速励磁系统有关的负阻尼或弱阻尼低频增幅振荡称为小扰动动态功角稳定性。前者是由于同步转矩不足使转子角持续增大的稳定问题，后者是由于阻尼不足而引起的低频振荡稳定性问题。因此，静态稳定和低频振荡本质上都属于小干扰稳定问题。

电力系统几乎时时刻刻都受到小的干扰。例如，切除和接入小容量负荷；架空输电线因风吹摆动引起线间距离（影响线路电抗）发生微小变化；另外，发电机转子的旋转速度也不是绝对均匀的，即功角 δ 存在微小变化。因此，电力系统的静态功角稳定问题实际上是确定系统的某个运行稳态能否保持的问题。

在分析稳定问题时，对发电机组的电磁暂态过程采用以下基本假设。

（1）只计及发电机组定子电流中正序同步频率交流分量产生的电磁转矩（或功率），而忽略定子电流中直流分量和负序分量所产生的转矩（或功率），因为这些分量所产生的转矩是脉动的，在一周期内的平均值接近于零。

（2）在分析静态稳定问题时，假设发电机组的空载电动势 E_q 保持恒定。这是因为扰动比较小时，对于无自动励磁调节装置的发电机组，其转子励磁电流不变，而与之成正比的空

载电动势 E_q 也保持不变。

（3）在分析暂态稳定问题时，假设发电机组的暂态电动势 E'、E'_q（或次暂态电动势 E''_q）保持恒定。这是因为扰动比较大时，发电机定子电流剧烈变化使电枢反应加大，但根据磁链守恒定律，合成磁链不发生突变，因此与合成磁链对应的暂态电动势 E'、E'_q（或次暂态电动势 E''_q）保持恒定。

一、简单电力系统的静态稳定性

1. 电力系统静态稳定的定性分析

简单电力系统及等值网络如图 8-3 所示，图中送端发电机为隐极同步发电机，受端为无限大容量电力系统母线，并忽略去了所有元件的电阻和导纳。设发电机的励磁不可调，即其空载电动势 E_q 为定值，则可得出这个系统的功角特性方程为

$$P_{Eq}=\frac{E_q U}{X_{d\Sigma}}\sin\delta \tag{8-5}$$

式中：$X_{d\Sigma}=X_d+X_{T1}+\frac{1}{2}X_L+X_{T2}$。

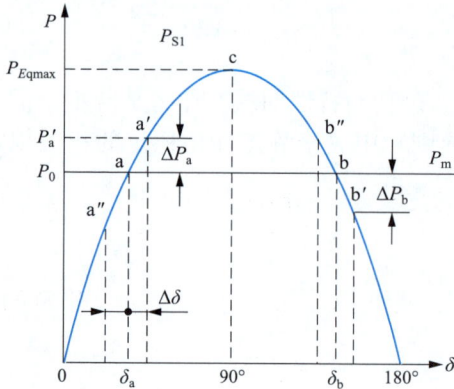

图 8-6 静态稳定分析的功角特性曲线

由此可得这个系统的功角特性曲线，如图 8-6 所示。

设原动机的机械功率 P_m 不可调，并忽略摩擦、风阻等损耗，按输入机械功率与输出电磁功率相平衡 $P_m=P_{Eq(0)}=P_0$ 的条件，在功角特性曲线上将有两个运行点 a、b，与其相对应的功率角为 δ_a、δ_b。下面分析在这两点运行时受到微小扰动后的情况。

（1）静态稳定的分析。分析在 a 点的运行情况。在 a 点，当系统中瞬时出现一个微小的且又立即消失的扰动时，功率角 δ 增加一个微量 $\Delta\delta$，输出的电磁功率将从与 a 点对应的 P_0 增加到与 a′点对应的 P'_a。但因输入的机械功率 P_m 不可调，仍为 $P_m=P_{Eq(0)}=P_0$，故在 a′点输出的电磁功率 P'_a 大于输入的机械功率 P_m。当这个扰动消失后，在制动功率作用下机组将减速，功率角 δ 将减少，运行点将渐渐回到 a 点，如图 8-6 及图 8-7(a) 所示。当一个微小扰动使功率角 δ 减小一个微量 $\Delta\delta$ 时，情况相反，输出功率将减小到与 a″点对应的 P''_a，且 $P''_a<P_m$。当这个扰动消失后，在净加速功率的作用下机组将加速，使功率角 δ 增大，运行点渐渐回到 a 点，如图 8-6 及图 8-7(a) 所示。因此，a 点是静态稳定运行点。同理可得，在图 8-6 中 c 点以前，情况与 a 点相同，即 $0°<\delta<90°$ 时，为静态稳定运行区。

（2）静态不稳定的分析。分析在 b 点的运行情况。在 b 点，当系统中瞬时出现一个微小的且又立即消失的扰动时，功率角 δ 增加一个微量 $\Delta\delta$，输出的电磁功率将从与 b 点对应的 P_0 减小到与 b′点对应的 P'_b，而 $P'_b<P_m$，且 P_m 为常数。当这个扰动消失后，在净加速功率作用下机组将加速，功率角 δ 将增大，与之对应输出的电磁功率将进一步减小。这样继续下去，运行点不再能回到 b 点，如图 8-6 及图 8-7(b) 中实线所示。功率角 δ 不断增大，标志着两个电源之间将失去同步，电力系统因不能并联运行而瓦解。如果这个微小扰动使功率

角 δ 减小一个微量 $\Delta\delta$，输出的电磁功率将增加到与 b″点相对应的 P_b''，且 $P_b''>P_m$。当这个扰动消失后，在制动功率的作用下机组将减速，功率角 δ 将继续减小，且一直减小到 δ_0，渐渐稳定在 a 点运行，如图 8-7(b) 中虚线所示，因此 b 点不是静态稳定运行点。由此可见，c 点以后都不是静态稳定运行点。

2. 电力系统静态稳定的实用判据

由以上分析可得，当功率角 δ 在 $0°\sim90°$ 之间时，电力系统可以保持静态稳定运行，在此范围内有 $\dfrac{dP}{d\delta}>0$；而 $\delta>90°$ 时，电力系统不能保持静态稳定运行，此时有 $\dfrac{dP}{d\delta}<0$。由此可以得出电力系统静态稳定的实用判据为

$$S_{Eq}=\frac{dP}{d\delta}>0 \qquad (8\text{-}6)$$

式中：S_{Eq} 为整步功率系数。

根据 $\dfrac{dP}{d\delta}>0$，即 $S_{Eq}>0$ 可以判断电力系统中同步发电机并列运行的静态稳定性。这是最常用的静态稳定判据。仅根据这个判据不足以判定电力系统的静态稳定性，因而它只是一种实用判据，事实上，静态稳定的判据不止这一个。

根据 $\dfrac{dP}{d\delta}>0$ 的判据，图 8-6 的功角特性曲线上，$\delta<90°$ 时对应的运行点是静态稳定的；$\delta>90°$ 时对应的运行点是静态不稳定的，而与 $\delta=90°$ 对应的 c 点则是静态稳定的临界点。在 c 点，$\dfrac{dP}{d\delta}=0$，该点不能保持系统静态稳定运行。

上述结论只适用于图 8-3 所示的简单电力系统且发电机无励磁调节的情况，在多机复杂系统中，系统的静态功角稳定条件不能简单地用 $\dfrac{dP}{d\delta}$ 的符号来判定。

3. 静态稳定的储备

在 c 点，$\delta=90°$ 时所对应的功率是系统传输的最大功率，称为静态稳定极限，以 P_{sl} 表示。在这个特殊情况下，它恰好等于发电机可能输出的最大功率，即发电机的功率极限 P_{max}。电力系统不应在接近静态稳定极限的情况下运行，而应保持一定的储备。静态稳定储备系数的定义为

$$K_P=\frac{P_{sl}-P_0}{P_0}\times100\% \qquad (8\text{-}7)$$

我国现行 GB 38755—2019《电力系统安全稳定导则》规定：

(1) 在正常运行方式下，电力系统按功角判据计算的静态稳定储备系数 K_P 应满足 $15\%\sim20\%$。

(2) 在故障后运行方式和特殊运行方式下，K_P 不得低于 10%。

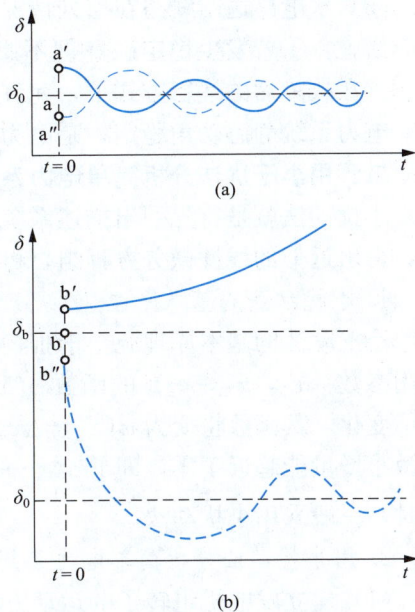

图 8-7　功率角变化过程
(a) 在 a 点运行；(b) 在 b 点运行

（3）水电厂送出线路在下列情况下允许只按静态稳定储备送电，但应有防止事故扩大的相应措施：①若发生稳定破坏但不影响主系统的稳定运行，允许只按正常静态稳定储备送电；②在故障后的运行方式下，允许只按故障后静态稳定储备送电。

电力系统静态功角稳定，是电力系统正常运行的必备条件。

二、用小干扰法分析简单电力系统的静态功角稳定

小扰动法就是首先列出描述系统运动的、通常是非线性的微分方程组，然后将它们线性化，得出近似的线性微分方程组，再根据其特征方程根的性质判断系统稳定性的方法。

1. 小扰动法的基本原理

小扰动法的基本原理源自李雅普诺夫关于一般运动稳定性的理论。任何一个系统，当可以用参数（x_1，x_2，…）的函数 $\varphi(x_1, x_2, …)$ 表示时，若因某种微小的扰动导致参数发生了变化，其函数将变为 $\varphi(x_1+\Delta x_1, x_2+\Delta x_2, …)$；当微小扰动消失后，若其所有参数的微小增量能趋近于零，即 $\lim_{t\to\infty}\Delta x\to 0$，则该系统是稳定的。在研究电力系统的静态稳定问题时，一般采用小扰动法。

2. 用小扰动法分析简单电力系统的静态稳定性

（1）建立发电机组转子的运动方程。简单电力系统接线及其等值电路如图 8-3（a）、（b）所示，功角特性曲线如图 8-6 所示。

该简单电力系统的功角特性方程式为

$$P_{Eq}=\frac{E_qU}{X_{d\Sigma}}\sin\delta$$

若电力系统的稳定运行点 a($P_{Eq(0)}$，δ_0)，为研究小扰动前瞬间的起始运行点，则起始运行方式的功角特性方程式为

$$P_{Eq(0)}=\frac{E_qU}{X_{d\Sigma}}\sin\delta_0 \tag{8-8}$$

若系统受一微小的扰动，使其功率角 δ_0 有一个微小的增量 $\Delta\delta$，则功率角变为 $\delta=\delta_0+\Delta\delta$。那么系统输送的有功功率为

$$P_{Eq(\delta)}=\frac{E_qU}{X_{d\Sigma}}\sin(\delta_0+\Delta\delta) \tag{8-9}$$

由于受到微小扰动时，发电机的调速系统来不及动作，导致发电机组输入的机械功率 P_m 不变。因此，该系统中发电机组的转子运动方程式变为

$$T_J\frac{d^2\delta}{dt^2}=P_m-P_{Eq} \tag{8-10}$$

式中：P_{Eq} 与 δ 为非线性关系。

（2）非线性方程线性化。式（8-10）是一个非线性微分方程式。当扰动为无限小时，$\Delta\delta\to 0$，可将微分方程式在 δ_0 附近线性化。线性化的方法就是将受扰动后的参变量 $\delta=\delta_0+\Delta\delta$ 代入微分方程式中，再在 δ_0 附近按泰勒级数展开，并略去微量的高次方项，取其一次近似式。同时，同步发电机组转子运动微分方程式为

$$T_J\frac{d^2(\delta_0+\Delta\delta)}{dt^2}=P_m-P_{Eq(\delta=\delta_0+\Delta\delta)} \tag{8-11}$$

将式（8-11）在稳态值 δ_0 附近按泰勒级数展开后为

214

$$T_{\mathrm{J}}\frac{\mathrm{d}^2\Delta\delta}{\mathrm{d}t^2}=P_{\mathrm{m}}-P_{Eq(\delta=\delta_0)}-\left(\frac{\mathrm{d}P_{Eq}}{\mathrm{d}\delta}\right)_{(\delta=\delta_0)}\Delta\delta-\frac{1}{2}\left(\frac{\mathrm{d}^2P_{Eq}}{\mathrm{d}\delta^2}\right)_{(\delta=\delta_0)}\Delta\delta^2-\frac{1}{3!}\left(\frac{\mathrm{d}^3P_{Eq}}{\mathrm{d}\delta^3}\right)_{(\delta=\delta_0)}\Delta\delta^3-\cdots$$

略去微量 $\Delta\delta$ 的高次项，并计及 $P_{\mathrm{m}}=P_{Eq(\delta=\delta_0)}=P_{Eq(0)}$，可得

$$T_J\frac{\mathrm{d}^2\Delta\delta}{\mathrm{d}t^2}+\left(\frac{\mathrm{d}P_{Eq}}{\mathrm{d}\delta}\right)_{(\delta=\delta_0)}\Delta\delta=0 \tag{8-12}$$

这就是同步发电机组受小扰动运动的二阶线性微分方程式，也称微振荡方程式，又可写成

$$(T_Jp^2+S_{Eq})\Delta\delta=0 \tag{8-13}$$

其中

$$S_{Eq}=\left(\frac{\mathrm{d}P_{Eq}}{\mathrm{d}\delta}\right)_{(\delta=\delta_0)}$$

$$p=\frac{\mathrm{d}}{\mathrm{d}t}$$

式中：S_{Eq} 为空载电动势 E_{q} 为定值、$\delta=\delta_0$ 时的整步功率系数；p 为微分算子。

（3）解微分特征方程式。由式（8-13）可得微振荡方程式的特征方程式为

$$T_Jp^2+S_{Eq}=0 \tag{8-14}$$

$$p_{1.2}=\pm\sqrt{-S_{Eq}/T_J} \tag{8-15}$$

与之对应的同步发电机组线性微分方程式的解为

$$\Delta\delta=C_1\mathrm{e}^{p_1t}+C_2\mathrm{e}^{p_2t} \tag{8-16}$$

式中：C_1、C_2 为积分常数。

（4）判断系统的静态稳定性。利用式（8-16）判断简单电力系统的静态稳定性。

1）非周期性失去静态稳定性。惯性时间常数 $T_{\mathrm{J}}>0$，当整步功率系数 $S_{Eq}<0$ 时，可有 $S_{Eq}/T_{\mathrm{J}}<0$，特征方程式有正负实根 $p_{1.2}=\pm a$，其中 $a^2=|S_{Eq}/T_{\mathrm{J}}|$，微分方程式的解为

$$\Delta\delta=C_1\mathrm{e}^{at}+C_2\mathrm{e}^{-at}=\Delta\delta_1+\Delta\delta_2 \tag{8-17}$$

式（8-17）表明，当特征方程式具有正负实根时，此时 $\Delta\delta$ 随 t 的增大而增大，系统会非周期性失去静态稳定性。式（8-17）的关系曲线如图 8-8(a) 所示。

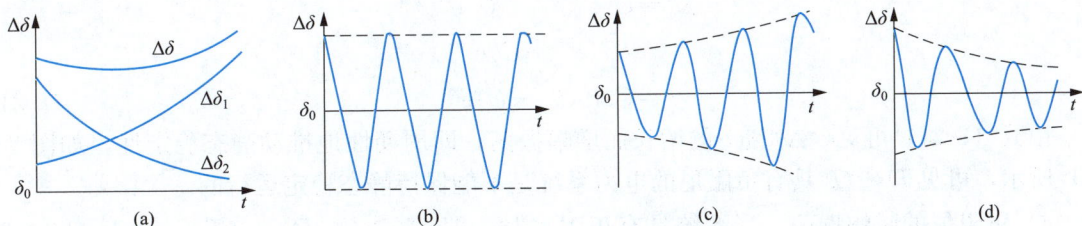

图 8-8　电力系统静态稳定性的判定
（a）非周期性关系；（b）等幅振荡；（c）增幅振荡；（d）减幅振荡

2）周期性等幅振荡。在 $T_{\mathrm{J}}>0$、$S_{Eq}>0$ 时，有 $S_{Eq}/T_{\mathrm{J}}>0$，则特征方程式有共轭虚根 $p_{1.2}=\pm\mathrm{j}\beta$，其中 $\beta^2=|S_{Eq}/T_{\mathrm{J}}|$，那么微分方程式的解为

$$\Delta\delta = C_1 e^{j\beta t} + C_2 e^{-j\beta t}$$
$$= C_1(\cos\beta t + j\sin\beta t) + C_2(\cos\beta t - j\sin\beta t)$$
$$= (C_1 + C_2)\cos\beta t + j(C_1 - C_2)\sin\beta t$$

但是，由于 $\Delta\delta$ 不可能有虚数部分，这就要求 C_1、C_2 为共轭复数。令 $C_1 = A + jB$，$C_2 = A - jB$，则

$$\Delta\delta = 2A\cos\beta t - 2B\sin\beta t$$
$$= 2\sqrt{A^2 + B^2}\left(\frac{A}{\sqrt{A^2 + B^2}}\cos\beta t - \frac{B}{\sqrt{A^2 + B^2}}\sin\beta t\right)$$
$$= 2\sqrt{A^2 + B^2}(\sin\varphi\cos\beta t - \cos\varphi\sin\beta t)$$
$$= 2\sqrt{A^2 + B^2}\sin(\varphi - \beta t)$$
$$= C\sin(\beta t - \varphi) \tag{8-18}$$

式中：$C = -2\sqrt{A^2 + B^2}$；$\varphi = \tan^{-1}\dfrac{A}{B}$。

由此可看出为无阻尼的等幅振荡，这是一种静态稳定的临界状态，如图 8-8(b) 所示。

3）负阻尼的增幅振荡。当发电机具有阻尼时，应在同步发电机受扰动的微分方程式（8-13）中加入阻尼功率 $P_D = D_\Sigma p\Delta\delta$ 项，则式（8-13）变为

$$(T_J p^2 + S_{Eq})\Delta\delta + P_D = 0$$
$$(T_J p^2 + D_\Sigma p + S_{Eq})\Delta\delta = 0 \tag{8-19}$$

其特征方程式为

$$T_J p^2 + D_\Sigma p + S_{Eq} = 0 \tag{8-20}$$

其根为

$$p_{1.2} = -\frac{D_\Sigma}{2T_J} \pm \sqrt{\frac{D_\Sigma^2 - 4T_J S_{Eq}}{4T_J^2}}$$

当系统具有负阻尼时，即 $D_\Sigma < 0$，且满足 $D_\Sigma^2 - 4T_J S_{Eq} < 0$，其中 $S_{Eq} > 0$。此时特性方程式的根是实部为正值的共轭复根，即 $p_{1.2} = \gamma \pm j\theta$。其中 $\gamma = -\dfrac{D_\Sigma}{2T_J} > 0, \theta^2 = \dfrac{D_\Sigma^2 - 4T_J S_{Eq}}{4T_J^2}$，那么微分方程的解为

$$\Delta\delta = C_1 e^{(r+j\theta)t} + C_2 e^{(r-j\theta)t}$$
$$= (C_1 e^{j\theta t} + C_2 e^{-j\theta t}) e^{rt}$$
$$= C\sin(\theta t - \varphi) e^{rt} \tag{8-21}$$

由式（8-21）可见，$\Delta\delta$ 随 t 的增长而增幅振荡，即周期性地推动静态稳定性，如图 8-8(c) 所示，可见 $D_\Sigma < 0$ 具有负阻尼的电力系统是不能保持静态稳定运行的。

4）正阻尼的减幅振荡。当系统具有正阻尼时，即 $D_\Sigma > 0$，$D_\Sigma^2 < 4T_J S_{Eq}$，且 $S_{Eq} > 0$。此时特性方程式的根是实部为负根的共轭复根，即 $p_{1.2} = -\gamma \pm j\theta$。其中 $\gamma = \dfrac{D_\Sigma}{2T_J} > 0$，$\theta^2 = \dfrac{D_\Sigma^2 - 4T_J S_{Eq}}{4T_J^2}$，那么微分方程的解为

$$\Delta\delta = C_1 e^{(-r+j\theta)t} + C_2 e^{(-r-j\theta)t}$$

$$= (C_1 e^{j\theta t} + C_2 e^{-j\theta t}) e^{-\gamma t}$$
$$= C\sin(\theta t - \varphi) e^{-\gamma t} \tag{8-22}$$

此时，$\Delta\delta$ 将随 t 的增大而减幅振荡，周期性地保持电力系统的静态稳定性，如图 8-8（d）所示。这是系统具有正阻尼情况。可见只有正阻尼系数 $D_\Sigma > 0$ 且 $S_{Eq} > 0$ 时，才能保持系统的静态稳定性。故上述两个条件为电力系统静态稳定性的判据。

综上所述，阻尼对稳定的影响为：

（1）发电机组阻尼为正值时，即 $D_\Sigma > 0$。

1）当 $S_{Eq} > 0$ 且 $D_\Sigma^2 > 4T_J S_{Eq}$ 时，特征值是两个负实数，功角将单调地衰减到零，系统是稳定的；当 $S_{Eq} > 0$ 且 $D_\Sigma^2 < 4T_J S_{Eq}$ 时，特征值为一对共轭复数，其实部为与 D_Σ 成正比的负数，功角将是一个衰减的振荡，系统也是稳定的。

2）当 $S_{Eq} < 0$ 时，特征值为正负两个实数，系统是不稳定的，并且是非周期地失去稳定，这种情况就属于典型的静态稳定问题。由上可知，当 $D_\Sigma > 0$ 时，稳定判据与不计阻尼作用时相同，仍然是 $S_{Eq} > 0$。阻尼系数 D_Σ 的大小只影响受扰动后状态量的衰减速度，如 $\Delta\delta(t)$。

（2）发电机组阻尼为负值时，即 $D_\Sigma < 0$。在这种情况下，无论 S_{Eq} 为何值，特征值的实部都是正值，具有负阻尼的电力系统是不能稳定运行的，极易诱发不稳定的低频振荡或不能保持静态稳定性。

3. 小扰动法理论的实质

综上所述，有一个 n 阶特征方程为

$$a_0 p^n + a_1 p^{n-1} + a_2 p^{n-2} + \cdots + a_{n-1} p + a_n = 0$$

方程的 n 个根中有一个正实根或一对实数部分为正值的共轭复根，即只要有一个根位于复数平面上虚轴（j 轴）的右侧，系统就不能保持静态稳定性；当特征方程只有正实根时，系统静态稳定性的丧失是非周期性的；当特征方程有实部为正的共轭复根时，系统稳定性的丧失是周期性的；当特征方程只有共轭虚根时，其根在虚轴（j 轴）上，系统为等幅振荡，是静态稳定的临界状态；当特征方程都为负实根或实部为负的共轭复根时，只有其根位于复数平面上的虚轴（j 轴）左侧，系统才能保持静态稳定性。复数平面的静态稳定区如图 8-9 所示。

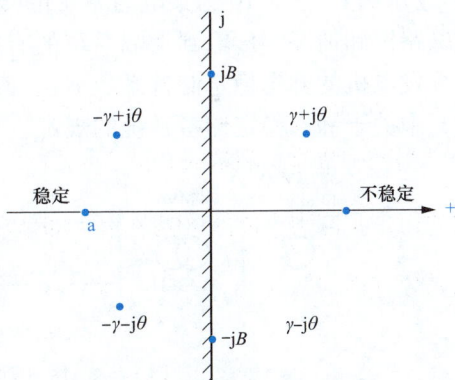

图 8-9　复数平面上的静态稳定区

因此，小扰动法是根据受扰动运动的线性化微分方程组特征方程的根来判断未受扰动的运动是否稳定的方法。如果受扰动运动的线性化微分方程组的特征方程仅有实数部分为负的根，那么未受扰动的运动是稳定运动，而且如果扰动很小，受扰动的运动就趋于未受扰动的运动；如果受扰动运动的线性化微分方程组的特征方程有实部为正的根，未受扰动的运动就是不稳定运动。

换言之，如果特征方程的根都位于复数平面上虚轴的左侧，那么未受扰动的运动是稳定运动；反之，只要有一个根位于虚轴的右侧，未受扰动的运动就是不稳定运动。

"未受扰动的运动"，可以理解为系统在稳态运行时的运动；"受扰动的运动"，对于电力系统的静态稳定而言，可以理解为系统承受了瞬时出现又立即消失的微小扰动后的运动。这种瞬时出现的微小扰动可以是系统参数或各类变量的瞬时、微小变化，如功率角的瞬时、微小变化量 $\Delta\delta$ 等。

用小扰动法研究电力系统稳定性的最大优点是可以纵观全局，通过该方法可以得到全系统所有机电振荡模式的阻尼特性信息，据此可以判断一个多机电力系统中是否存在负阻尼、零阻尼或弱阻尼振荡模式，还可以获取这些模式的振荡频率、衰减系数和阻尼比。

📖 **任务实施**

【练习1】 简单电力系统的静态稳定性。

（1）在功角特性曲线上，δ 在 $0°\sim90°$ 和 $\delta>90°$ 各取一点分析其静态稳定性问题。

（2）电力系统静态稳定的实用判据是系统的整步功率系数 S_{Eq} _____。

（3）在功角特性曲线上 δ _____ $90°$ 时的运行点，S_{Eq} _____ 0，是静态稳定的；δ ____ $90°$ 时对应的运行点，S_{Eq} _____ 0，是静态不稳定的，而与 δ _____ $90°$ 对应的点则是静态稳定的临界点，_____（能、不能）保持系统静态稳定运行。

【练习2】 静态稳定的储备。

（1）静态稳定储备系数 $K_P=$ _____。

（2）GB 38755—2019《电力系统安全稳定导则》规定：①在正常运行方式下，电力系统按功角判据计算的静态稳定储备系数应满足 K_P _____；②在故障后运行方式和特殊运行方式下，K_P 不得低于 _____。

【示例】 图 8-10 为某电力系统的接线图，有关参数都标注在图上，发电机的电抗值计及磁路饱和情况，传输到受端系统的有功功率为 $P_0=230MW$，功率因数 $\cos\varphi_0=0.99$，试计算发电机的静态稳定储备系数 K_P。判断是否符合 GB 38755—2019《电力系统安全稳定导则》中关于静态稳定储备系数的规定。

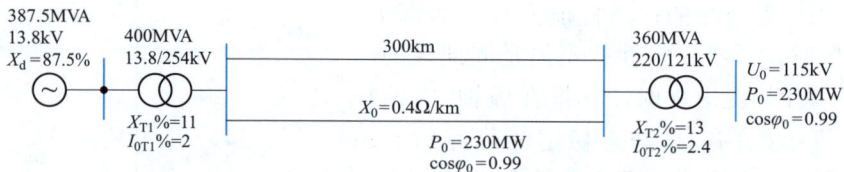

图 8-10　某电力系统接线图

解：（1）应用标幺值进行计算。选取基值：$S_b=230MVA$，220kV 电压等级的 $U_b=209kV$。各元件参数的标幺值为

$$X_d=\frac{X_d\%}{100}\frac{S_b}{S_N}\frac{U_N^2}{U_b^2}K^2=\frac{87.5}{100}\times\frac{230}{387.5}\times\frac{13.8^2}{209^2}\times\frac{254^2}{13.8^2}=0.766$$

$$X_{T1}=\frac{11}{100}\times\frac{230}{400}\times\frac{254^2}{209^2}=0.0935$$

$$X_{T2}=\frac{13}{100}\times\frac{230}{360}\times\frac{220^2}{209^2}=0.092$$

$$X = \frac{0.4}{2} \times 300 \times \frac{230}{209^2} = 0.315$$

所以整个系统的总电抗为

$$X_{d\Sigma} = X_d + X_{T1} + X_{T2} + X = 1.2665$$

（2）计算送电端发电机的空载电动势 $\dot{E}_q$（设受端系统的母线电压 $\dot{U} = U\angle 0°$）。受电端系统母线电压的标幺值为

$$U = U_0 K \frac{1}{U_B} = 115 \times \frac{220}{121} \times \frac{1}{209} = 1.000$$

传输到受电端系统母线处的功率标准值为

$$P_0 = \frac{230}{230} = 1.0$$

$$Q_0 = P_0 \tan\varphi_0 = 0.142$$

不计各元件的电阻，所以送电端发电机的空载电动势 $\dot{E}_q$ 为

$$\dot{E}_q = U + \frac{Q_0 X_{d\Sigma}}{U} + j\frac{P_0 X_{d\Sigma}}{U}$$

计算其绝对值时，有

$$E_q = \sqrt{\left(U + \frac{Q_0 X_{d\Sigma}}{U}\right)^2 + \left(\frac{P_0 X_{d\Sigma}}{U}\right)^2} = \sqrt{(1 + 0.142 \times 1.2665)^2 + 1.2665^2} = 1.73$$

（3）计算电力系统的静态稳定储备系数。送电端发电机的功率极限为

$$P_{sl} = \frac{E_q U}{X_{d\Sigma}} = \frac{1.73 \times 1.0}{1.2665} \approx 1.366$$

静态稳定储备系数为

$$K_P = \frac{1.366 - 1.0}{1.0} \times 100\% = 36.6\%$$

按照 GB 38755—2019《电力系统安全稳定导则》，K_P 满足静态稳定要求。

（4）试求切除［示例］中电力系统的一回线路时，静态稳定储备系数 K_P。

【练习3】　静态稳定性分析。简述用小扰动法分析简单电力系统静态稳定性的步骤。

∷任务 3　分析电力系统电压、频率及负荷的静态稳定

教学目标

知识目标：

能说出电力系统电压、频率及负荷静态稳定的概念及判据。

能力目标：

能判断电力系统电压、频率及负荷静态稳定。

素质目标：

培养学生树立全局观念的职业意识。

⚡ 任务描述

通过无功功率-电压特性曲线，判断电力系统的电压静态稳定性，计算简单电力系统的电压稳定储备系数，并判断该系数是否符合相关准则的规定；通过有功功率-频率特性曲线，判断电力系统的频率静态稳定性；通过异步电动机的机械特性曲线判断负荷的静态稳定性。

📐 任务准备

课前做如下准备：

查看 GB 38755—2019《电力系统安全稳定导则》中关于电压静态稳定、频率静态稳定和负荷静态稳定的相关规定。

课前预习相关知识部分，并独立回答下列问题：

（1）什么是无功功率-电压特性曲线？

（2）什么是有功功率-频率特性曲线？

（3）什么是异步电动机的机械特性曲线？

🏔 相关知识

一、电压静态稳定性

1. 电压静态稳定分析

电压稳定是指电力系统受到小扰动或大扰动后，能够保持或恢复到允许范围内的电压水平，避免电压崩溃的能力，可分为静态电压稳定和暂态电压稳定。无功功率的分层分区就地平衡是电压稳定的基础。电压失稳可能发生在正常工况或电压基本正常的情况下，也可能发生在母线电压已明显降低的情况下，还可能发生在受扰动后。

电压稳定性遭到破坏，将导致系统内电压崩溃，进而引发一系列严重后果，如大量电动机失速、停转，并列运行的发电机失步，以及系统瓦解。因此，电压的不稳定往往与功角的不稳定交织在一起，电压稳定性与发电机并列运行的功角稳定性同等重要，都是整个电力系统安全运行的重要方面，而且它们之间是相互联系的。对无功功率严重不足、电压水平较低的系统，很可能出现电压崩溃现象；同时，系统运行在较低电压水平时，将威胁发电机并列运行的稳定性。为了分析方便，在这里将它们分开讨论。

设某电力系统的接线如图 8-11 所示，枢纽变电站一次侧的母线是系统的电压中枢点，它从两个电源受电，向两个负荷供电。电力系统综合负荷的无功功率-电压静态特性如图 8-12 的曲线 $Q_L[Q_L = f(U)]$ 所示。发电机的无功功率-电压静态特性如图 8-12 的曲线 $Q_G[Q_G = f(U)]$ 所示，它由 Q_{G1}、Q_{G2} 两个发电厂等值发电机的无功功率综合而成。这两条曲线有 a、b 两个交点，这两点的电力系统无功功率都是平衡的，但是这两个点在系统运行时的抗干扰能力是不一样的。

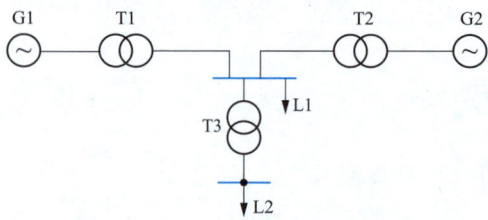

图 8-11　某电力系统接线图

下面分析系统分别在 a、b 两点受到一个微小的、瞬时出现但又立即消失的扰动时的静态电压稳定性。

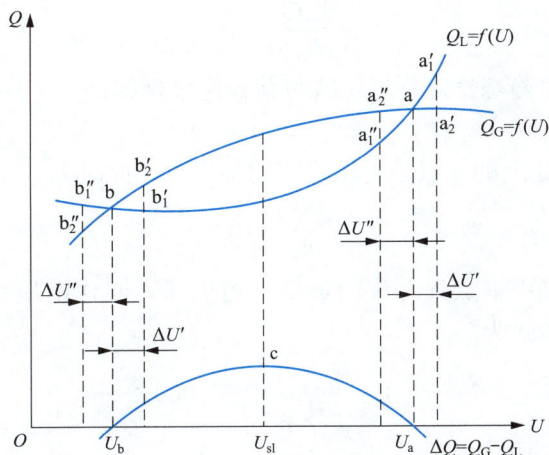

图 8-12　电力系统无功功率-电压静态特性曲线图

（1）对于 a 点，对应电压为 U_a。当系统中出现一个微小扰动使电压上升一个微增量 $\Delta U'$ 时，负荷需求的无功功率将改变到与 a_1' 点对应的值，电源供给的无功功率将改变到与 a_2' 点对应的值，因此中枢点母线处无功功率将缺额，$\Delta Q = Q_G - Q_L < 0$。这样迫使各发电厂向中枢点输送更多的无功功率，以平衡 ΔQ 的值。随着输送无功功率的增加，输电系统中电压降增大，中枢点电压又自动恢复到原始值 U_a。当系统出现的微小扰动使电压下降一个微量 $\Delta U''$ 时，负荷需求的无功功率将改变到与 a_1'' 点对应的值，电源供给的无功功率将改变到与 a_2'' 点对应的值。这时 $\Delta Q = Q_G - Q_L > 0$，中枢点母线处的无功功率将过剩，各发电厂向中枢点输送的无功功率将减少，那么输电系统中的电压降也减小，中枢点电压又恢复到原始值 U_a。

（2）对于 b 点，对应电压为 U_b，当系统中出现小扰动使电压上升一个微增量 $\Delta U'$ 时，负荷需求的无功功率将改变到与 b_1' 点对应的值，电源供给的无功功率将改变到与 b_2' 点对应的值。中枢点母线处无功功率将过剩，$\Delta Q = Q_G - Q_L > 0$，各发电厂向中枢点输送的无功功率减小，输电系统中电压降也减小，中枢点电压进一步上升，且无限循环，运行点最终会稳定在 a 点，而不会回到原工作点 b。当系统出现小扰动使 U_b 电压下降一个微增量 $\Delta U''$ 时，负荷需求的无功功率将改变到与 b_1'' 对应的值，电源供给的无功功率将改变到与 b_2'' 对应的值。因而中枢点母线处无功功率将缺额，$\Delta Q = Q_G - Q_L < 0$，迫使各发电厂向中枢点输送更多的无功功率，以平衡无功缺额，并使输电系统中电压降增加，中枢点电压进一步下降，且无限循环，短时间内就出现了系统的电压崩溃现象，从而引发一系列严重后果，如发电厂之间失步，系统中电压、电流和功率大幅度振荡，以及系统瓦解。

因此，在 a 点运行时，电压为 U_a，系统电压是静态稳定的；在 b 点运行时，电压为 U_b，系统电压不能保持静态稳定。

2. 电力系统静态电压稳定的实用判据

因此，在 a 点运行时，当电压上升（或下降）时，即 $\Delta U > 0（\Delta U < 0）$，$\Delta Q = Q_G - Q_L < 0（\Delta Q = Q_G - Q_L > 0）$，系统电压是静态稳定的，此时 $\Delta Q / \Delta U < 0$。

在 b 点运行时，当电压上升（或下降）时，即 $\Delta U > 0（\Delta U < 0）$，$\Delta Q = Q_G - Q_L > 0（\Delta Q = Q_G - Q_L < 0）$，系统电压是静态不稳定的，此时 $\Delta Q / \Delta U > 0$。

综上所述，可以得出电压静态稳定的判据为

$$\frac{\mathrm{d}\Delta Q}{\mathrm{d}U} < 0 \tag{8-23}$$

该判据也称为第二个静态稳定判据，或负荷稳定性判据。

3. 静态电压稳定的储备

图 8-12 中，曲线 ΔQ 上的 c 点是电压稳定的临界点，此时

$$\frac{\mathrm{d}\Delta Q}{\mathrm{d}U} = 0$$

与该点对应的电压是中枢点处允许的最低运行电压，叫作电压稳定极限，用 U_{sl} 表示。电压稳定储备系数的表示式为

$$K_U = \frac{U_0 - U_{\mathrm{sl}}}{U_0} \times 100\% \tag{8-24}$$

式中：U_0 为中枢点母线的运行电压。

GB 38755—2019《电力系统安全稳定导则》规定：系统正常运行方式下，K_U 在 $10\% \sim 15\%$ 之间；事故情况下，K_U 不应小于 8%。

运用 $\dfrac{\mathrm{d}\Delta Q}{\mathrm{d}U} < 0$ 分析系统的电压稳定时，要选择好电压中枢点，该点电压的变化可以明显地反映整个系统的电压水平。通常以系统内的功率集散点作为中枢点，例如枢纽变电站高压母线等。

二、频率静态稳定性

设电力系统综合负荷的有功功率、无功功率的静态频率特性曲线如图 8-13 所示。

电力系统中所有电源综合的有功功率的静态特性如图 8-14 中曲线 P_{G}（1-2-3、$3'$），所有综合负荷的有功功率的频率静态特性如图 8-14 中曲线 P_{L}。

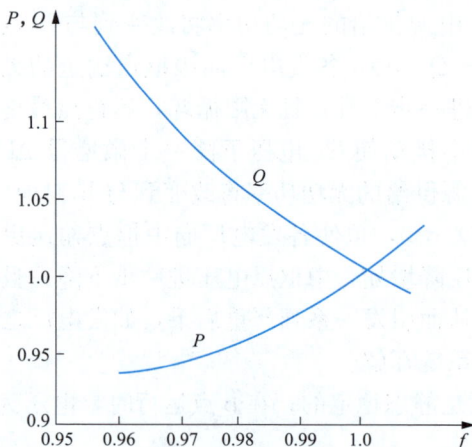

图 8-13 工业城市综合负荷的静态频率特性曲线

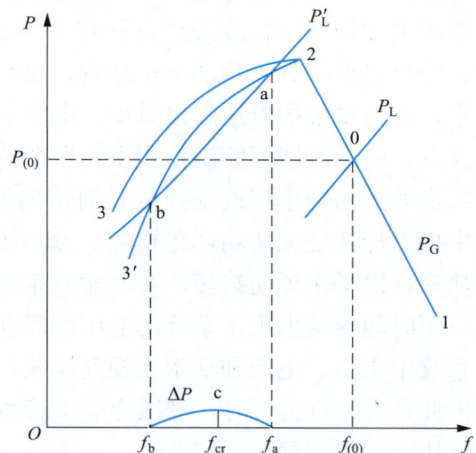

图 8-14 频率静态稳定

正常运行时，电源和负荷的有功功率应该平衡，曲线 P_{L} 与 P_{G} 应相交于 O 点，与该点相对应的频率和有功功率分别为 $f_{(0)}$、$P_{(0)}$。负荷逐渐上移增大至 P_{L}'；将与曲线 P_{G} 的线段 2-$3'$ 同时交于 a、b 两点。当 $\Delta P = P_{\mathrm{G}} - P_{\mathrm{L}} > 0$ 时，系统中有功功率过剩，频率上升；当 $\Delta P = P_{\mathrm{G}} - P_{\mathrm{L}} < 0$ 时，系统中有功功率不足，频率下降。用电压稳定的方法进行分析，发现 a、b

两点中只有在 a 点是可以稳定运行的,而 b 点则不能稳定运行。因而可以得出电力系统频率静态稳定判据为

$$\frac{\mathrm{d}\Delta P}{\mathrm{d}f} = \frac{\mathrm{d}(P_\mathrm{G} - P_\mathrm{L})}{\mathrm{d}f} < 0 \tag{8-25}$$

图 8-14 中,c 点是稳定运行的临界点,与 c 点对应的频率就是频率静态稳定的极限或临界频率 f_cr。系统运行中,若 $f < f_\mathrm{cr}$,则不能稳定运行,将会出现频率崩溃现象。

三、负荷静态稳定性

电力系统负荷的稳定性主要是指异步电动机运行的稳定性。应用异步电动机转矩-转差率特性来分析电力系统负荷的静态稳定性。异步电动机转矩-转差率特性曲线 $M_\mathrm{m} = f(s)$ 如图 8-15 所示,假设机械转矩 M_0 不随转速变化而变化。

图 8-15 中,异步电动机可能有两个运行点 a 和 b。在 a 点运行时,如果有小扰动使转差率 s_0 有一个很小的增量 Δs,则电动机的电磁转矩为曲线上的 a' 点,这时电磁转矩大于被拖动的机械转矩,转子轴上出现正的驱动转矩,并使转子加速,s 将减小,运行点将回到 a 点。同

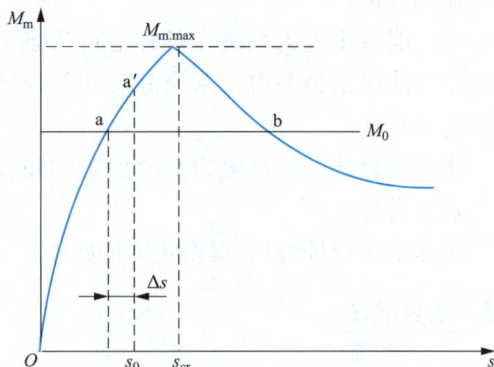

图 8-15　异步电动机的转矩特性

样,当小扰动使转差率有一个很小的负增量时,此时电磁转矩将小于机械转矩,在制动转矩作用下转子将减速,s 将增大,异步电动机仍回到原来的运行点 a,可见 a 点是静态稳定运行点。在 b 点运行受到小扰动时,或是转移到 a 点稳定运行,或是使转差率 s 不断增大,直到 $s = 1$ 时,电动机停转,此时失去了运行的稳定性,所以 b 点不是稳定运行点。

由此可知,异步电动机静态稳定运行的转矩-转差率的判据为

$$\frac{\mathrm{d}M_\mathrm{m}}{\mathrm{d}s} > 0 \tag{8-26}$$

其稳定极限与转矩极限是一致的,即当机械转矩 $M_\mathrm{m} = M_\mathrm{m.max}$ 时,其对应的转差率为临界转差率 s_cr。在这种情况下,只有一点小扰动,异步电动机就可能失去静态稳定运行状态。

📖 **任务实施**

【练习 1】　阅读 GB 38755—2019《电力系统安全稳定导则》第 4.1、5.3、5.6、5.7 条,完成以下问题。

(1) 电压稳定是指电力系统受到_____后,_____能够保持或恢复到允许的范围内,不发生_____的能力。电压静态稳定的判据为_____。电压稳定储备系数 $K_U = $_____。系统正常运行方式下 K_U 不小于_____,事故情况下 K_U 不应小于_____。

(2) 频率稳定是指电力系统受到_____后,_____能够保持或恢复到允许的范围内,不发生_____的能力。电力系统频率的静态稳定的判据是_____。

(3) 电力系统负荷的稳定性主要是指_____运行的稳定性。其稳定运行的判据是_____。

【练习2】 分别在图 8-12、图 8-14、图 8-15 中分析 a 点和 b 点的稳定性问题。

任务 4　提高电力系统静态功角稳定的措施

教学目标

知识目标：
（1）能说出电力系统在各种运行状态下的安全稳定措施。
（2）能说出提高电力系统静态功角稳定的措施。
能力目标：
能确定合适的提高电力系统静态功角稳定的措施。
素质目标：
培养学生辩证分析问题的思维能力。

任务描述

通过功角特性公式和静态稳定储备系数的概念，确定提高电力系统静态功角稳定的措施。

任务准备

课前做如下准备：
查看 GB 38755—2019《电力系统安全稳定导则》中关于提高电力系统静态功角稳定措施的规定。
课前预习相关知识部分，并独立回答下列问题：
（1）从功角特性公式和静态稳定储备系数的概念分析提高电力系统静态功角稳定的措施有哪些？
（2）为什么大型电力系统要考虑稳定性问题？

相关知识

提高电力系统稳定性水平，至少需要采取以下两方面措施：一是构建坚强合理的电网结构；二是采用比较完善的安全稳定控制措施。加强一次电网结构可以有效提高稳定性，但投资一般很大；而采用安全稳定控制措施则所需资金较少，但可靠性稍差。一般来说，在电力系统正常运行及常见的扰动情况下，应由电网结构保证安全稳定；而对于一些较严重和出现概率较低的扰动，则应采用控制措施。

一、电力系统稳定性措施的分类

1. 按照电力系统运行状态分类

电力系统安全稳定控制按其作用的时机分为预防控制、紧急控制和恢复控制，分别对应于故障前的平衡状态、故障后的暂态过程和供电中断后的恢复过程。不同的运行状态，出现的稳定问题也不同，需要采取不同的稳定性措施。电力系统的运行状态及其转换如图 8-16 所示。

（1）正常运行状态和第一级大扰动的安全稳定措施。为保证电力系统在正常运行状态及承受第一级大扰动时的安全要求，需要提高正常运行时的电网安全稳定裕度。首先应有合理的电网结构、相应的电力设施及其固有的保护和控制装置，以及预防控制组成保证电力系统安全稳定的第一道防线。其中，为了提高稳定性，在一次系统方面，可采取加强电网结构、串联电容器补偿等措施；在二次系统方面，可采取快速切除故障等措施。预防控制包括发电机功率预防控制、发电机励磁调节的附加控制（如电力系统稳定器）、并

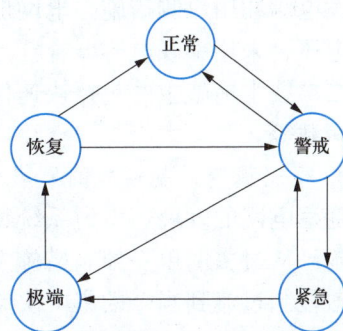

图 8-16　电力系统运行状态转换示意图

联和串联电容补偿控制、直流输电功率控制和其他灵活交流输电系统（Flexible AC Transmission Systems，FACTS）控制等。以上措施均属于电力系统安全稳定的第一道防线。

（2）紧急状态下的安全稳定控制。为保证电力系统在承受第二级大扰动时的安全要求，应由防止稳定破坏和参数严重越限的紧急控制实现保证电力系统安全稳定的第二道防线。这种情况下的紧急控制措施包括切除发电机、汽轮机快速汽门控制、电气制动和集中切负荷等。

紧急控制按目标分为两类：一类是防止系统稳定受到破坏的稳定性控制；另一类是防止系统参数严重偏离允许值的校正性控制。后者包括限制频率异常、限制电压异常和防止系统功角异常导致失去同步等。

1）当频率异常时，应采取紧急控制。维持系统频率稳定的措施有低频减载、水轮发电机低频自启动、抽水蓄能机组低频抽水改发电、低频发电机解列、高频切机及高频减出力等。当频率异常升高时，可采取高频切机、解列系统等措施；当频率异常降低时，可采取发电机低频解列、低频减载等措施。

2）当电压异常时，应采取紧急控制。电压稳定问题是一个局部现象，当电压异常升高时，可采取发电机励磁控制、使用静止无功补偿器（Static Var Compensator，SVC）和调相机、有条件地系统解列等措施；当电压异常降低时，可采取紧急投入无功补偿装置、低压切负荷等措施。

3）另外，为防止出现功角异常，制止失去同步稳定性，可采取切机、切负荷、电气制动等措施。

紧急控制措施属于电力系统安全稳定的第二道防线范畴。

（3）防止系统崩溃的控制。为保证电力系统在承受第三级大扰动时的安全要求，应由防止事故扩大、避免系统崩溃的紧急控制实现保证电力系统安全稳定的第三道防线。这种情况下的紧急控制措施包括系统解列、低频减载和低压减载等。第三级大扰动时采取的防止系统崩溃的稳定措施属于第三道防线范畴。

（4）恢复控制。恢复控制是指当电力系统进入大面积停电事故状态时，为使其恢复到可行的运行状态所采取的控制措施。恢复控制措施主要包括快速启动担任黑启动任务的发电机、解列部分再同步并列运行、恢复负荷等。在最坏的情况下，即系统崩溃后，必须在最短的时间内采取快速恢复控制措施，以恢复系统正常运行。

2.按照电力系统构成分类

按照电力系统构成，可分为一次技术措施和二次技术措施。一次技术措施又可分为电网

侧、发电侧和用户侧措施。电网侧措施主要包括改善和加强电网结构、减小输电阻抗、提高输电电压、采用串联电容器补偿、加强无功补偿以及实施发电机电气制动等。

二次技术措施主要包括快速保护、自动重合闸、切机、切负荷、系统解列、低频减载和低压减载等。

3. 根据稳定控制措施的发展分类

随着电网的发展，电力系统特性越来越复杂，安全稳定控制措施也在不断加强。稳定控制措施已从过去的单一控制措施发展到今天的多种综合控制措施；控制方式已从过去的就地和分散控制过渡到当今的集中决策控制；控制范围已从过去的一站、一线发展到当今的整个地区、全省乃至区域电网的稳定控制。为了确保稳定，需要实施更大范围的切机、切负荷等控制；控制方法上往往采用现代计算机、通信等技术，将传统的各种稳定措施进行综合和协调，以达到更好的控制效果等。因此，出现了新型的安全稳定控制系统，即区域型稳定控制系统。根据稳定控制措施的发展，稳定控制措施可分为两类：一类是就地型安全稳定控制装置；另一类是区域型稳定控制系统。

二、提高电力系统静态稳定性的措施

1. 采用自动调节励磁装置

（1）不连续调节励磁对静态稳定性的影响。手动或机械调节器的励磁调节过程是不连续的，如图 8-17（a）所示，由图可见，当传输功率 P 增大时，功率角 δ 也将增大，发电机端电压 U_G 将下降。但由于这类调节器有一定的失灵区（失灵区是指当发电机端电压变化很小时，励磁调节装置不起作用的电压范围），只有在端电压 U_G 的下降超出一定范围时，才增加发电机的励磁，从而增大其空载电动势 E_q，运行点才从一条功角特性曲线过渡到另一条，调节过程如图 8-17（a）中折线 $aa'bb'cc'dd'e$ 所示。

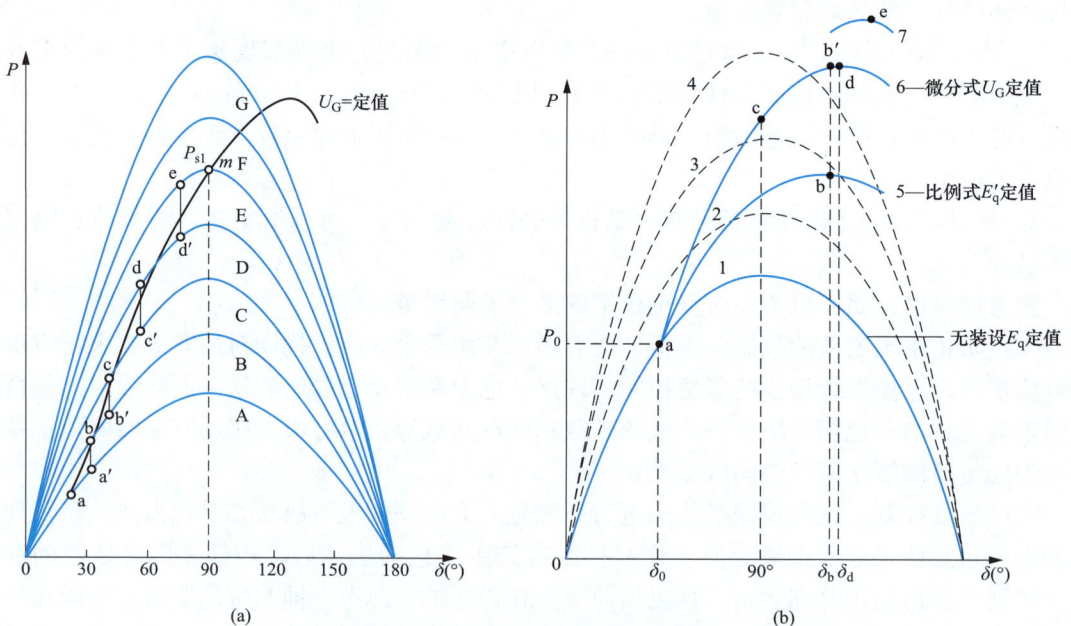

(a)   (b)

图 8-17 调节励磁对静态稳定的影响

（a）不连续调节励磁对静态稳定的影响；（b）连续调节励磁对静态稳定的影响

当传输功率增大到静态功率 P_{sl}，功率角 $\delta=90°$ 对应 m 点时，该传输功率不能再继续增大。因 $\delta > 90°$ 时，所有按 E_q 为定值条件绘制的功角特性曲线都有下降的趋势，在 m 点运行时，功率角的微增将使发电机组的机械功率大于电磁功率，发电机组将加速。虽然发电机端电压下降，但在还没有来得及采取措施增大发电机的励磁之前，系统已丧失了稳定。因此，采用这一类不连续调节且有失灵区的调节励磁方式时，静态稳定的极限就是图 8-17(a) 中相对应的功率角 $\delta_{sl} = 90°$。

应该指出的是，这类目前已不多见的调节励磁方式虽不能使稳定运行范围超出 $\delta = 90°$，但就提高稳定极限的数值而言，作用仍很显著。

(2) 自动调节励磁对静态稳定性的影响。如图 8-17(b) 中曲线 5、6 所示，当电力系统中的同步发电机（或同期调相机）装设有自动调节励磁装置时，电力系统的静态稳定性与无自动调节励磁装置时是不同的。采用自动调节励磁能够提高电力系统的静态稳定性。

1) 励磁按某一个变量偏移调节（比例式）。如按 U_G、I_G、δ 三个变量中任意一个变量的偏移调节励磁电流时，静态稳定极限一般与 $S_{E'_q} = 0$ 的条件相对应。设暂态电动势 E'_q 为定值时，其值为所作功角特性曲线上的最大值 $P_{E'_q.max}$，如图 8-17(b) 中曲线 5 上的 b 点。在简化计算中，发电机均采用 E'_q 为定值的模型。

2) 励磁按变量偏移复合调节。按几个变量的偏移复合调节时，静态稳定极限仍与 $S_{E'_q} = 0$ 的条件相对应。若按电压偏移调节的单元可维持端电压恒定，则静态稳定极限为端电压 U_G 为定值时所作功角特性曲线上与 $S_{E'_q} = 0$ 相对应的功率值，如图 8-17(b) 中曲线 6 上的 b′ 点。

3) 励磁按变量导数调节（微分式）。按导数调节励磁时，静态稳定极限一般可与 $S_{UG} = 0$ 的条件相对应。当发电机装有强励式调节励磁装置时，可以维持发电机端电压 U_G 为定值，静态稳定极限可以提高到 $U_G = U_{G0} =$ 定值的功率极限 $P_{UG.max}$，如图 8-17(b) 中曲线 6 上的 d 点。在简化计算中，发电机可以采用 U_G 为定值的模型。

4) 励磁按变量导数调节，但不控制发电机端电压。当按功率角或定子电流的导数调节时，由于不控制发电机的端电压，在传输功率增大时，功率极限可能超过 d 点，而抵达曲线 7 上的 e 点。在简化计算中，可以认为 e 点电压保持不变。

由此可见，发电机装有自动调节励磁装置时，其功率极限增大很多，且出现在 $\delta > 90°$ 的区域，这个区域称为人工稳定区。

除没有调节励磁时一般只可能非周期性失稳外，有了自动调节励磁后，不论其调节方式如何，都可能非周期地或周期地失稳，且后者的可能性相当大。

综上所述，自动调节励磁装置可以有效地减少发电机的电抗。当无调节励磁时，隐极式同步发电机的空载电动势 E_q 为常数，其等值电抗为 x_d。当按变量的偏移调节励磁时，可使发电机的暂态电动势 E'_q 为常数，其等值电抗为 $x'_d (x'_d \ll x_d)$。当按导数调节励磁时，可维持发电机端电压 U_G 为常数，发电机的等值电抗变为零。如最后可调至 e 点电压为常数，此时相当于发电机的等值电抗为负值。如果 e 点为变压器高压母线上一点，则此时相当于将发电机和变压器的电抗都调为零。

发电机的自动调节励磁不仅在提高发电机并列运行的稳定性方面有显著作用，在提高系统电压稳定性方面也有显著的作用。

发电机的无功功率-电压静态特性与发电机的电抗有关，如图 8-18 所示。同步电抗较大的发电机，在其端电压下降时，输出的无功功率将减少，如图 8-18 中 Q_G 曲线所示；同步电抗较小的发电机，在其端电压下降时，输出的无功功率减少得较缓慢，有时甚至增大，如

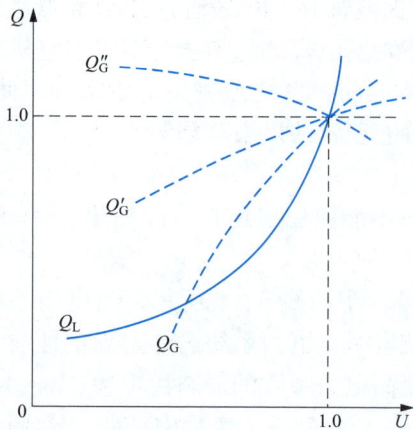

图 8-18 调节励磁对电压的影响

图 8-18 中 Q_G'、Q_G'' 曲线所示。发电机装有自动调节励磁装置时，如果可以等值地减小发电机的电抗，那么其无功功率电压-静态特性曲线下降较无自动调节励磁装置时缓慢，甚至随着其端电压下降而上升，如图 8-18 中 Q_G'' 曲线所示。因此，由于自动调节励磁装置的良好作用，电力系统的电压稳定极限值将减小，稳定运行范围将扩大，这就提高了系统的电压稳定性。

此外，为了保证系统的稳定性，还可以事先规定系统内某些输电线路的送电端与受电端之间功率角 δ 的上限值，并通过实时遥测装置经常监视这个角度，这个 δ 角的上限值是根据稳定极限 P_{sl} 和一定的稳定储备确定的。当运行功率角接近这个上限值时，系统运行人员可以采取措施，例如改变系统内的功率分布，以减轻该输电线路的负荷，防止电力系统并列运行失去稳定。

对送电端的发电机而言，也可以事先规定运行功率因数最大值或输出无功功率的最小值，这相当于限制功率角的最大值。

2. 减小系统各元件电抗

从功角特性方程 $P_{Eq} = \dfrac{E_q U}{X_{d\Sigma}} \sin\delta$ 可知，提高电力系统静态稳定性的基本措施之一就是缩短电气距离。

缩短电气距离，即减小系统各元件的阻抗，主要是减小发电机、变压器和输电线路的感抗。现分别简要说明如下。

（1）发电机的电抗在整个系统工程的电抗中所占比重较大，所以，在没有自动调节励磁装置的系统中，发电机的同步电抗对其功率极限有较大影响。

发电机的同步电抗由电枢反应电抗和漏抗两部分组成。电枢反应电抗远远大于漏抗，所以降低电枢反应电抗可显著地降低同步电抗。在电枢反应磁动势一定的情况下，加大发电机与转子之间的间隙，即可增大磁阻，减小电枢反应磁通，从而降低电枢反应电抗。然而，在气隙加大后，为保持发电机原有的电动势和容量，势必要增加励磁绕组的安匝数。因此，为了减小发电机的同步电抗，将会增加发电机每千瓦容量的制造成本。

应该指出的是，汽轮发电机通常是按标准化大批量生产的，在建设火力发电厂时，实际上不可能任意选择发电机的参数。但在水力发电厂方面，由于水力条件不同，常常需根据具体情况定制发电机组，因此可根据需要选择适当的参数。

采用自动调节励磁装置后，相当于缩短了发电机和系统之间的电气距离，从而提高了系统的静态稳定性。

（2）变压器的电抗仅为发电机电抗的 10%～12%，因此，通过减少变压器电抗来提高静态稳定性的作用是很有限的。

（3）输电线路的电抗是影响电力系统输电能力的一个重要因素，特别在大容量、远距离输电时更显得突出。在远距离输电中，线路电抗占系统总电抗的比重很大，采用分裂导线可以减少线路电抗，提高输电容量。同时，采用分裂导线也可减少或避免电晕所引起的有功损耗以及无线电干扰等问题。对于电压为 330kV 及以上的输电线路，一般均采用分裂导线。这样既可减小线路电抗，又加强了系统之间的联系，从而提高了电力系统的静态稳定性。

（4）采用串联电容补偿，是大幅度减少线路电抗的另一个有效办法。串联电容器后，线路的部分电抗被容抗抵消，使系统的总电抗减少。在较低电压等级的输电线路上，串联电容补偿主要用于调压；在较高电压等级的输电线路上，串联电容补偿主要用来提高系统的稳定性。补偿度是电容器容抗和没有补偿的线路感抗的比值，它对系统的影响很大，为提高系统稳定性，采用的串联电容补偿度一般不超过 0.5。

3. 提高电力线路的额定电压

（1）在现有的电网中，电压运行在较高的水平，可以提高电力系统的静态稳定性。

（2）提高电力线路的额定电压等级，可以显著提高电力系统的静态稳定性。合理地选用高一级的电压等级作为输电线路的额定电压，可以提高输送功率极限，这在新线路设计或旧线路改造中经常被考虑到。在电力线路首末端电压间相位角 δ 保持不变的前提下，沿电力线路传输的有功功率近似与电力线路额定电压的二次方成正比。换言之，提高电力线路的额定电压相当于减小电力线路的电抗。

对于同一结构的输电线路，额定电压越高，线路电抗的标幺值越小，功率极限值也就越高。此外，合理地选择发电厂的主接线，使大型发电机组直接与较高电压的电网相联，也有助于提高系统的稳定性。

4. 改善电力系统的结构

合理的电网结构是电力系统安全稳定运行的基础，改善电力系统结构对于提高电力系统静态稳定性具有重要意义。

（1）增加电力线路的回路数，可以减小电力线路的电抗，加强系统之间的联系，使电力系统有坚强的网架，从而提高了电力系统的静态稳定性。

（2）加强电力线路两端系统各自内部的联系。GB 38755—2019《电力系统安全稳定导则》规定：①受端系统的建设。应加强受端系统最高一级电压电网的网架建设，提高网络承载能力和适应性。受端系统应具备足够的动态无功支撑能力，合理配置电源和无功补偿装置；受端系统应合理配置电源，主力电厂宜直接接入最高一级电压电网。外部电源送电通道应分散接入受端系统，避免功率集中注入；电源运行方式调整需满足受端系统 $N-1$ 安全准则。②电源接入。发电机组应根据其容量合理接入相应电压等级电网。大容量电源应直接或经升压站接入高一级电压电网，避免电磁环网；单一送电通道输送功率不宜超过受端系统最大负荷的 10%，多回通道应避免功率叠加导致受端系统电压失稳；高比例新能源机组应配置必要的惯量和短路容量支撑设备，避免引发电网频率和电压失稳。③电网分层分区。电网应按电压等级分层，按供电范围分区。分层分区结构应以受端系统为核心，外部电源通过联络通道与受端系统连接，分区之间应保持必要的备用联络；应避免形成不同电压等级电磁环网，已存在的电磁环网应通过升压改造或解环运行消除。

（3）当输电线路通过的地区原来就有电力系统时，将这些中间电力系统与输电线路连接起来，可以使长距离的输电线路中间点的电压得到维持，相当于将输电线路分成两段，避免了远距离送电。此外，中间系统还可与输电线路交换有功功率，起到互为备用的作用。

三、抑制电力系统低频振荡措施

由于电力系统的扩大、电网互联的发展以及快速励磁系统的应用，许多电力系统出现了低频功率振荡现象，因此限制了电网的输电能力。为了解决电力系统低频振荡问题，改善其静态稳定和动态稳定性，增强阻尼是一种积极有效的手段。而电力系统稳定器（Power System Stabilizer，PSS）是提高电力系统阻尼的一种有效装置。

PSS 是安装在发电机侧的一种自动控制装置，用于提供一个正的阻尼力矩分量，以弥补自动调节励磁装置（AVR）所产生的负阻尼，从而形成一个有补偿的系统。它增加了阻尼，能够平息发电机或电力系统的低频振荡，包括小干扰引起的两互联系统间联络线上的低频振荡和地区系统内部的低频振荡，以及电力系统因受到大干扰事故以后的低频振荡，增强了静态稳定，从而改善了电力系统的稳定性。

多机电力系统中可能存在多种振荡模式。因此，PSS 安装地点对抑制低频振荡效果有很大影响。需要根据不同振荡模式阻尼情况和相关因子进行分析，找出弱阻尼振荡模式有较强相关的机组，在这些机组上装设 PSS 对抑制低频振荡最为有效。

📖 任务实施

一、电力系统安全稳定控制

（1）电力系统安全稳定控制按其作用的时机分为_____、_____和_____，分别对应于故障前的_____、故障后的_____和供电中断后的_____。不同运行状态所出现的稳定问题不同，需要采取不同的稳定性措施。

（2）电力系统安全稳定措施：①为保证电力系统在正常运行状态及承受第一级大扰动时的安全稳定要求，需要提高正常运行时电网_____；②紧急状态下的安全稳定控制，应由防止_____的紧急控制实现保证电力系统安全稳定的第二道防线；③防止系统崩溃的控制，应由防止_____的紧急控制实现保证电力系统安全稳定的第三道防线；④恢复控制，当电力系统进入大面积停电事故状态时，为使其_____所采取的控制措施。

二、自动调节励磁装置对电力系统静态稳定性的影响

【示例】 按本项目任务 2［示例 1］给出的电力系统及参数，发电机未装设自动调节励磁装置时，已求得系统的静态稳定储备系数为 36.3%。试计算下列情况下系统的静态稳定储备系数（经归算后的发电机暂态标幺电抗为 0.263）：①发电机装设比例式自动调节励磁装置；②发电机装设微分式自动调节励磁装置；③无自动调节励磁装置，系统电压升至 120kV。

解：（1）装设比例式自动调节励磁装置时

$$X'_{d\Sigma} = X'_d + X_{T1} + X + X_{T1} = 0.263 + 0.0935 + 0.324 + 0.092 = 0.7725$$

$$E' = \sqrt{\left(1.0 + \frac{0.142 \times 0.7725}{1.0}\right)^2 + \left(\frac{1.0 \times 0.7725}{1.0}\right)^2} = 1.352$$

$$P'_E = \frac{1.352 \times 1.0}{0.7725} \sin\delta' = 1.75 \sin\delta'$$

稳定储备系数为

$$K_P = \frac{1.750 - 1.0}{1.0} \times 100\% = 75\%$$

（2）装设微分式自动调节励磁装置时

$$X'_d = 0$$

$$X_{\Sigma}=X_{T1}+X+X_{T2}=0.0935+0.324+0.092=0.5095$$

$$U_G=\sqrt{(1.0+0.142\times0.5095)^2+0.5095^2}=1.187$$

$$p_{UG}=\frac{U_GU}{X_{\Sigma}}\sin\delta_c=\frac{1.187\times1.0}{0.5095}\times\sin\delta_c=2.33\sin\delta_c$$

稳定储备系数为

$$K_P=\frac{2.33-1.0}{1.0}\times100\%=133\%$$

总结：自动调节励磁装置对于提高静态稳定性起到了良好的作用。

（3）若无自动调节励磁装置，系统电压升至 120kV。根据任务 2［示例 1］内容，受电端系统的母线电压的标幺值为

$$U=U_0K\frac{1}{U_B}=120\times\frac{220}{121}\times\frac{1}{209}=1.044$$

送电端发电机的功率极限为

$$P_{sl}=\frac{E_qU}{X_{d\Sigma}}=\frac{1.74\times1.044}{1.276}\approx1.424$$

静态稳定储备系数为

$$K_P=\frac{1.424-1.0}{1.0}\times100\%=42.4\%$$

【练习】　通过上述三种情况及本项目任务 2［示例 1］中静态稳定储备系数的大小，能得到什么结论？填于下表中。

系统正常 运行方式	双回路				单回路
$P_0=230\text{MW}$ $\cos\varphi_0=0.99$	无自动励磁 调节装置 $U_0=115\text{kV}$	无自动励磁 调节装置 $U_0=120\text{kV}$	比例式自动调节 励磁装置 $U_0=115\text{kV}$	装设微分式自动 调节励磁装置 $U_0=115\text{kV}$	无自动励磁 调节装置 $U_0=115\text{kV}$
功率极限 P_{sl}					
静态稳定 储备系数 K_P					

三、提高电力系统静态稳定性的措施

（1）发电机采用＿＿＿＿＿装置。该措施不仅在提高发电机并列运行的稳定性方面有显著作用，在提高系统电压稳定性方面也有显著的作用。对于不连续调节励磁调节器有一定的失灵区，是由于当＿＿＿＿＿＿＿＿＿变化很小时，励磁调节装置不起作用。当发电机装有自动调节励磁装置时，其功率极限增大很多，且出现在 $\delta>90°$的区域，这个区域称为＿＿＿＿＿。

（2）减小系统各元件＿＿＿＿＿＿。提高电力系统静态稳定性的基本措施之一就是缩短＿＿＿＿＿。发电机采用＿＿＿＿＿后，相当于缩短了发电机和系统之间的电气距离，从而提高了静态稳定性。通过减少变压器电抗来提高静态稳定性的作用是很有限的。在远距离输电中，线路电抗占系统总电抗的比重很大，采用＿＿＿＿＿导线可以既减少线路电抗，又加强了系统之间的联系，从而提高了电力系统的静态稳定性。采用＿＿＿＿＿补偿，是大幅度减少线路电抗的另一个有效办法。

（3）提高电力线路的_____。在现有的电网中，电压运行在较高的水平，可以提高电力系统的静态稳定性。

（4）改善电力系统的_____。增加电力线路的_____，减小电力线路的电抗，加强_____各自内部的联系。当输电线路通过的地区原来就有电力系统时，将这些中间电力系统与_____连接起来，可以使长距离的输电线路中间点的电压得到维持，相当于将输电线路分成两段，避免远距离送电。

▶任务 5　分析简单电力系统的暂态功角稳定

👤 教学目标

知识目标：

（1）能说出电力系统暂态功角稳定的概念。

（2）能说出等面积定则的物理含义。

（3）能说出确定极限切除角和极限切除时间的重要性。

能力目标：

（1）能用等面积定则判断电力系统暂态功角稳定。

（2）掌握计算极限切除角的方法。

素质目标：

培养学生能够快速分析处理问题的能力。

⚡ 任务描述

用等面积定则分析电力系统发生大扰动时的暂态功角稳定。

✏️ 任务准备

课前做如下准备：

上网查找资料 GB 38755—2019《电力系统安全稳定导则》中关于暂态功角稳定的相关规定和准则。

课前预习相关知识部分，并独立回答下列问题：

（1）什么是电力系统暂态功角稳定？

（2）什么是大扰动？

（3）对电力系统暂态功角稳定危害最严重的故障是什么？

🏔️ 相关知识

研究电力系统受到大扰动后各发电机是否能继续保持同步运行的问题。

一、认识简单电力系统的暂态功角稳定

电力系统暂态功角稳定是指电力系统受到大扰动后，各同步发电机保持同步运行并过渡到新的稳态运行方式或恢复到原来的稳态运行方式的能力。

1. 引起电力系统大扰动的主要原因

引起电力系统大扰动的原因很多,归纳起来大致有三类。

(1) 负荷的突然变化。如切除或投入大容量的用户时,会引起较大的扰动。

(2) 切除或投入系统的大型元件。如切除或投入较大容量的发电机、变压器和较重要的线路等,会引起大的扰动。

(3) 电力系统的短路故障。它对电力系统的扰动最为严重。

在各类电力系统短路故障中,三相短路对系统的危害最大,特别是在高电压等级下发生三相故障时,引起电力系统的扰动最大,系统的暂态功角稳定常常遭受破坏,此种严重故障发生的次数最少;两相接地短路的危害程度仅次于三相短路,而单相接地对系统的扰动在短路故障中是最小的。除短路故障的类型外,短路点的位置也对暂态稳定性构成威胁。若短路点对系统内的各发电机具有较好的对称性,那么故障的严重性就会轻些。相反,若短路点对各发电机的对称性不佳,那么电力系统失去暂态稳定的可能性就会增大。对发电厂的暂态稳定而言,发电机母线上直接短路最为危险。另外,短路点距离系统主要工业负荷的远近也对系统的暂态稳定性产生影响。在庞大的负荷中心附近发生短路时,经常会危及系统的稳定运行。

分析电力系统运行的暂态稳定性,应该根据安全与经济两个方面综合考虑。电力系统若能经受住三相短路的扰动,则其暂态稳定性是不成问题的,但以三相短路作为暂态稳定的条件很不经济。因此,我国电力系统目前以不对称短路作为暂态稳定研究的基础,并逐步将暂态稳定的水平提高到能承受三相短路扰动的程度。

2. 大扰动发生后的特点

当电力系统受到大扰动时,表征系统运行状态的各种电磁参数,如线路的电流、节点电压、发电机输出的功率等都要发生急剧的变化。由于原动机的调速系统具有相当大的惯性,它必须经过一定时间后才能改变原动机的功率。这样作用在发电机转子轴上输出的电磁功率与输入的机械功率之间的平衡就会遭到破坏,使发电机组转子轴上产生一个不平衡转矩。在这个转矩作用下,发电机组转子开始改变其速度,使发电机的功率角发生变化,从而使发电机组各转子间产生了相对运动,即发电机组间产生了摇摆或振荡。发电机组转子相对角度的变化,反过来又将影响到电力系统中电流、电压及发电机输出功率的变化。因此,由大扰动引起的电力系统暂态过程是一个由电磁暂态过程和发电机组转子机械运动暂态过程交织在一起的复杂过程,即机电暂态过程。

由于在扰动后的不同时间阶段系统各部分的反应不同,在分析暂态稳定时,往往按下面三种不同的时间阶段分类。

(1) 起始阶段:指故障后约 1s 内的时间段。在这期间,系统中的保护和自动装置有一系列的动作,例如切除故障线路和重新合闸、切除发电机等。但是在这个时间段中,发电机的调节系统还来不及起到明显作用。

(2) 中间阶段:在起始阶段后,大约持续 5s 的时间段。在此期间,发电机的调节系统将发挥作用。

(3) 后期阶段:在故障后几秒钟时间内。这时热力设备(如锅炉)中的过程将影响到电力系统的暂态过程。另外,系统中还将发生永久性的切除线路以及由于频率下降自动装置切除部分负荷的操作。

本任务中主要介绍故障发生几秒内系统的稳定性。

二、暂态稳定分析中的基本假设和简化

为了便于分析暂态稳定性，在实际应用中采用以下基本假设。

（1）忽略发电机定子电流的非周期分量。因为定子电流的非周期分量衰减时间一般只有百分之几秒，很快就衰减到零；该非周期分量产生的磁场在空间静止不动，与转子绕组的直流电流所产生的转矩平均值接近于零，因此可以忽略。

（2）忽略暂态过程中发电机的附加损耗。这样做可以对机组转子加速运动的制动作用，使计算结果偏于保守和可靠，并且不改变功率角 δ 随时间变化的性质，也不影响系统受大扰动后是否能保持暂态稳定的结论。

（3）当发生不对称短路时，只需考虑正序电流和正序电压对系统的影响。在不对称短路情况下，零序分量电流在发电机气隙内产生的合成磁场为零，不会对转子产生制动转矩，因此可以忽略不计。而负序分量电流流过发电机定子绕组时，对发电机转子产生的转矩以两倍同步频率做周期性变化，其平均值接近零，同样对暂态稳定问题几乎没有影响。

（4）在暂态的过程中，发电机转速的变化偏离同步速度很小，可以不考虑频率变化对电力系统参数的影响。

（5）在不考虑原动机自动调速系统作用的情况下，认为发电机的机械功率 P_m 保持恒定。原动机的自动调速系统一般只在发电机转速变化时才起作用，加上调速器本身的惯性非常大，所以在暂态稳定计算中，通常假定原动机输入的机械功率是恒定不变的，即 P_m 为常数（或 M_m 为常数）。

另外，在一般的暂态稳定计算过程中，当自动调节励磁系统发挥作用时，可以近似地认为暂态电抗后的电动势 $\dot{E}'$ 是恒定的，并用这个电动势的相位角 δ' 取代发电机的实际功率角 δ。发电机的电抗用直轴暂态电抗 X_d' 表示，发电机的功角特性方程为

$$P_{E'} = \frac{E'U}{X'_{d\Sigma}}\sin\delta' \tag{8-27}$$

三、简单电力系统暂态功角稳定的定性分析

电力系统运行的暂态稳定性，主要分析的是系统在正常运行情况下受到大干扰后的稳定问题。尽管三相短路对系统的危害性极大，但其发生的概率都较低，下面以图 8-19(a) 所示的简单电力系统为例，分析输电线路因短路故障切除一回线路后的系统暂态稳定性问题。

1. 正常运行时功角特性方程

如图 8-19(b) 所示，系统总的电抗为

$$X'_{d\Sigma} = X'_d + X_{T1} + \frac{1}{2}X_L + X_{T2}$$

正常运行时的功角特性方程为

$$P_{\mathrm{I}} = \frac{E'U}{X'_{d\Sigma}}\sin\delta' = P_{\mathrm{I\,max}}\sin\delta' \tag{8-28}$$

作正常运行时的功角特性曲线如图 8-20(a) 中的 P_{I}，$P_{\mathrm{I\,max}}$ 为故障前功角特性曲线的幅值。

2. 故障时功角特性方程

图 8-19(c) 中，一回输电线路的 k 点发生不对称短路，根据短路类型在故障点接入不同的附加阻抗 $X_D^{(n)}$，经网络变换后，可得发电机电动势 $\dot{E}'$ 与受电端 $\dot{U}$ 的转移电抗为

$$X'_\Sigma = X'_d + X_{T1} + \frac{1}{2}X_L + X_{T2} + \frac{(X'_d + X_{T1}) \times \left(\frac{1}{2}X_L + X_{T2}\right)}{X_D^{(n)}}$$

故障时的功角特性方程为

$$P_{\mathrm{II}} = \frac{E'U}{X'_\Sigma}\sin\delta' = P_{\mathrm{II\,max}}\sin\delta' \tag{8-29}$$

作正常运行时的功角特性曲线如图 8-20(a) 中的 P_{II}。$P_{\mathrm{II\,max}}$ 为故障时功角特性曲线的幅值。

对于三相短路，显然 $X'_\Sigma = \infty$，即三相短路截断了发电机和系统间的联系，送端发电厂无法将功率传输到受电端（即 $P_{\mathrm{II}} = 0$），使得送端的发电机发生严重的功率不平衡，所以三相短路对系统的暂态稳定的威胁最严重。

3. 故障线路切除后功角特性方程

故障切除后，系统的等值电路如图 8-19(d) 所示，系统总的电抗为

$$X''_\Sigma = X'_d + X_{T1} + X_L + X_{T2}$$

故障时的功角特性方程为

$$P_{\mathrm{III}} = \frac{E'U}{X''_\Sigma}\sin\delta' = P_{\mathrm{III\,max}}\sin\delta' \tag{8-30}$$

作正常运行时的功角特性曲线如图 8-20(a) 中的 P_{III}，$P_{\mathrm{III\,max}}$ 为故障切除后功角特性曲线的幅值。

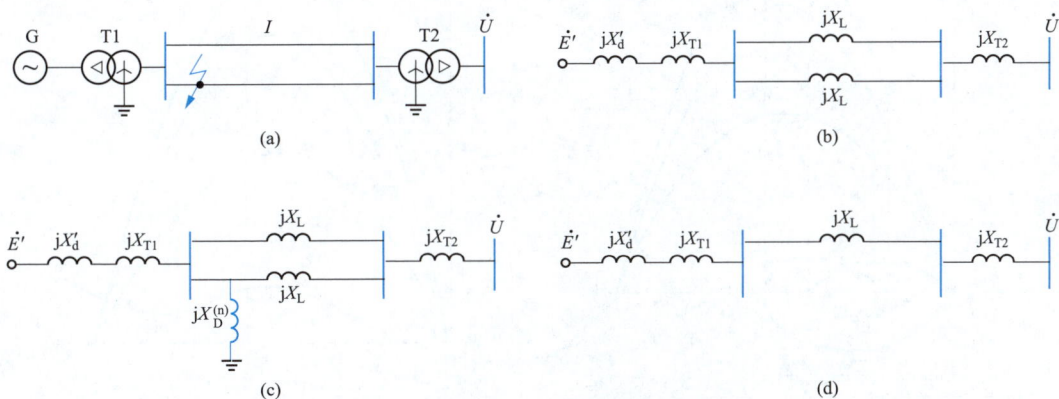

图 8-19　简单电力系统及其等值网络

(a) 简单电力系统；(b) 正常运行时等值电路；(c) 短路时等值电路；(d) 短路切除时等值电路

4. 电力系统暂态稳定性分析

在正常运行情况下，若原动机输入的机械功率为 P_m，则发电机输出的电磁功率与原动机输入的机械功率相平衡，发电机的工作点应由 P_{I} 和 P_m 的交点确定，即为 a 点，与此对应的功率角为 δ_0，如图 8-20 所示。图 8-20 中虚线为不计阻尼作用的曲线，实线为计及阻尼作用的曲线。

发生短路瞬间，由于发电机组转子机械运动的惯性，功率角 δ 不可能突变，仍为 δ_0，运行点由 a 点转移到短路时功角特性曲线 P_{II} 上的 b 点。此时输出的电磁功率显著减少，而原动机的机械功率 P_m 不变，故障情况越严重，P_{II} 功率曲线越低（三相短路时为零）。到达

b 点后，由于输入的机械功率 P_m 大于输出的电磁功率 P_{IIb}，过剩功率使转子开始加速，即相对速度（相对于同步转速）$\Delta\omega>0$，功率角 δ 开始增大，$\Delta\delta>0$，运行点将沿功角特性曲线 P_{II} 移动，设经过一段时间，当功率角增大至 δ_c 时，此时运行在 c 点，速度达到最大 ω_c。若在 c 点时继电保护迅速动作切除线路故障，在切除故障线路瞬间，δ_c 不能突变，δ 仍为 δ_c。运行点从 P_{II} 上的 c 点突升到 P_{III} 上的 e 点，此时速度仍为 ω_c。在达到 e 点后，原动机的机械功率 P_m 小于电磁功率 P_{IIIe}，转子受到制动转矩，转子速度逐渐减慢。由于 $\omega_e>\omega_N$ 及机组转子的惯性作用，则功率角 δ 还在增大，运行点达到功率角 δ_{max}。在 f 点，机械功率小于电磁功率，即 $P_m<P_{IIIe}$，运行点从 f 点向 e、k 点移动，功率角 δ 开始减小，在达到 k 以前转子一直减速，转子速度低于同步，当不平衡功率为正值时，$P_m>P_{III}$ 转子开始加速，功率角 δ 由小到大，运行点沿功角特性曲线 P_{III} 越过 k 点又回到 f 点。如果振荡过程中没有任何阻尼作用，这种振荡将一直振荡下去。但事实上，振荡过程中总有一定的阻尼作用，振荡逐步衰减，系统最终停留在一个新的平衡点 k 继续同步运行，即为系统在大扰动后可保持暂态稳定性。电力系统暂态稳定的过程如图 8-20 所示。

当短路故障切除较晚，如图 8-21 所示，δ_c 更大时，在故障切除后，运行点沿曲线 P_{III} 不断向功率角增大的方向移动。虽然转子在不断减速，但运行点到达曲线 P_{III} 上的 k' 点时，转子的转速仍大于同步转速。于是，运行点越过 k' 点后，情况发生了逆转。由于 $P_m>P_{III}$，

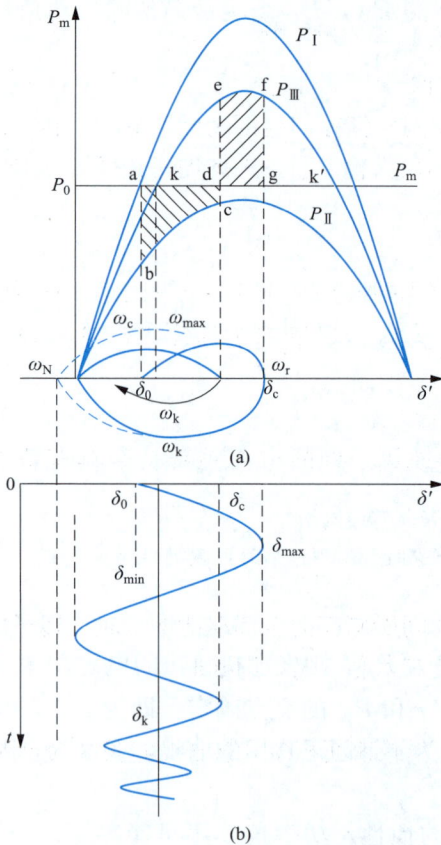

图 8-20 电力系统暂态稳定
（a）功角特性曲线；（b）发电机摇摆曲线

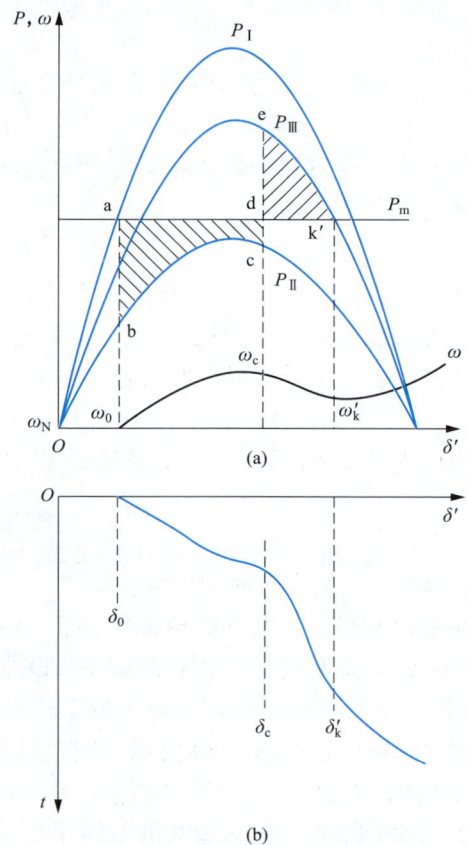

图 8-21 电力系统暂态不稳定
（a）功角特性曲线；（b）发电机摇摆曲线

发电机组转子又开始加速，且加速度越来越大，功率角 δ 无限增大，发电机与系统之间将失去同步，导致系统暂态不稳定。

四、等面积定则

1. 加速面积

图 8-20 中，故障发生后，在转子的角度从起始角 δ_0 到故障切除瞬间所对应的角 δ_c 的过程中，转子受到过剩转矩的作用而加速，转子动能的增加是由于过剩功率的存在，它在数值上等于过剩功率对功角的积分，即图 8-20 中由 a-b-c-d 所围成的面积，通常称为加速面积，表示为

$$F_{(+)}=\int_{\delta_0}^{\delta_c}(P_0-P_{\text{II max}}\sin\delta')\mathrm{d}\delta'$$

式中：$P_{\text{II max}}$ 为故障时功角特性曲线的幅值。

由于转矩对角度的积分等于此转矩所做的功，故上式的加速面积 $F_{(+)}$ 既等于转子在加速期间储存的动能增量，又等于过剩转矩对转子所做的功。用 $A_{(+)}$ 表示这个功，则有

$$A_{(+)}=\int_{\delta_0}^{\delta_c}(P_0-P_{\text{II max}}\sin\delta')\mathrm{d}\delta'$$

2. 减速面积

与加速面积对应，在图 8-20 中由 d-e-f-g 所围成的面积称为减速面积，以 $A_{(-)}$ 表示，也可以表示转子在减速期间所消耗的动能，因此

$$F_{(-)}=A_{(-)}=\int_{\delta_c}^{\delta_{\max}}(P_0-P_{\text{III max}}\sin\delta')\mathrm{d}\delta'$$

式中：$P_{\text{III max}}$ 为短路故障切除后功角特性曲线的幅值。

在减速期间，当发电机转子耗尽了它在加速期间所储存的全部动能增量时，转子的相对转速 $\Delta\omega=0$，这时转子停止相对运动，其功角达到最大值 $\delta_{\max}$，即此时可由 $F_{(+)}+F_{(-)}=0$ 决定 $\delta_{\max}$ 的值。

3. 等面积定则

在图 8-20 中，最大减速面积等于 d-e-f-k' 所围成的面积。当这块面积小于加速面积时，系统必定要失去稳定。因此，根据最大减速面积 $A_{(-)\max}$ 必须大于加速面积 $A_{(+)}$ 的原则，可以判断电力系统是否具有暂态稳定性，即

$$A_{(-)\max}>A_{(+)} \tag{8-31}$$

或用加速面积 $A_{(+)}$ 等于减速面积 $A_{(-)}$ 的原则，判断电力系统是否具有暂态稳定性，即

$$A_{(+)}=A_{(-)} \tag{8-32}$$

式（8-32）称为等面积定则。

在减速期间，当发电机转子耗尽了它在加速期间所储存的全部动能增量时，转子的相对转速 $\Delta\omega=0$，这时转子停止相对运动，其功角达到最大值 $\delta_{\max}$，即此时

$$F_{(+)}+F_{(-)}=0 \tag{8-33}$$

式（8-33）称为等面积定则，即当加速面积等于减速面积时，转子角速度恢复到同步速度，δ 达到最大值 $\delta_{\max}$ 并开始减速。

4. 极限切除角与极限切除时间

利用上述等面积定则，可以确定极限切除角，即最大可能的 δ_{clim}。根据前面的分析可以看出，切除角 δ_c 越小，加速面积越小，最大减速面积越大，保持稳定的可能性也越大。反

之，切除短路故障越迟缓，δ_c 越大，加速面积越大，最大减速面积越小，保持稳定就越困难。因此，总可以找到一个 δ_{clim}，当在 δ_{clim} 时切除短路故障，恰好能使最大减速面积与加速面积相等，也就是发电机组的相对转速刚好在功角抵达临界摇摆角 δ_{cr} 时降到零值，这就是稳定的极限情况，故将 δ_{clim} 叫作极限切除角。如图 8-22 所示，它可以根据等面积定则求得

$$\int_{\delta_0}^{\delta_{clim}}(P_0-P_{\text{II max}}\sin\delta')d\delta'+\int_{\delta_{clim}}^{\delta_k}(P_0-P_{\text{III max}}\sin\delta')d\delta'=0$$

解上式得

$$\cos\delta_{clim}=\frac{P_0(\delta_h-\delta_0)+P_{\text{III max}}\cos\delta_k-P_{\text{II max}}\cos\delta_0}{P_{\text{III max}}-P_{\text{II max}}} \tag{8-34}$$

式中

$$\delta_0=\sin^{-1}\left(\frac{P_0}{P_{\text{I max}}}\right);\quad \delta_{cr}=\pi-\sin^{-1}\left(\frac{P_0}{P_{\text{III max}}}\right)$$

根据式（8-34）求得极限切除角 δ_{clim}，但是并没有真解决问题。因为对于实际应用而言，需要知道的是与这个极限切除角对应的时间，即极限切除时间 t_{clim}。相对角度 δ 随时间 t 的变化曲线，即摇摆曲线 $\delta(t)$ 如图 8-23 所示。这个极限切除时间 t_{clim} 对于选择或整定继电保护装置、选择开关电器等是十分重要的参数。

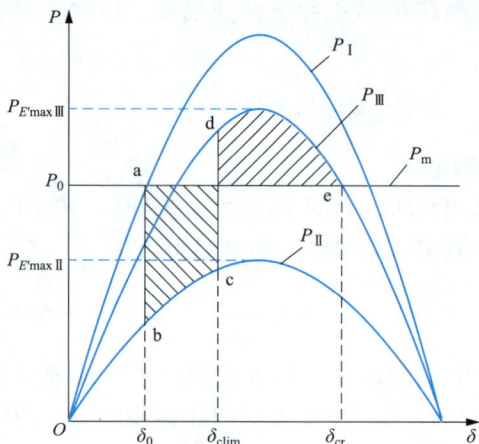

图 8-22 极限切除角

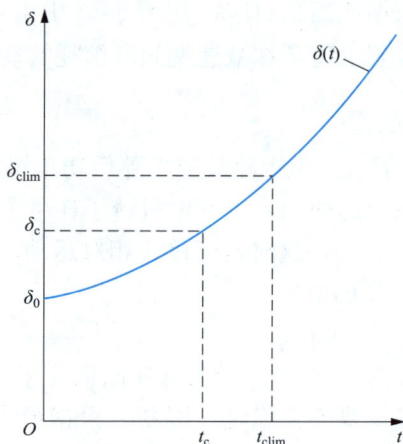

图 8-23 δ_{clim} 与 t_{clim} 关系曲线

对简单系统而言，如果 δ 角经过一段衰减振荡后稳定在某一新的稳态值，则系统是稳定的。相反，如果 δ 角随时间不断振荡增大，甚至超过 $180°$，则系统是不稳定的。一般来说，对于多机的复杂系统，在遭受大干扰后，首先需要作出各发电机的摇摆曲线，然后得出各发电机之间的相对功角 $\delta_{ij}(t)$ 的变化曲线。如果相对功角随时间不断增大，超过 $180°$ 时，系统是暂态不稳定的。因此，摇摆曲线是分析系统暂态稳定性的重要依据。

📖 **任务实施**

一、简单电力系统的暂态功角稳定

（1）电力系统暂态功角稳定是指电力系统受到_____后，各同步发电机保持_____并过渡到_____或恢复到_____的能力。

（2）引起电力系统大扰动的原因归纳起来大致有三类：①负荷的_____；②_____大型元件；③电力系统的_____。

二、标准阅读

阅读 GB 38755—2019《电力系统安全稳定导则》第 5.4 条电力系统暂态功角稳定的内容，完成以下问题。

（1）暂态功角稳定计算的条件是什么？

（2）暂态功角稳定的判据是在电力系统遭受每一次_____后，引起电力系统各机组之间_____增大，在经过第一或第二个振荡周期不失步，作同步的衰减振荡，系统_____逐渐恢复。

（3）利用图 8-20 的功角特性曲线分析简单电力系统的暂态功角稳定性。

（4）在判断暂态稳定性时，可根据最大减速面积 $A_{(-)\max}$ 必须_____加速面积 $A_{(+)}$ 的原则判断电力系统是否具有暂态稳定性。

（5）等面积定则是指加速面积 $A_{(+)}$ _____减速面积 $A_{(-)}$，用它可判断电力系统暂态稳定性。

三、极限切除角和极限切除时间

（1）切除角 δ_c 越小，加速面积越_____，最大减速面积越_____，保持稳定的可能性也就越_____。

（2）当在 δ_{clim} 时切除短路故障，恰好能使最大减速面积与加速面积相等，故将 δ_{clim} 称作_____角，$\cos\delta_{\text{clim}}=$_____，与这个角对应的时间称作_____。

▶️任务 6　提高电力系统暂态功角稳定的措施

🎓　教学目标

知识目标：

能罗列出提高电力系统暂态功角稳定的措施及其优缺点。

能力目标：

能够分析在各类电网中采用的提高电力系统暂态功角稳定的措施。

素质目标：

培养学生辩证分析问题的思维能力。

⚡　任务描述

查阅电力系统大停电事故的资料（包括文字、影音、动画等），能够分析事故原因，并了解在事故处理过程中采取的提高电力系统暂态稳定性的措施，学会利用等面积定则判断电力系统在各种运行状态下的暂态稳定性。

✏️　任务准备

课前做如下准备：

查看 GB 38755—2019《电力系统安全稳定导则》中关于提高电力系统暂态功角稳定措施的规定。

课前预习相关知识部分，并独立回答下列问题：

应用等面积定则分析提高电力系统暂态稳定的措施。

相关知识

提高电力系统暂态稳定性的措施相较于提高静态稳定性的措施更为多样。凡是有利于静态稳定性的措施，基本上也可以提高系统的暂态稳定性。对于同一个电力系统，保持急剧扰动下的暂态稳定要比保持微小扰动下的静态稳定更困难。提高电力系统暂态稳定性，首先考虑的不是缩短电气距离，而是如何减少功率或能量的差额。急剧扰动下系统的机械与电磁、负荷与电源的功率或能量差额比微小扰动大得多，且这种扰动往往具有暂时性。如何采取有效措施以克服这种功率或能量的不平衡，是提高暂态稳定性的首要任务。

以下介绍提高暂态稳定的几种常用措施。

一、快速切除故障和自动重合闸

快速切除故障和自动重合闸常常配合在一起使用，通过减少功率或能量的差额来提高暂态稳定性，这种措施既经济又有效，应首先考虑。

1. 快速切除故障

快速切除故障在提高暂态稳定性方面起着首要且决定性的作用。快速切除故障，可以减少加速面积，增加减速面积，从而提高了发电厂之间并列运行的稳定性，如图 8-24 所示。另外，快速切除故障还能使电动机的端电压迅速回升，减少了电动机失速和停顿的危险，提高了负荷的稳定性，如图8-25所示。M_{I} 为正常运行时异步电动机的电磁转矩，M_{II} 为故障

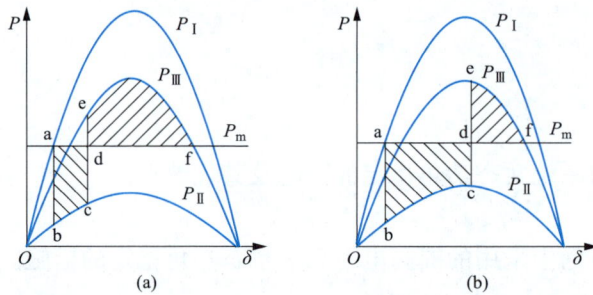

图 8-24 快速切除故障提高发电厂之间并列的稳定性

（a）快速切除（稳定）；（b）慢速切除（不稳定）

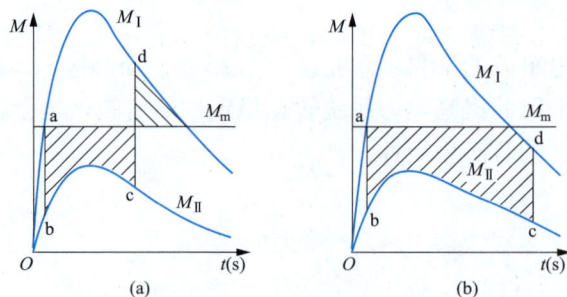

图 8-25 快速切除故障提高电动机负荷的稳定性

（a）快速切除（稳定）；（b）慢速切除（不稳定）

时异步电动机的电磁转矩。M_m 为电动机所带负荷的机械转矩。目前，已经能做到在短路发生后 0.03s 切除故障，其中 0.01s 为保护装置的动作时间，0.02s 为断路器的动作时间。

2. 自动重合闸

自动重合闸和继电保护配合使用。电力系统中的故障，特别是高压线路的故障，大多是瞬时性短路故障。采用自动重合闸装置，在故障发生后，由继电保护装置跳开断路器，将故障线路切除，待故障消除后，又自动将这一线路投入运行，以提高系统的可靠性，同时大大地提高系统暂态稳定性。自动重合闸的重合成功率很高，可达 90% 以上。下面介绍双回线路的三相重合闸和单回线路的单相重合闸在提高电力系统暂态稳定方面的作用。

（1）双回线路的三相重合闸。图 8-26（a）为简单电力系统的接线图，设系统中双回线路中的一回线路发生瞬时性短路故障，装设三相自动重合闸装置后，在运行点运行到 k 点时，若三相重合闸成功，则运行点将从 P_{III} 上的 k 点跃升到 P_I 上的 g 点，增加了减速面积 kgh-fk，很可能使最大减速面积大于加速面积，而保持电力系统的暂态稳定性，如图 8-26（b）所示；而不装三相自动重合闸时，系统不能保持暂态稳定，如图 8-26（c）所示。

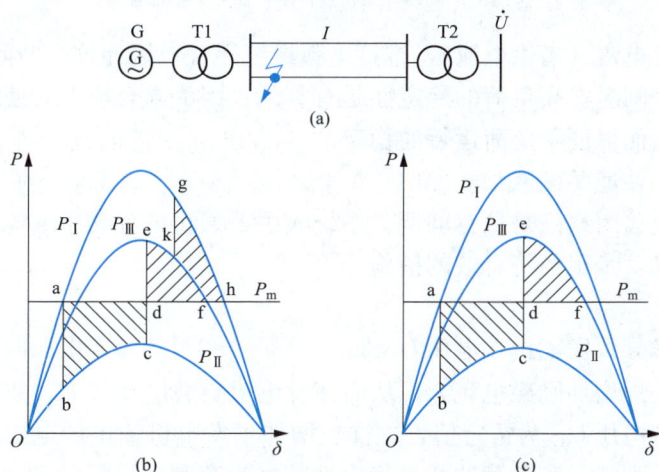

图 8-26　自动重合闸提高发电厂之间并列运行的稳定性
（a）接线图；（b）有三相重合闸；（c）无三相重合闸

三相重合闸的时间取决于故障点的去游离时间。如果故障点的电弧没有完全熄灭，则气体仍处于游离状态，若过早地重合，将引起再度燃弧，不仅使重合不会成功，甚至还会扩大故障。这个去游离时间主要取决于线路的额定电压等级和故障电流的大小，电压越高，故障电流越大，去游离时间越长。

（2）单回线路的单相重合闸。对于 220kV 及以上超高压电力线路故障，90% 以上是单相接地短路，且大多为瞬时性的单相接地短路，可采用按相断开和按相重合的单相重合闸。这种自动重合闸装置可以自动选择并切除故障相，随后完成重合闸操作。由于只切了故障相，在切除故障至重合闸前的一段时间里，即使是单回线路，由于送端发电厂和受端系统之间存在非故障相的联系，因此没有完全断开，这极大地减少了加速面积，如图 8-27（c）所示。图 8-2 中，P_{III} 为切除一相线路时的功角特性曲线。

单相重合闸的去游离时间比三相重合闸要长。根据实测数据，对于 220kV 输电线路，采用三相重合闸时，从故障切除到重合闸之间的时间间隔在 0.3s 以上，通常不会引起再燃弧；采用单相重合闸时，由于故障切除一相后，带电的两相仍会通过导线之间的耦合电容向

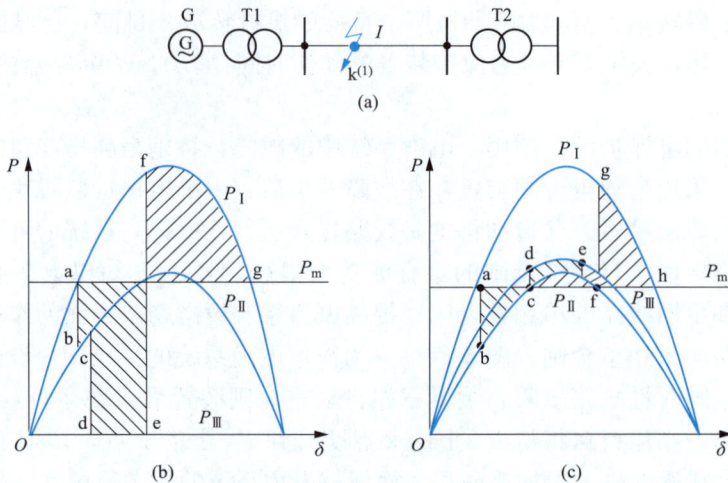

图 8-27　单回线路的三相重合闸与单相自动重合闸比较
(a) 接线图；(b) 有三相重合闸；(c) 单相重合闸

故障点继续供给电容电流（潜供电流），维持电弧继续燃烧，因此这个时间间隔就要长得多。

显然，单相重合闸对提高负荷的稳定性是有利的。因为重合成功会使系统电源充足，易满足负荷的要求，从而保证了负荷运行的稳定。

二、强行励磁和快速关闭汽门

强行励磁和快速关闭汽门是从自动调节系统入手，通过减少功率或能量的差额来提高电力系统的暂态稳定性，是很经济有效的措施。

1. 强行励磁

当系统发生故障导致发电机端电压 U_G 低于 85%～90% 的额定电压时，发电机的强行励磁装置迅速且大幅度地增加励磁电流 i_f，从而使发电机空载电动势 E_q、发电机端电压 U_G 增加，可保持发电机端电压 U_G 为恒定值，这样也增加了发电机输出的电磁功率，因此，强行励磁对提高发电机并列运行和负荷的暂态稳定性都极为有利。强行励磁的效果与强行励磁的倍数（即最大可能的励磁电压与发电机在额定条件下运行时的励磁电压之比）有关，强行励磁倍数越大，效果就越好。此外，强行励磁的效果还与强行励磁的速度有关，强行励磁速度越快，效果就越好。

由于强行励磁的作用，可使发电机的励磁电流 i_f 增大 3～5 倍，持续时间过长会使发电机转子励磁绕组过热，同时还会增大短路电流，因此应给予足够的重视。

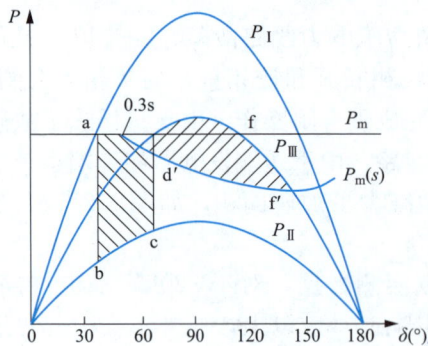

图 8-28　快速动作汽门

2. 快速关闭原动机汽门

快速改变原动机的功率对提高暂态稳定性有良好的作用，现代大容量机组都有故障调节功能，即在系统故障时，根据故障的情况，能够利用一些特殊设备快速地调节原动机的功率。目前，汽轮发电机的快速动作汽门已被广泛应用（汽门动作可在 0.3s 内关闭 50% 以上的功率，主要在大型机组中应用）。快速动作汽门对暂态稳定的影响如图 8-28 所示。从图 8-28 可以看出，当没有快速动作汽门时，系统是不稳定的。有快速动作汽门时，一旦发生短路，保护装置或专门的检测控制装置会使快速汽门动作，原动机的功率会迅速下降，从而减小加速面积，增大减速面积，以保持系统的暂态稳定。为了减小发电机的振荡幅度，可以在功角开始减小时重新开放汽门。

必须指出，当水轮机迅速关闭或打开导水叶片时，导管中水压会迅速上升或下降，由此产生的水锤（即骤然升高的水击现象）影响比较突出，因此水轮发电机组通过调速系统提高系统的暂态稳定性时，可认为机械功率 P_m 为定值。

三、电气制动和变压器中性点经小电阻接地

电气制动和变压器中性点经小电阻接地都是用消耗能量的办法来减少能量的不平衡，以提高电力系统暂态稳定性的措施，但该措施需要增加投资。

1. 电气制动

当电力系统中发生短路时，发电机输出的有功功率急剧减少，导致发电机组因功率过剩而加速，此时迅速投入制动电阻，可以消耗发电机组的有功功率，增大电磁功率，从而减少功率差额，有效抑制发电机的加速，确保发电机不失步，且仍能同步运行，这一措施提高了电力系统的暂态稳定性。

如图 8-29(a) 所示，正常运行时，断路器 QF 处于断开状态，当系统发生故障后，立即闭合 QF，将制动电阻 R 投入。这样就可以消耗发电机组中过剩的有功功率，限制发电机组的加速，使其能同步运行，从而提高了发电机并列运行的暂态稳定性。电气制动的作用也可用等面积定则来解释。图 8-29(b)、(c) 比较了有无电气制动的情况。短路故障发生后瞬时

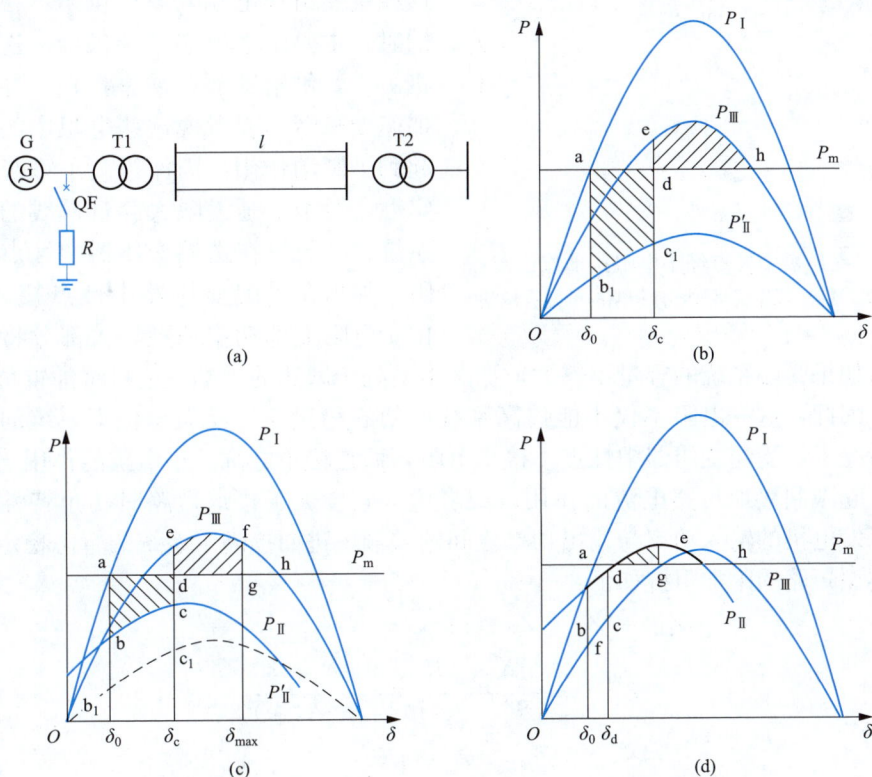

图 8-29 电气制动提高发电机并列运行的稳定性

（a）接线图；（b）无电气制动；（c）有电气制动；（d）过制动

投入制动电阻，在切除故障的同时，也即切除了制动电阻。

由图 8-29(b)、(c) 可见，在切除故障角 δ_c 不变的情况下，由于电气制动的存在，减少了加速面积 bb_1c_1cb，使原来不能保持的暂态稳定性变为可以保持。在图 8-29(c) 中，P_{II}' 为无制动时故障后功角特性曲线，而 P_{II} 是将 P_{II}' 向上移动一定距离并向左移动一定相位角的结果。

运用电气制动提高暂态稳定性时，制动电阻的大小及其投切时间要选择恰当。否则会发生欠制动的现象，即制动作用过小，不足以抑制发电机转子加速，导致失步；或者会发生过制动的现象，即制动电阻消耗的功率过大，虽然发电机在第一次振荡中没有失步，但在切除故障和制动电阻后的摇摆过程中失步了。过制动现象也可用等面积定则解释。因此，在考虑某个具体电力系统中电气制动的应用时，应先通过一系列计算来选择制动电阻，再选择一个恰当的方案。

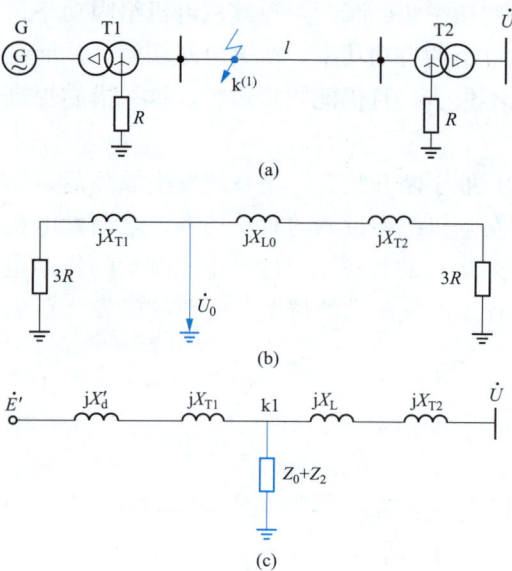

图 8-30　变压器中性点经小电阻接地接线图
(a) 接线图；(b) 零序网络；(c) 短路时的复合网络

2. 变压器中性点经小电阻接地

变压器中性点经小电阻接地是对接地性短路故障的电气制动。其接线图如图 8-30(a) 所示，在 k 点发生了接地性不对称短路，短路电流的零序网络如图 8-30(b) 所示。零序网络中加入了电阻 R，短路电流的零序分量通过变压器中性点所接电阻 R 时，将产生有功损耗。在短路靠近送电端时，这部分功率损耗主要由送电端发电厂供给；在接近受电端时，主要由受电端系统供给。送电端发电机由于要供给这部分功率损耗，导致短路时加速度减缓，或者说这些电阻中的功率损耗起到了制动作用，因而提高了系统的暂态稳定性。对于不是无限大容量母线的实际电力系统，一般只在送端变压器中性点接入小电阻。如果在受端变压器中性点接入小电阻，由于电阻上的功率消耗，大部分将由受端发电机负担。如果受端系统的容量不够大，那么本来处于减速的受端发电机将加重负担，导致减速更快。因此，这一电阻不仅不能提高系统的暂态稳定性，反而恶化了系统的暂态稳定性。一般情况下，受端变压器中性点不接小电阻，而是接小电抗。小电抗的作用与小电阻不同，它主要起限制接地短路电流的作用，或者说，它增大了接地短路时功角特性曲线的幅值，减小了发电机的输入功率与输出功率之间的差额，进而提高了系统的暂态稳定性。

不同类型短路的附加阻抗如下：

k$^{(1)}$ 时　　　　　　　　　$Z_D^{(1)} = Z_2 + Z_0 = jX_{2\sum} + R_{0\sum} + jX_{0\sum}$

k$^{(1.1)}$ 时　　　　　　　$Z_D^{(1.1)} = \dfrac{jX_{2\sum}(R_{0\sum} + jX_{0\sum})}{jX_{2\sum} + (R_{0\sum} + jX_{0\sum})}$

k$^{(2)}$ 时　　　　　　　　　$Z_D^{(2)} = Z_2 = jX_{2\sum}$

k$^{(3)}$ 时　　　　　　　　　$Z_D^{(3)} = 0$

由上可见，R 只在 k$^{(1)}$、k$^{(1.1)}$ 时才起制动作用。

此方法在故障发生时，功角特性曲线将向上向左移动，功率极限随之提高，从而提高了系统的暂态稳定性，其情况类似于图 8-29（c）所示。

中性点连接的小电阻和连接在三相上的制动电阻并不完全相同，其制动作用因短路点距离送端、受端的远近及短路的种类而异。因此，在考虑如何在某个具体系统中采用这一措施时，也应通过一系列计算来确定适当的电阻值。

变压器中性点所接的用以提高系统暂态稳定性的小电阻或小电抗的数值很小，若以变压器的额定容量为基准，则其电阻或电抗百分数一般不超过百分之几，因此并不会改变电力系统中性点的工作方式。

四、合理选择电力系统的运行接线

电力系统运行接线的确定与许多因素有关，如系统本身的结构、运行的经济性以及安全可靠性等。接线方式对电力系统运行的稳定性也有很大的影响，因此必须合理选择。

在电力系统中，远方发电厂向系统中心输电常常采用多回路输电方式。运行中，可以选择并联接线和分组接线两种方式。如图 8-31 所示，当断路器 QF1、QF2 投入时为并联接线方式，当 QF1、QF2 断开时为分组接线方式。

从故障和暂态稳定方面来说，两种接线方式各有特点。

图 8-31　输电线路的接线方式

并联接线方式的特点是，一回路因故障被切除后，仍能通过另一回路将功率送到系统中，确保系统不会失去电源；然而，当线路送端发生短路故障时，所有发电机都会受到很大的扰动，大大地增加了保持暂态稳定的难度，而且还可能因非故障线路的过负荷而导致事故扩大，进而使系统出现较大的功率缺额，最终导致对部分用户的供电中断。

分组接线方式的特点与并联接线方式相反。当线路送端发生故障时，分组接线对无故障组的影响很小，可以显著改善暂态稳定，甚至可以按静态稳定条件来确定正常输送的功率。但在线路故障之后，由于线路被切除，系统会失去部分电源。如果系统有功容量备用不足，会使系统出现较大功率缺额，从而导致对部分用户的供电中断。上述两种接线方式的选择应根据具体情况合理决定。也可以根据运行方式及输送功率的大小，在不同时间采用不同的接线方式。

五、连锁切机和切除部分负荷

连锁切机是指在输电线路发生事故跳闸或重合闸不成功时，连锁切除线路送端发电厂的部分发电机组，以减少原动机的输入功率，增大可能的减速面积，抑制发电机加速，从而提高系统的暂态稳定性。图 8-32（a）为某一电力系统的接线图，图 8-32（b）为该系统不切除发电机的功角特性曲线，图 8-32（c）为切除一台发电机的功角特性曲线。正常运行时，发电机运行点在功角特性曲线 P_I 上的 1 点；当线路的送端 A 点发生短路故障时，运行点从 1 点转移到功角特性曲线 P_{II} 上的 2 点；当故障延续 t_1 时刻后，故障线路被切除，运行点从 3 点转移到功角特性曲线 P_{III} 上的 5 点；再延迟某一时间段后，连锁切除发电厂内一台或几台机组，此时由于发电机的等值电抗增大，切机后的功角特性曲线下降为 P'_{III}，运行点从 6 点转移到 7 点，但由于切除了发电机组，原动机的输入功率也从 P_m 降到 P'_m，结果使减速面积增大，从而提高了系统的暂态稳定性。

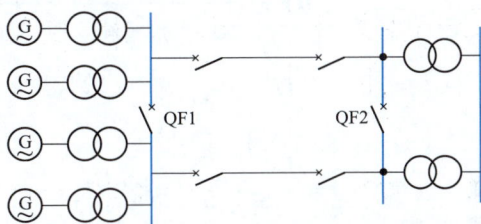

(a)

(b)　　　　　　　　(c)

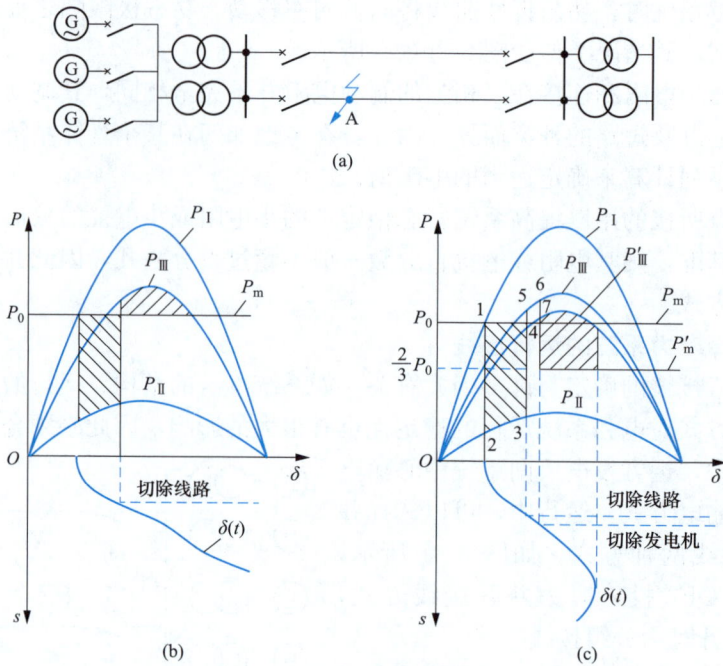

图 8-32　连锁切机提高发电厂并列运行暂态稳定
（a）接线图；（b）不切除发电机；（c）切除一台发电机

连锁切机是提高稳定运行的一种简单易行的措施，但连锁切除发电厂的部分发电机组，意味着系统内暂时丧失了部分能源供应，如果受端系统的备用电源不足，会引起系统的频率下降。因此，使用连锁切机时，应考虑同时连锁切除受端系统的部分负荷，以维持系统频率的相对稳定。

六、设置开关站

当远距离输电线路的长度超过 500km，且沿途没有大功率的用户需要设置变电站时，可以在输电线路中间设置开关站。

当双回路的输电线路在故障时切除一回路后，线路阻抗增大一倍，导致故障后的功率极限显著降低，对暂态稳定和故障后的静态稳定均产生不利影响。超高压远距离输电线路的阻抗占系统总阻抗的比例很大，这种影响更为明显。在设置开关站后，将线路分成两段，故障时仅切除一段线路，如图 8-33 所示，这样线路阻抗就增加得较少。这种做法不仅提高了故障发生时的暂态稳定性，而且提高了故障后的静态稳定性，改善了故障后的电压质量。

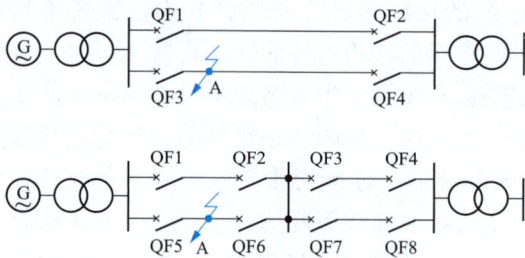

图 8-33　输电线路设置开关站

设置开关站增加了电网的投资费用和运行费用，因此应从技术与经济两方面综合考虑来确定开关站的数目。一般对于长度为 300～500km 的输电线路，设置一个开关站为宜。开关站的数目及分布位置还可以结合串联电容补偿和并联电抗补偿的分布进行统一规划。设置开关站的位置时，还应考虑到沿线负荷的发展情况，尽可能将其设置在远景规划中拟建中间变电站的地方；此外，开关站的接线和布置应兼顾未来扩建为变电站的可能性。

七、采用强行串联电容补偿

如果已经在输电线路上设置了串联电容补偿装置，那么为了提高系统的暂态稳定性和故障后的静态稳定性，以及改善故障后的电压质量，可以考虑采用强行串联电容补偿。强行串联电容补偿是指在切除故障线段的同时，切除部分并联的电容器组，如图 8-34 所示。切除部分并联电容器后，增大了补偿电容的容抗，部分甚至全部补偿了因切除故障线段而增加的线路感抗。采用强行串联补偿时，电容器组的额定电流应比不采用强行串联补偿时大，否则，切除部分电容器组后，留下的电容器将过负荷。

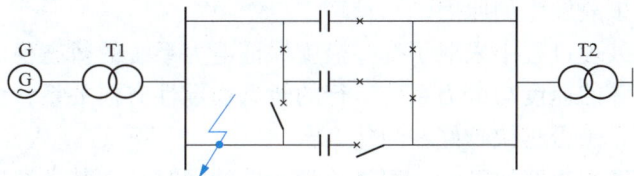

图 8-34　强行串联电容补偿

由图 8-34 可见，从节约设备投资出发，强行串联电容补偿的接线应与开关站或中间变电站以及串联电容补偿的接线统一考虑。

八、高压直流输电功率的快速调节

高压直流输电作为两大电力系统互联的重要手段，在我国已逐步得到应用。高压直流输电的传输功率可以通过阀控实现快速调节（增大或减小）。当交流系统发生故障时，利用高压直流传输功率的快速调节能力，对提高非同步互联系统（指两系统间仅通过高压直流线路互联）和同步互联系统（指两系统间既有高压直流线路又有高压交流线路互联）的稳定性具有良好的效果。对于非同步互联系统，当送端交流系统发生短路故障时，为确保送端系统的稳定性，进行高压直流输电功率快速调节。若为增大传输功率，即相当于受端系统负荷增加，则对送端系统来说相当于电气制动；若为减小传输功率，即相当于受端系统负荷减少，则对送端系统来说相当于切除有功负荷。当然，高压直流输电功率的快速调节将对无故障的受端电力系统的主频率产生影响，频率波动的大小取决于受端系统的动态频率特性。对于同步的互联系统，当交流系统发生故障，特别是两系统间的交流联络线发生故障时，采用高压直流输电功率的快速调节，对保持整个互联系统的暂态稳定性将起到更重要的作用。

九、系统解列

当电力系统发生超过规定的严重故障时，系统可能失去稳定。为了避免稳定性的破坏波及整个电力系统，应该事先考虑一些应急措施，以防止事故扩大，并尽量减少停电范围。

系统解列是指在已经失去同步的电力系统的适当地点断开互联开关，将系统分解成几个独立的且各自保持同步运行的部分。这样各部分可以继续同步工作，保证对用户的供电。在事故消除后，经过调整，再将各部分并列起来，恢复正常运行方式。

一般应根据一次网架结构，对可能异步运行的断面配置相应的电力系统自动解列装置，以便将两个不同步运行的部分进行解列，从而自动消除异步运行的情况。解列点的选择应使解列后系统各部分的电源和负荷大致平衡；否则，解列后某些部分系统的频率和电压可能会过分降低或升高，从而影响各部分系统的稳定性和供电可靠性。通过电力系统的解列，可以形成各自同步运行且保持有功及无功平衡的工作部分。

解列措施可用于消除失步振荡、防止系统稳定被破坏、消除异步运行方式以及限制设备过负荷。系统解列后，对功率过剩的电力系统，应采取快速减少原动机功率、过频率切机等措施；对功率不足的电力系统，应采取切除负荷、自启动水电站和蓄能电站的备用机组，以及按频率降低情况实现备用电源的自动投入等措施。

📖 任务实施

查阅电力系统大停电事故的资料（包括文字、影音、动画等），回答下列问题：

（1）简述大停电事故发生的原因。

（2）总结在事故处理过程中采取了哪些措施保证电力系统的暂态稳定性。

（3）切除短路故障的速度与电力系统运行的暂态稳定性有何关系？为什么？

（4）快速重合闸，是否越快越好？为什么？

（5）当电力系统发生短路故障时，切除故障元件的同时，在其送端切除部分发电机，对系统的暂态稳定性有何影响？为什么？

任务 7 认识电力系统振荡

🎓 教学目标

知识目标：

（1）能说出电力系统失步后的运行情况。

（2）能阐述电力系统振荡的特征。

能力目标：

（1）会分析电力系统失步后的运行情况。

（2）能判断电力系统是否进入振荡状态。

（3）能说出电力系统振荡发生后的处理措施。

素质目标：

培养学生勤于思考、认真负责的工作习惯。

⚡ 任务描述

根据电力系统大停电事故的资料（包括文字、影音、动画等）中关于电力系统振荡部分的介绍，总结电力系统发生振荡时会出现的振荡特征及采取的措施。

✏️ 任务准备

课前做如下准备：

查看 GB 38755—2019《电力系统安全稳定导则》中关于电力系统振荡的相关规定。

课前预习相关知识部分，并独立回答下列问题：

什么是异步？回忆异步电动机的工作原理。

相关知识

电力系统的设计和运行中，尽管采取了提高稳定性的措施，但仍不可避免地会遇到未预见的故障情况，导致系统丧失稳定性。

一、发电机失步后的运行情况

当电力系统因某种原因无法满足稳定运行的条件，且系统的稳定运行被破坏以后，系统内的发电机将失步并转入异步运行状态，从而引发系统剧烈振荡。

发电机转速偏离同步转速时，其转子相对于定子磁场会产生相对运动，转子上所有闭合绕组会感应出电流。感应电流所建立的磁场与定子磁场相互作用，产生了一定的附加转矩，这部分转矩（或功率）称为异步转矩（或功率）。

图 8-35（a）为一简单电力系统，当输电线路送端的一回线发生瞬时性接地故障时，假设断路器跳闸并重合成功，但由于故障切除时间较长，导致减速面积（$c'defgc'$）小于加速面积（$abcc'a$），如图 8-35（b）所示，该系统仍将失去暂态稳定。当送端发电机的运行点越过 g 点以后，发电机的转速大于同步转速，即由同步运行状态过渡到异步运行状态。

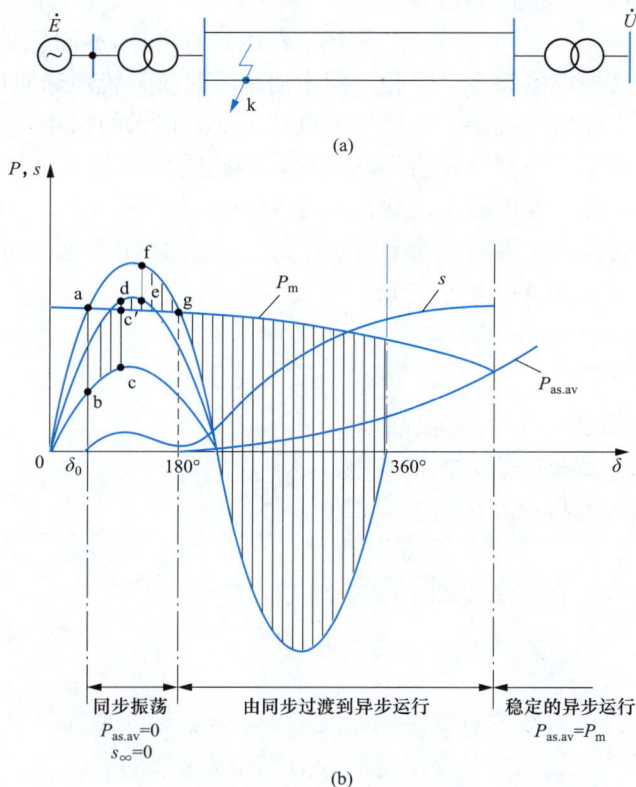

图 8-35 稳定破坏后同步发电机转入异步运行的情况
（a）系统接线图；（b）异步运行情况

同步发电机在异步运行时发出异步功率的原理与异步电动机类似。由于定子磁场在转子绕组和铁心内产生感应电流，转子磁场与定子磁场相互作用产生异步转矩，使发电机发出电磁功率，即为异步功率。平均异步功率与端电压二次方成正比，就是转差率的函数随转差率的增大而增大。

在发电机转入异步运行状态过程中，当 $s>0$ 时，$P_{as.av}>0$，发电机向系统送出异步功率 $P_{as.av}$。转差率 s 逐渐增大 $\left[s(\%)=\dfrac{\omega-\omega_0}{\omega_0}\times100=\dfrac{v}{\omega_0}\times100 \right]$，发电机的异步功率 $P_{as.av}$ 也逐渐增大，同时，由于转差率 s 的增大，意味着原动机的转速增大，调速器开始动作，逐渐减少原动机的输入功率 P_m。

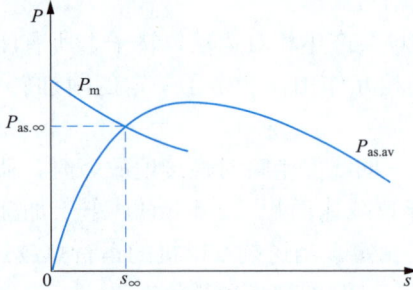

图 8-36　发电机输入功率与其异步功率平衡

当 $s=s_\infty$ 时（s_∞ 代表稳定异步运行的转差率），由于调速器的作用，此时减少后的原动机的输入功率 P_m 等于发电机输出的异步功率 $P_{as.av}$，发电机便进入了异步运行的稳定状态，如图 8-35(b) 和图 8-36 所示。

发电机转入异步运行时，其输出除异步功率 $P_{as.av}$ 外，还包括同步功率，表达式为 $P_{syn}=\dfrac{EU}{X_\Sigma}\sin(st+\delta_0)$。同步功率 P_{syn} 与隐极发电机的功率 P_{Eq} 表达式（8-3）不同之处在于，它以转差为角频率做周期变化，其平均值为零。因此，同步功率不能向系统输送能量。这种幅值很大的交变功率将对系统产生强烈的扰动，并使发电机转子受到很大的扭矩，具有很大的危害性。

由于转差率 s 不为零，功率角 δ 将不断变化，因此同步功率 P_{syn} 随着 δ 做周期性变化，如图 8-37(a) 所示。这样，发电机总的输出功率为一脉动功率（$P_{syn}+P_{as.av}$），因而机组的转速也不会恒定，其转差率 s 将随着功率角 δ 在 $s_{min}\sim s_{max}$ 之间变化，如图 8-37(b) 所示。

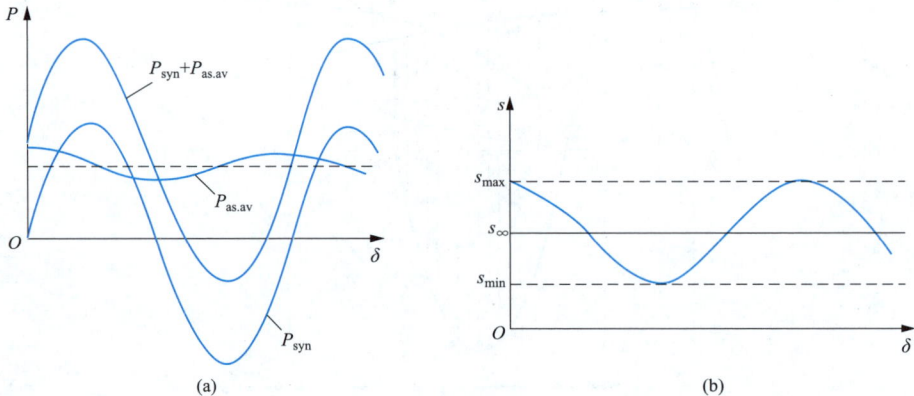

(a)　　　　　　　　　　　　　　(b)

图 8-37　P-δ 曲线与 s-δ 曲线
(a) P-δ 曲线；(b) s-δ 曲线

二、振荡的特征和处理

1. 振荡的特征

（1）当电力系统因发电机失步而发生剧烈振荡时，各发电机和系统联络线上的功率、电流以及某些节点的电压将呈现不同程度的周期性变化。

（2）连接于失去同步的发电厂或系统联络线上的电流表和功率表指针会剧烈摆动，振荡中心的电压会周期性地降到零值。

（3）由于电压周期性大幅度降低，异步电动机将经历失速、停顿、重启的过程。异步电动机的启动电流达到额定电流的 5～7 倍时，会使母线电压再次降低。此外，处于异步运行的发电机会从系统中吸收大量的无功功率，若系统无功储备不足，势必降低系统电压水平，甚至使系统陷入"电压崩溃"。

（4）处于异步运行的发电机，其机组的振动和转子的过热等均可能对机组本身造成损伤。对于发电机来说，相当于周期性地承受三相短路的冲击，发电机将发出不正常的、有节奏的鸣声，其节奏与上述摆动周期相同。

2. 振荡的处理

（1）再同步。试验结果表明：大多数汽轮发电机可在异步情况下带 70%～80% 的额定容量的负荷运行 15～30min。因为发电机异步运行时转差率不大，转子中感应电流引起的损耗不会明显超过同步运行时的额定损耗，所以排除了转子过热的危险。当汽轮发电机失步并转入异步运行后，就不必将发电机立即解列，而是可以由值班人员采取措施尽快恢复同步，将发电机再重新拉入同步状态。

恢复再同步的必要条件是：①发电机能否达到同步速度，即发电机的转差率瞬时值能否经过零值；②在达到同步速度之后，能否不失步地过渡到稳定的同步运行状态。

这样就需要设法使两端系统的频率相同，即设法使转差率 s 过零值。因此，送端系统应尽快减小发电机的输出功率，同时增加受端发电机的输出功率。当降低送端系统的频率时，应确保其不低于 48～49Hz，即要高于系统内低频减载装置最高一级的定值。当受端系统没有备用容量来提高频率时，需要切除部分负荷，使受端系统的频率回升。同时，应尽量增加发电机的励磁电流和系统电压，使 E_q、U 增大，从而使发电机的同步功率幅值增大，最终使转差率瞬时值的幅值增大。振荡系统内，转差率的平均值 s_∞ 应尽量减小，并增大转差率的脉动幅值，这样才有可能使转差率 s 过零值，从而具备拉入再同步的条件。

实际运行经验表明，当转差率达到零值时，一般都能成功再同步，而不会较长时间停留在异步运行状态。

（2）解列。当系统发生振荡后，若在一定时间内无法再同步，则应考虑采取系统解列的措施。实际运行经验表明，在顺利的情况下，仅需一两分钟甚至更短的时间就能实现人工再同步。因此，一般规定：若 3～4min 仍未实现人工再同步，就应在事先规定的解列点将系统解列。在选择解列点时，应使振荡的系统完全分离，并保证解列后各部分系统的功率尽量平衡，以防止解列后各部分系统的频率和电压发生大幅度变化。同时，还要考虑便于进行恢复同步的并列操作。

📖 **任务实施**

在已有的电力系统大停电事故的资料（包括文字、影音、动画等）中，找出关于电力系统振荡的部分，并总结完成以下问题：

（1）稳定性遭到破坏，电力系统发生振荡时，会出现哪些振荡特征？对发电机本身来说，可能有什么危险？

（2）电力系统发生振荡时，可采取怎样的措施，使其恢复同步运行？

🔍 **小 结**

电力系统正常运行的必要条件是，所有同步发电机必须同步运转，即具有相同的电角速度。电力系统稳定性，通常是指电力系统受到小扰动或大扰动后，所有的同步发电机能否继续保持同步运行的问题。随着电力系统的发展和扩大，以及电能的远距离输送，电力系统运行的稳定性问题成为影响整个电力系统安全、可靠运行的重要因素，稳定问题愈发严重。当系统发生三相短路时，其对系统稳定运行的威胁最大。

功率角 δ 在电力系统稳定性的分析中具有十分重要的意义。它既是两台发电机电动势间的相位差，又是用电角度表示的两台发电机转子间的相对位移角。δ 角随时间变化的规律反映了同步发电机转子间相对运动的特征，是判断电力系统同步运行稳定性的依据。

静态稳定性是指电力系统在运行中受到微小扰动后，能够恢复到原来运行状态的能力。对于简单电力系统，可以用 $\dfrac{\mathrm{d}P}{\mathrm{d}\delta}>0$ 作为此运行状态具有静态稳定性的判据，是第一个静态稳定判据。$\dfrac{\mathrm{d}\Delta Q}{\mathrm{d}U}<0$ 是系统电压稳定性的判据，是第二个静态稳定判据。

功率极限是指发电机功率特性的最大值，稳定极限是指保持静态稳定下发电机所能输送的最大功率。必须严格区分这两个重要的概念。

采用自动励磁调节装置、缩短电气距离、提高输电线路电压及改善电力线路结构，都是提高静态稳定性的措施。但是自动励磁调节装置的某些环节会产生负阻尼作用，当发电机输出功率增大（或运行状态改变）到一定程度时，调节器的负阻尼会完全抵消并超过系统固有的正阻尼，使系统等效阻尼为负值，此时系统将自发振荡而失去静态稳定，这使励磁调节器提高稳定性的效果受到限制。

暂态稳定性是指电力系统受到大扰动时，能过渡到新的或恢复到原有的运行状态的能力。利用等面积定则 $A_{(+)}=A_{(-)}$ 可以判断系统的暂态稳定性。切除故障时的功率角 δ 越小，加速面积越小，最大的减速面积越大，保持系统稳定性的可能性也就越大。极限切除角 δ_{clim} 就是稳定的极限，相对应的极限切除时间 t_{clim}，对于选择或整定继电保护装置、选择断路器与电气设备等是十分重要的数据。

提高电力系统暂态稳定性的措施比提高电力系统静态稳定性的措施要多，首先考虑的是如何减少功率或能量差额的问题。具体措施包括：快速切除故障和自动重合闸；强行励磁和快速关闭汽门；电气制动；合理选择电力系统的运行接线；连锁切机和切除部分负荷；设置开关站；采用强行串联电容补偿；高压直流输电功率的快速调节等，都可以提高电力系统的暂态稳定性。

发电机失步进入异步运行后，发生剧烈振荡，振荡中心相当于三相短路，且呈现周期性。系统发生振荡时，可采取措施将发电机拉入同步状态，不必立即解列。若无法同步，则应按事先安排好的解列点进行解列。

项目 9

电 力 新 技 术

项目目标

能简述高压直流输电技术的特点；能阐述我国特高压交流输电和特高压直流输电的现状；能说出特高压交流输电线路输送自然功率时特高压输电的特性；能够从技术特点、输电能力和稳定性能等方面分析特高压交流输电和特高压直流输电的特点；能说出新型电力系统的内涵及特征；能阐述新型电力系统形态的变化；能罗列出新型电力系统的一些关键技术。

任务 1　认识高压直流输电系统

教学目标

知识目标：
（1）能说出高压直流输电的构成方式、主要设备种类及其作用。
（2）能说出采用高压直流输电的优越性。
能力目标：
（1）能区分高压直流输电和高压交流输电的接线。
（2）能罗列出采用高压直流输电的特点。
（3）能认识高压直流输电设备。
素质目标：
能通过我国高压直流输电技术的飞速发展坚定学生的民族自信。

任务描述

参观省（市）内的特高压换流站和直流仿真室。查询高压直流输电相关资料，形成学习报告。

任务准备

课前做如下准备：
（1）检索查询科技期刊，了解国内外高压直流输电发展概况。
（2）做好到现场参观的准备。
课前预习相关知识部分，并独立回答下列问题：
（1）高压直流输电的工作原理是什么？
（2）高压直流输电特点是什么？较高压交流输电有哪些优缺点？

（3）高压直流输电系统有哪些构成方式？

（4）高压直流输电的"高压"是怎么来的？

相关知识

电的发展首先是从直流开始的，但因直流电的电压难以变换，很快被交流电所取代，并且在相当长的一段时间内，发电、输电和用电各个领域均为交流电所主导。随着电力技术的发展，交流输电线路的输送容量越来越大，送电距离越来越长，感抗也随之增大。电感损耗的增加限制了线路输送容量的增加，给电力系统并联运行的稳定性带来了挑战。另一方面，远距离交流输电线路的感抗与容抗会导致电压在很大范围内波动，因此需要装设大量的补偿设备，以解决无功功率、稳定性及操作过电压等一系列问题，使得线路的投资增加，运行也变得复杂，这些都限制了交流输电的进一步发展。故直流输电逐渐受到人们的重视。由于电力系统中的发电和用电绝大部分均为交流电，因此采用直流输电需要进行交直流电的相互转换。得益于电力电子技术的快速发展，可控汞弧阀、晶闸管以及全控型功率器件（如 IGBT、GTO 等整流装置）的出现，为实现高压直流输电创造了必要的条件，这些设备的相继应用也标志着直流输电进入一个全新的发展阶段。随着直流输电的快速崛起，它与交流输电共同构成了高效、经济的电网系统。

一、高压直流输电的组成部分

高压直流输电的简单流程为：整流侧将交流电整流成直流电，然后通过高压直流线路传输至逆变侧，逆变侧再将直流电逆变成交流电。为了实现电流的变换和传输，高压直流输电系统主要由整流站、逆变站、直流输电线路、接地极、接地极引线和控制保护系统构成。整流站和逆变站可以进行功率反转，即逆变站可变为整流站，整流站可变为逆变站，它们统称为换流站。

二、高压直流输电的发展历程

高压直流输电的核心在于换流技术，交直流之间的相互转换依赖于换流器，换流器的发展在很大程度上决定了高压直流输电技术的进步。换流器的发展大概经历了汞弧阀换流器、基于晶闸管的电网换相换流器（常规直流 LCC-HVDC）、基于 IGBT 的电压源换相换流器（柔性直流 VSC-HVDC）和基于模块化多电平换流器（MMC-HVDC）四个阶段。

1928 年，具有栅极控制能力的汞弧阀研制成功。汞弧阀为半控型器件，可单个或多个阀串联应用。1954 年，世界上第一个采用汞弧阀的工业性直流输电工程在瑞典果特兰岛投入运行。然而，汞弧阀因制造技术复杂、价格昂贵、故障率高及维护不便等缺点而受到限制，在 20 世纪 70 年代被半导体整流器取代。

1956 年，美国贝尔实验室发明了晶闸管。晶闸管同样属于半控型器件，可通过电网实现换相。1972 年，世界首个采用晶闸管阀的直流输电工程——加拿大伊尔河背靠背直流工程投入商业运行。晶闸管因耐压水平高、输出容量大的特点，被广泛应用于特高压直流输电（≥±800kV）。基于晶闸管的常规高压直流输电（LCC-HVDC）是目前最成熟的高压直流输电方式，我国昌吉—古泉±1100kV 特高压直流输电工程就采用了这种输电方式，是目前世界上电压等级最高、输送容量最大的特高压输电工程。

晶闸管作为半控型器件，可控制导通，但不能控制关断，在运行过程中，它会消耗大量的无功功率，而且可能会在逆变侧发生换相失败的情况。1990 年，加拿大麦吉尔大学的欧邦德等人首次提出了使用由 IGBT 组成的电压源换流器（VSC）进行直流输电的概念。IGBT 属于全控型器件，通过对 IGBT 开关器件的控制，可以迅速在 PQ 的四个象限内实现有功功率和无功功率的独立调节，因此可向故障系统提供有功功率和无功功率的紧急支援，进而展现出强大的电压支撑能力。与 LCC-HVDC 相比，VSC-HVDC 不存在无功补偿的问题，不仅可以节省大量的无功补偿设备，而且可以从根本上解决 LCC-HVDC 逆变侧换相失败的问题。此外，VSC-HVDC 的电流可以双向流动，潮流反转迅速，便于形成多端柔性直流系统。由于 IGBT 可自主换相，VSC-HVDC 可向孤岛供电，因此被认为是分布式电源接入的最友好方式。VSC-HVDC 是可控性最高、适应性最好的输电方式，我国在这一领域处于世界领先地位。综合考虑成本和可靠性，目前的特高压直流工程倾向于使用 LCC＋VSC 方式，2022 年投运的建苏直流是全球首个混合级联特高压直流工程。

最初发展的 VSC 是两电平或三电平换流器，但由于高频投切导致其制造难度很高，而且难以处理直流故障。MMC 采用了子模块级联的方式，而不是两电平或三电平电压源换流器的 IGBT 直接串联，因此制造难度大大下降，促进了柔性直流输电工程的发展。MMC 由于其低损耗、易维护等特性，将逐渐成为柔性直流输电的主要输电形式。我国 2020 年投产的昆柳龙工程即采用 LCC＋MMC 混合方式，是世界上容量最大的特高压多端直流输电工程，也是世界首个特高压多端混合直流工程，还是首个具备架空线路直流故障自清除能力的柔性直流输电工程。

随着材料和技术的发展，高压直流输电必将迈入新的阶段。

三、高压直流输电系统的构成方式

高压直流输电系统有两端直流输电和多端直流输电两种形式。其中，两端直流输电系统又可分为单极系统（正极或负极）、双极系统（正、负两极）、背靠背直流系统（无直流输电线路）和多端直流系统四类。

1. 单极系统

单极系统可利用大地（海水）作为回流电路，这种设计使得线路投资较为节省，一般以负极性运行，这是因为正极线路的电晕电磁干扰和可听噪声均比负极线路大，同时，由于雷电大多为负极性，因此正极线路雷电闪络的概率也比负极线路高；在单极大地（海水）回线方式中，两端换流站均需接地，大地（海水）相当于直流输电系统的一条线路，流经的电流即为直流输电工程的运行电流。这种系统称为单极一线制或单极一线一地制系统，其运行方式称为单极大地回线方式。单极大地回线方式结构简单，利用大地可省去一条金属线路，降低线路造价；但其运行可靠性和灵活性较差，且对接地极要求高，投资大，因此适合高压海底电缆工程，如图 9-1（a）所示。

由于大地（海水）中长期有大直流电流流过，会引起接地极附近地下金属构件的电化学腐蚀，以及中性点接地变压器直流偏磁的增加而造成的变压器磁饱和等问题。为了避免以上问题，有的工程采用低绝缘导线作为回流电路，形成单极两线制系统，这种运行方式称为单极金属回线方式。该系统只有一端换流站接地，以钳制直流输电系统中线路和设备的对地电位。其不接地端的最高运行电压为最大直流电流运行时在金属回线上的压降。在运行中，地中无电流流过，属于安全接地性质，可以避免电化学腐蚀和变压器磁饱和等问题。单极金属回线方式线路投资和运行费用较单极大地回线方式高，但只需要一个接地极，适合接地极选址困难、输电距离较短的直流工程，如图 9-1（b）所示。

(a)

(b)

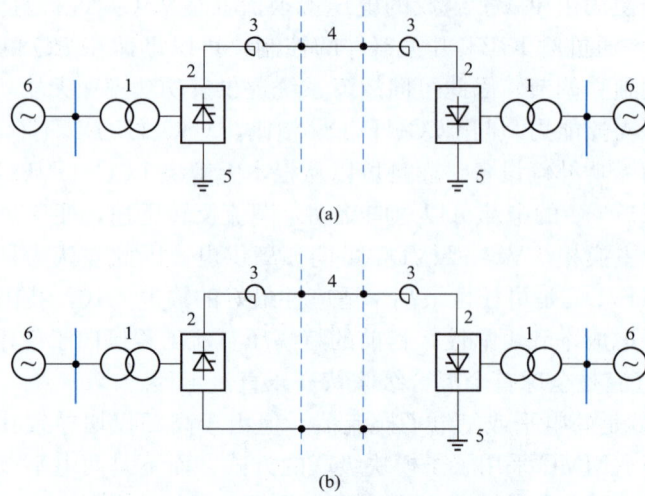

图 9-1 单极直流输电系统接线示意图

（a）单极大地回线方式；（b）单极金属回线方式

1—换流变压器；2—换流器；3—平波电抗器；4—直流输电线路；5—接地极系统；6—两端的交流系统

2. 双极系统

实际工程中大多采用双极系统。双极系统通常采用两端中性点均接地的方式，它由两个可独立运行的单极大地系统组成，大地可认为是一回备用导线，接地电流为两极电流之差。如图 9-2 所示，理想状态下，两个极的电流方向相反、大小相等，大地回路中无直流电流。在正常双极对称运行时，地中仅有很小的两极不平衡电流（小于额定电流的 1%）。单极故障情况下，健全极可自动转至单极大地回线方式运行，并可进行功率转带以减少冲击，这种运行方式在实际工程中很常见。在双极系统分期建设过程中，可先建成单极系统投入运行。

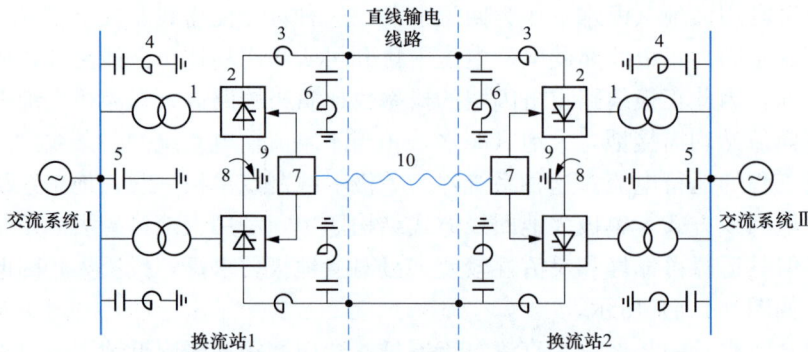

图 9-2 双极直流输电系统接线示意图

1—换流变压器；2—换流器；3—平波电抗器；4—交流滤波器；5—并联电容器；6—直流滤波器；
7—控制保护系统；8—接地极系统；9—接地极；10—远动通信系统

在双极系统中，换流站的接地点一般是换流器的中点，两极对地之间的电位差相等，所以也称为中性点。

为了避免大地回路引起的问题，取消一端换流站的接地点，就形成双极两线制，该种接线方式可靠性和灵活性很差，一般工程很少采用。若再增设一条低绝缘导线作为回流电路，则为双极三线制，此种接线方式。线路结构复杂，造价较高，适用于接地极选址困难的工程。

当双极系统中一个极的线路发生故障时，双极两线一地制和双极三线制可用健全极线路分别以单极一线一地制和单极两线制继续运行，可至少输送双极功率的一半，从而提高了供电的可靠性。但此时回流电路中的电流增大，其值与极导线电流相等。双极两线制的系统则必须在原来不接地的一个换流站中临时增加接地点，否则一个极发生故障时不能运行。

当一个极的换流器出现故障或需要检修时，也可将这个极的线路改接，作为回流电路，将单极大地回线方式转为单级金属回线方式，避免大地中通过大电流。

3. 背靠背直流系统

背靠背直流系统是无直流输电线路的直流系统，如图9-3所示。它主要用于两个非同步运行（不同频率或频率相同但非同步）的交流系统之间的联网或送电。背靠背直流系统的整流和逆变设备通常都装设在一个换流站内，通过平波电抗器相连，也称为背靠背换流站。其主要特点是：直流侧采用低电压、大电流设计（可降低设备造价），充分利用大截面晶闸管的通流能力；直流侧谐波不会对通信造成干扰，所以可省去直流滤波器；有色金属的消耗和电

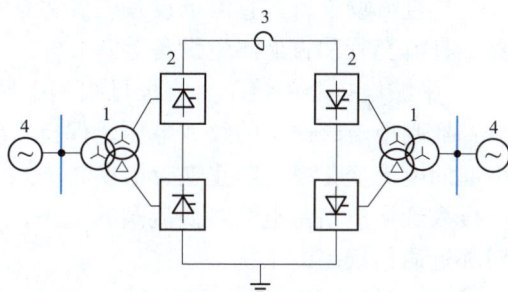

图 9-3　背靠背直流系统接线示意图
1—换流变压器；2—换流器；3—平波电抗器；
4—两端交流系统

能损耗有限，换流器和其中元件是将原来的串联改为并联，整个直流系统的费用比常规换流站降低15%～20%。

对于短的直流联络线（即短耦合），同样可以考虑采用较低的电压。

4. 多端直流系统

多端直流输电系统由三个或三个以上换流站及联络线路组成，可以解决多电源供电或多落点受电的输电问题，也可以联络多个交流系统，或者将一个交流系统分成多个孤立运行的交流系统。多端直流系统中的换流站可以作为整流站或逆变站运行，但整流站运行的总功率与逆变站运行的总功率必须相等。站间的连接方式可以为并联或串联方式，输电线路可以是分支形或闭环形等。

2013年投运的南澳±160kV多端柔性直流输电示范工程是世界上第一个多端柔性直流输电工程，在我国乃至世界电力发展史上具有重要意义。2014年投运的舟山±200kV五端柔性直流科技示范工程是世界首个五端柔性直流输电工程。2020年投运的张北±500kV柔性直流输电示范工程为汇集和输送大规模风电、光伏、储能等多种形态能源的四端柔性直流电网，包括张北、康保两个送端站，以及北京受端站和丰宁调节换流站。

四、高压直流输电的主要设备

高压直流输电的主要设备有换流变压器、换流阀、直流场设备、交流滤波器、交流场设备、辅助设备和二次设备等。

（1）换流变压器。换流变压器的主要功能是实现电压变换、功率传递、交直流系统间的电气绝缘和隔离，以及抑制网侧过电压入侵换流阀。换流变压器与普通变压器在工作原理和基本结构上相同。由于换流变压器（阀侧绕组）承受交流电压和直流电压的叠加，使得换流变压器在绝缘结构、电磁回路的设计上比普通的电力变压器更复杂，需考虑直流电压、极性

反转电压、谐波电流、直流偏磁和有载调压等问题。

（2）换流阀。换流阀是直流输电工程的"心脏"。在直流输电中，它不仅具有整流和逆变的功能，还具有开关的功能，利用其快速可控性，换流阀能实现对直流系统的快速启动和停运操作。常规特高压直流输电工程采用晶闸管换流阀，这种换流阀是由多个晶闸管器件串联组成，其电压取决于单个晶闸管器件的电压以及器件串联的个数；其电流取决于晶闸管的通流能力，主要由晶闸管的截面所决定。换流阀在运行过程中会产生大量的热量，因此需要专门的阀冷系统进行冷却。目前国内已建成达到$\pm 1100 \text{kV}$电压等级和6250A电流水平的换流阀。

（3）直流场设备。直流场设备主要包括平波电抗器、直流滤波器、直流断路器、直流避雷器、直流套管和直流测量设备等。

1）平波电抗器串接于直流极母线和中性母线上，有油浸式和干式两种类型。其主要作用有：抑制换流阀产生的纹波电压；保持直流小电流运行时的电流连续；限制由电压快速变化引起的电流变化率，防止逆变器换相失败；抑制直流故障时电流的突变速度；减少从直流线路侵入到换流站雷电波对换流阀的危害；与直流滤波器配合，减少系统谐波分量，同时减小对邻近通信线路的干扰。

2）直流滤波器主要由电容器、电抗器、电阻器以及避雷器组成，并联在换流站直流极母线上，用于降低直流侧谐波。直流侧谐波如果不滤除，会导致直流侧设备流过谐波电流，产生附加发热，还会通过换流器对交流系统进行渗透，并对线路邻近通信系统产生干扰。

3）直流断路器通过并联一个谐振装置达到灭弧的效果。其工作原理是，首先充电装置给电容充电，然后通过单向合闸开关和电抗器形成谐振，强迫直流电流过零点，从而可以用灭交流弧的形式来拉断直流电路的电弧，实现了直流灭弧。断路器组内的避雷器起泄流作用。

4）直流避雷器一般采用氧化锌避雷器，具有非线性好、通流能力强和结构简单等优点。当过电压超过一定限值时，直流避雷器会自动对地放电以降低电压，进而保护设备，放电完成后又迅速自动灭弧，保证系统正常运行。相较于交流避雷器，其通流容量更大。

5）直流套管主要有直流穿墙套管、油浸式平波电抗器套管和换流变压器阀侧套管。在直流输电工程中，由于直流穿墙套管的不均匀湿闪而引起的故障屡有发生，这给套管的制造带来了困难。

6）直流测量设备主要包括零磁通电流互感器、纯光电流互感器、电子式电流互感器和直流分压器。由于直流电没有交变磁场，因此无法使用常规的电磁式电流互感器来测量电压和电流。零磁通电流互感器通过二次侧与一次侧在线圈中产生的磁通抵消来测得直流电流值；纯光CT利用法拉第磁光效应、萨格纳克干涉原理测量和安培环路定理，通过测量光的偏差来对直流电流进行测量；电子式电流互感器将一个分流器串接至直流回路中，通过测量分流器压降来算出直流电流；直流分压器采用阻容分压的原理来测量直流电压，又称为阻容分压器。

（4）交流滤波器。交流滤波器主要由电容器、电抗器、电阻器以及避雷器组成，并联于换流站交流母线上，主要功能是滤除交流侧谐波和提供无功功率，其自动投切由无功控制器（RPC）来完成。

（5）交流场设备。交流场设备包括断路器、隔离开关、并联电抗器、交流避雷器、电流互感器和电压互感器等，其功能与交流变电站内的设备相同。

（6）辅助设备。辅助设备主要包括站用电系统、阀冷却系统、消防系统和空调系统等。换流站内的站用电系统较为复杂，且可靠性要求高，一般会配置多套低压配电系统和低压直流系统；阀冷却系统用来冷却换流阀，一般由去离子水组成内冷却系统，外部冷却系统采用外风冷或外水冷；换流站内的消防系统主要包括水消防系统、泡沫消防系统、消防沙箱和移动式灭火器等辅助消防设施，为站内复杂的各类设备提供灭火保障；空调系统主要为阀厅、控制保护设备室等提供温湿度调节。除此之外，换流站辅助设备还包括给排水系统、工业视频系统、照明系统和智能巡检系统等，这里不再详述。

（7）二次设备。换流站二次设备主要包括控制保护系统、自动化系统和在线监测系统，它们对一次设备进行监视、测量、控制、调节和保护。

五、高压直流输电与交流输电的比较

高压直流输电主要用于远距离、中间无落点及无电压支撑的大功率输电工程。直流输电有很多不同于交流输电的特性，在交流输电广泛应用、技术发展比较成熟的今天，在某些场合应用直流输电更为合理。因此，将直流输电与目前人们熟悉的交流输电进行比较，有助于更好地了解直流输电的概况和特性。

1. 经济性

（1）线路。三相交流输电线路要用三根导线，而直流输电线路一般用两根导线。如果交直流输电线路的导线具有相同的截面和绝缘水平，则直流输电线路每根导线输送的功率为

$$P_d = U_d I_d \tag{9-1}$$

式中：U_d 为直流输电线路对地电压；I_d 为直流输电线路电流。

交流输电线路每相导线输送的功率为

$$P_a = U_a I_a \cos\varphi \tag{9-2}$$

式中：U_a 为交流输电线路对地电压，即相电压；I_a 为交流输电线路电流；$\cos\varphi$ 为交流输电线路的功率因数。

若两种线路采用相同的电流密度，并且导线材料消耗量相等，则每根导线的电流有效值相等，即

$$I_d = I_a \tag{9-3}$$

交直流输电线路的过电压倍数分别为 $2K_a U_a$ 和 $K_d U_d$，其中 K_a、K_d 分别为计及交、直流输电线路过电压倍数及绝缘裕度所需的系数。交流输电线路过电压倍数 K_a 取 $2\sim2.5$，直流输电线路过电压倍数 K_d 为 2，假定 $K_a = K_d$，当交直流输电线路具有相同的绝缘水平时，有

$$U_d = \sqrt{2}\,U_a \tag{9-4}$$

所以，直流输电线路每根导线与交流输电线路每根导线输送功率的比值为

$$\frac{P_d}{P_a} = \frac{U_d I_d}{U_a I_a \cos\varphi} = \frac{\sqrt{2}U_a I_a}{U_a I_a \cos\varphi} = \frac{\sqrt{2}}{\cos\varphi} \tag{9-5}$$

在交流远距离输电情况下，一般 $\cos\varphi$ 较高，约为 0.95，因此

$$\frac{P_d}{P_a} = \frac{\sqrt{2}}{0.95} \approx 1.5 \tag{9-6}$$

这表明，两类线路建设费用相同时，直流输电线路每根导线输送的功率为交流输电线路每根导线输送功率的 1.5 倍。

考虑交直流输电线路输送总功率之比为

$$\frac{\sum P_d}{\sum P_a} = \frac{2P_d}{3P_a} = 1 \tag{9-7}$$

由此可得出，两根导线的直流输电线路和三根导线的交流输电线路输送的功率大致相等。因此，单位长度的直流输电线路所需的有色金属、绝缘材料和占地走廊的总费用比交流输电线路节省 1/3 左右。直流系统中即使需要装设中性线，由于中性线对地绝缘可以降低，也能节约线路建设费用。在需要应用电缆的场合，如跨海输电、向大城市人口密集区输电等，直流输电线路的费用仅为交流输电线路费用的一半甚至更低。

直流输电线路可以分期投资。在初期负荷较小时，可先建设一条；待负荷增长后，再建设第二条。而交流输电线路必须三相同时建成才能使用。

（2）两端设备。直流输电系统的两端是换流站。其主要设备有换流变压器、换流器、平波电抗器、直流滤波器、无功补偿设备和阀冷却设备等，其中换流器和直流滤波器是直流输电特有的，换流变压器由于直流输电的特点，其造价比交流变电站中的主变压器高。换流器主要由晶闸管器件构成，随着电子工业的发展，晶闸管器件的价格不断下降。换流站中有很多设备是交流变电站没有的，因而换流站比交流变电站复杂，造价也较高。

（3）总费用与等价距离。虽然直流输电两端设备的费用较交流输电要高得多，但是线路造价较低。当输电距离增加到一定值时，直流输电线路所节省的费用恰好抵消了换流站所增加的费用，此时交、直流输电的总费用正好相等，这个距离称为交、直流输电的等价距离。如果仅从直接的经济性考虑，当输电距离大于等价距离时，宜采用直流输电；反之，则采用交流输电。且随着换流站造价的逐年下降，等价距离也在逐年缩短。

2. 技术性

直流输电之所以能得到迅速发展，除了经济上的原因外，更主要的是因为技术上的先进性。

（1）运行的稳定性。交流输电线路远距离输电时，输送容量受到稳定极限的限制，输送有功功率的功角特性方程为

$$P = \frac{E_1 E_2}{X_\Sigma} \sin\delta \tag{9-8}$$

式中：E_1、E_2 分别为送端、受端相同等值电动势；δ 为 E_1、E_2 之间的相角差；X_Σ 为 E_1、E_2 之间的总等值电抗。

从式（9-8）可知，$\delta = 90°$ 时，输送功率达到最大值，$P_m = \frac{E_1 E_2}{X_\Sigma}$。如果 $\delta > 90°$，则同步功率 $\frac{dP}{d\delta} < 0$，失去保持同步的能力，从而线路解列，造成事故。因此，$P_m = \frac{E_1 E_2}{X_\Sigma}$ 是交流输电线路的静态稳定极限，为了保证系统运行的稳定性和可靠性，输送功率应保留一定的静态储备，即

$$PX_\Sigma \leqslant (1+K)E_1 E_2 \tag{9-9}$$

式中：K 为静态稳定储备系数。

由于 X_Σ 基本上与线路长度成正比，式（9-9）表明，为了保证电力系统的稳定安全运行，输送容量与输送距离的乘积必须小于一定值。即当输送距离增加时，线路所能够输送的最大容量将下降。

采用直流输电线路输送功率，不存在交流输电系统的稳定性问题。线路所能输送的容量仅受导线截面限制，而不受稳定性限制。在多个交流输电系统联网时，若采用直流输电线路，可以提高交流输电系统的稳定性。直流输电系统有快速调节输送功率的能力，当交流输

电线路因扰动引起输送功率变化时，直流输电系统可按要求迅速调节功率，抵消交流系统的变化，减小发电机输出的电功率与输入的机械功率之间的不平衡引起的转子转速摇摆，从而提高了交流系统的稳定性。

（2）非同步联络。当用交流联络线将两个交流系统连接为一个较大系统时，被连接的两个系统必须具有相同频率，两端系统的电压和相位也必须保持一定关系。因此，两端系统相互牵制，且两端系统的短路容量也因联网而增大。当一端系统发生故障时，有可能对另一端系统产生不利影响。而用直流输电线路联络两个交流系统时，无须同步运行，两端系统以各自独立的频率、电压和相位运行，可发挥联网带来的效益，又可避免联网带来的不利影响。由于直流输电联络线的电流能够快速调节，因此两系统的短路容量不会因联网而明显增大。

（3）新型发电方式与系统的连接。许多很有前途的新型的发电方式，如磁流体发电、电气体发电、燃料电池发电和太阳能电池发电等，发出的都是直流电。此外，还存在着将原子能直接转换成高压直流电能的可能性。采用直流输电技术将这些发电方式产生的电能与交流电力系统连接，是一种技术和经济上都较为合理的方式。

六、高压直流输电主要优缺点及适用场合

通过交、直流输电比较，可将直流输电的主要优缺点概括如下。

1. 优点

（1）海底电缆输电是直流输电的主要用途之一。输送相同的功率时，直流电缆的费用比交流电缆低，而且由于交流电缆存在较大的电容电流，当海底电缆长度超过 40km 时，采用直流输电在经济和技术上都较为合理。

（2）被直流输电线路连接的两交流系统可非同步运行，被联电网之间交换的功率可方便快速控制，输送容量和距离不受同步运行稳定性限制。

（3）用直流输电系统联网基本上不增加被联电网的短路容量。

（4）直流输电输送的有功功率和换流器吸收的无功功率均可方便快速控制，进而改善交流系统的运行性能。对于交、直流并联的输电系统，可以利用直流的快速控制以阻尼交流系统的低频振荡，提高与其并联的交流输电线路的输送能力。

（5）直流输电线路电晕干扰小。

（6）直流输电线路基本上不存在电容电流，沿线电压分布均匀，因此无需无功补偿。

（7）直流输电双极系统相当于两个可独立运行的单极系统，当一极发生故障时，可自动转为单极系统运行，提高了输电系统的运行可靠性。

（8）直流输电可方便地进行分期建设和增容扩建，有利于发挥投资效益。

2. 缺点

（1）换流站造价高于交流变电站，这主要是因为换流器价格较贵，且常规换流器运行时需要大量的无功功率（占直流输送功率的 50%～60%）并产生大量谐波，所以换流站中需装设滤波器和无功补偿设备。

（2）直流断路器没有电流过零点可以利用，灭弧问题难以解决，制造复杂。

（3）直流输电利用大地（海水）作为回路，将带来接地极附近地下金属构件、管道等埋设物的电腐蚀问题，同时直流电流通过中性点接地变压器会引起变压器直流偏磁以及对通信系统和航海磁罗盘的干扰等问题。当地表面电阻率很高时，接地极址的选择会比较困难。

（4）由于直流电的静电吸附作用，直流输电线路和换流站设备的污秽问题比交流输电更

为严重，给外绝缘带来了困难，这也是特高压直流输电需要研究的问题。

3. 直流输电主要适用场合

直流输电的应用场合有以下两大类：

（1）技术上交流输电难以实现，而只能采用直流输电的场合（如不同频率的联网因稳定问题而难以采用交流输电，远距离电缆输电等）。

（2）技术上两种输电方式均能实现，但直流输电比交流输电具有更好的技术经济性能。

采用直流输电相对有利的场合有以下几种：

（1）远距离大功率输电。

（2）用于海底电缆，跨海峡向岛屿输电。

（3）向电密度高的大城市供电，需要限制短路容量，以及架空输电线路空中走廊有困难，必须采用地下电缆的场合。

（4）联系多个不同额定频率或要求非同步运行的交流电力系统。

📖 **任务实施**

参观省（市）内的特高压换流站和直流仿真室。查询高压直流输电相关资料，形成学习报告。报告包括以下内容：

（1）画出该站的主接线图。

（2）认识所参观换流站的主要设备，拍照后进行标注（标注设备名称和主要作用）并上传学习平台。

（3）认识直流输电系统的典型方式，画出单极大地回线方式、单极金属回线方式、双极平衡大地回线方式、背靠背方式和多端直流输电方式示意图。

（4）从经济性和技术性比较交流输电和直流输电的特点。

（5）列出高压直流输电主要优缺点及适用场合。

▶ 任务 2　认识特高压输电技术

🎓 **教学目标**

知识目标：

（1）能说出我国特高压交流输电和特高压直流输电的现状。

（2）能说出特高压交流和特高压直流输电线路的不同。

能力目标：

（1）会计算特高压交流电路的波阻抗和自然功率。

（2）能说出特高压交流输电线路输送自然功率时特高压输电的特点。

素质目标：

能够坚定学生对中国特色社会主义政治制度的自信。

⚡ **任务描述**

参观省（市）内的特高压变电站和特高压直流换流站。查询特高压输电技术相关资料，形成学习报告。

任务准备

课前做如下准备：

（1）检索查询科技期刊，了解国内外特高压交直流输电技术发展概况。

（2）做好到现场参观的准备。

课前预习相关知识部分，并独立回答下列问题：

（1）特高压交流输电和特高压直流输电的电压等级是多少？

（2）什么叫波阻抗？什么叫自然功率？

（3）特高压交流输电和特高压直流输电各有什么优势？

相关知识

一、特高压交流输电

特高压输电技术是实现国家及区域能源互联互通、清洁能源远距离外送、跨时区互补、跨季节互济和优化配置的关键技术。在构建跨国、跨洲电网的过程中，进一步呈现出远距离、大容量、低损耗、高效率和灵活稳定的新需求。

为了提高输电的经济性，满足大容量和远距离输电的需求，电网的电压等级不断提高。20 世纪 60 年代末，开始研究 1000kV（1100、1150kV）和 1500kV 电压等级特高压输电工程的可行性和相关技术。苏联从 20 世纪 70 年代末开始建设 1150kV 输电工程。1985 年，建成埃基巴斯图兹—科克切塔夫—库斯坦奈特高压 1150kV 线路，全长 900km，累计运行时间达 5 年。1991 年，由于苏联解体和经济衰退，电力需求不足，导致特高压线路降压至 500kV 运行。日本是世界上第二个建成特高压工程的国家。1993 年建成柏崎刈羽—西群马—东山梨 1000kV 线路，全长 190km；1999 年建成西群马—福岛核电站 1000kV 线路，全长 240km；目前已建成全长 426km 的东京外环特高压输电线路。由于电力需求增长减缓，一直按 500kV 降压运行。我国从 1986 年开始特高压研究，2009 年 1 月，晋东南—南阳—荆门 1000kV 特高压交流试验示范工程投产，设备国产化率超过 90%。截止 2024 年底，我国已建成 42 条特高压输电线路，其中特高压交流线路共 19 条。

特高压交流输电技术是构建大容量、大范围坚强同步电网的关键技术。特高压交流输电是指 1000kV 及以上电压等级的交流输电，其单一通道输送能力约为 10000MW，最大输送距离超过 1000km。特高压交流输电工程每座变电站造价为 1.5 亿～2.0 亿美元，单位容量造价约为 5.2 万美元/（MVA），单回线路造价约为 100 万美元/km。我国的特高压交流输电技术处于世界领先水平，在关键技术和核心设备方面已实现大规模应用，并构建了完善的试验基地和标准体系。

特高压交流输电技术实现了一系列技术创新。在特高压交流工程的建设中，通过开展系统分析、过电压与外绝缘、电磁环境等关键技术研究，攻克了系统安全稳定控制、复杂环境下外绝缘特性、过电压深度抑制、电磁环境控制等技术难题，确定了工程的关键技术参数和技术条件，形成了系列标准、规程和规范。同时，研制了特高压交流全套设备，全面掌握了特高压交流输电技术，确定了主设备参数，引领了全球电网建设的发展方向。

特高压交流输电技术已形成完整的研发体系，积累了丰富的工程经验。通过科技研发和

263

工程实践，建设了完整的系统研发平台和工程试验基地，掌握了特高压交流工程规划设计、设备集成、施工安装、调试试验和运行维护的全套技术，建设了一大批特高压交流示范及商业化工程。我国完成特高压输电技术的系统集成，积累了宝贵经验，实现了技术和经济的有机统一，所建工程安全、可靠、先进且实用。

在构建全球能源互联网的背景下，特高压交流输电技术具有广阔的应用前景，并将在关键技术、经济性和适应性方面进一步提升。1000kV 特高压交流输电工程已经实现大规模工程应用，该技术在能源基地远距离输电场景及跨大区骨干电网互联方面展现出了巨大的技术优势。为满足全球能源互联网超大规模电网互联及输电需求，特高压交流输电技术将朝着节约走廊、低损耗、环境友好和智能化等方向发展。研究重点需要放在输电系统的优化设计，提高可靠性、灵活性和经济性，以及开发适应全球各种极端气候条件的核心设备等方面。

二、特高压交流输电分析

1. 特高压交流输电线路的等值电路

特高压交流输电线路和其他输电线路一样，在进行电力系统分析时，用串联的电阻 R、电抗 X 和并联的电纳 B、电导 G 进行模拟。一般用 Π 形等值电路，如图 9-4 所示。

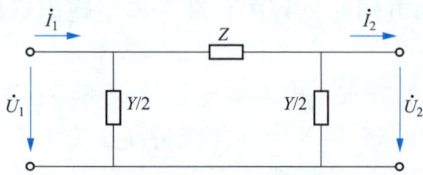

图 9-4 输电线路的 Π 形等值电路

在特高压电路中，采用分裂导线来降低线路电阻、电抗，以减少对电晕环境的影响。

特高压输电线路的电阻、电抗、电导和电纳是沿线路均匀分布的。但是在电力系统分析计算时，一般采用集中等效参数代替分布参数。当已知特高压输电单位长度线路参数时，阻抗和导纳的等效集中参数可用分布参数特性计算得到。其等值电路中参数计算同远距离输电线路。

2. 特高压交流输电线路的自然功率

（1）波阻抗。超高压、特高压输电线路的波阻抗和传播系数与分裂导线的结构和相间距离有关，与输电线路长度无关。不同的分裂导线结构和相间距离有不同的波阻抗 Z_c 和传播系数 γ，但同一电压等级输电线路的波阻抗和传播系数差别很小。典型的超高压、特高压输电线路的波阻抗和传播系数见表 9-1。

表 9-1　　　　　　　　　超高压、特高压输电线路特征阻抗和传播系数

电压等级（kV）	500	765	1100	1500
分裂导线（mm）	4×300	4×685	8×900	12×685
子导线间距或分裂导线直径（cm）	42	64.8	106.9	128.0
相间距离（m）	13	13.9	22.0	23.8
Z_c（Ω）	$270.1\angle-2.64°$	$259.9\angle-1.23°$	$228.8\angle-0.62°$	$228.6\angle-0.49°$
γ（rad/km）	$1.056\times10^{-3}\angle-87.35°$	$1.070\times10^{-3}\angle-88.76°$	$1.0642\times10^{-3}\angle-89.38°$	$1.0641\times10^{-3}\angle-89.50°$
α[①]（nepers/km）	0.0486×10^{-3}	0.023×10^{-3}	0.01150×10^{-3}	0.000916×10^{-3}
β（rad/km）	1.0549×10^{-3}	1.0698×10^{-3}	1.0642×10^{-3}	1.0641×10^{-3}

① 弧度衰减系数。

（2）自然功率。自然功率是指输电线路的受端每相接入一个波阻抗 $Z_c=\sqrt{Z_0/Y_0}$ 时负荷

消耗的功率。输送自然功率是一种用于比较不同电压等级输电线路的输电能力和分析电压、无功调节的方法。

当特高压线路接入波阻抗 Z_c 并输送自然功率时，特高压输电有如下特性。

1）线路在输送自然功率时，送端和受端的电压和电流间相位相同，功率因数没有变化，且沿线路（无损）电压和电流幅值不变。

2）线路在输送自然功率时，线路电抗的无功损耗基本等于线路电纳（线路电容）产生的无功功率，线路电容产生的无功功率仅与 U_1 和 U_2 有关，与输送的有功功率和无功功率基本无关。而输电线路电抗的无功损耗与输送功率的二次方成正比。当线路输送功率大于自然功率时，送端的电源必须向线路输入无功功率才能保持无功平衡和电压稳定。随着输送功率的增加，输入的无功功率将增加。当线路输送的功率小于自然功率时，线路电容产生的无功功率大于线路电抗消耗的无功功率。当送端和受端电压升高时，送端电源要吸收无功功率。因此，特高压输电线路按自然功率输送是最经济合理的。

3. 特高压交流输电线路的输电特性

（1）功率损耗和电压降。特高压输电线路的功率损耗和电压降计算，与其他输电线路，特别是超高压线路完全一样。线路的有功损耗与输送的有功功率和无功功率的二次方成正比，与电压二次方成反比。因此，在输送相同功率的情况下，提高输电线路的电压能显著减少线路的有功损耗；同时，减少线路的无功传输，可大大减少线路有功损耗和无功损耗，从而提高线路运行的经济性，减少受端的并联无功补偿投资。

线路的等效电容产生的无功功率与电压二次方成正比。1100kV 线路的单位长度电纳约为 500kV 线路的 1.1 倍以上。因此，1100kV 线路电容产生的无功功率约为 500kV 线路的 5.3 倍。1000kV 线路电容产生的无功功率约为 500kV 线路的 4.4 倍。

输电线路电阻功率损耗与流过输电线路的电流二次方成正比，与电阻值也成正比。当输送功率一定时，提高线路的输电电压，可以减少电流，从而显著减少输电线路的电阻功率损耗。此外，增加导线截面积和减少电线材料的电阻率，可减少输电线路的电阻，进而减少电阻功率损耗。对于一个给定的输送功率来说，输电线路电阻的功率损耗与输电电压的二次方成正比，与电阻成反比。通常情况下，1000kV 输电线路每千米电阻值约为 500kV 线路的 20%。当两个电压等级的输电线路通过相同电流时，1100kV 输电线路的电阻功率损耗仅为 500kV 线路的 20%，1100kV 线路的波阻抗约为 500kV 线路的 85%。通过电力系统分析可知，在满足稳定条件下，单回 1000kV 输电线路的输送功率通常为 500kV 输电线路的 4 倍以上。这表明，采用特高压输电能明显地降低输电线路的电阻功率损耗。

输电效率是线路输出功率与输入功率的百分比。由于线路功率损耗小，1000(1100)kV 线路输电效率 $\eta = P_2/P_1 \times 100\%$ 远比 500kV 线路高。

除了电阻功率损耗外，特高压输电线路还有电晕放电功率损耗和绝缘子泄漏损耗。电晕放电功率损耗几乎与电压成正比，而与输送功率的大小无关。对特高压线路来说，其设计要满足其他环境要求，如可听噪声限制。因此与超高压相比，特高压输电电晕放电功率损耗在数量上与超高压差不多，但占其输送功率的百分比将更小。当采用非对称分裂导线布置时，还可使电晕放电功率损耗进一步降低。而绝缘子泄漏损耗几乎微乎其微。正常天气条件下，特高压输电线路的这两类功率损耗相对线路电阻的功率损耗而言，从经济影响方面考虑几乎可以忽略不计。

输电线路电压损耗与输送功率成正比，与电压成反比。因此，减少线路无功功率的传输，有利于输电系统电压调节，从而提高受端电压水平和输电的电压稳定性。

（2）有功功率和无功功率的输送。自然功率是电压和线路单位长度阻抗和导纳的函数，线路输送的自然功率与线路长度无关，无论是长线路还是短线路，其输送的自然功率都一样。由于线路电容产生的无功功率和线路电抗的无功损耗均是线路长度的函数，即线路长度增加，电抗的无功损耗和电容产生的无功功率都增加，反之亦然，特高压输电与超高压输电在输送功率与无功功率的关系的变化规律是一样的。

特高压线路电容产生的无功功率比超高压大得多，1100kV 线路产生的无功功率几乎为 500kV 线路的 6 倍。因此，特高压输电的电压无功调节难度要比超高压大。

为了限制工频过电压，超高压、特高压输电线路通常在线路送端和受端装设并联电抗补偿装置。对于 500kV 线路，并联电抗补偿容量包括高电抗和低电抗补偿，通常要补偿线路 90％及以上的充电功率。对于特高压线路来说，并联电抗补偿容装量要兼顾工频过电压限制和输送不同功率的无功调节，一般补偿度可选 75％左右。当并联电抗补偿装置接入线路，且线路输送的功率接近或超过自然功率时，线路本身的无功功率将不再平衡，而是需要吸收大量的无功，并且吸收的无功随有功的输送变化而增大，从而进一步增加了电压和无功调节的难度，甚至可能影响特高压线路的输电能力。如果用可控电抗器补偿代替固定并联电抗器补偿，将能兼顾工频过电压限制和无功调节，这对特高压电网的运行极为有利。可控电抗器的调节方式为：线路输送功率较小或空载时，补偿容量处于最大值；随着线路功率的增加，平滑地减少补偿容量，使线路电抗消耗的无功主要由线路电容产生的无功来平衡；而当三相跳闸甩负荷时，快速增大补偿容量，以降低线路在重负荷情况下产生的工频过电压。

4. 特高压输电线路的经济性

特高压输电与超高压输电的经济性比较，一般通过输电成本来衡量，即比较两个电压等级输送同样功率和同样距离所用的输电成本。一回 1100kV 特高压输电线路的输电能力可达到 500kV 输电线路输电能力的 4 倍以上，即 4～5 回 500kV 输电线路的输电能力相当于一回 1100kV 输电线路的输电能力。显然，在线路和变电站运行和维护方面，特高压输电所需的成本要比超高压输电少得多。线路的功率和电能损耗在运行成本方面占有相当的比重。在输送相同功率的情况下，1100kV 输电线路的功率损耗约为 500kV 输电线路的 1/16。因此，特高压输电线路在运行成本方面具有更强的竞争优势。

表 9-2 列出了不同电压等级的典型单回线路走廊宽度。从表 9-2 可以看出，1000kV 输电线路的走廊宽度接近 500kV 输电线路的 2 倍。但 1000kV 单回线路的输电能力约为 500kV 线路的 5 倍。在输送相同功率的情况下，1000kV 输电线路走廊宽度约为 500kV 输电线路的 40％。公众对环境要求日益严格，因此提升单回线路的输电能力，并减少线路走廊和变电站的占地面积非常重要。特高压输电技术可大幅度提高输电能力，减少线路和变电站占用土地面积，因此在我国东部地区应用广泛。

表 9-2　　　　　　　　　　不同电压等级的典型单回线路走廊宽度

电压等级（kV）	345	500	765	1000	1500
走廊宽度（m）	38	45	60	90	120

三、特高压直流输电

1. 特高压直流输电的现状

特高压输电包括特高压交流输电（UHVAC）和特高压直流输电（UHVDC）两种形式。特高压输电中，交流电压等级为 1000kV，直流电压等级为 ±800kV。根据我国未来电力流向和负荷中心分布的特点，以及特高压交流输电和特高压直流输电的各自优势，我国特高压电网建设将以 1000kV 交流特高压输电为主，形成国家特高压骨干网架，旨在实现各大区域电网的同步强联网；而 ±800kV 特高压直流输电则主要用于远距离、中间无落点和无电压支撑的大功率输电工程。

在 20 世纪七八十年代，苏联哈萨克斯坦的埃基巴斯图兹火电基地向其欧洲部分负荷中心的送电、巴西亚马孙河水电群向其东南部和东北部的送电以及印度和非洲的远距离大容量送电，都曾经对特高压直流输电的应用进行研究。他们的研究结论是：±800kV 的直流输电工程在技术上是可行的，而达到 ±1000kV 需要经过很大努力进行研究，±1200kV 若技术上没有重大的突破，则难以实现。除苏联外，其他国家因为工程项目没有落实，所以只停留在研究阶段。1992 年，苏联埃基巴斯图兹—唐波夫 ±750kV、2414km 的直流输电工程建成。2009 年，云南—广东 ±800kV 特高压直流输电工程单极投运，2010 年双极投产，输电距离 1438km，输送容量 5GW。2010 年 7 月，向家坝—上海 ±800kV 直流输电工程投产，输电距离 1907km，输送容量 700 万 kW。2012 年，锦屏—苏南 ±800kV 特高压直流输电工程（简称"锦苏工程"）建成投运，该工程额定容量 7.2GW，输电距离约 2100km，是当时世界电压等级最高、输送容量最大和输电距离最远的直流输电工程。2018 年 12 月 31 日，我国自主设计建设的世界首个 ±1100kV 特高压直流输电工程，即昌吉—古泉特高压直流输电工程成功启动双极全压送电，再一次刷新了特高压直流输电的电压等级。我国的特高压直流输电工程占世界特高压直流工程的约 80%，其电压、容量均为世界第一，促进了我国电网的升级，为世界电力发展提供了重要经验。特高压直流输电的技术水平已达到电压等级 ±800kV 和 ±1100kV，额定输送容量为 5～12GW，输送距离为 1200～3300km。截至 2024 年底，我国已投运特高压直流工程 23 个，在建总长度超过 3 万 km，总输送容量超过 110GVA（GW），总投资超过 3000 亿元。近年来，我国特高压技术开始走向世界，先后参与或承建了巴西电网南北互联的大通道——巴西美丽山输电工程。

特高压直流输电技术不断取得突破，已成为超远距离、超大容量电力高效输送的核心技术。特高压直流输电通常包括 ±800kV 和 ±1100kV 两个电压等级，额定输送容量在 8000～12000MW 之间，输送距离为 2000～6000km。±800kV 和 ±1100kV 电压等级换流站投资分别为 6.7 亿美元和 11.8 亿美元，单位容量造价分别为 84 美元/kW 和 98 美元/kW。我国在特高压直流输电的关键技术、设备研发、试验体系和工程实践方面处于世界前列。

特高压直流输电技术不断创新，成功突破了全套技术和核心装备。该技术在主接线形式、运行方式等方面有许多不同之处。针对特高压直流的关键技术和设备，在过电压与绝缘配合、外绝缘和设备性能等方面进行了开创性的研究，取得了多方面的创新成果，突破了 800kV 及 1100kV 换流变压器、换流阀及套管等世界性技术难题，为工程的顺利投运奠定了基础。

特高压直流输电技术已建立了完整的产业研发体系，积累了丰富的工程经验。通过科技研发和工程实践，建设了完整的特高压直流研发体系和工程试验研究中心，全面掌握了特高压直流工程系统研究、系统设计、工程设计、设备集成、施工安装、调试试验和运行维护的全套技术。在全球大规模清洁能源送出及大范围资源配置的背景下，特高压直流输电技术具有广阔的应用前景，该技术未来将在关键技术、经济性和适应性方面进一步提升。为满足全球能源互联网超大容量和超远距离输电需求，特高压直流输电距离、容量、拓扑及关键设备需进一步提升和改进，以适应全球大规模清洁能源输送和全球极寒、极热和高海拔等各种极端条件，具体包括开发更高电压等级的直流输电成套设备、特高压混合型直流等方向，同时仍需要进一步提升电力输送的经济性水平，降低输电成本。

2. 特高压交直流输电方式比较

下面从技术特点、输电能力和稳定性能、注意研究的问题三个方面进行特高压交、直流输电方式的概括比较。

（1）技术特点。1000kV 交流输电线路中间可以落点，具有电网功能；输电容量大、覆盖范围广，同步电网可以覆盖全国范围，为国家级电力市场运行提供平台；节省架线走廊；线路（包括变压器）有功损耗与输送功率比值较小；从根本上解决了大受端电网短路电流超标和 500kV 线路输电能力低的问题，具有可持续发展性。

±800kV 直流输电线路两端直流中间不落点，将大量电力直接送至大负荷中心；输电容量大、输电距离长、节省架线走廊；线路（包括变压器）有功损耗与输送功率比值较大；在交、直流并列输电情况下，可利用双侧频率调制有效抑制区域性低频振荡，提高断面暂（动）态稳定极限；直流联网不增加两端短路电流，但是需要采用松散电网结构等措施来解决大受端电网短路电流超标问题。

（2）输电能力和稳定性能。1000kV 交流输电线路的输电能力取决于各线路两端的短路容量比和输电线路距离（即相邻两个变电站落点之间的距离）；输电稳定性（同步能力）取决于运行点的功角大小，即线路两端功角差。

±800kV 直流输电线路的输电稳定性取决于受端电网有效短路比和有效惯性参数。

（3）注意研究的问题。1000kV 交流输电线路需要注意研究的问题有：随着运行方式的变化，交流系统调相调压的问题；大受端电网的静态无功功率平衡和动态无功功率备用及电压稳定性问题；在严重运行工况及严重故障条件下，相对薄弱断面大功率转移等问题，是否存在大面积停电事故隐患及其预防措施研究。

±800kV 直流输电线路需要注意研究的问题有：大受端电网的静态无功功率平衡和动态无功功率备用及电压稳定性问题；在多回直流馈入比较集中的落点条件下，大受端电网严重故障时是否会发生多回直流逆变站因连续换相失败引起同时闭锁等问题，是否存在大面积停电事故隐患及其预防措施研究。

任务实施

参观省（市）内的特高压交流变电站、特高压换流站和变电站仿真室等。查询特高压交直流输电技术的相关资料，形成学习报告。报告包括以下内容：

（1）比较特高压交流变电站和特高压换流站的主接线图及运行方式，分别画出主接线图。

（2）比较特高压交流变电站和特高压换流站的一次设备和二次设备，说明设备的不同之处。

（3）特高压交流输电线路输送自然功率时，特高压输电有什么特性？

（4）从技术特点、输电能力和稳定性能等方面，比较特高压交流输电和特高压直流输电的特点。

任务 3　新 型 电 力 系 统

教学目标

知识目标：

（1）能说出新型电力系统的内涵及特征。

（2）能阐述新型电力系统形态的变化。

能力目标：

能罗列出新型电力系统的一些关键技术。

素质目标：

培养学生创新意识和创新思维。

任务描述

学习《新型电力系统发展蓝皮书》《新型电力系统与新型能源体系》相关内容，查询新型电力系统相关资料，充分认识新型电力系统的内涵及其特征，了解新型电力系统形态的转变及其关键技术。

任务准备

课前做如下准备：

上网检索关于新型电力系统的发展概况。

课前预习相关知识部分，并独立回答下列问题：

（1）如何理解新型电力系统？

（2）新型电力系统的特征是什么？

（3）新型电力系统有哪几类关键技术？

相关知识

2021 年 3 月 15 日，习近平总书记在中央财经委员会第九次会议上系统阐述了能源电力的发展，并首次提出构建新型电力系统，为新时代能源电力发展指明了科学方向，也为全球电力可持续发展提供了中国方案。党的二十大报告提出加快规划建设新型能源体系，为新时代能源电力发展提供了根本遵循。新型电力系统是以确保能源电力安全为基本前提，以满足经济社会高质量发展的电力需求为首要目标，以高比例新能源供给消纳体系建设为主线任务，以源网荷储多向协同、灵活互动为坚强支撑，以坚强、智能、柔性电网为枢纽平台，以技术创新和体制机制创新为基础保障的新时代电力系统，是新型能源体系的重要组成和实现"双碳"目标的关键载体。

一、新型电力系统内涵

统筹国家能源安全、清洁低碳转型和经济社会高质量发展，需立足新发展阶段、贯彻新发展理念、构建新发展格局。为此，新型电力系统需全环节发力，在电源构成、电网形态、负荷特性、技术基础和运行特性等方面实现全面转变。

1. 电源构成转变

电源构成由以化石能源发电为主导，向大规模可再生能源发电为主转变。实现"双碳"目标，应推进煤炭消费替代和转型升级，通过非化石能源深度替代化石能源实现能源生产清洁化，继续发挥煤电兜底保障和系统调节作用。大力发展新能源，坚持集中式和分布式开发并举，循序渐进地推动新能源向能够提供可靠电力支撑的主力电源发展。构建多元化电力供应体系，助力能源供应体系绿色低碳发展。随着能源转型不断深化，新型电力系统电源构成从确定性的、可调可控的常规电源占主导，逐步演化为随机性、间歇性和波动性的新能源发电占主导，最终实现新能源发电量占主导。预计到2060年，我国新能源发电装机容量和发电量占比将分别达到64.6%和58.6%。

2. 电网形态转变

电网形态由"输配用"单向逐级输电网络向多元双向混合层次结构网络转变。电网作为连接能源电力生产和消费的枢纽平台，在实现资源优化配置的同时，也面临着支撑新能源规模化开发、高比例消纳和新型负荷广泛接入的挑战，构建适应高比例可再生能源广域输送和深度利用的电力网络体系，是电网功能形态从电力资源优化配置平台向能源转换枢纽转变的关键。新型电力系统源端汇集接入组网形态正逐步从单一的工频交流汇集接入电网，向工频/低频交流汇集组网、直流汇集组网接入等多种形态过渡；输电网络形态也从以交流骨干网架与直流远距离输送为主向交流电网与直流组网互联过渡。

3. 负荷特性转变

负荷特性由刚性、消费型向柔性、产消型转变。节能降碳增效是促进能源清洁低碳转型的关键助力，电能替代是实现"双碳"目标的重要途径。以智能用电技术和互联网技术和通信技术为基础，需求响应推动了电力系统负荷由刚性向柔性转变；电动汽车、虚拟电厂、分布式储能等新型负荷的不断涌现，实现了用户侧调节潜力的充分释放，催生了电力用户"产消者"的新形态。在终端消费电气化水平不断提升的背景下，电力负荷多元互动、产消融合新形态层出不穷。新型电力系统终端负荷特性逐步从以社会生产生活为主要驱动的"被动型"向具有灵活互动能力的"主动型"转变；用户侧含有高比例分布式电源与可调节负荷，源荷角色转换呈现随机性；终端用户能源消费从刚性需求向高弹性柔性需求转变，网荷互动能力持续提升，预计到2060年，可调节负荷规模能达到电网最大用电负荷的15%。

4. 技术基础转变

技术基础由支撑机械电磁系统向支撑机电、半导体混合系统转变。在能源清洁低碳转型背景下，新型电力系统呈现出高比例可再生能源和高比例电力电子设备的"双高"特点，带来了系统形态和特性的"双转型"挑战，以及电力电量实时平衡与电力系统安全稳定的两大技术难题，传统电力系统的理论框架和控制方法已不完全适用。新型电力系统的构建过程是关键核心技术不断突破及应用的过程，技术基础是电力系统技术发展的底层逻辑，只有厘清技术基础转变形势，才能把握新型电力系统技术创新的方向。新型电力系统的物理形态从以同步发电机为主导的机械电磁系统，向由电力电子设备与同步发电机共同主导的功率半导体、铁磁元件混合系统转变；电力系统的动态特性从机电暂态和电磁暂态过程的弱耦合向强耦合转变；电力系统的稳定特性从工频稳定性为主导向工频和非工频稳定性并存转变。

5. 运行特性转变

运行特性由"源随荷动"单向计划调控向源网荷储多元协同互动转变。加快构建新型电力系统的关键在于坚持系统观念，坚持源网荷储一体化和多能互补发展。具体来说，就是推进电源构成清洁化以提升可再生能源接入水平，推进电力网络多形态融合并存以实现高比例可再生能源发电资源大范围优化配置，推进电力负荷多元化以提高非化石能源消费比重，推进新型储能建设以增强电力系统灵活调节能力。源网荷储多元协同是促进电力系统高质量发展、推动构建新型电力系统的内在要求。新型电力系统的平衡模式从传统源荷实时平衡模式，向源网荷储协同互动的非完全源荷间实时平衡模式转变，即大规模储能协同参与后，实现源荷在时间层面上解耦的"源-储-荷"平衡模式。

新型电力系统是以交流同步运行机制为基础，以大规模高比例可再生能源发电为依托，以常规能源发电为重要组成，以坚强智能电网为平台，以源网荷储协同互动和多能互补为重要支撑手段，深度融合低碳能源技术、先进信息通信技术与控制技术，实现电源侧高比例可再生能源广泛接入、电网侧资源安全高效灵活配置和负荷侧多元负荷需求充分满足，适应未来能源体系变革、经济社会发展与自然环境相协调的电力系统。

二、新型电力系统的特征

新型电力系统具备安全高效、清洁低碳、柔性灵活和智慧融合四大重要特征。其中，安全高效是基本前提，清洁低碳是核心目标，柔性灵活是重要支撑，智慧融合是基础保障。这四大特征共同构建了新型电力系统的"四位一体"框架体系，如图 9-5 所示。

安全高效是构建新型电力系统的基本前提。新型电力系统中，新能源通过提升可靠支撑能力，逐步向系统主体电源转变。煤电仍是电力安全保障的"压舱石"，承担着基础保障的重任。多时间尺度储能协同运行，支撑电力系统实现动态平衡。"大电源、大电网"与"分布式"兼容并举，多种电网形态并存，共同支撑系统安全稳定和高效运行。适应高比例新能源的电力市场与碳市场、能源市场高度耦合，共同促进能源电力体系的高效运转。

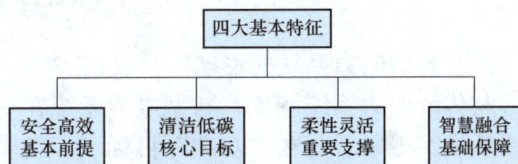

图 9-5　新型电力系统的基本特征

清洁低碳是构建新型电力系统的核心目标。新型电力系统中，非化石能源发电将逐步转变为装机主体和电量主体，核、水、风、光、储等多种清洁能源协同互补发展。化石能源发电装机及发电量占比下降，同时，在新型低碳、零碳和负碳技术的引领下，电力系统碳排放总量逐步达到"双碳"目标要求。各行业先进电气化技术及装备发展水平取得突破，电能替代在工业、交通、建筑等领域得到充分发展。电能逐步成为终端能源消费的主体，助力终端能源消费的低碳化转型。绿电消费激励约束机制逐步完善，绿电、绿证交易规模持续扩大，以市场化方式体现绿色电力的环境价值。

柔性灵活是构建新型电力系统的重要支撑。新型电力系统中，不同类型机组的灵活发电技术、不同时间尺度与规模的灵活储能技术、柔性交直流等新型输电技术得到了广泛应用，骨干网架柔性灵活程度更高，有效支撑了高比例新能源接入系统和外送消纳。同时，随着分布式电源、多元负荷和储能的广泛应用，大量用户侧主体兼具发电和用电双重属性，终端负荷特性由传统的刚性、纯消费型向柔性、生产与消费兼具型转变，"源网荷储"灵活互动和需求侧响应能力不断提升，支撑新型电力系统安全稳定运行。辅助服务市场、现货市场、容量市场等多类型市场持续完善、有效衔接融合，体现灵活调节性资源的市场价值。

智慧融合是构建新型电力系统的基础保障。新型电力系统以数字信息技术为重要驱动，呈现出数字、物理和社会系统深度融合的特点。为适应新型电力系统海量异构资源的广泛接入、密集交互和统筹调度，"云大物移智链边"（云计算、大数据、物联网、移动互联网、人工智能、区块链和边缘计算）等先进数字信息技术在电力系统各环节广泛应用，助力电力系统实现高度数字化、智慧化和网络化，支撑"源网荷储"海量分散对象的协同运行，以及多种市场机制下系统复杂运行状态的精准感知和调节，推动以电力为核心的能源体系实现多种能源的高效转化和利用。

新型电力系统图景展望如图 9-6 所示。

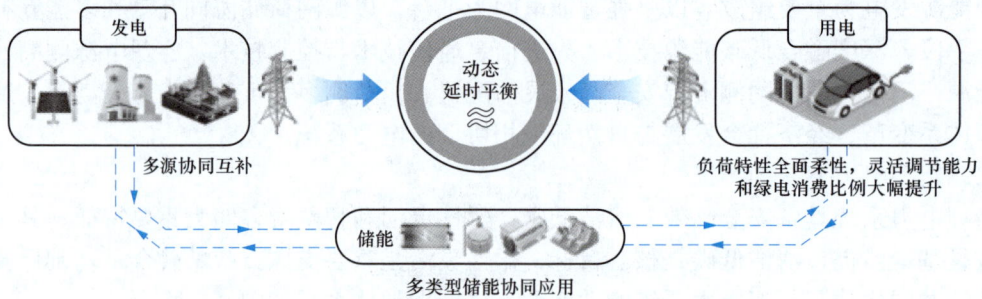

图 9-6　新型电力系统图景展望

三、新型电力系统的形态

与传统电力系统相比，新型电力系统在物理形态上将发生深刻变化。

从供给侧来看，在"双碳"目标下，新能源将逐步取代传统化石能源在能源体系中的主导地位。未来，新能源不仅是电力电量的主要提供者，还将具备主动支撑能力，而常规电源功能则逐步转向调节与支撑。电力系统将从以确定性的可控电源为主体向以随机性的不可控电源为主体转变，对电力系统供需平衡能力和清洁能源消纳能力等提出了更高的要求。

从电网侧来看，新型电力系统的形态将由以具有转动惯量的常规电源、单向供电为主，向具有高比例电力电子化新能源、双向供电转变。高比例可再生能源电力系统的平衡模式将由现有的"源随荷动"向随机性"源荷互动"转变，为提高电力系统的保供能力，需要增加电源装机的充裕性。新型电力系统的电网结构需加大特高压及各级电网的发展力度，提升承载高比例可再生能源外送消纳能力、多直流馈入能力和分布式新能源并网能力，实现输电网、配电网与微电网的灵活互济和协调运行。

从消费侧来看，用户侧将由单向用电向电能双向传输转变。电能的应用范围将不断扩大，电动汽车充电基础设施和充电网络也将不断完善。除电动汽车外，其他多元用电负荷、分布式电源和新型储能也将进入快速发展期，负荷特性将由传统的刚性用电需求、单向用电向柔性用电需求、用户电能双向传输转变，终端能源侧的电力"产消者"将大量出现。

从二次系统来看，电力系统控制模式将发生深刻变化。传统电力系统的控制对象是大容量常规发电机组，具有连续调节和控制能力，适用于集中控制模式。然而，随着新能源电力和电量占比的不断提升，电力系统具有不确定性增大、非线性和复杂性增加、动态过程加快、多时间尺度耦合及可控性变差的特点，将从根本上改变电力系统的控制模式，促使推动传统的大电网一体化控制模式向主配电网协同控制模式转变。

电力系统发展也呈现出较强的路径惯性，当前仍以稳定可控、确定性电源为基础。新型电力系统仍将遵循系统安全稳定的客观规律。

1. 生产环节

预计到 2030 年，我国风电、太阳能发电等新能源发电装机规模将超过煤电，成为第一大电源，新能源发电量占比将超过 50%。目前，风电正向海上拓展延伸，光伏发电呈现集中式和分布式开发并举的模式。建设以大型风光电基地为基础、以其周边清洁高效先进节能的煤电为支撑、以稳定安全可靠的特高压输变电线路为载体的新能源供给消纳体系，如图 9-7 所示。大型风光电基地、清洁高效煤电和特高压通道三要素相辅相成，缺一不可。此外，煤电在继续发挥"压舱石"作用的同时，还需要通过改造升级释放机组调节能力，逐步向基础保障性和系统调节性电源转型。

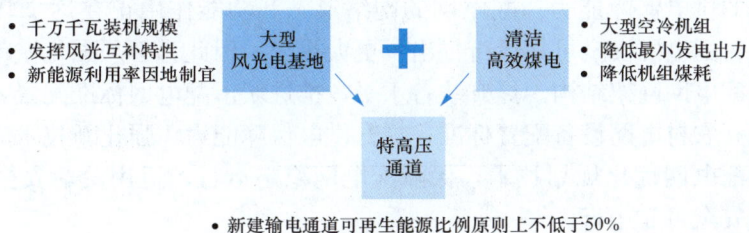

- 千万千瓦装机规模
- 发挥风光互补特性
- 新能源利用率因地制宜

大型
风光电基地

＋

清洁
高效煤电

- 大型空冷机组
- 降低最小发电出力
- 降低机组煤耗

特高压
通道

- 新建输电通道可再生能源比例原则上不低于50%

图 9-7　新能源供给消纳体系

实施风光水火储一体化策略，优先利用风电、太阳能发电等清洁能源，充分发挥水电、煤电的调节作用，并合理配置储能设施，从而实现多种资源协调开发和科学配置，其结构示意图如图 9-8 所示。风光水火储一体化能够纵向强化电力系统各环节的衔接，横向加强各类电源的互补作用，提升新能源接入和消纳能力。

通过构建安全可靠、高效集约的清洁能源基地跨区输电通道，联合发挥送端流域梯级水电站、调节性能较强的水电站以及火电机组的调节能力，在此基础上科学合理配置储能。在有条件的区域，建设光热发电、压缩空气储能等灵活调节电源，能够合理配置形成具有较高

图 9-8　风光水火储一体化结构示意图

送电可靠性的互补送电单元。通过集中开发、统一调度的形式，可充分发挥多类型电源互补特性，减小电压和频率的波动，提升对电网的支撑能力，并提高供电质量。

2. 传输环节

（1）输电网。我国能源资源和负荷分布不均，跨区域配置需求突出。输电网是优化资源配置、支撑能源转型和保障供电安全的关键支撑，是实现电力资源跨省和跨市区配置的物理基础，是满足全国跨区电力流向需求和清洁电力跨区消纳的载体，是推动我国能源转型的关键环节，也是顺利推进新型电力系统构建的坚强后盾。

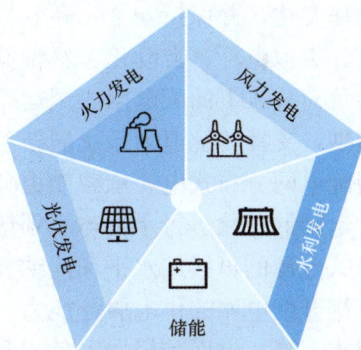

为实现"双碳"目标、加快构建新型电力系统，传统大电网形态将面临许多挑战，包括电源侧规划布局存在不确定性、新能源大规模发展增加保供压力、跨省跨区输电需求日益增加和大电网安全稳定特性发生变化等。同时，新能源大规模接入、直流大量应用，使得电力系统高度电力电子化，随着电力系统由同步发电机为主导的机械电磁系统向由电力电子设备和同步机共同主导的混合系统转变，系统的稳定特性也由"机电主导"逐步向"机电-电力电子装置协同主导"转变。在高比例电力电子设备接入的情况下，系统将呈现低惯量、低阻尼和弱电压支撑等特征，交直流、送受端和高低压电网的紧密耦合，使得系统面临连锁故障风险，这就需要防控大电网安全风险，科学规划新建跨区输电通道，持续优化主网架结构，充分利用负荷侧需求响应能力，从而增强系统调节能力。

（2）配电网。配电网是构建新型电力系统的重要基础，在能源传输环节发挥着枢纽作用，是保障电力"配得下、用得上"的关键环节。在新型电力系统中，配电网主要从提升供电保障能力、综合承载能力和供电服务能力等方面发力，推动传统配电网络向能源配置平台转变。

提升配电网的供电保障能力。配电网的网络形态和功能作用正在逐步转变。源荷模糊化、潮流概率化对配电网安全可靠运行提出了更大挑战。因此，必须强化城市配电网网架结构，并完善农村配电网网架结构。提升装备水平，推进城市配电网标准配置，提高设备可靠性；同时适当提高农村电网设备配置标准，提升供电保障能力。强化新技术应用，利用面向新型电力系统的配电网优化规划技术，保障配电网稳定运行；运用灵活安全的智能配电技术，支撑配电网安全可靠运行。

提升配电网的综合承载能力。综合承载能力能有效反映配电网应对分布式电源、电动汽车等柔性负荷接入带来的不确定性和波动性，依靠协调调度配电网内各种资源来快速响应负荷功率变化，并保持安全、高效且稳定的运行。不断强化配电网的资源配置作用，利用柔性配电、虚拟电厂、自动化、新型储能等技术与装备，实现高渗透率分布式电源、电动汽车等柔性负荷接入下的配电网协调运行控制，促进多元化源荷的即插即用与分布式清洁能源的就地消纳，支撑传统电力系统向新型电力系统转型。完善、推广电网承载能力分析方法，深入开展配电网分布式电源承载能力分析，完善模型方法和工具，为规划决策提供量化支撑。结合配电网的现状运行水平与规划情况，开展配电网可开放容量计算方法研究，计算配电网对分布式电源的可接纳水平和消纳能力，推广建立预警体系。

提升配电网的供电服务能力。通过提升电气化水平和增强电力普遍服务系统功能，使电力成本下降，进而减轻居民负担和降低工业生产成本，促进人民生活水平提高和区域经济协调发展。为实现这一目标，需要解决两大问题：一是发展不平衡、不充分问题，需推动城乡能源服务均等化，巩固提升农村电网；二是需要建设农村现代能源体系，加强农村能源基础设施建设，提升电网消纳分布式新能源的能力，为助力农村能源供给结构调整、形成多种能源互补的农村现代能源体系提供坚强电网支撑。

3. 消费环节

能源消费是构建新型电力系统顺利推进的重要环节。电力消费环节包括：居民生活、商业办公等传统负荷；电动汽车、用户侧电储能等新型负荷；风电、光伏电等分布式电源；分布式三联供、热泵等多能耦合设施；以及具备需求响应、多能联合运行等功能的智慧能源管控系统。未来发展方向为：一是促进多能融合互补，构建综合能源系统，提升综合能源利用效率；二是促进多元聚合互动，构建虚拟电厂，提升能源系统利用效率。通过提升终端电气化水平，有力推动能源消费革命。

（1）多能融合互补。为解决当前能源系统能效偏低等问题，采取以电能为核心，电、气、热、冷的多能融合互补手段，在消费侧就地实现多种能源的相互转换、联合控制和互补应用，提升综合能源利用效率，以及能源供给的灵活性、可靠性与经济性。具体措施包括：一是实现以电为中心的多能互补互济，即实现电能与天然气、电能与热能和电能与氢能的融合互补互济；二是构建以综合能源站为主要载体的综合能源系统，通过构建综合能源站，利用可获得的各类能源资源和能源转换设备，集中为多个用户提供一种或多种能量产品，满足一定区域范围内终端用户电、气、热、冷一种或多种负荷需求的能源转换、存储与配送，实现电能与天然气、电能与热能及电能与氢能等形式的多能融合互补。

（2）多元聚合互动。考虑电动汽车、可控负荷、分布式储能等多元主体数量多、容量小和覆盖广的特性，利用电动汽车有序充电、电动汽车与电网互动、需求响应等技术，聚合电动汽车、用能终端、储能等设备，发挥可控负荷的集群规模效应，参与电网调峰与优化运行，改善能源系统的整体特性。

一是依托电动汽车实现多元互动。加大专用充电站建设保障力度，优化公共充电站布局和服务体系，创新居民区和单位充电设施发展模式，开展乡村交通电动化综合示范。

二是依托需求响应实现多元互动。构建可中断、可调节的多元负荷资源，引导各类电力市场主体挖掘调峰资源，主动参与需求响应。通过统筹协调需求侧与供给侧资源，主动改变用户用能模式与用能行为，实现能源系统的削峰填谷，提升终端用能的综合能源利用效率。同时，构建多元聚合互动的虚拟电厂，促进各种分布式能源、可控负荷、储能设施等多元化主体的广泛接入，改善能源系统的整体特性和利用效率。

三是依托分布式储能实现多元互动。围绕电化学储能、电磁储能、物理储能和热储能等的发展基础、技术经济性前景和典型特点等，在能源电力系统、工业园区、工商业企业和民用设施等多元化场景中，实现技术应用和迭代升级的良性循环，以科学合理的节奏和布局开展分布式储能规划建设，促进多元互动，激发创新发展的巨大潜力。

4. 存储环节

储能正在深刻地改变能源生产与消费方式，具有新能源配套、调峰、调频、需求响应等多种用途，能够提升电力系统的灵活性、经济性和安全性，发展储能技术是推进能源结构转型的必要条件。

国家已陆续发布抽水蓄能和新型储能的发展规划。抽水蓄能电站是目前技术成熟度最高、经济性最优的储能技术，适合大规模开发建设。随着大规模间歇性新能源发电机组的并网，以及"西电东送"规模的持续增长，电力系统对抽水蓄能电站的建设和发展提出了新的需求。因此，需要加快推进抽水蓄能建设，积极探索常规水电改抽水蓄能和混合式抽水蓄能电站技术的应用，充分发挥抽水蓄能作为电力系统"调节器"和"稳定器"的作用，以有效应对新能源功率的大幅波动。以电化学储能为代表的新型储能受站址资源约束较小，站址布局相对灵活，建设周期较短，成本快速下降，经济性逐渐显现，已逐步具备广阔市场应用的条件。在水火风光配套电源的基础上合理配置新型储能，能够有效发挥储能"削峰填谷"的作用，将新能源大发、电力富余时段吸收的功率转移至新能源小发、系统所需时段释放，从而促进新能源的消纳利用。从建设形式来看，新型储能主要包括"新能源＋储能"电站等电源侧储能、电网侧储能和用户侧储能等，需要加快在源网荷各侧的建设应用，充分利用其快速功率调节支撑能力，以有效支撑新型电力系统的电力电量平衡与安全稳定运行。

四、新型电力系统的关键技术

新型电力系统的技术架构体系分为三个层面：第一个是直接影响新型电力系统源网荷储和调度交易等各环节建设运行的基础支撑技术；第二个是深度影响能源电力系统碳中和路径的跨行业路径影响技术；第三个是较大程度决定新型电力系统结构形态演化和实现深度脱碳的跨领域颠覆性技术。

1. 新型电力系统的基础支撑技术

（1）新能源并网技术。随着新型电力系统的构建不断推进，"双高"特性愈发显著，风电、光伏发电并网稳定问题愈发突出，风光发电友好并网、主动支撑控制的需求愈加迫切，成为影响高比例可再生能源电力系统安全运行的重要因素之一。

风光发电友好并网及主动支撑技术，通过优化机组布局及控制策略，一方面提升风光发电对电网频率、电压波动的适应性，并提高抗扰动能力；另一方面，通过内部算法实现风光发电机端电压和频率调节，可以主动地为电网提供必要的频率和电压支持，甚至提供构网支撑能力。该技术能够辅助电网故障恢复，为电网提供惯量、阻尼及电压支撑，在提高电力电子化电力系统稳定性、保障新能源高效消纳、提升系统弹性等方面发挥重要作用。

（2）大电网技术。

1）新能源电量高占比电力系统规划技术。需要考虑多源异构储能、新能源出力高度不确定性和需求响应的电力系统"源网荷储"一体化随机时序生产模拟方法，并开发相应的计算工具，保障新型电力系统电力电量平衡分析的准确性。针对新型电力系统面临的安全稳定问题，提出适应高比例可再生能源接入的频率/电压支撑和调节能力的评估指标和技术要求，构建柔性直流、构网型储能与交流电网的协调控制策略，完善考虑新能源、储能、柔性直流等电力电子设备贡献的短路电流计算方法，为电网规划安全性评估提供技术支撑，提升新型电力系统的安全稳定水平。

2）新型电力系统安全稳定分析与控制技术。在传统电力系统向新型电力系统转型升级的过程中，电网格局发生重大改变，特高压交直流电网逐步形成，远距离输送规模持续扩大，交直流特性复杂，大直流/直流群与交流之间的矛盾更加凸显；电源结构发生重大改变，新能源装机不断增加，出力波动大、耐受能力差、调节能力弱等问题对电网运行的影响更加显著。需要构建适应新型电力系统的响应驱动安全稳定分析与控制体系，完善电力系统安全防御体系框架。随着新能源装机占比不断提高，以同步发电机为主导的网源协调特性逐渐向电力电子化特性方向演变。因此必须大力开展风电、光伏场站主动调频、调压基础理论研究，切实提升风电场、光伏发电站等新能源场站的调频、调压性能，依托通信、信息技术，以广域协调控制为手段，开展新型电力系统电压、频率和阻尼支撑能力的在线评估、预警与控制技术研究。

3）多重不确定性下的电力电量平衡优化技术。新能源发电受限于风光一次能源供给，具有短期大幅波动、强随机性和不可控性的特征，为维持电力电量平衡，必须构建新型平衡体系，拓展平衡决策对象，将当前局部电网确定性的平衡决策方法调整为支撑全局一体化的随机确定性平衡决策方法，构建多目标协调、多时序滚动、多层级电网一体和"源网荷储"多要素协同的动态综合平衡体系，建立多时间尺度电力电量概率化平衡定量分析模型及平衡预警指标体系，实现多时间尺度下电力电量平衡的分级预警，将数据驱动方法推演结果嵌入前瞻调度模型，以提升系统应对不确定性的能力。

4）高比例可再生能源及电力电子设备接入的交直流保护技术。随着大规模新能源及电力电子设备的接入，电网结构与故障特性发生了显著改变，直接影响了现有交直流系统中继电保护的动作性能。故障识别及保护新原理、柔性直流输电系统保护技术，以新型电力系统故障特征分析与提取为基础，考虑系统中的控制限流、故障穿越等因素，围绕相互补充、相互独立的思想，重点提升继电保护"四性"（即选择性、速动性、灵敏性和可靠性），以实现故障的精准切除，从而解决现有交直流系统中继电保护装置动作性能下降的问题。新型场景下的保护控制协同技术成为新的技术发展方向，可支撑新型电力系统的快速发展，完善继电保护技术领域体系。利用电力电子设备的高度可控特性，通过继电保护和控制策略的协同，实现故障快速隔离及恢复，有效减少系统停电范围与时间，促进新能源消纳，提高系统运行效率。以新型电力系统中的保护配置与整定原则为前提，建立适用于整定计算的新能源故障计算模型，能够有效提升短路电流计算与定值整定的准确性，确保继电保护装置动作性能得到充分发挥。

（3）配电技术。

1）全柔性灵活配电系统技术。为打破传统配电网的局限性，亟须构建新型交直流无缝混合、源荷对等和闭环运行的全柔性灵活配电系统，充分利用数字化微电网及信息物理深度融合的新型电力电子变换装备的灵活可控优势，实现有源化全柔性灵活配电网的灵活、可靠运行。在设备层面，基于系列能量路由器等灵活配电装备，可提升高比例分布式电源、冷热电气氢等多类型能源、柔性负荷、储能等的协同运行与管控水平。在运行控制层面，基于分区分层的数字化台区微电网体系与微电网协调运行技术，可解决现有台区数据采集不足、中低压设备智能化程度低且互操作能力弱、设备通信覆盖范围有限等问题。在配电网运维层面，基于数字孪生的配电网可靠性提升和精益化运维关键技术，可实现数字孪生技术在配电网状态监测、故障评估、灾害预警等方面的应用。

2）微电网技术。微电网技术是当前国内外广泛关注并取得规模化应用的分布式电源组网控制技术。从国内外对微电网的共识上看，可以将微电网视为由分布式电源、用电负荷、配电设施、监控和保护装置等组成，具有自我控制和管理功能的小型发配用电系统。微电网技术可分为并网型微电网技术、独立型微电网技术和微电网群技术。并网型微电网技术在规划、运行、控制和仿真等技术层面，已经达到了整体上与发达国家技术并跑、局部领先的水平。尽管并网型微电网规划、运行和控制技术已基本成熟，但分布式电源、储能和控制系统成本高，市场化条件不成熟，制约了并网型微电网技术的商业推广。独立型微电网采用储能或虚拟同步发电机（Virtual Synchronous Generator，VSG）技术，电网架构简单高效，便于扩容，且易于实现无人值守，是未来大中型独立型微电网的主要发展方向。而微电网群技术目前在国内外还处于起步阶段，通过微电网集群协调控制，可增强微电网群系统的稳定性和安全性，实现效益最大化。随着分布式电源在配电网中不断发展，微电网群将成为未来智能电网的重要组成部分。

（4）用电技术。

1）终端用能电气化与互动高效运行技术。多能高效转换技术利用高效电热转换设备、电气转换设备、电能机械能转换设备等，将电能转换成用户生产、生活需要的能源形态，广泛应用于工业、建筑、交通等国民经济行业及居民生活中。多能高效转换设备需要各行业开展跨专业联合攻关，合作创新多能高效转换技术，通过工艺流程再造和生产生活方式变革推动终端能源结构优化。终端能源消费高度电气化技术需考虑电能的清洁化、电力供需平衡、电能的精细化利用及替代经济性等问题，为支撑终端电气化发展，需在材料技术、设备技术、集成技术及系统技术等不同层面开展创新。同时，应加强用户侧光伏、光热、多元储能、多种电能转换设备的融合应用，开展电网与气网耦合、电网与热网耦合等技术研发和示范应用，保障终端电气化的可靠、经济、清洁、安全和智能发展。

2）综合能源协同高效运行技术。综合能源系统可通过高性价比的储冷、储热、储氢及热力系统的高惯性特征，平抑清洁能源出力波动，进而实现分布式清洁能源的大规模消纳，同时还可通过电冷热气氢等能源的集成供应，实现多种能源互补互济、多个系统协调优化，从而提高用能效率，降低能源消耗。目前，常见的综合能源系统典型模式包括冷热电三联供、"清洁能源＋热泵"分布式供能和"风光储氢一体化"等。综合能源系统涉及电气、热工、暖通等多个专业，其运行优化涉及多能流、多物质流在不同时间尺度的相互耦合影响。主要面临多能设备机理精细化建模困难、设备级运行数据采集能力不足、各主体利益诉求多元且决策过程非完全理性等问题，亟须基于电力物联网细粒度数据，利用深度强化学习、博弈智能等人工智能技术，实现设备级安全自治控制、园区级博弈协同优化，全面提升系统整体能效。同时，需要构建电冷热气氢等不同类型能源的协同调控机制，打通行业信息壁垒，开展自动化/半自动化/智能化运行优化控制。目前，在综合能源协同高效运行方面，多是以设备级优化为主、系统级优化为辅，且从能量层面的优化转到设备层面的控制缺乏相关机理、技术及工具支撑，难以实现运行优化策略的落地，更缺乏针对大规模综合能源系统运行优化的实践。为充分发挥综合能源系统中不同能源、不同设备和不同负荷的协调优化调节能力，应加强具有自适应性的综合能源系统自动优化运行调控技术研发和应用，保障综合能源系统的安全、高效、低碳和灵活运行。

（5）新型储能技术。除抽水蓄能之外，新型储能主要包括电化学储能（如锂离子电池储能、液流电池储能）、电磁储能（如超导电磁储能、超级电容储能）、物理储能（如压缩空气储能、飞轮储能）、热储能（如熔盐储热储能）等。目前全球技术成熟度最高、装机规模最大的新型储能是锂离子电池储能，同时液流电池、压缩空气、钠离子电池等储能技术快速进步，有望实现在电力系统的规模化应用。锂离子电池储能具有响应速度快、布局灵活等优势，能够适应电力系统从秒级到小时级不同时间尺度的应用需求，且随着固态电池、高安全集成等技术的突破，其应用安全性也将得到显著改善。液流电池储能具有循环寿命长、容量扩展便捷等优势，但仍需解决能量密度低、充放电倍率小等问题。压缩空气储能技术具有容量大、持续充放电时间长等优势，适用于调峰、新能源消纳等场景，但仍需解决能量效率提升等问题。钠离子电池具有资源丰富、温度适应范围广等优势，其技术原理与锂离子电池相似，若其能量密度、循环寿命等技术性能得到有效提升，将在电力系统多场景中得到广泛应用。多元化新型储能可满足电力系统多场景应用的差异化需求，需通过规范化、标准化推动技术迭代升级，实现高质量发展。目前已初步建立了各环节相互支撑、协同发展的电力储能标准体系，有力支撑了新型储能的规模化发展和应用。储能系统装备的安全性能、并网性能试验技术需从电力储能应用实际需求出发，结合新型储能特性评价和检测技术研究积累，构建涵盖型式试验、等级评价、到货抽检、并网检测和运行考核的全流程检测评价整体解决方案。面向储能系统装备的高安全、高可靠、高压化和大容量化，是新型储能在新型电力系统规模化应用的发展趋势，仍需针对储能专用的材料体系优化、结构设计、工艺调整等关键技术，布局专业化的研发及中试平台，为新型储能高质量发展提供有效支撑。

（6）调度交易技术。

1）大电网智能调度与控制技术。新型电力系统的动态特性由机电与电磁暂态相互作用主导，出现了宽频带振荡等新形态稳定问题。调控对象将向海量负荷资源拓展，各层级调控对象数量和监控信息均呈指数级增长，电网运行的不确定性显著增强，亟须引入人工智能技术以构建高度自动化和智能化的调度控制体系。在广域感知方面，基于高采样密度、统一时标的相量测量装置（Phasor Measurement Unit，PMU）与宽频装置采集的动态数据，实现对电网全景动态过程的实时监视、稳定态势评估、宽频段感知和跨区振荡抑制。在智能调度控制方面，形成"模型＋数据"双轮驱动模式，并研制电网调控操作智能机器人。基于新一代调度自动化系统和调控云平台，构建数据统一、算力统筹、智能共享和安全可控的人工智能生态环境，支撑电网智能感知、交互、分析和决策。在调度数据资产价值挖掘方面，构建满足调控业务需求的调控数据资产分类方法和数据资产目录，采用覆盖数据全生命周期的数据资产管理技术，该技术贯通数据资产规划、数据汇集、数据清洗、数据加工、数据质量管理、数据资产目录和数据服务管理各环节，实现了调控专业管理模式的数字化重构，有效盘活数据以充分释放调控数据的价值。大电网智能调度与控制将通过应用端-边-云高效协同的电网调控人工智能支撑技术、基于人机混合增强智能的柔性电网调度决策控制技术、面向多利益主体/海量异构群体的"源网荷储"自主智能与群体智能调度理论与方法，将当前的机器辅助调度模式提升至混合增强智能调度模式。

2）电力现货市场出清技术。电力现货市场能够以市场手段实现能源统筹、机组运行方式优化和跨省区余缺互济。在保障电网安全的前提下，优化电力资源配置，促进清洁能源消纳。在新型电力系统中，随着大规模新能源的接入、储能的参与以及源荷双侧结构的变化，需要开展适应新型电力系统演化的多周期电力电量平衡分析，构建有利于保障电力供应的市场模式，进一步建立健全促进新能源消纳的市场机制，在保障新能源充分消纳的同时，平衡多元市场主体利益。

3）绿色电力交易溯源认证技术。新型电力系统中，随着新能源占比逐步提升，绿色电力消费意识逐渐增强，需要在高并发交易、可用输电能力（Available Transfer Capacity，ATC）优化出清、可信溯源认证、多元化身份认证和高性能结算等方面深入研究，开展绿色电力交易核心技术攻关，探索基于输电路径计及 ATC 的省间绿色电力交易优化出清技术，突破基于区块链的绿电全生命周期溯源技术，进一步提升绿电交易的权威性，推动绿色电力交易规模继续扩大，落实能源绿色低碳清洁转型的发展要求。

（7）装备技术。

1）绿色低碳输变电装备技术。在环保气体及环保开关装备方面，我国采用 C_4F_7N 环保气体（简称 C_4）替代 SF_6 的技术路线，攻克了 C_4 气体自主国产化批量制备技术，掌握了 C_4 及其混合体应用于设备的关键特性，成功研制了世界首台 1100kV 环保型输电管道样机和 C_4/CO_2 环保气体 10kV 环网柜样机。此外，研制了采用 C_4 环保混合体绝缘的 126kV 开关设备（GIS，除断路器外）。同时，我国亦有示范应用采用 SF_6 和 N_2 混合气体以降低 SF_6 使用量等技术路线。目前我国环保气体及装备技术已具备批量化生产能力，形成了自主可控的完整创新链，并打造了相应的产业链雏形。在环保型植物绝缘油变压器方面，我国成功研制了 110kV 和 220kV 国产天然酯变压器样机，并开展了其应用及运维诊断技术研究，建立了较为完整的植物绝缘油变压器标准体系。虽然我国环保变压器材料、技术及装备在应用规模方面还有较大的上升空间，但已形成较为完整成熟的产业链。在环保型固体绝缘材料及线缆装备方面，我国已成功研制出与传统交联聚乙烯电缆材料性能相当的聚丙烯电缆材料，突破了聚丙烯电缆生产工艺，完成了 110kV 国产聚丙烯电缆的生产并投入了工程试运行，在无溶剂型硅橡胶环保涂料、可降解聚烯烃伞裙替代硅橡胶，以及硅橡胶材料的物理回收再利用和化学解聚回收等方面开展了探索性研究工作。

2）新型电力系统电力电子技术。在新型电力系统中，集中式新能源发电侧需要研发具备惯量、频率、电压等主动支撑能力的电力电子设备及控制技术，以配合大容量新能源和储能装备实现功率平稳送出；在分布式新能源系统中，研发交流电力电子变压器、直流变压器、直流断路器等装备及控制技术，支撑交直流微电网的构建和运行，实现分布式光伏与储能系统的协同优化控制；针对海上风电及沙漠光伏送出等场景，研发高电压、大容量及具备主动支撑能力的柔性交直流输电装备及控制技术。此外，研究装备拓扑结构及控制保护设计方法，提高装备并网运行的可靠性，包括在系统扰动下的穿越能力以及对电气应力的耐受能力；结合新型电力系统不同的典型场景，及其存在的过电压、暂态稳定、弱阻尼振荡、电压稳定和频率稳定等安全稳定运行问题，同时考虑变流器一次能量约束，研究主动支撑策略，综合考虑经济成本和技术性能需求，研发具备高耐流能力的换流器新型拓扑结构；此外，研究装备的并网优化控制技术，以提升系统暂态、动态稳定性，降低振荡、过电压和过电流风险，改善电能质量。

（8）数字化及通信技术。

1）电力大数据和云计算技术。该技术将在用电与能效、电力信息与通信、政府决策支持等电力需求侧领域发挥重要支撑作用，可显著提升电力系统的效能。电力系统数据主要来源于状态监测系统、数据采集与监视控制系统（Supervisory Control and Data Acquisition，SCADA）、营销系统、用电采集系统和企业资源计划系统（Enterprise Resource Planning，ERP）等。在多源系统数据的基础上，基于电力大数据技术，可通过数据预处理、数据存储、数据计算和数据分析等关键技术进行电力业务大数据分析，能够有效解决电力数据源分布广泛、采集频率高、数据分析量大且处理时延和传输质量要求高的问题。

2）高效电力通信与网络安全技术。通过在六大核心技术领域的突破创新，将电力通信网向着通信覆盖更广泛、传输运行更高效和运维调度更智能的方向持续推进。一是研究新能源业务通信网组网方案，开展分布式负荷响应关键技术和网荷互动状态边缘全息感知技术研究，实现分布式资源的主动负荷响应；研究调度自动化平台服务关键技术，构建具备语音、图像、会议等富媒体业务能力的增值平台。二是卫星通信技术结合北斗短报文加密和高精度定位技术，适用于输电线路巡检、应急通信和远距离跨区域通信等电力场景，同时利用 5G 电力专网的低时延、高带宽和大连接优势，解决了末端通信变电站和负荷资源业务通信难的问题。三是开展光缆状态感知及超长距光通信网智慧运维与管理技术的研究，构建基于精确感知的数字映射和孪生体运行机理模型；研究基于运行机理的故障模拟仿真技术和诊断分析技术，实现基于 AI 和大数据的电网业务智能监测、网络拓扑动态分析、运行风险预警告、告警识别、故障诊断、网络资源智慧管理和实时调度。四是开展电力智能传感器及传感网络技术、智能芯片技术和电力物联网通信基础环境的全局管控关键技术的研究，建立传感器本地高效组网与感知体系，形成工业互联网与 5G 等数字基础设施的互联技术体系；面向海量电力终端接入需求，结合传感技术和本地灵活组网方式，建立基于自主管理的通信基础环境架构，实现接入层设备终端的自主智能化；建立基于主动探测的轻量级设备故障及安全巡检机制，实现分布式探针感知网络运行状态的巡检智能化。五是针对电力业务需求的 5G 网络安全关切，研究电力高安全场景下 5G 应用安全防护技术，建立 5G 切片安全防护机制，形成 5G 公网、专网混合组网方式下的安全监控管理策略；研究光纤通信系统内生防御体系及关键技术，建立光纤物理层内生防御体系。六是通过强化网络状态感知，推进通信数字建设，引入智慧辅助决策，提升通信运行过程中的智能化程度，辅助提高通信运行质量、资源调度效率及故障响应速度。推进全环节通信模型设计、智能算法研究和系统平台搭建，实现电力通信网络高效实时管控，赋能新型电力系统智慧能源网络建设。

3）电力用卫星通导遥技术。电力用卫星通导遥（通信、导航、遥感）技术重点聚焦卫星通信、导航和遥感（含气象）技术与电力系统构建、运行的深度融合和交叉创新，在电力系统的"源网荷储"各环节发挥着重要支撑作用。通过结合现有无人机、地面传感等技术，形成了电力系统"空天地"立体感知体系，提升了电力系统构建与运行的科学性、安全性和经济性。然而，电力用卫星通导遥技术应用深度尚显不足，需出台电力行业层面卫星通导遥技术应用指导政策，健全数据价格和安全评价机制，完善技术标准规范，加快电源侧、电网侧、负荷侧和储能侧主要应用场景下电力用卫星通导遥技术研发和业务系统升级，推动电力生产经营业务与卫星通导遥技术深度融合。应加快电力调度、基建和运检场景下物联网、高通量卫星通信与现有感知装置适配协议研发，推进电网基建、运检场景下小型化、低功耗和低成本北斗授时定位一体模组的应用，加强星地融合的电网微地形、微气象监测预警能力，深化基于卫星遥感的电网设备设施智能识别、结构状态判定和典型隐患定量监测预警等关键技术研发，充分发挥交叉创新能力，推动规模化应用，以支撑构建新型电力系统的安全稳定运行。

4）电力设备数字孪生技术。面向新型电力系统电力设备的数字孪生可定义为一种由物理实体、数字实体、孪生数据、软件服务和连通交互构成的五维模型；电力设备数字孪生通过融合新一代信息技术，打破了电力设备全生命周期（包括设计验证、制造测试、交付培训、运维管控和报废回收等环节）之间的开环壁垒，促进了电力设备向具有自感知、自认知、自学习、自决策、自执行和自优化等特征的数智化转型；通过数字孪生模型、孪生数据和软件服务等，基于人、机、物、环境一致性联动交互的机制，实现了电力设备一体化多要素协同优化设计、智能制造、数字化交付和智能运检等目标，从而扩展了电力设备的功能，增强了电力设备的性能，并提升了电力设备的价值。

（9）碳评估与计量技术。

1）碳评估一体化技术。未来需要从三方面建立新型电力系统碳评估一体化技术体系。一是在新型电力系统碳排放预评估与碳减排演化模拟技术方面，研究基于经济、环境、能源均衡理论的电力系统碳预算优化方法，建立基于多场景碳预算的新型电力系统碳减排演化理论，研究考虑新能源随机性与火电调峰运行煤耗特性的碳排放场景时序建模技术，攻克面向中长期规划的新型电力系统碳排放预评估等技术难题，开展新型电力系统碳排放预评估及路径规划研究，提升电力系统碳排放的可预测性。二是在新型电力系统碳排放量测与追踪技术方面，研究建立基于多元数据融合的新型电力系统碳排放监测理论，以及基于能量流与信息流融合的电力碳排放轨迹分析理论，同时研究基于潮流分布与绿电交易的多时空尺度电网供电排放因子测算方法与模型，以及基于全生命周期的电工装备产品碳足迹评价等技术，以实现多时空尺度高分辨率的碳排放监测与追踪，提升电力系统碳排放的可监督性。三是在多场景降碳技术研究及效益量化评估技术方面，研究建立计及经济性的低碳电力碳效益评价理论，以及电网重点工程降碳效益评估技术，提出多层级新型电力系统示范区"低碳-安全-经济"综合评价方法，攻克考虑"源网荷储"协同、多能耦合的新型电力系统低碳运行等技术难题，实现多场景碳减排的量化评估与降碳引导，提升电力系统碳排放的可控制性。

2）碳计量关键技术。电力行业需要协同考虑源网荷储各环节碳排放计量相关问题。在电源侧，开展连续准确的发电厂碳排放量计量技术研究，及时、可靠获取发电端碳排放量值；在电网侧，开展不同时间和空间尺度的输电环节碳流分布计量技术研究，清晰掌握电网中碳的流向和分布；在负荷侧，开展大量接入可再生能源设备、能量转换设备和电能存储设备等复杂情况下的碳计量技术研究，科学评价用电侧碳排放。目前，尚未有能够承载各环节碳计量方法、传递碳计量信息的相关设备，且缺乏完整的网络通信架构、信息交互体系及数据可信流转方案。同时，碳计量面向电力市场交易、碳排放权交易等支撑业务，面临数据交互频率差别大、数据实时性要求强及传递安全风险高等问题。因此，应加快各环节碳计量器具、碳计量采集平台的研究和应用，实现电力系统全环节碳排放的准确计量。

2. 新型电力系统路径影响技术

（1）碳捕集、利用与封存技术（CCUS）。CCUS技术是未来碳中和目标下保持电力系统灵活性、实现大规模化石能源零碳排放的主要技术手段，我国高度重视CCUS技术的发展，目前碳捕集技术已取得显著进展，具备了百万吨级的捕集能力。CCUS未来的关键技术难点和突破方向主要包括：高效低能耗的CO_2吸收剂和捕集材料的开发；新型捕集工艺技术；高效低能耗的CO_2捕集设备研制和系统集成；以及规模化的CO_2转化与利用技术。

（2）长时储能技术。当可再生能源发电量达到电力系统总发电量的$60\%\sim70\%$时，长时储能将成为调节电力系统灵活性的重要解决方案。长时储能技术主要包括抽水蓄能、压缩空气储能、熔盐储热、液流电池和氢储能五种技术。

1）抽水蓄能技术。从技术、设备和材料等方面来看，我国抽水蓄能技术已经相当成熟。抽水蓄能机组将向高水头、高转速和大容量方向逐步推广应用，研发将主要集中在机组容量、效率和性能的提升，以及海水抽水蓄能等新型技术的探索。未来，将重点研究变速恒频、蒸发冷却及智能控制等技术，以提高系统效率；同时，研究振动、空蚀、变形、止水及磁特性，以提高机组的可靠性和稳定性；在水头变幅较大和供电质量要求较高的情况下，研究使用连续调速机组，以实现自动频率控制。

2）压缩空气储能技术。压缩空气储能技术是极具发展前景的长时储能技术。现有压缩空气储能规模已达到百兆瓦级，理论效率可达到70%，未来发展趋势主要是探索适宜建设压缩空气储能电站的地理资源。对于旨在摆脱地理资源条件限制的新型压缩空气储能技术，如液化压缩空气储能和超临界压缩空气储能等技术，主要通过充分回收和利用整个循环过程产生的热能来提高效率。未来，研究的重点包括：多级压缩机与透平膨胀机的关键技术，以提高气体压缩和膨胀率；设备级联应用、功热转换过程的强化传热及余热利用技术，以提高系统的整机效率；高性能储热材料与保温材料，以提高余热回收再利用的价值；液化空气储能关键技术，以提高系统集约化水平。

3）熔盐储热技术。熔盐储热技术是大规模中高温储热的主流技术方向。其现有规模可达到百兆瓦级，具有储热密度高、寿命长的特点，但能量转换方式决定了熔盐储热只有在热发电的场景下才具备经济优势，可用于解决热能供给与需求间的不匹配问题，适用于电源侧光热发电、火电灵活性改造及负荷侧热电联供等场景。未来，研究重点包括：熔盐工质技术，开发宽温区、低成本、大热容、无腐蚀、性能稳定且环境友好的多元复合相变材料；热能供给与发电需求匹配技术，逐步渗透至光热发电、火电改造与热电联供等应用场景；热量存储和输送设备的标准化技术，加快技术实用化进程。

4）液流电池技术。液流电池技术是功率与容量解耦的电化学储能技术。其主要技术攻关方向包括：制备具有良好稳定性、化学活性及高能量密度的电解液；制备可靠性高、效率高的电堆；提升循环系统的可靠性；研发高选择性、低渗透性离子交换膜和高导电率电极材料；优化电堆结构设计及电池系统的集成方法，设计有效的焊接结构和组装工艺，提高电堆运行的可靠性和生产效率。

5）氢储能技术。氢储能技术是唯一具备物质和能量双重属性的储能技术，在能量、时间和空间三个维度上具有突出优势，是仅有的储能容量能达到太瓦级、可跨季节储存的能量储备方式，但该技术存在效率较低、度电成本较高的问题。未来，应改善碱性电堆电极与隔膜材料，提高灵活调节能力，使调节速度达秒级；优化质子交换膜电解槽的设计和制造工艺，降低贵金属使用量；研发低成本、高可靠性的新型高压储氢罐；研发低热导率、高强度和良好低温性能的罐体材料及液化氢泵；研究安全可靠的氢与天然气混合输送关键技术与纯氢管网输送技术；研究探索利用电制氢合成燃料的技术路径，并评估其经济性。

（3）电氢耦合技术。

1）电解水制氢技术。电解水制氢技术是较为成熟的绿色制氢技术，电解生成 H_2 和 O_2，制氢程中无含碳化合物排出，符合绿色可持续发展的理念。制得的 H_2 可以转换为电能并入电网或直接供给负荷，提高了能源系统的综合利用效率，有助于解决新能源消纳问题，保障电力系统的安全稳定运行。根据电解质种类不同，典型的电解水制氢技术分为碱性（Alkaline Electrolysis，AEL）电解水制氢技术、质子交换膜（Proton Exchang Membrane，PEM）电解水制氢技术、阴离子交换膜（Anion Exchange Membrane，AEM）电解水制氢技术和固体氧化物（Solid Oxide Electrolysis Cell，SOEC）电解水制氢技术等。碱性电解水制氢技术和质子交换膜电解水制氢技术的成本降幅有限，因此后期的研究重点将在于成本、效率和灵活性之间的平衡。阴离子交换膜电解水制氢技术较适用于电能来源丰富、价格低廉的场合，尤其是水力、风力、太阳能等可再生能源丰富的地区。固体氧化物电解水制氢技术是能耗最低、能量转换效率最高的电解水制氢技术，随着技术的不断突破，有望实现大规模、低成本的氢气供应。

2）储氢技术。氢的储存是实现大规模利用氢能必须解决的关键技术问题之一。一般储氢方式可以分为高压气态储氢、液化储氢和固态储氢三种。高压气态储氢是目前应用最为广泛的储氢方式，存在体积储氢密度不高和压缩过程能耗较大等问题，且存在较大的安全隐患，导致安全成本很高。储氢瓶成本较高，碳纤维成本占比较大。随着氢瓶的量产及碳纤维的国产化，储氢瓶制造成本将逐步下降。低温液化储氢具有体积密度高、储存容器体积小等优势，但对液态氢储存容器绝热性能要求苛刻，需要采用具有良好绝热性能的绝热材料。有机物储氢技术是利用环烷类、多环烷类等有机物作为介质，在不破坏碳环主体结构的前提下，通过加氢和脱氢的可逆化学过程来实现氢气储运。该技术因储氢介质在常温常压下可长周期保持稳定的液态，可利用已有的成熟石油工业基础设施和储运配送设备设施，实现氢气的跨洋运输、大宗运输、长周期储存和便捷配送，是目前最具发展前景的新型储氢技术之一。固态储氢是利用固体对氢气的物理吸附或化学反应等作用，将氢储存于固体材料中，可以做到安全、高效和高密度，是继气态储存和液态储存之后，最有前途的研究发现。以金属储氢为例，氢能与许多金属或合金发生反应生成金属氢化物并释放出能量，金属氢化物受热时，又可放出氢气，利用这一可逆性实现氢的储存。固体储氢材料具有储氢量大、氢解温度低、吸氢和氢解离速度快、质量轻、成本低、化学稳定性好和使用寿命长等优点。但同时，固体储氢材料也具有易粉化、能量衰减和变质等问题。

3）氢发电技术。主要包括氢燃气轮机发电和氢燃料电池发电两种技术。氢燃气轮机发电技术目前面临三个技术问题：一是解决回火和火焰振荡问题，以提升涡轮机的安全性和可操作性；二是解决高温高压下富氢、纯氢的自动点火问题；三是燃烧系统的设计需要尽可能减少 NO_x 的排放。氢燃料电池（Fuel Cell，FC）是一种将燃料中的化学能通过电化学反应直接转换为电能的发电装置。氢燃料电池具有反应体系简单、生成物（H_2O）清洁等优点，是当前应用最广的燃料电池技术。单个燃料电池的电压有限，需要通过大规模的串并联组成电堆，才能实现较高电压大功率的电能输出。除电堆之外，燃料电池系统还包括一些必要的辅机装置，如燃料供给与循环系统、氧化剂供给系统、水管理系统、热管理系统、控制系统和安全系统等，辅助设备（包括热管理、物质流管理等）的设计、制造和控制难度也大幅增加。目前，电力系统中应用燃料电池发电的实际工程较少，主要用于热电联产或作为重要设施的备用电源。

3. 新型电力系统重大颠覆性技术

（1）宽禁带电力电子器件技术。新型电力系统的电网将向柔性电力电子化方向发展，各类电力电子设备将在新型电力系统各个层面发挥关键支撑作用，硅基电力电子器件已达到可耐受电压的物理极限，而以碳化硅、氮化镓等半导体材料为代表的宽禁带电力电子器件，具备高压（达数万伏）、高温（大于500℃）和高频（100MHz）等优异特性。美国 Wolfspeed、德国英飞凌和日本罗姆已经在600～1700V低压领域实现了碳化硅电力电子器件的产业化，而高压领域还处于样品的研制阶段。我国在碳化硅电力电子器件方面进行了很多研究，也取得了许多实质性的成果，初步建立了相对完整的碳化硅体系产业链。目前，高压碳化硅宽禁带电力电子器件处于研发阶段，存在厚外延材料质量差、高压芯片加工困难和封装无法满足高温特性等问题，需要开展进一步研究。另外，碳化硅电力电子器件面临以金刚石为代表的超宽禁带半导体材料的竞争。超宽禁带半导体材料具有更高耐压和更高耐温等特性，在电力电子器件领域具有显著的优势和巨大的发展潜力。

（2）大功率无线输电技术。无线输电技术利用电磁场、电磁波在物理空间中的分布或传播特性，采取非导线直接接触的方式，实现电能由电源侧传递至负荷侧。从能量传输距离角度看，无线输电技术可以分为近距离无线输电和远距离（米级以上）无线输电两大类。磁场耦合方式和电场耦合方式属于近距离无线输电，传输距离通常在米级以下，而微波/激光方式能够实现几十千米距离的高效无线能量传输。以微波/激光为代表的远距离无线输电技术，可解决不易架设输电线地区（如边远山区、牧区、高原、海岛）的用电及地面新能源场站的电能输送问题。未来，这一技术将有可能推动新型电力系统电能传输方式的变革。

（3）可控核聚变技术。核聚变是将两个较轻的核结合形成一个较重的核和一个极轻的核（或粒子）的一种核反应。两个较轻的核在融合过程中产生质量亏损并释放出巨大的能量。自然界中最容易实现的聚变反应是氢的同位素氘与氚的聚变，其原料可直接取自水，来源几乎取之不尽。可控核聚变技术未来的重点突破方向主要包括：研究核聚变电站必需的稳态燃烧等离子体的控制、氚的循环与自持及聚变能输出等内容；实现稳态高约束等离子体运行；研究聚变堆材料、聚变堆包层及聚变能发电等国际热核聚变实验堆（International Thermonuclear Experimental Reactor，ITER）计划不能开展的工作；研究核聚变发电站的工程技术；研究核聚变发电站的安全性、经济性；建设可控核聚变电站并完成示范验证；建成核聚变电站，实现规模化效应，确保并网安全、可靠且高效。

（4）量子计算技术。量子计算技术是利用量子力学理论中的量子纠缠和量子叠加等特性来实现计算，具有更高的计算能力和更快的计算速度。量子计算技术可提升系统最优参数的获取效率，利用量子优化算法可提高最优数据搜索速度和成功率，具有搜索目标明确、应用范围广等特点，在发电机组系统辨识和参数优化业务中应用效果突出；量子计算技术可大幅提升系统模型预测的计算精度，结合神经网络的量子计算能够精确、有效地识别电力系统运行特性或模式，可用于电力系统状态评估、负荷预测及故障诊断等方面；量子计算技术能够大幅降低配电网规划的时空复杂度计算成本，可实现大规模计算的并行化，降低计算的空间和时间复杂度，其特有的量子纠缠特性可使目标搜索和运算时间大幅缩短，充分利用已知的信息加快收敛速度，增强算法的局部搜索与全局搜索的平衡性，可用于优化分配电网机组及网架规划；量子计算技术可大幅扩展电力数据处理的计算规模。利用量子计算方式对电力系统演化行为进行模拟，可提升信息处理的充分性和有效性，适应复杂场景的约束条件及变量众多的问题，解决经典计算无法处理的大规模计算量难题。

（5）人工智能大模型技术。人工智能大模型技术是"大数据＋大算力＋强算法"结合的产物，包含预训练和大模型两层含义，即模型在大规模数据集上完成预训练后，无须微调或仅少量数据微调，就能直接支撑各类应用，大幅提升人工智能的泛化性、通用性和实用性。人工智能大模型技术在电力系统中具有广泛的应用前景，通过分析大量的电力资产与运行数据，可以用于电力负荷预测、电力市场交易决策、设备运维检修和智能调度决策等方面，提升系统效率、可靠性和安全性，为电力行业的智能化与可持续发展提供强大的技术支持。在实际应用中，需要结合电力系统的实际需求和特点，充分发挥人工智能大模型技术的优势。例如，在电网调度运行方面，构建智能决策大模型框架，通过实时量测数据、镜像映射系统与人机混合增强的智能决策技术，为电网调度业务全流程提供仿真推演与辅助决策能力，保障电网智能决策的经济、高效和安全；在设备智能运检方面，通过建立电力设备运检业务预训练大模型，可以提高电力设备运检知识可检索、可生成等智能应用效果，推进电力设备健康状态综合评估、设备运行状态预测、设备缺陷识别与故障诊断、设备寿命评估与运检策略智能推荐等场景的智能化；在电力智能客服方面，通过智能客服问答"拟人化"、客户情感分析和意图识别，以及智能客服"智慧迭代"，可以充分达成智能化客户服务的目标，尽可能地缓解人工座席的工作压力，实现工作效率及客户满意度的双重提升。

任务实施

一、新型电力系统的内涵

（1）新型电力系统是以确保＿＿＿＿＿＿为基本前提，以满足经济社会高质量发展的＿＿＿＿＿为首要目标，以＿＿＿＿供给消纳体系建设为主线任务，以＿＿＿＿多向协同、灵活互动为坚强支撑，以＿＿＿＿为枢纽平台，以＿＿＿＿为基础保障的新时代电力系统，是新型能源体系的重要组成和实现＿＿＿＿目标的关键载体。

（2）新型电力系统具备＿＿＿＿、＿＿＿＿、＿＿＿＿、＿＿＿＿四大重要特征，其中＿＿＿＿是基本前提，＿＿＿＿是核心目标，＿＿＿＿是重要支撑，＿＿＿＿是基础保障，共同构建了新型电力系统的"四位一体"框架体系。

（3）与传统电力系统相比，新型电力系统在物理形态上将发生深刻变化。从供给侧来看，＿＿＿＿将逐步取代传统化石能源在能源体系中的主导地位；从电网侧来看，新型电力系统的形态将由以具有转动惯量的常规电源、单向供电为主，向具有＿＿＿＿化新能源、＿＿＿＿双向供电的方向转变。从消费侧来看，用户侧单向用电将向＿＿＿＿转变。

二、新型电力系统的关键技术

（1）新型电力系统的技术架构体系分为三个层面：第一个是直接影响新型电力系统源网荷储和调度交易等各环节建设运行的＿＿＿＿技术；第二个是深度影响能源电力系统碳中和路径的跨行业＿＿＿＿技术；第三是较大程度决定新型电力系统结构形态演化和实现深度脱碳的跨领域＿＿＿＿技术。

（2）请列出2～3项你感兴趣的新型电力系统的关键技术，并根据现状说明技术的应用前景。

小 结

随着交流输电线路送电距离的增加和输送容量的增大，电力系统并联运行的稳定性面临挑战，高压直流输电技术已逐渐受到人们的重视。高压直流输电系统一般由整流站、直流线路和逆变站三部分组成。在输送功率的过程中，整流站的作用是将送端三相交流电整流为直流电，并通过直流输电线路送到受端。在受端逆变站的作用是将直流电逆变为三相交流电。

远距离、大容量输电的需求带动了特高压输电技术的研究与发展。特高压输电包括特高压交流输电（UHVAC）和特高压直流输电（UHVDC）两种形式。在我国特高压电网建设中，将以1000kV交流特高压输电为主，形成国家特高压骨干网架，实现各大区域电网的同步强联网；而±800kV特高压直流输电则主要用于远距离、中间无落点和无电压支撑的大功率输电工程。

目前，我国首次提出构建新型电力系统，在电源构成、电网形态、负荷特性、技术基础和运行特性等方面实现全面转变。新型电力系统具备安全高效、清洁低碳、柔性灵活和智慧融合四大重要特征。新型电力系统中物理形态上将发生深刻变化：从电源侧来看，电力系统从以确定性的可控电源为主体向以随机性的不可控电源为主体转变；从电网侧来看，新型电力系统的形态将由以具有转动惯量的常规电源、单向供电为主，向具有高比例电力电子化新能源、双向供电的方向转变；从消费侧来看，将由用户侧单向用电向电能双向传输转变。新型电力系统的技术架构体系分为基础支撑技术、路径影响技术和重大颠覆性技术三个层面。

附录 A

电网的常用参数

各种常用架空线的规格见附表 A-1，国产架空导线 LGJ 型铝绞线规格标准见附表 A-2，LJ、TJ 型架空线路的电阻及感抗见附表 A-3，LGJ 型架空线路导线的电阻及感抗见附表 A-4，LGJQ、LGJJ 型架空线路导线的电阻及感抗见附表 A-5，LGJ、LGJQ、LGJJ 型架空线路导线的容纳见附表 A-6，220～750kV 架空线路导线的电阻及感抗见附表 A-7，110～750kV 架空线路导线的电容及充电功率见附表 A-8，钢绞线的电阻及内电抗见附表 A-9，35kV 三相双绕组电力变压器的技术数据见附表 A-10，110kV 三相双绕组电力变压器的技术数据见附表 A-11，110kV 三相双绕组有载调压电力变压器技术数据见附表 A-12，220kV 三相双绕组电力变压器的技术数据见附表 A-13，220kV 三相双绕组有载调压电力变压器技术数据见附表 A-14，110kV 三相三绕组电力变压器的技术数据见附表 A-15，110kV 三相三绕组有载调压电力变压器技术数据见附表 A-16，220kV 三相三绕组有载调压电力变压器技术数据见附表 A-17，220kV 三相三绕组电力变压器的技术数据见附表 A-18，220、330kV 三相自耦电力变压器技术数据见附表 A-19。

附表 A-1　　　　　　　　　　　　　　　各种常用架空线的规格

标准截面积（mm²）	LJ 型				LGJ 型					LGJQ 型				
	股数	计算外径（mm）	计算截面积（mm²）	单位质量（kg/km）	股数 铝	股数 钢	计算外径（mm）	计算截面积（mm²）	单位质量（kg/km）	股数 铝	股数 钢	计算外径（mm）	计算截面积（mm²）	单位质量（kg/km）
10	3	4.46	10.10	27.6	6	1	4.50	12.37	42.9					
16	7	5.10	15.89	43.5	6	1	5.40	17.81	61.7					
25	7	6.36	24.71	67.6	6	1	6.60	26.60	92.2					
35	7	7.50	34.36	94.0	6	1	8.40	43.10	149.0					
50	7	9.00	49.48	135.0	6	1	9.60	56.30	195.0					
70	7	10.65	69.29	190.0	6	1	11.40	79.40	275.0					
95	19	12.50	93.27	257.0	28	7	13.68	112.04	401.0					
95	7	12.42	94.23	258.0	7	7	13.68	112.04	398.0					
120	19	14.00	116.99	323.0	28	7	15.20	138.30	495.0					
120					7	7	15.20	138.30	492.0					
150	19	15.76	148.07	408.0	28	7	16.72	167.40	598.0	24	7	16.44	161.40	537.0
185	19	17.50	182.80	404.0	28	7	19.02	216.80	774.0	24	7	18.24	198.50	661.0
240	19	19.90	236.38	652.0	28	7	21.28	271.10	969.0	24	7	21.88	285.60	951.0

标准截面积 (mm²)	LJ 型				LGJ 型					LGJQ 型				
	股数	计算外径 (mm)	计算截面积 (mm²)	单位质量 (kg/km)	股数 铝	股数 钢	计算外径 (mm)	计算截面积 (mm²)	单位质量 (kg/km)	股数 铝	股数 钢	计算外径 (mm)	计算截面积 (mm²)	单位质量 (kg/km)
300	37	22.40	297.57	822.0	28	19	25.20	377.20	1348.0	54	7	23.70	335.00	1116.0
300										24	7	23.72	335.70	1117.0
400	37	25.90	397.83	1099.0	28	19	27.68	454.60	1626.0	54	7	27.36	446.60	1487.0
400										24	7	27.40	448.30	1491.0
500	37	28.98	498.97	1376						54	19	30.16	538.50	1795.0
600	61	31.95	503.78	1699						54	19	33.20	652.80	2175.0
700										54	19	36.24	778.80	2592.0

标准截面积 (mm²)	LGJJ 型					GJ 型						
	股数 铝	股数 钢	计算外径 (mm)	计算截面积 (mm²)	单位质量 (kg/km)	股数	计算外径 (mm)	计算截面积 (mm²)	单位质量 (kg/km)			
10												
16												
25						7	6.60	26.60	227.7			
35			83.09	91.917		7	7.80	37.15	318.2			
50			108.70	120.06		7	9.00	49.46	423.7			
70			153.30	169.54		19	11.00	72.19	615.0			
95			223.00	246.58		19	12.50	93.22	794.5			
95						37	12.60	94.11	793.9			
120						37	14.00	116.18	981.0			
120												
150	30	7	17.50	181.60	677.0							
185	30	7	19.60	227.80	850.0							
240	30	7	22.40	297.60	1110.0							
300	30	19	25.68	389.60	1446.0							
300												
400	30	19	29.18	502.99	1868.0							
400												
500												
600												
700												

附表 A-2

国产架空导线 LGJ 型铝绞线规格标准

标准截面积 铝/钢 (mm²)	结构，根数/直径 (根/mm) 铝	钢	计算截面积 (mm²) 铝	钢	合计	外径 (mm)	20℃最大直流电阻 (Ω/km)	计算拉断力 (N)	弹性系数（实际值，N/mm²）	线膨胀系数（计算值，1/℃）	单位长度质量 (kg/km)	交货长度 (m)
10/2	6/1.50	1/1.50	10.60	1.77	12.37	4.50	2.706	4120	79000	19.1	42.9	3000
16/3	6/1.85	1/1.85	16.13	2.69	18.82	5.55	1.779	6130	79000	19.1	65.2	3000
25/4	6/2.32	1/2.32	25.36	4.23	29.59	6.96	1.131	9290	79000	19.1	102.6	3000
35/6	6/2.72	1/2.72	34.86	5.81	40.67	8.16	0.8230	12630	79000	19.1	141.0	3000
50/8	6/3.20	1/3.20	48.25	8.04	56.29	9.60	0.5946	16870	79000	19.1	195.1	2000
50/30	12/2.32	7/2.32	50.73	29.59	80.32	11.60	0.5692	42620	105000	15.3	372.0	3000
70/10	6/3.80	1/3.80	68.05	11.34	79.39	11.40	0.4217	23390	79000	19.1	275.2	2000
70/40	12/2.72	7/2.72	69.73	40.67	110.40	13.60	0.4141	58300	105000	15.3	511.3	2000
95/15	26/2.15	7/1.67	94.39	15.33	109.72	13.61	0.3058	35000	76000	18.9	380.8	2000
95/20	7/4.16	7/1.85	95.14	18.82	113.96	13.87	0.3019	37200	76000	18.5	408.9	2000
95/55	12/3.20	7/3.20	96.51	56.30	152.81	16.00	0.2992	78110	105000	15.3	707.7	2000
120/7	18/2.90	1/2.90	118.89	6.61	125.50	14.50	0.2422	27570	66000	21.2	379.0	2000
120/20	26/2.38	7/1.85	115.67	18.32	134.49	15.07	0.2496	41000	76000	18.9	466.8	2000
120/25	7/4.72	7/2.10	122.48	24.25	146.73	15.74	0.2345	47880	76000	18.5	526.6	2000
120/70	12/3.60	7/3.60	122.15	71.25	193.40	18.00	0.2364	98370	105000	15.3	895.6	2000
150/8	18/3.20	1/3.20	144.76	8.04	152.80	16.00	0.1989	32860	66000	21.2	461.4	2000
150/20	24/2.78	7/1.85	145.68	18.82	164.50	16.67	0.1980	46630	73000	19.6	549.4	2000
150/25	26/2.70	7/2.10	148.86	24.25	173.11	17.10	0.1939	54110	76000	18.9	601.0	2000
150/35	30/2.50	7/2.50	147.26	34.36	181.62	17.50	0.1962	65020	80000	17.8	676.2	2000
185/10	18/3.60	1/3.20	183.22	10.18	193.40	18.00	0.1572	40880	66000	21.2	584.0	2000
185/25	24/3.15	7/2.10	187.04	24.25	211.29	18.90	0.1542	59420	73000	19.6	706.1	2000

续表

标准截面积 铝/钢 (mm²)	结构、根数/直径 (根/mm)		计算截面积 (mm²)			外径 (mm)	20℃最大直流电阻 (Ω/km)	计算拉断力 (N)	弹性系数(实际值)(N/mm²)	线膨胀系数(计算值)1/℃	单位长度质量 (kg/km)	交货长度 (m)
	铝	钢	铝	钢	合计							
185/30	26/2.98	7/2.32	181.34	29.59	210.93	18.88	0.1592	64320	76000	18.9	732.6	2000
185/45	30/2.80	7/2.80	184.73	43.10	227.83	19.60	0.1564	80190	80000	17.8	848.2	2000
210/10	18/3.80	1/3.80	204.14	11.34	215.48	19.00	0.1411	45140	66000	21.2	650.7	2000
210/25	24/3.33	7/2.32	209.02	27.10	236.12	19.98	0.1380	65990	73000	19.6	789.1	2000
210/35	26/3.22	7/2.50	211.73	34.36	246.09	20.38	0.1363	74250	76000	18.9	853.9	2000
210/50	30/2.98	7/2.98	209.24	48.32	258.06	20.86	0.1381	90830	80000	17.8	960.8	2000
240/30	24/3.60	7/2.40	244.29	31.67	275.96	21.60	0.1181	75620	73000	19.6	622.2	2000
240/40	26/3.42	7/2.66	238.85	38.90	277.75	21.66	0.1209	83370	76000	18.9	964.3	2000
240/55	30/3.20	7/3.20	241.27	56.30	297.57	22.40	0.1198	102100	80000	17.8	1108	2000
300/15	42/3.00	7/1.67	296.88	15.33	312.21	23.01	0.09724	68060	61000	21.4	939.8	2000
300/20	45/2.93	7/1.95	303.42	20.91	324.33	23.43	0.09520	75680	63000	20.9	1002	2000
300/25	43/2.85	7/2.22	306.21	27.10	333.31	23.76	0.09433	83410	65000	20.5	1058	2000
300/40	24/3.99	7/2.66	300.09	38.90	338.99	23.94	0.09614	92220	73000	19.6	1133	2000
300/50	26/3.83	7/2.98	299.54	48.82	348.36	24.26	0.09636	103400	76000	18.9	1210	2000
300/70	30/3.60	7/3.60	305.36	71.25	376.61	25.20	0.09463	128000	80000	17.8	1402	2000
400/20	42/3.51	7/1.95	406.40	20.91	427.31	26.91	0.07104	88850	61000	21.4	1286	1500
400/25	42/3.33	7/2.22	391.91	27.10	419.01	26.64	0.07370	95940	63000	20.9	1295	1500
400/35	48/3.22	7/2.50	390.88	34.36	425.24	26.82	0.07389	103900	65000	20.5	1349	1500
400/50	54/3.07	7/3.07	399.73	51.82	451.55	27.63	0.07223	123400	69000	19.3	1511	1500
400/65	26/4.22	7/3.44	398.94	65.06	464.00	28.00	0.07236	135200	76000	18.9	1611	1500
400/95	30/4.16	19/2.50	407.75	93.27	501.02	29.14	0.07087	171300	78000	18.0	1860	1500

续表

标准截面积 铝/钢 (mm²)	结构、根数/直径 (根/mm) 铝	结构、根数/直径 (根/mm) 钢	计算截面积 (mm²) 铝	计算截面积 (mm²) 钢	计算截面积 (mm²) 合计	外径 (mm)	20℃最大直流电阻 (Ω/km)	计算拉断力 (N)	弹性系数 (实际值, N/mm²)	线膨胀系数 (计算值, 1/℃)	单位长度质量 (kg/km)	交货长度 (m)
500/35	45/3.75	7/2.50	497.01	34.36	531.37	30.00	0.05812	119500	63000	20.9	1642	1500
500/45	48/3.60	7/2.80	488.58	43.10	531.68	30.00	0.05912	128100	65000	20.5	1688	1500
500/65	54/3.44	7/3.44	501.88	56.30	566.94	30.96	0.05760	154000	69000	19.3	1897	1500
630/45	45/4.20	7/2.80	623.45	80.32	666.55	33.60	0.04633	148700	63000	20.9	2060	1200
630/55	48/4.12	7/3.20	639.92	56.30	696.22	34.32	0.04514	164400	65000	20.5	2209	1200
630/80	54/3.87	19/2.32	635.19	71.25	715.51	34.82	0.04551	192900	67000	19.4	2388	1200
800/55	45/4.80	7/3.20	814.30	100.88	870.68	38.40	0.03547	191500	63000	20.9	2690	1000
800/70	45/4.63	7/3.60	808.15	71.25	879.40	38.58	0.03574	207000	65000	20.5	2791	1000
800/100	54/4.33	19/2.60	795.17	100.88	896.05	38.98	0.03645	241100	67000	19.4	2991	1000

附表 A-3　LJ、TJ 型架空线路的电阻及感抗　　　　　　　　(Ω/km)

铝导线型号	电阻 (LJ)	感抗 几何均距 (m) 0.6	0.8	1.0	1.25	1.5	2.0	2.5	3.0	3.5	4.0	电阻 (TJ)	铜导线型号
LJ-16	1.98	0.358	0.377	0.391	0.405	0.416	0.435	0.449	0.46			1.2	TJ-16
LJ-25	1.28	0.345	0.363	0.377	0.391	0.402	0.421	0.435	0.446	0.453		0.74	TJ-25
LJ-35	0.92	0.336	0.352	0.366	0.380	0.391	0.410	0.424	0.435	0.445	0.453	0.54	TJ-35
LJ-50	0.64	0.325	0.341	0.355	0.365	0.380	0.398	0.413	0.423	0.433	0.441	0.39	TJ-50
LJ-70	0.46	0.315	0.331	0.345	0.359	0.370	0.388	0.399	0.410	0.420	0.428	0.27	TJ-70
LJ-95	0.34	0.303	0.319	0.334	0.347	0.358	0.377	0.390	0.401	0.411	0.419	0.20	TJ-95
LJ-120	0.27	0.297	0.313	0.327	0.341	0.352	0.368	0.382	0.393	0.403	0.411	0.158	TJ-120
LJ-150	0.21	0.287	0.312	0.319	0.333	0.344	0.363	0.377	0.388	0.398	0.406	0.123	TJ-150

附表 A-4

LGJ 型架空线路导线的电阻及感抗 (Ω/km)

几何均距（m）／感抗

导线型号	电阻	1.0	1.5	2.0	2.5	3.0	3.5	4.0	4.5	5.0	5.5	6.0	6.5	7.0	7.5	8.0
LGJ-35	0.85	0.366	0.385	0.403	0.417	0.429	0.438	0.446								
LGJ-50	0.65	0.353	0.374	0.392	0.400	0.418	0.427	0.435								
LGJ-70	0.45	0.343	0.364	0.382	0.396	0.408	0.417	0.425	0.433	0.440	0.446					
LGJ-95	0.33	0.334	0.353	0.371	0.385	0.397	0.406	0.414	0.422	0.429	0.435	0.44	0.445			
LGJ-120	0.27	0.326	0.347	0.365	0.379	0.391	0.400	0.408	0.416	0.423	0.429	0.433	0.438			
LGJ-150	0.21	0.319	0.340	0.358	0.372	0.384	0.394	0.401	0.409	0.416	0.422	0.426	0.432			
LGJ-185	0.17				0.365	0.377	0.386	0.394	0.402	0.409	0.415	0.419	0.425			
LGJ-240	0.132				0.357	0.369	0.378	0.386	0.394	0.401	0.407	0.412	0.416	0.421	0.425	0.429
LGJ-300	0.107							0.378	0.386		0.399	0.405	0.410	0.414	0.418	0.422
LGJ-400	0.08								0.378		0.391	0.397	0.402	0.406	0.410	0.414

附表 A-5

LGJQ、LGJJ 型架空线路导线的电阻及感抗 (Ω/km)

几何均距（m）／感抗

导线型号	电阻	5.0	5.5	6.0	6.5	7.0	7.5	8.0
LGJQ-300	0.108		0.401	0.406	0.411	0.416	0.420	0.424
LGJQ-400	0.08		0.391	0.397	0.402	0.406	0.410	0.414
LGJQ-500	0.065		0.384	0.390	0.395	0.400	0.404	0.408
LGJJ-185	0.17	0.406	0.412	0.417	0.422	0.426	0.433	0.437
LGJJ-240	0.131	0.397	0.403	0.409	0.414	0.419	0.424	0.428
LGJJ-300	0.106	0.390	0.396	0.402	0.407	0.411	0.417	0.421
LGJJ-400	0.079	0.381	0.387	0.393	0.398	0.402	0.408	0.412

附表 A-6　LGJ、LGJQ、LGJJ 型架空线路导线的容纳

容纳 (×10⁻⁶ S/km)

导线型号		几何均距（m）														
		1.5	2.0	2.5	3.0	3.5	4.0	4.5	5.0	5.5	6.0	6.5	7.0	7.5	8.0	8.5
LGJ	35	2.97	2.83	2.73	2.65	2.59	2.54									
	50	3.05	2.91	2.81	2.72	2.66	2.61									
	70	3.12	2.99	2.88	2.79	2.73	2.68	2.62	2.58	2.54						
	95	3.25	3.08	2.96	2.87	2.81	2.75	2.69	2.65	2.61						
	120	3.31	3.13	3.02	2.92	2.85	2.79	2.74	2.69	2.65						
	150	3.38	3.20	3.07	2.97	2.90	2.85	2.79	2.74	2.71						
	185			3.13	3.03	2.96	2.90	2.84	2.79	2.74						
	240			3.21	3.10	3.02	2.96	2.89	2.85	2.80	2.76					
	300									2.86	2.81	2.78	2.75	2.72		
	400									2.92	2.88	2.83	2.81	2.78		
LGJJ 或 LGJQ	120						2.8	2.75	2.70	2.66	2.63	2.60	2.57	2.54	2.51	2.49
	150						2.85	2.81	2.76	2.72	2.68	2.65	2.62	2.59	2.57	2.54
	185						2.91	2.86	2.80	2.76	2.73	2.70	2.66	2.63	2.60	2.58
	240						2.98	2.92	2.87	2.82	2.79	2.75	2.72	2.68	2.66	2.64
	300						3.04	2.97	2.91	2.87	2.84	2.80	2.76	2.73	2.70	2.68
	400						3.11	3.05	3.00	2.95	2.91	2.87	2.183	2.80	2.77	2.75
	500						3.14	3.08	3.01	2.96	2.92	2.88	2.84	2.81	2.79	2.76
	600						3.16	3.11	3.04	3.02	2.96	2.91	2.88	2.85	2.82	2.79

附表 A-7　　　　　　　220～750kV 架空线路导线的电阻及感抗　　　　　　　（Ω/km）

导线型号	220kV				330kV（双分裂）		500kV（四分裂）	
	单导线		双分裂					
	电阻	电抗	电阻	电抗	电阻	电抗	电阻	电抗
LGJ-185	0.17	0.41	0.085	0.315				
LGJ-240	0.132	0.432	0.066	0.310				
LGJ-300	0.107	0.427	0.05	0.308	0.054	0.321		
LGJ-400	0.08	0.417	0.04	0.303	0.04	0.316	0.02	0.289
LGJ-500	0.065	0.411	0.0325	0.300	0.0325	0.313	0.0163	0.287
LGJ-600	0.055	0.405	0.0275	0.297	0.0275	0.310	0.0138	0.286
LGJ-700	0.044	0.398	0.022	0.294	0.022	0.307	0.011	0.284

注：计算条件如下

电压（kV）	220	330	500	线分裂距离（cm）	40	40	40
线间距离（m）	6.5	8	14	导线排列方式	水平二分裂	水平二分裂	正四角四分裂

附表 A-8　　　110～750kV 架空线路导线的电容（μF/km）及充电功率（MVA/100km）

导线型号	110kV		220kV				330kV（双分裂）		500kV（三分裂）		750kV（四分裂）	
			单导线		双分裂							
	电容	功率	电容	功率	电容	功率	电容	功率	电容	功率	电容	功率
LGJ-50	0.808	3.06										
LGJ-70	0.818	3.14										
LGJ-95	0.84	3.18										
LGJ-120	0.854	3.24										
LGJ-150	0.87	3.3										
LGJ-185	0.885	3.35			1.14	17.3						
LGJ-240	0.904	3.43	0.837	12.7	1.15	17.5	1.09	36.9				
LGJ-300	0.913	3.48	0.848	12.9	1.16	17.7	1.10	37.3	1.18	94.4		
LGJ-400	0.939	3.54	0.867	13.2	1.18	17.9	1.11	37.5	1.19	95.4	1.22	215
LGJ-500			0.882	13.4	1.19	18.1	1.13	38.2	1.2	96.2	1.23	217
LGJ-600			0.895	13.6	1.20	18.2	1.14	38.6	1.205	96.7	1.235	228
LGJ-700			0.912	14.8	1.22	18.3	1.15	38.8	1.21	97.2	1.24	219

附表 A-9　　　　　　　　　钢绞线的电阻及内电抗　　　　　　　　　（Ω/km）

通过电流（A）	钢绞线型号及直径（mm）									
	GJ-25，d=5.6		GJ-35，d=7.8		GJ-50，d=9.2		GJ-70，d=11.5		GJ-95，d=12.6	
	电阻	电抗	电阻	电抗	电阻	电抗	电阻	电抗	电阻	电抗
1	5.25	0.54	3.66	0.32	2.75	0.23	1.70	0.16	1.55	0.08
2	5.27	0.55	3.66	0.35	2.75	0.24	1.70	0.17	1.55	0.08

续表

通过电流（A）	钢绞线型号及直径（mm）									
	GJ-25，d＝5.6		GJ-35，d＝7.8		GJ-50，d＝9.2		GJ-70，d＝11.5		GJ-95，d＝12.6	
	电阻	电抗	电阻	电抗	电阻	电抗	电阻	电抗	电阻	电抗
3	5.28	0.56	3.67	0.36	2.75	0.25	1.70	0.17	1.55	0.08
4	5.30	0.59	3.69	0.37	2.75	0.25	1.70	0.18	1.55	0.08
5	5.32	0.63	3.70	0.40	2.75	0.26	1.70	0.18	1.55	0.08
6	5.35	0.67	3.71	0.42	2.75	0.27	1.70	0.19	1.55	0.08
7	5.37	0.70	3.73	0.45	2.75	0.27	1.70	0.19	1.55	0.08
8	5.40	0.77	3.75	0.48	2.76	0.28	1.70	0.20	1.55	0.08
9	5.45	0.84	3.77	0.51	2.77	0.29	1.70	0.20	1.55	0.08
10	5.50	0.93	3.8	0.55	2.78	0.30	1.70	0.21	1.55	0.08
15	5.97	1.33	4.02	0.75	2.80	0.35	1.70	0.23	1.55	0.08
20	6.70	1.63	4.40	1.04	2.85	0.42	1.74	0.25	1.55	0.09
25	6.97	1.91	4.89	1.32	2.95	0.49	1.77	0.27	1.55	0.09
30	7.10	2.01	5.21	1.56	3.10	0.59	1.79	0.30	1.56	0.09
35	7.10	2.06	5.36	1.64	3.25	0.69	1.83	0.33	1.56	0.09
40	7.02	2.00	5.35	1.69	3.40	0.80	1.83	0.37	1.57	0.10
45	6.92	2.08	5.30	1.71	3.52	0.91	1.83	0.41	1.57	0.11
50	6.85	2.07	5.25	1.72	3.61	1.00	1.93	0.40	1.58	0.11
60	6.70	2.00	5.13	1.70	3.99	1.10	2.07	0.55	1.58	0.13
70	6.60	1.90	5.00	1.64	3.73	1.14	2.21	0.65	1.61	0.15
80	6.30	1.79	4.89	1.57	3.70	1.15	2.27	0.70	1.63	0.17
90	6.40	1.73	4.78	1.50	3.68	1.14	2.29	0.72	1.67	0.20
100	6.32	1.67	4.71	1.43	3.65	1.13	2.33	0.73	1.71	0.22
125	—	—	4.60	1.29	3.58	1.04	2.33	0.73	1.83	0.31
150	—	—	4.47	1.27	3.50	0.95	2.38	0.73	1.87	0.34
175	—	—	—	—	3.45	0.94	2.23	0.71	1.89	0.35
200	—	—	—	—	—	—	2.19	0.69	1.88	0.35

附表 A-10　　　　　　　　35kV 三相双绕组电力变压器技术数据

型号	额定容量（kVA）	额定电压（kV）		损耗（kW）		阻抗电压（%）	空载电流（%）
		高压	低压	空载	短路		
SJL1-50/35	50	35	0.4	0.3	1.15	6.5	6.5
SJL1-100/35	100	35	0.4	0.43	2.5	6.5	4.0
SJL1-160/35	160	35	0.4	0.59	3.6	6.5	3.0
SJL1-160/35	160	35	10.5；6.3；3.15	0.65	3.8	6.5	3.0
SJL1-200/35	200	35	10.5；6.3；3.15	0.9	5.1	6.5	2.8

续表

型号	额定容量（kVA）	额定电压（kV）		损耗（kW）		阻抗电压（%）	空载电流（%）
		高压	低压	空载	短路		
SJL1-250/35	250	35	0.4	0.8	4.8	6.5	2.6
SJL1-250/35	250	35	10.5；6.3；3.15	0.8	4.8	6.5	2.6
SJL1-315/35	315	35	10.5；6.3；3.15	1.05	6.1	6.5	2.4
SJL1-400/35	400	35	10.5；6.3；3.15	1.25	7.2	6.5	2.3
SJL1-400/35	400	35	0.4	1.1	6.9	6.5	2.3
SJL1-500/35	500	35	10.5；6.3；3.15	1.45	8.5	6.5	2.1
SJL1-630/35	630	35	10.5；6.3；3.15	1.7	9.9	6.5	2.0
SJL1-630/35	630	35	0.4	1.5	9.6	6.5	2.0
SJL1-800/35	800	35	10.5；6.3；3.15	1.9	12	6.5	1.7
SJL1-1000/35	1000	35	10.5；6.3；3.15	2.2	14	6.5	1.7
SJL1-1000/35	1000	35	10.5；6.3；3.15	2.2	14	6.5	1.7
SJL1-1250/35	1250	35	10.5；6.3；3.15	2.6	17	6.5	1.6
SJL1-1600/35	1600	35；38.5	10.5；6.3；3.15	3.05	20	6.5	1.5
SJL1-1600/35	1600	35	0.4	3.05	20	6.5	1.5
SJL1-2000/35	2000	35；38.5	10.5；6.3；3.15	3.6	24	6.5	1.4
SJL1-2000/35	2000	35；38.5	10.5；6.3；3.15	4.25	27.5	6.5	1.3
SJL1-3150/35	3150	35；38.5	10.5；6.3；3.15	5.0	33	7	1.2
SJL1-4000/35	4000	35；38.5	10.5；6.3；3.15	5.9	39	7	1.1
SJL1-5000/35	5000	35；38.5	10.5；6.3；3.15	6.9	45	7	1.1
SJL1-6300/35	6300	35；38.5	10.5；6.3；3.15	8.2	52	7.5	1.0
SJL1-7500/35	7500	35	10.5	9.6	57	7.5	0.9
SJL1-8000/35	8000	38.5	11；10.5；6.6 6.3；3.3；3.15	11	58	7.5	1.5
SJL1-10000/35	10000	38.5；35	11；10.5；6.6 6.3；3.3；3.15	12	70	7.5	1.5
SJL1-15000/35	15000	38.5；35	11；10.5；6.6 6.3；3.3；3.15	16.5	93	8	1.0
SJL1-20000/35	20000	38.5；35	11；10.5；6.6 6.3；3.3；3.15	22	115	8	1.0
SJL1-31500/35	31500	38.5；35	11；10.5；6.6 6.3；3.3；3.15	30	180	8	0.7
SJL1-8000/35	8000	35±3×2.5% 38.5±3×2.5%	11；10.5；6.6；6.3	11	60.6	7.5	1.25
SJL1-10000/35	10000	38.5	6.3	12	70	7.5	1.5

注　SJL—三相油浸自冷式铝线变压器。

附表 A-11　　　　　　　　　　110kV 三相双绕组电力变压器技术数据

型号	额定容量（kVA）	额定电压（kV）		损耗（kW）		阻抗电压（%）	空载电流（%）
		高压	低压	空载	短路		
SFL1-6300/110	630	121±5%	11；10.5	52	9.76	10.5	1.1
		110±5%	6.6；6.3				
SFL1-8000/110	8000	121±5%	11；10.5	62	11.6	10.5	1.1
		110±5%	6.6；6.3				
SFL1-10000/110	10000	121±2×2.5%	10.5；6.3	72	14	10.5	1.1
SFL1-16000/110	16000	121±2×2.5%	10.5；6.3	110	18.5	10.5	0.9
SFL1-20000/110	20000	121±2×2.5%	10.5；6.3	135	22	10.5	0.8
SFL1-31500/110	31500	121+5%-2×2.5%	10.5；6.3	190	31.05	10.5	0.7
SFL1-40000/110	40000	121±2×2.5%	10.5；6.3	200	42	10.5	0.7
SFPL1-50000/110	50000	121±5%	10.5；6.3	250	8.6	10.5	0.75
SSPL1-63000/110	63000	121±5%	10.5；6.3	296	60	10.5	0.8
SSPL1-90000/110	90000	121±2×2.5%	10.5	440	75	10.5	0.7
SSPL1-120000/110	12000	121±2×2.5%	10.5	520	100	10.5	0.65
SSPL1-20000/110	20000	121±2×2.5%	6.3	135	22.1	10.5	0.8
SSPL1-63000/110	63000	121±2×2.5%	10.5	300	68	10.5	
SSPL1-90000/110	90000	121±2×2.5%	13.8	450	85	10.5	
SSPL1-63000/110	63000	121±2×2.5%	10.5	291.48	65.4	10.57	0.8
SSPL1-120000/110	120000	121±2×2.5%	13.8	588	120	10.4	0.57
SSPL1-150000/110	150000	121±2×2.5%	13.8	646.25	204.5	12.68	1.73
SFL-20000/110	20000	121±2×2.5%	10.5；6.3	135	37	10.5	1.5
SFL-63000	63000	121±2×2.5%	10.5；6.3	300	68	10.5	2.5
SFPL-90000/110	90000	121±2×2.5%	10.5	448	164	10.74	0.67
SFPL-120000/110	120000	121±2×2.5%	10.5	572	95.6	10.78	0.695
SFPL-120000/110	120000	121±2×2.5%	10.5	590	175	10.5	2.5
SFL1-12500/110	12500 6250+6250	110±5%	3.3	99.8	16.4	9	0.93

注　SFL—三相油浸风冷式铝线变压器；
　　SSPL—三相强迫油循环水冷式铝线变压器。

附表 A-12　　　　　　　　　　110kV 三相双绕组有载调压电力变压器技术数据

型号	额定容量（kVA）	额定电压（kV）		损耗（kW）		阻抗电压（%）	空载电流（%）
		高压	低压	空载	短路		
SFZ7-20000/110	20000	110±3×2.5% 121±8×1.25%	10.5	1.0	26	97	10.5
SFZ7-20000/110	20000	110±8×1.25%	6.3；6.6；10.5；11		30	104	10.5
SFZL7-20000/110	20000	110±8×1.25%	6.3；6.6；10.5；11		30	104	10.5

续表

型号	额定容量 (kVA)	额定电压 (kV)		损耗 (kW)		阻抗电压 (%)	空载电流 (%)
		高压	低压	空载	短路		
SFZL7-16000/110	16000	121±8×1.25%	6.3	1.4	22.625	83.48	10.62
SFZL7-16000/110	16000	110±8×1.25%	6.3；6.6；10.5；11	1.2	25.3	86	10.5
SFZ7-16000/110	16000	110±8×1.25%	10.5	1.2	23	106	10.5
SFZ7-16000/110	16000	110±8×1.25%	10.5；6.3		25.3	86	10.5
SFZ7-16000/110	16000	110±8×1.25%	6.3；6.6；10.5；11		25.3	86	10.5
SFZ7-12500/110	12500	110±3×2.5% (121)	6.3；6.6；10.5；11	1.0	17	69	10.5
FZ7-12500/110	12500	110±8×1.25%	6.3；6.6；10.5；11		21	70	10.5
SFZL7-10000/110	10000	110±8×1.25%	6.3；6.6；10.5；11	1.3	17.8	59	10.5
SFZ-10000/110TH	10000	110	11		17.8	59	10.5
SFZ7-10000/110	10000	110±8×1.25% (121)	6.3；6.6；10.5；11	1.1	15	57	10.5
SFZ7-10000/110	10000	110±8×1.25% (121)	6.3；6.6；10.5；11	1.1	16	57	10.5
SFZ7-10000/110	10000	110±8×1.25%	6.3；6.6；10.5；11		17.8	59	10.5
SZL7-8000/110	8000	110±8×1.25%	6.3；6.6；10.5；11	1.4	15	50	10.5
SFZ7-8000/110	8000	110±8×1.25%	6.3；6.6；10.5；11		15	50	10.5
SFZL7-8000/110	8000	110±8×1.25%	6.3；6.6；10.5；11		15	50	10.5
SFZ7-6300/110	6300	110±8×1.25%	6.3；6.6；10.5；11		12.5	41	10.5
SFZL7-6300/110	6300	110±8×1.25%	6.3；6.6；10.5；11		12.5	41	10.5
SFZL7-6300/110	6300	110±8×1.25%	6.3；6.6；10.5；11		12.5	41	10.5

附表 A-13　　　　　　　　　220kV 三相双绕组电力变压器技术数据

电力变压器型号	额定容量 (kVA)	额定电压 (kV)		损耗 (kW)		阻抗电压 (%)	空载电流 (%)
		高压	低压	空载	短路		
SFD-63000/220	63000	220$^{+1}_{-3}$×2.5%	69	402.4	120	14.4	3
SFD-63000/220	63000	220±2×2.5%	46	401	120	14.4	2.6
SSPL-63000/220	63000	220±2×2.5%	10.5	404	93	14.45	2.41
SSPL-90000/220	90000	220±2×2.5%	10.5	472.5	92	13.75	0.67
SSPL-120000/220	120000	220±2×2.5%	10.5	1012	98.2	14.2	1.26
SSPL-120000/220	120000	242$^{+1}_{-3}$×2.5%	38.5	932.5	98.2	14	1.26
SSPL-120000/220	120000	242±2×2.5%	10.5	1012	98.2	14.2	1.26
SSPL-150000/220	150000	242±2×2.5%	13.8	883	137	13.13	1.43
SSPL-150000/220	150000	242±2×2.5%	10.5	894.5	137	13.13	1.43
SSPL-150000/220	150000	236±2×2.5%	13.8	873	137	12.5	1.43
SSPL-180000/220	180000	242±2×2.5%	15.75 / 13.8	892.8 / 904	175	12.22 / 12.55	0.427

电力变压器型号	额定容量（kVA）	额定电压（kV）		损耗（kW）		阻抗电压（%）	空载电流（%）
		高压	低压	空载	短路		
SSPL-260000/220	260000	242±2×2.5%	15.75	1460	232	14	0.963
SSP-360000/220	360000	236±2×2.5%	18	1950	155	15	1.0
SFP3-180000/220	180000	220±2×2.5%	69	688	170	13.2	1.2
SSP3-150000/220	150000	242±2×2.5%	13.8	600	150	13.25	1.2
SFP3-150000/220	150000	242±2×2.5%	13.8	600	160	13.4	1.0
SSP3-150000/220	150000	242±2×2.5%	13.8	600	150	13.25	1.2
SSP7-150000/220	150000	242±2×2.5%	13.8	428	124	13.3	0.32
SFP7-120000/220	150000	242±2×2.5%	13.8	450	140	13	0.8
SFP3-120000/220	120000	242±2×2.5%	13.8	443	123.5	13.8	0.9
SFP3-120000/220	120000	$202^{+3}_{-1}×2.5\%$	69	526.5	131.5	14.3	0.9
SFP7-120000/220	120000	242±2×2.5%	10.5	385	118	13	0.9
SFP1-120000/220	120000	236±2×2.5%	10.5	376	115	12	0.36
SSP7-120000/220	120000	242±2×2.5%	10.5 15.75	385	118	14	0.9
SFP7-120000/220	120000	242±2×2.5%	10.5 15.75	385	118	14	0.9
OSFP-100000/220	100000	242±2×2.5%	13.8	380	100	13	0.6
SFP3-90000/220	90000	220±2×2.5%	66	400	115	12.5	0.891
SSP3-75000/220TH	75000	242±2×2.5%	10.5	342	79.6	13.85	1.3
SFP3-63000/220	63000	220±2×2.5%	69	290	87	13.2	1.2
SFP3-63000/220	63000	242±2×2.5%	6.3	290	80	14.5	0.78
SFP7-63000/220	63000	220±2×2.5%	69	245	73	12.5	1
SFP7-63000/220	50000	242±2×2.5%	13.8	210	61	12	1
SFP7-40000/220	40000	220±2×2.5%（242）	6.3 6.6 10.5 11	175	52	12	1.1

注　SFD—三相浸风冷强迫导向油循环变压器，其他型号含义同前。

附表 A-14　　　　220kV 三相双绕组有载调压电力变压器技术数据

型号	额定容量（kVA）	额定电压（kV）		空载电流（%）	空载损耗	负载损耗（kW）	阻抗电压（%）
		高压	低压				
SFPZ7-120000/220	120000	220±8×1.25%	38.5	0.8	124	385	12～14
SFPZ4-120000/220	120000	220±8×1.25%	69	1.1	135	490	13.7
SFPZ7-120000/220	120000	220±8×1.25%	37.5	0.5	90	380	14
SFPZ4-90000/220	90000	220±8×1.5%	69	0.8	102	369.9	13.5
SFPZ7-90000/220	90000	220±8×1.5%	38.5	0.75	110	320	13.3

续表

型号	额定容量（kVA）	额定电压（kV） 高压	额定电压（kV） 低压	空载电流（%）	空载损耗	负载损耗（kW）	阻抗电压（%）
SFPZ-80000/220	80000	220±8×1.46%	69	0.24	91	305	13.5
SFPZ4-63000/220	63000	220±8×1.5%	66	0.9	78	270	13.4
SFPZ3-40000/220	40000	$220^{+6}_{-10}×2\%$	6.3	1	53.12	176.865	11.98
SFPZ7-40000/220	40000	230±8×1.5%	6.3	0.37	33	230	20.6
SFPZ7-31500/220	31500	230±8×1.5%	6.3	0.59	29	144	16
SFPZL-20000/220	20000	230±7×1.46%	6.3	1.3	42	106	10.6

附表 A-15　　110kV 三相三绕组电力变压器技术数据

电力变压器型号	额定容量（kVA）	额定电压（kV） 高压	额定电压（kV） 中压	额定电压（kV） 低压	损耗（kW） 短路 高中	损耗（kW） 短路 高低	损耗（kW） 短路 中低	损耗（kW） 空载	阻抗电压（%） 高中	阻抗电压（%） 高低	阻抗电压（%） 中低	空载电流（%）
SFSL1-6300/110	6300/6300/6300	121±2×2.5% 110±2×2.5%	38.5±2×2.5%	11；10.5	62.9 62.3	62.6 62.0	50.7 50.7	12.5	17	10.5	6	1.4
		121±2×2.5% 110±2×2.5%		6.6；6.3	66.2 65.6	60.2 59.6	51.6 51.6	12.5	10.5	17	6	1.4
SFSL1-8000/110	8000/4000/8000	121±5 110±5	38.5±2×2.5%	11；10.5	27 27	83 89	19 19	14.2	17.5	10.5	6.5	1.3
	8000/8000/4000	121±5 110±5		6.6；6.3	84	27	21	14.2	10.5	17.5	6.5	1.3
SFSL1-10000/110	10000/10000/10000	121±2×2.5%	38.5±2×2.5%	10.5 6.3	91.0 89.6	89.0 88.7	69.3 69.7	17	17.01 10.5	10.5 17.0	6 6	1.5
SFSL1-15000/110	15000/15000/15000	121±2×2.5%	38.5±2×2.5%	10.5；6.3	120	120	95	22.7	17.01 10.5	10.5 17.0	6 6	1.3
SFSL1-20000/110	20000/10000/20000	121±5%	38.5±5%	10.5 6.3	152.8	52	47	50.2	10.5	18	6.5	4.1
		121±2×2.5%	38.5±5%	10.5；6.3	52	148.2	47	50.2	18	10.5	6.5	4.1
SFSL1-20000/110	20000/20000/20000	121±2×2.5%	38.5±5%	10.5 6.3	145	158	117	49.9	10.5	18	6.5	3.5
		121±2×2.5%	38.5±5%	10.5；6.3	154	154	119	49.9	18	10.5	6.5	3.5
SFSL1-25000/110	25000/25000/25000	121±2×2.5%	38.5±5%	10.5；6.3	175	197	142	49.5	10.5	18	6.5	3.6
SFSL1-31500/110	31500/31500/31500	121±2×2.5%	38.5±2×2.5%	10.5；6.3	229.1 215.4	212 231	181.6 184	37.2 37.2	18 10.5	10.5 18	6.5 6.5	0.8 0.8
SFSL1-40000/110	40000/40000/40000	121±2×2.5%	38.5±2×2.5%	10.5；6.3	276 244	250 274.5	205.5 205.5	72 72	17.5 10.5	10.5 17.5	6.5 6.5	2.7 2.7

电力变压器型号	额定容量(kVA)	额定电压(kV)			损耗(kW)				阻抗电压(%)			空载电流(%)
		高压	中压	低压	短路			空载	高中	高低	中低	
					高中	高低	中低					
SFSL1-50000/110	50000/50000/50000	121±2×2.5%	38.5±2×2.5%	6.3;6.3	302.2 350.9	350.6 318.3	251 252.9	62.2 62.2	10.5 18	18 10.5	6.5 6.5	2.7 2.7
SFSL1-50000/110	50000/50000/50000	121±2×2.5%	38.5	6.3	350 300	300 350	255 255	59.2	17.5 10.5	10.7 17.5	6.5	0.8
SFSL1-63000/110	63000/63000/63000	121±2×2.5%	38.5±5%	6.3;6.3	380 470	470 380	320 330	64.2 64.2	10.5 18.5	18.5 10.5	6.5 6.5	0.7 0.7
SFSL1-10000/110	10000/10000/10000	121±2×2.5%	38.5±2×2.5%	6.3	87.95 88.75	90.05 86.55	67.9 67.7	21.4	17 10.5	10.5 17	6 6	1.5
SFSL1-15000/110	15000/15000/15000	121±2×2.5%	38.5±2×2.5%	6.3	120	120	94	30.5	17 10.5	10.5 17	6 6	1.2
SFSL1-20000/110	20000/20000/20000	121±2×2.5%	38.5±2×2.5%	6.3;6.3	153 142.9	147.6 152.9	111.6 110.4	33.5	17 10.5	10.5 17	6 6	1.1
		121±2×2.5%	38.5±2×2.5%	6.3	155 150	150 155	112 112	34	17 10.5	10.5 17	6 6	1.2
SFSL1-25000/110	25000/25000/25000	121±2×2.5%	38.5±2×2.5%	10.5 6.3	194	182	144	49.5	18 10.5	10.5 18	6.5 6	3.6
			10.5	6.3	219	224	172	42.9	10.5	18	6	3
SFSL1-31500/110	31500/31500/31500	121±2×2.5%	38.5±2×2.5%	10.5 6.3	217 202	200.7 214	158.6 160	46.8	17 10.5	10.5 17	6 6	0.9
SSPSL1-31500/110			38.5±2×2.5%	13.8	230	214	184	38.4	18	10.5	6.5	0.8
SFPSL1-45000/110	45000/45000/45000	121±5%	69	6.3	160	185	115	80	12	23	9.5	3
SFPSL1-50000/110	50000/50000/50000	121±5%	38.5±5%	10.5	350	318.3	251	89.6	18	10.5	6.5	2.8
SFPSL1-75000/110	75000/75000/75000	121±5%	38.5±2×2.5%	10.5	580	510	450	76	18.5	10.5	6.5	0.8
SFSL-10000/110	10000/10000/10000	121±5%	38.5±2×2.5%	10.5 6.3	91	91	70	22	18 10.5	10.5 18	6.5 6.5	3.3
SFSL-15000/110	15000/15000/15000	121±5%	38.5±2×2.5%	10.5 6.3	120	120	95	27	17 10.5	10.5 17	6 6	4.0
SFSL-31500/110	31500/31500/31500	121±5%	38.5±2×2.5%	10.5 6.3	235	235	115	49	18 10.5	10.5 18	6.5 6.5	2.5
SFSL-63000/110	63000/63000/63000	121±5%	38.5±2×2.5%	10.5 6.3	410	410	266	84	18 10.5	10.5 18	6.5 6.5	2.5

注　SFSL—三相油浸风冷三绕组铝线变压器；
　　SFPSL—三相强迫油循环风冷三绕组铝线变压器。

附表 A-16

110kV 三相三绕组有载调压电力变压器技术数据

电力变压器型号	额定容量 (kVA)	额定电压 (kV)			空载电流 (%)	空载损耗 (kW)	短路损耗 (kW)			阻抗电压 (%)		
		高压	中压	低压			高中	高低	中低	高中	高低	中低
SFPSZ7-63000/110	63000	115±8×1.25%	38.5±5%	6.3	1	84.7		300		10.5	18.5	6.5
SFSZ7-63000/110	63000	110±8×1.25%	38.5±2×2.5%	6.3, 6.6, 10.5, 11	1.2	84.7		300		17~18 (10.5)	10.5 (17~18)	6.5
SFSZ-63000/110	63000	110±8×1.25%	38.5±5%	11		77		300		10.5	15.5	6.5
SSPSZ1-50000/110	50000	121+3±2.5%	38.5±5%	13.8		64.74	24.68	23.6	188.13	17.89	10.49	6.262
SFSZ1-50000/110	50000	110±8×1.25%	38.5±2×2.5%	6.3, 6.6, 10.5, 11	1.3	71.2		250		17~18 (10.5)	10.5 (17~18)	6.5
SFSZQ7-40000/110	40000	110±8×1.25%	38.5±5%	10.5	1.1	60.2		210		10.5	17.5	6.5
SFSZL7-40000/110	40000	110±8×1.25%	38.5±2×2.5%	6.3, 6.6, 10.5, 11	1.3	60.2		210		17~18 (10.5)	10.5 (17~18)	6.5
SFSZ7-40000/110	40000	110±8×1.25%	38.5±2×2.5%	6.3, 6.6, 10.5, 11	1.3	60.2		210		17~18 (10.5)	10.5 (17~18)	6.5
SFSZL-40000/110	40000	110±8×1.25%	38.5±2×2.5%	6.3, 6.6, 10.5, 11		60.2		210		10.5	17.5	6.5
SFS7-40000/110	40000	121+4 / 110−4×2.5%	38.5 / 35±5%	6.3, 6.6, 10.5, 11	1.1	54		192		10.5	10.5	
SFSZ7-31500/110	31500	110±8×1.25%	38.5±2×2.5%	6.3, 6.6, 10.5, 11	1.09	50.3		175		10.5	17.5	6.5
SFSZQ7-31500/110	31500	110±8×1.25%	38.5±2×2.5%	10.5	1.15	50.3		175		10.5	18	6.5
SFSZL1-31500/110	31500	110±8×1.25%	38.5±5%	11	0.7	34.5	175	175	165	10.5	(17~18)	6.5
SFSZL7-31500/110	31500	110±8×1.25%	38.5±2×2.5%	6.3, 6.6, 10.5, 11	1.4	50.3		175		17~18 (10.5)	10.5 (17~18)	6.5
SFSZL-31500/110	31500	110±8×1.25%	38.5±2×2.5%	6.3, 6.6, 10.5, 11	1.4	50.3		175		10.5	17.5	6.5
SFSZL7-31500/110	31500	121±8 / 110±8×1.25%	38.5±2 / 35±2×2.5%	6.3, 6.6, 10.5, 11	0.8	38		160		10.5	10.5	

续表

电力变压器型号	额定容量 (kVA)	额定电压 (kV) 高压	中压	低压	空载电流 (%)	空载损耗 (kW)	短路损耗 (kW) 高中	高低	中低	阻抗电压 (%) 高中	高低	中低
SFSZL7-31500/110	31500	121±3 110±3×1.25%	38.5±2 35±2×2.5%	6.3、6.6、10.5、11	1.1	46		160			10.5	
SFSZL7-20000/110	20000	110±8×1.25%	38.5±2×2.5%	6.3、6.6、10.5、11	1.5	35.8	17~18 (10.5)	125	6.5	17~18 (10.5)	10.5 (17~18)	6.5
SFSZ1-20000/110	20000	121±3×2.5%	36.75±5%	10.5	1.5	31.25	131.7	138.7	99.68	10.74	17.88	6.21
SFSZ7-20000/110	20000	110±8×1.25%	38.5±2×2.5%	6.3、6.6、10.5、11	1.5	35.8		125		17~18 (10.5)	10.5 (17~18)	6.5
SFSZL-20000/110	20000	110	38.5	6.3、6.6、10.5、11		33		125		10.5	17.5	6.5
SFSZ7-20000/110	20000	121±3 110±3×1.25%	38.5±2 35±2×2.5%	6.3、6.6、10.5、11	0.9	26		121			10.5	
SFSZ7-16000/110	16000	110±8×1.25%	38.5±2×2.5%	6.3、6.6、10.5、11	1.5	30.3		106		17~18 (10.5)	10.5 (17~18)	6.5
SFSZ17-16000/110	16000	110±8×1.25%	38.5±2×2.5%	6.3、6.6、10.5、11	1.5	30.3		106		17~18 (10.5)	10.5 (17~18)	6.5
SFSZ7-16000/110GY	16000	110±3×2.5%	38.5	11	1.03	25.03	99.12	106	78.35	10.78	18.02	6.25
SFSZL7-12500/110	12500	110±8×1.25%	38.5±2×3.5%	6.3、6.6、10.5、11		25.2		87			10.5	
SFSZL7-10000/110	10000	110±8×1.25%	38.5±2×2.5%	6.3、6.6、10.5、11	1.6	21.3		74		17~18 (10.5)	10.5 (17~18)	6.5
SFSZ7-10000/110	10000	121±8 110±8×1.25%	38.5±2 35±2×2.5%	6.3、6.6、10.5、11	1.6	19		70			10.5	
SFSZL7-10000/110	10000	110±8×1.25%	38.5±2×3.5%	6.3、6.6、10.5、11		21.3		74		17~18 (10.5)	10.5 (17~18)	6.5
SFSZL7-8000/110	8000	110±8×1.25%	38.5±2×3.5%	6.3、6.6、10.5、11	1.7	18		63			10.5	
SFSZ7-8000/110	8000	110±8×1.25%	38.5±2×3.5%	6.3、6.6、10.5、11		18		63		17~18 (10.5)	10.5 (17~18)	6.5

附表 A-17　　　　**220kV 三相三绕组有载调压电力变压器技术数据**

型号	额定容量 (kVA) 高压/中压/低压	额定电压 (kV) 高压	额定电压 (kV) 中压	额定电压 (kV) 低压	空载电流 (%)	空载损耗 (kW)	短路损耗 (kW) 高中	短路损耗 (kW) 高低	短路损耗 (kW) 中低	阻抗电压 (%) 高中	阻抗电压 (%) 高低	阻抗电压 (%) 中低
SFPSZ4-180000/220	180000	230±8×1.5%	121	13.8	0.846	175		785		14.7	25	8.7
SSPSZ7-180000/220	180000/180000/9000	220±8×1.5%	115	37.5	0.38	165	700	206	137	13.1	21.5	7.2
OSSPSZ7-180000/220	180000/180000/6000	242	121±4×2.5%	15.8	0.391	105	470	166	188	9.3	55.4	45.5
SFPSZ4-150000/220	150000	220±8×1.5%	121	10.5	1.2	172		750		14	23.47	7.42
SFPSZ1-150000/220	150000/150000/75000	220±8×1.5%	121	10.5	0.3	140	600	193	123	14.2	22.9	7.1
SFPSZ-150000/220	150000/150000/150000	220±8×1.5%	121	11	0.68	177		230		14.5	24	7.5
SFPSZ4-120000/220	120000/120000/(60000)/120000	220±8×1.5%	121	11(10.5)	1.2	155		640		13 / 13.7	2.3	7.5 / 7.2
SFPSZ4-120000/220	120000/120000/80000	220±8×1.5%	69	10.5	0.85	155		500		14	23	7.3
SFPSZ4-120000/220	120000/120000/(60000)/120000	220±8×1.5%	121	38.5	1.2	155		640		14	23	7.3
SFPSZ7-120000/220	120000/120000/60000	220+10-6×1.5%	115±2×2.5%	11	0.3	79	630	192	156	13.7	39	30
SFPSZ7-120000/220	120000/120000/60000	220±6×1.5%	118.25	10.5	0.48	132	359	121	84	12.1	21.6	8.4
SFPSZ7-120000/220	120000/120000/60000	230±8×1.25%	121	10.5 / 11	0.7	140	440	131	135	13.5	22.4	7.4
SFPSZ7-120000/220	120000/120000/60000	220±8×1.25%	121	10.5	0.7	140	440	143	117	13.5	22.4	7.4
SFPSZ7-120000/220	120000/120000/60000	220±8×1.5% ±8×1.25%	121	10.5 / 11	0.7	130	435	140	107	13.5	22.4	7.4
SFPSZ7-120000/120000	120000/120000/120000	220±8×1.5% / 230±8×1.25%	121	38.5	0.9	144	422	429	328	13	21.2	7
SFPSZ7-120000/220	120000/120000/120000	220±8×1.5%	118.25	10.5	0.8	148	384	144	113	11.8	21.6	8.1

续表

型号	额定容量 (kVA) 高压/中压/低压	额定电压 (kV) 高压	中压	低压	空载电流 (%)	空载损耗 (kW)	短路损耗 (kW) 高中	高低	中低	阻抗电压 (%) 高中	高低	中低
SFPSZ7-120000/220	120000/120000/90000	220±8×1.5%	121	11	1.1	148	440	305	215	12.9	21.2	7.3
SFPSZ7-120000/220	120000	231±8×1.25%	38.5	10.5	0.5	139	402	408	368	23.1	12.7	9
SFPSZ7-120000/220	120000/120000/60000	220±8×1.25%	38.5	11	0.7	140	140			13	21.4	7.2
SFPSZ7-120000/220	120000/120000/60000	220±8×1.25%	121	11	0.9	144		180		14	23	7
SFPSZ7-120000/220	120000	220±8×1.25%	121	10.5	0.8	124	465	241	266	14	22.6	7.4
SFPSZ4-90000/220	90000/45000/90000	230±8×1.5%	115	37	0.9	99	168	430	120	23.1	14.3	7.4
SFPSZ4-90000/220	90000/90000/45000	220±8×1.5%	69	10.5	0.65	96.57	420	150	103	13.84	22.47	7.14
SFPSZ7-90000/220	90000	220±8×1.5%	121	10.5/11	0.5	110	424	466	319	13.4	21.3	7.2
OSFPSZ7-90000/220	90000/90000/45000	220±6×1.5%	121	38.5	0.18	46	240	203	196	7.7	14.3	9.8
SFPSZ7-90000/220	90000/45000/90000	220±8×1.5%	38.5	63	0.38	112		393		21.3	7.3	13.3
SFPSZ7-90000/220	90000/90000/90000	220+7-9×1.25%	121	11	0.7	113	370	395	94	14.5	24	7.5
SFPSZ7-90000/220	90000/90000/45000	220±8×1.25%	121	38.5	0.8	93	320	130	75	13.6	23.4	7.9
SFPSZ4-63000/31500	63000/63000/31500	230±8×1.5%	66	11	1	90	274	95		14	22.6	7.5
SFPSZ7-63000/31500	63000/63000/31500	230±8×1.25%	38.5	6.3	1	79				14.07	23.2	7.52
SFPSZ7-63000/220	63000/63000/63000	220±8×1.25%	121	38.5	0.8	88		280		14	24	7.5

附表 A-18

220kV 三相三绕组电力变压器技术数据

型号	额定容量 (kVA)	额定电压 (kV)			损耗 (kW)				阻抗电压 (%)			空载电流 (%)
		高压	中压	低压	空载	短路 高中	短路 高低	短路 中低	高中	高低	中低	
SFPSL-31500/220	31500	220	69	10.5	23	173.4	250	29.5	14.8	23	7.3	3.6
SFPSL-63000/220	63000	220	121	38.5	125	470.5	440	314.2	23	14	7.6	2.7
SFPSL-90000/220	90000	220	38.5	11	146.1	556.2	612	417	13.1	20.3	5.86	2.56
SFPSL-120000/220	120000/120000/120000	220	121	10.5	123.1	1023	227	165	24.7	14.7	8.8	1
SWDS-90000/220	90000	242	121	12.8	205.5	727.8	579.7	412	24.56	13.94	8.6	
SSPSL-150000/220	150000	242	121	10.5	239	918.3	838.6	619.3	24.4	14.1	8.3	2.15
SSPSL-180000/220	180000	236	121	13.8	254	1057	1173	712	14.2	24.1	8.1	2.16
SSPSL-50000/220	50000	220	38.5	11	76.3	329.3	381.08	196.3	15.83	24.75	0.99	0.98
SSPSL-63000/220	63000	220	121	11	94	377.1	460.04	252.06	15.15	25.8	8.77	1.25
SSPSL-120000/222	120000/80000/120000	220	121	38.5	131.5	466	691	268	25.7	14.9	8.86	0.85

附表 A-19

220、330kV 三相自耦电力变压器技术数据

型号	额定容量 (kVA)	额定电压 (kV)			损耗 (kW)				阻抗电压 (%)			空载电流 (%)
		高压	中压	低压	空载	短路 高中	短路 高低	短路 中低	高中	高低	中低	
OSFPSL-90000/220	90/90/45	220±2×2.5%	121	11	77.7	323.7	315	253.5	9.76	36.62	24.24	0.5
OSFPPSL-120000/220	120/120/60	220±4×2.5%	121	11	73.25	456	366	346	9.35	33.1	21.6	0.346
SSPSOL-300000/220	300/300/150	242±2×2.5%	121	13.8	224.7	1043	508.2	612.5	13.43	11.74	18.66	0.582
OSFPS-240000/330	240/240/40	330±2×1%	242	10.5	73.5	565.3	176.9	180.4	8.64	94.2	78.5	0.206
SSPSO-360000/330	360/360/72	363+4.5%−5.5%	242	11	207				7.5	77.5	66.7	0.351
OSFPSJ-90000/330	90/90/30	345	121±6×1.67%	11	97	339.4	93.92	78.4	9.65	25.74	14.25	0.483
OSFPS-150000/330	150/150/40	330±2×2.5%	121	11	145.4	569.5	83.95	106.4	9.9	24.3	13.9	0.627

导线的允许载流量

裸铜、铝及钢芯铝绞线的允许载流量（按环境温度 25℃，最高允许温度 70℃，无日照）见附表 B-1，温度校正系统 K_θ 值见附表 B-2。

附表 B-1 　　　　　　裸铜、铝及钢芯铝绞线的允许载流量

（按环境温度＋25℃，最高允许温度＋70℃，无日照）

铜绞线			铝绞线			钢芯铝绞线	
导线型号	载流量（A）		导线型号	载流量（A）		导线型号	载流量（A）
	屋外	屋内		屋外	屋内		屋外
TJ-4	50	25	LJ-10	75	55	LGJ-35	175
TJ-6	70	35	LJ-16	105	80	LGJ-50	210
TJ-10	95	60	LJ-25	135	110	LGJ-70	265
TJ-16	130	100	LJ-35	170	135	LGJ-95	330
TJ-25	180	140	LJ-50	215	170	LGJ-120	380
TJ-35	220	175	LJ-70	265	215	LGJ-150	445
TJ-50	270	220	LJ-95	325	260	LGJ-185	510
TJ-60	315	250	LJ-120	375	310	LGJ-240	610
TJ-70	340	280	LJ-150	440	370	LGJ-300	690
TJ-95	415	340	LJ-185	500	425	LGJ-400	835
TJ-120	485	405	LJ-240	610		LGJQ-300	690
TJ-150	570	480	LJ-300	680		LGJQ-400	825
TJ-185	645	550	LJ-400	830		LGJQ-500	945
TJ-240	770	650	LJ-500	980		LGJQ-600	1050
TJ-300	890		LJ-625	1140		LGJJ-300	705
TJ-400	1085					LGJJ-400	850

注　本表数值均是按最高温度为 70℃计算的。对于铜线，当最高温度采用 80℃时，则表中数值应乘以系数 1.1；对于铝线和钢芯铝线，当最高温度采用 90℃时，则表中数值应乘以系数 1.2。

附表 B-2 　　　　　　　　　温度校正系数 K_θ 值

实际环境温度（℃）	−5	0	5	10	15	20	25	30	35	40	45	50
K_θ	1.29	1.24	1.20	1.15	1.11	1.05	1.00	0.94	0.88	0.81	0.74	0.67

注　当实际环境温度不是 25℃时，附表 B-1 中的载流量应乘以表中的温度校正系数 K_θ 值。

参考文献

[1] 李梅兰，卢文鹏．电力系统分析［M］．2 版．北京：中国电力出版社，2005.

[2] 刘振亚．特高压电网［M］．北京：中国经济出版社，2005.

[3] 陈珩．电力系统稳态分析［M］．北京：中国水利水电出版社，2015.

[4] 李光琦．电力系统暂态分析［M］．北京：中国水利水电出版社，2017.

[5] 刘振亚．智能电网知识读本［M］．北京：中国电力出版社，2010.

[6] 何光宇，孙英云．智能电网基础［M］．北京：中国电力出版社，2010.

[7] 许晓慧．智能电网导论［M］．北京：中国电力出版社，2009.

[8] 国家电网公司人力资源部．国家电网公司生产技能人员职业能力培训通用教材电力系统（分析）［M］．北京：中国电力出版社，2010.

[9] 杨淑英，邹永海．电力系统分析复习指导与习题精解［M］．2 版．北京：中国电力出版社，2008.

[10] 陈怡，蒋平，万秋兰，等．电力系统分析［M］．2 版．北京：中国电力出版社，2018.

[11] 郭思顺．架空送电线路设计基础［M］．北京：中国电力出版社，2009.

[12] 张炜．电力系统分析［M］．北京：中国水利水电出版社，2007.

[13] 曹娜．电力系统分析［M］．北京：北京大学出版社，2009.

[14] 杜文学．电力系统［M］．2 版．北京：中国电力出版社，2017.

[15] 陈立新，杨光宇．电力系统分析［M］．2 版．北京：中国电力出版社，2009.

[16] 杨淑英．电力系统概论［M］．北京：中国电力出版社，2003.

[17] 苏小林，阎晓霞．电力系统分析［M］．北京：中国电力出版社，2007.

[18] 尹克宁．电力工程［M］．北京：中国电力出版社，2005.

[19] 于永源，杨绮雯．电力系统分析［M］．3 版．北京：中国电力出版社，2004.

[20] 辛保安．新型电力系统与新型能源体系［M］．北京：中国电力出版社，2023.

[21] 王志新，李兵，王秀丽，等．电力新技术概论［M］．北京：中国电力出版社，2023.

[22] 西北电力设计部．电力工程电气设计手册（电气一次部分）［M］．北京：中国电力出版社，2009.